LANDSCAPE ARCHITECTURE

ランドスケープ計画・設計論

丸田頼一・島田正文

編著

技報堂出版

書籍のコピー，スキャン，デジタル化等による複製は，
著作権法上での例外を除き禁じられています。

◎序

わが国においては，豊かさが実感できる国民生活の実現，生活環境の改善，活力と魅力あるまちづくり，災害への安心・安全性の確保，自然や生物多様性との共生，長寿・福祉社会移行への対応，多様化したレクリエーション需要への対応，都市や農山漁村の再生等の他，近来，地球環境保全を前提として，循環型社会や低炭素社会の構築，さらには自然共生社会が複合した持続型社会の構築による環境都市や地域，そしてその集合体である環境国づくりが求められており，ランドスケープ アーキテクチャーへの期待は大きい。

ランドスケープ アーキテクチャーは，土地が有する固有の自然の潜在性や資源の存在を基盤としつつ，歴史，文化などの諸要素も関連させ，適切な科学技術的対応と美に関する心理的意識にも配慮し，総合的な環境づくりやレクリエーション空間の永続的確保を図ってきた分野である。そして，今後共，緑，水，土などの生物資源を中心とした自然環境や生態系の積極的な保全・再生・創出により，人間社会との調和，共生を図っていくことが重要であり，都市，地域や国においては，その歴史・文化性の尊重やレクリエーション空間の創造とともに，安全・安心で快適さや美しさを指向することにより，個性豊かで健康的な空間が将来にわたって培われることになる。

ところで，わが国には従来から造園学と呼ばれる専門領域があり，その発祥は明治から大正にさかのぼり，とくに日本庭園等歴史的な庭園をはじめ，都市公園や自然公園の他，前述したような生活環境整備を試みてきたのである。しかし「ランドスケープ」が関連分野を含め，社会的に多用されるにつれて，造園学本来の用語であることから，約20年前から多くの造園家が英文名ランドスケープ アーキテクチャー (Landscape Architecture) を使用し，社会的に顕示して以来，一般化されてきている。

本書においても現代的 (Contemporary) なランドスケープ アーキテクチャーの計画・設計分野に重点を置いていることから，ランドスケープ計画・設計論のタイトルを使用している。

かつて，丸田はアメリカの大学院に奨学生留学し，修士 (MLA，マスター オブ ランドスケープ アーキテクチャー) 取得までの2か年間，アメリカ教育を修学した。

日本では建築学等とは異なり，ランドスケープ アーキテクチャーの教育は理論中心になりがちであるが，アメリカでは卒業後の即戦力に的をあてた技術教育に徹しており，総括的に基礎を修得後，各種の対象にかかわる植栽 (Planting)，施工 (Construction) の計画・設計とデザイン (Design，都市・地域の基本構想等も含む計画・設計) 実習等の課題提出で，修学中，終始した。

現在でもカリキュラムの基本は同様であり，ほとんどの他大学も共通であるが，これは1899年に創設されたASLA(American Society of Landscape Architects，アメリカ造園家協会) 等に基づく全米大学の信任認定に由来する。

本書の編集企画にあたっては，わが国でのランドスケープ アーキテクチャーの教育にも役立つよう，このようなアメリカ教育をも参考にしつつ，総括的な内容とする一

方，設計図，写真や図表を多用し，使用しやすくかつ理解しやすいよう工夫したし，執筆陣は，長年，ランドスケープ分野の計画・設計に携わってきた実務者や研究者にお願いした．

　なお，修正原稿の編集時に東日本大震災が発生した関係で，その津波災害等に対する言及は十分ではなく，今後補筆していく必要があろう．しかし，単に植栽，海岸林や公園緑地の整備にとどまらず，丸田が以前から提唱し，愛媛，山形等で例示しているように自然立地の立場から津波の危険性の高い所や崖崩れ，地滑り，洪水，液状化の危険区域等を災害防止緑地として指定したり，自然の保護・保全地域を優先的に確保したり，住居等の適地を選定する自然立地的土地利用計画の立案の作業と政策立案，建築物やその他の構造物，緑等を互いに調和するように空間に配置する，サイト プラニング (Site Planning) の導入，ピロティ形成による宅地整備やフォレスト コミュニティづくり等は，ランドスケープ アーキテクト (Landscape Architect，造園家) として，きわめて重要な，しかも緊急な課題である．

　しかし，アメリカでは全州の約半数以上に，州立大学を中心としたランドスケープ アーキテクチャー学部があるが，わが国においては関連学科を有する大学すら数少なく，したがって，とくに被災地の自治体やコンサルタントに限ると，仙台市を除けば専門家はごく少ない．これは全国共通の課題でもある．今後，重要とされる環境問題への対応を考えると，学科増設，既卒者の再教育等による人材の確保も急務である．

　本書はこのような意図も含めて編集，出版されたものであり，ランドスケープ分野の学生，技術者，研究者や行政関係者等のみならず建築，都市計画，土木等関連分野の技術者や行政関係者等およびNPO関係者，国民など幅広く読んで頂き，わが国のランドスケープ アーキテクチャーの理解と向上に役立てば幸いである．

　最後に出版にあたって，長期間経過したことを執筆者にわびるとともに，お世話になった技報堂出版株式会社の天野重雄氏をはじめとする皆様にも深く感謝する次第である．

2012年8月

丸　田　頼　一
島　田　正　文

◎編著者・執筆者名簿

【編著者】

丸田　頼一	千葉大学名誉教授	
島田　正文	日本大学	

【執筆者】

青島　利浩	(株) 東京ランドスケープ研究所	[3.5, 3.6, 3.7]
阿部　邦夫	元・(財) 都市緑化機構	[3.1/事例 4]
新井　安男	(一財) 公園財団	[16.1, 16.2]
飯塚　良一	(株) 緑政計画研究所	[16.4, 16.5]
伊坂　充	(株) エコー	[11.3]
市村　恒士	室蘭工業大学	[5.3, 5.5]
井上　豊	(一財) 日本開発構想研究所	[19.1]
上野　芳裕	(財) 都市緑化機構	[16.3/事例 14]
近江　慶光	千葉大学	[14 章]
荻野　淳司	アゴラ造園 (株)	[10.2/事例 5・7]
影山　秀子	(有) プラネット・コンサルティングネットワーク	[11.2]
勝　正憲	元・鎌倉市	[19.2]
角尾　友春	横須賀市	[事例 10]
金岡　省吾	富山大学	[20 章]
狩谷　達之	(株) 環境・グリーンエンジニア	[13 章]
北川　明介	(株) グラック	[3.4]
小谷　幸司	三菱 UFJ リサーチ＆コンサルティング (株)	[3.1]
佐藤　憲璋	(株) 都市計画研究所	[8 章, 10.1]
島田　正文	前掲	[3.1, 6.2, 6.3/事例 3・4・13]
清水　弘子	大磯町議	[18.1/事例 15]
清水　富二男	元・横浜市	[事例 12]
武田　重昭	兵庫県立人と自然の博物館	[4,1, 4.4]
霊山　明夫	(一社) 日本公園緑地協会	[6.3]
筒井　利夫	(財) 都市緑化機構	[17.1]
藤内　誠一	(株) 森緑地設計事務所	[2 章, 3.3]
鳥越　昭彦	(財) 都市緑化機構	[15 章/事例 7]
中村　忠昌	(株) 生態計画研究所	[5.4]
梛野　良明	国土交通省	[4.2]
西川　嘉輝	(一財) 公園財団	[11.1, 11.2, 11.4]
野澤　雄一	(株) 長谷工コーポレーション	[12.2/事例 8]
支倉　紳	(独) 都市再生機構	[4.3, 12.1/事例 9]
半田　真理子	(財) 都市緑化機構	[15 章/事例 7]
平田　真二	(株) エコー	[11.3]
福田　一敏	(株) 甲一環境企画	[17.2]
藤﨑　華代	元・(独) 都市再生機構	[18.2]
藤田　仁一	元・市原市	[事例 6]
舟引　敏明	国土交通省	[4.1, 4.4]
細川　卓巳	東京都	[事例 11]
松原　秀也	(株) ヘッズ	[事例 1]
丸田　頼一	前掲	[1 章/事例 16・17]
村岡　政子	(株) ライフ計画事務所	[3.2]
八色　宏昌	(株) グラック	[3.4/事例 13]
柳井　重人	千葉大学	[5.1, 5.2]
山本　忠順	(株)LAU 公共施設研究所	[6.1/事例 2]
山本　紀久	(株) 愛植物設計事務所	[9 章]
山元　誠	(株) 森緑地設計事務所	[7 章]
渡邉　重人	故人/(株)LAU 公共施設研究所	[6.1/事例 2]

(五十音順)

◎目次

第1章 ランドスケープ計画・設計序説 1

第2章 ランドスケープ計画・設計の基礎 5
2.1 美的空間構成のための原理 5
2.2 アイデンティティと空間構成 8
2.3 モチーフ，イメージ，アイディア，コンセプト 9
2.4 時　　　間 10
2.5 空　　　間 11
2.6 人　　　間 14

第3章 ランドスケープ計画・設計の種類とプロセス 17
3.1 ランドスケープ計画・設計の手順と方法 17
3.2 公園緑地の計画・設計の手順と方法 20
3.3 CADによる計画・設計 23
3.4 GISによる計画・設計 28
3.5 計画・設計業務の入札・契約 32
3.6 計画・設計業務に関する法規 32
3.7 計画・設計業務の倫理・資格・OJT・CPD 35

第4章 事業の手続きと手順 37
4.1 ランドスケープ関連制度・事業の概要 37
4.2 都市計画決定の手順 43
4.3 市街地開発事業等における公園緑地の整備 47
4.4 事 業 評 価 49

第5章 立地条件に関する調査・解析・評価 53
5.1 調査・解析・評価の目的と意義 53
5.2 調査・解析・評価の手順と方法 53
5.3 交通需要予測，観光需要予測 58
5.4 解 析 手 法 60
5.5 アンケートと数量化 63

第6章 公園緑地の基本構想・基本計画の立案 67
6.1 緑の基本計画 67
6.2 基本構想の立案 74
6.3 基本計画の立案 98

第7章 公園緑地の基本設計の立案 115
7.1 基本設計の考え方 115
7.2 基本設計の手順 115

　　　　7.3　基本設計の立案 117

第8章　公園緑地の実施設計の立案 139
　　　　8.1　実施設計の考え方と手順 139
　　　　8.2　実施設計の立案 142
　　　　8.3　CADによる実施設計 152
　　　　8.4　工事費の算出 157

第9章　造園植栽の計画からデザインまで──必然からなる計画・設計── 161
　　　　9.1　は じ め に 161
　　　　9.2　造 園 植 栽 161
　　　　9.3　造園植栽の類型 161
　　　　9.4　造園家の守るべきこととその役割 162
　　　　9.5　造園植栽計画 164
　　　　9.6　植栽デザインの基本 166
　　　　9.7　植 栽 材 料 167
　　　　9.8　植 栽 管 理 174
　　　　9.9　野生生物への配慮 176
　　　　9.10　植栽計画から現場までの一貫性を貫く 176
　　　　9.11　リニューアル&メンテナンス 177

第10章　素材と設計 179
　　　　10.1　素材の特性と設計 179
　　　　10.2　環境共生型の設計 189

第11章　公園緑地における自然環境の計画・設計 193
　　　　11.1　計画・設計にあたって 193
　　　　11.2　野生生物の生息生育環境の保全・復元──樹林地・草地等 193
　　　　11.3　野生生物の生息生育環境の保全・復元──水辺・湿地等 200
　　　　11.4　国営昭和記念公園における取り組み 204

第12章　住宅地整備におけるランドスケープの計画・設計 207
　　　　12.1　郊外住宅地・住宅団地の計画・設計 207
　　　　12.2　都心集合住宅敷地の計画・設計 211

第13章　防犯・安全とランドスケープの計画・設計 217
　　　　13.1　公園緑地等における犯罪と事故 217
　　　　13.2　防犯への配慮 218
　　　　13.3　安全確保への配慮 220

第14章　ユニバーサルデザイン 225
　　　　14.1　ユニバーサルデザインの計画 225
　　　　14.2　ユニバーサルデザインの設計 226

第15章　防災とランドスケープの計画・設計 235
　　15.1　防災公園の計画 235
　　15.2　防災と施設の計画・設計 237
　　15.3　防災と植栽の計画・設計 238

第16章　ランドスケープの管理 241
　　16.1　維 持 管 理 241
　　16.2　運 営 管 理 243
　　16.3　市民参加による管理 245
　　16.4　公園緑地の経営 247
　　16.5　公園管理とGISの活用 249

第17章　市民参画によるランドスケープの計画・設計 253
　　17.1　市民参画による公園緑地の計画・設計 253
　　17.2　ワークショップによる設計の手順と方法 259

第18章　歴史・文化的環境の保全とランドスケープの計画・設計 265
　　18.1　歴史的環境の保全と計画・設計 265
　　18.2　文化的環境の保全と計画・設計 269

第19章　都市・自然再生とランドスケープの計画 273
　　19.1　東京臨海地域における都市再生と水際線開放 273
　　19.2　緑化による自然再生 275

第20章　農山漁村の活性化とランドスケープの計画 277
　　20.1　経済計画・国土開発における農山漁村の活性化の今日的なとらえ方 277
　　20.2　農山漁村振興政策の今日的なとらえ方 278
　　20.3　農山漁村の活性化に求められるランドスケープ技術者の新たなかかわり 280

【事例】
事例 1　広域緑地系統 283
事例 2　緑の基本計画 284
事例 3　都市公園——近隣公園，地区公園，特定地区公園，総合公園，運動公園 286
事例 4　都市公園——広域公園，レクリエーション都市，国営公園 292
事例 5　自然素材による修景空間 295
事例 6　道 路 緑 化 298
事例 7　屋上・壁面・屋内緑化 299
事例 8　集合住宅の公開空地 301
事例 9　郊外住宅地・住宅団地 302
事例 10　工 場 緑 化 303
事例 11　キャンパス，学校緑化 304
事例 12　ビオトープ 305
事例 13　ビオトープネットワーク基本計画 307
事例 14　市民参画による公園 308

事例 15	歴史・文化的環境の保全と公園緑地	309
事例 16	アメリカの公園緑地	310
事例 17	ヨーロッパの公園緑地	313

◎ 文　　献 ... 317
◎ 索　　引 ... 321

第1章　ランドスケープ計画・設計序説

　世界的に有名な，ニューヨーク市の大公園，セントラルパークの基本設計は，設計競技により入選した，F.L. オームステッド（Frederic Law Olmsted）と，C. ヴォー（Calyert Vaux）組により行われた。そして，岩と沼地，荒蕪地ともいえる土地から，彼らのイメージする風致的な公園にするためには，従来の専門領域では解決し得ない学識と技術が必要であるとし，F.L. オームステッドは，1863年に，その職能をランドスケープアーキテクト（Landscape Architect）と名付けたことは有名である。また，世は1868年以降，彼をランドスケープアーキテクチャー（Landscape Architecture）の父と呼んでいるのである。

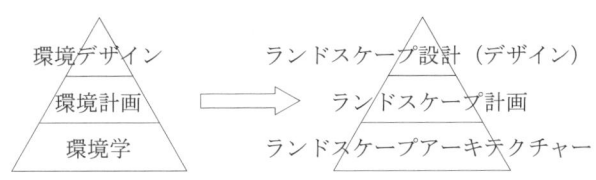

図 1.1　ランドスケープ計画とランドスケープ設計

写真 1.1　ランドスケープアーキテクトの誕生の地。F.L. オームステッド（Olmsted）らの設計によるセントラルパーク（ニューヨーク市）

　実際，オームステッドは，生涯，全米で1000箇所以上の都市公園の設計，数多くの公園緑地システム計画に関わったといわれているし，存在感は大きい。わが国において，ランドスケープアーキテクチャーは，従来，「造園学」と訳されることが多かったが，オームステッド以前に使用されていた用語，ランドスケープガーデニング（Landscape Gardening）と誤解されやすいこともあり，最近では片仮名表記のまま用いることが多い。

　ランドスケープアーキテクチャーとは，人間の生活空間における庭園や公園緑地等の自然の創出や保全のみならず，国土や地球の自然環境保全等に関し，景観的，造形的かつ生態的側面から研究したり，そ

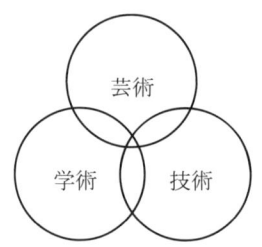

図 1.2 ランドスケープアーキテクチャー

れらの結果を普及させる領域の体系である。ここで，生態的側面とあるのは，ドイツ語の景観，ラントシャフト（Landschaft）には生態的，ならびに地域的概念が含まれたりもしているように，単に視覚的アプローチではないのである。

　また，ランドスケープアーキテクチャーは，学術，技術と芸術から成立つ実学であるのみならず，学術も自然科学と社会科学とを含み，人間活動と環境の相互作用を研究する，環境学（Environmental Studies）に位置づけられる領域内にある。そして，環境計画や環境デザインが環境学を基礎に展開されるように，ランドスケープアーキテクチャーをベースに環境計画に対応したランドスケープ計画，環境デザインに対応したランドスケープ設計（デザイン）が，また，本書では詳しく触れていないが，施工・管理も相互に，それぞれ連続性を保って，位置づけられることになる。

　計画は設計よりも早い時期に位し，調査解析を伴いつつ，科学的な論理性が指向される。つぎに，それを受けて，技術と芸術とを駆使した設計が行われるが，ランドスケープ計画は，安全で快適な国土や都市等の人間環境を保全・創出するうえで不可欠である。前述したF.L. オームステッドは，1868年から2箇年間，イリノイ州リバーサイドのコミュニティ計画に関わり，リバーフロントを保全しながら開発する手法を取り入れており，すでにその時代からランドスケープ計画に注目していたことがわかる。

　現在，わが国におけるランドスケープ計画の事例として挙げられるものに，首都圏近郊緑地保全法等に係る大都市圏の緑地保全地区指定，都道府県広域緑地計画や都市スケールの「緑の基本計画」等がある。これらの中で，「緑の基本計画」は全国的に浸透性が高く，わが国を代表するランドスケープ計画の一例といえる。それは，1976年に遡るが，都市計画中央審議会から，原形である「緑のマスタープラン」の策定の目的と必要性について答申が出され，1977年から各自治体ごとに作業が推進されていたり，1995年の都市緑地保全法の改正に伴い，法に位置づけられたこと等に起因する。

　「緑の基本計画」立案に当っては，広範な自然的要素や社会的要素の調査を基礎とし，将来の都市構造のあるべき姿とも対応させつつ，緑地の機能である環境保全，レクリエーション，防災および景観構成の各系統別緑地配置計画の樹立も必要になる。今後，この「緑の基本計画」立案調査を，学術的にもより説得力あるものにし，さらに実効性あるものにすることにより，わが国のランドスケープ計画のレベルを国際的に最先端のものにすることが可能である。これらのほか，ランドスケープ計画の代表例として，サイトプランニングがある。

　サイトプランニング（Site Planning，敷地計画）とは，「建築物やその他の構造物，緑等を互いに調和するように土地に配置する技法」であり，アメリカ等で60年以上前から定着しており，サイトプランナー（Site Planner）と呼ばれるランドスケープアーキテクトも多い。

　イアン・マクハーグ（Ian McHarg）は，自然性豊かな地域に，建築物，道路等人工物をどのように配置したらよいのかについて調査研究し，1969年に「Design with Nature」を著した。多くの場合，太陽，風，地質，地形，水文，土壌，植生，野生動物，景観，文化財等の自然的・文化的要素を調査し，個々に解析するのみならず，重層化法により評価し，人工物の導入の立地や配置，規模等を探りつつ計画する手法をとったが，ランドスケープ計画に欠かせない分野である。

　アメリカを中心に，リゾート開発計画，キャンパス計画，さらには，対象地域の敷地の自然的状態に

写真 1.2 ランドスケープ計画を重視したリゾート—I. マクハーグらによる，アメリアプランテーション（フロリダ）

関係なく，市街地再開発，住宅団地等の棟配置計画等，数多くのサイトプランニングの事例をみることができるが，大学教育等も関係し，日本のランドスケープアーキテクトによる事例は少なく，今後の課題である。なお，ランドスケープ計画に関わる国際的な潮流は，ランドスケープアーキテクトと理学等科学者との協働やコンピュータ工学の駆使であり，この面の社会的需要は，増加の一途をたどっているといえる。

つぎに，ランドスケープ設計について述べる。土木や建築と異なり，ランドスケープの場合は，植物，すなわち有機物を対象にするし，施工後の生長をも含めた，その特性をも十分に理解したうえでの設計であることが望まれる。また，設計の対象は，庭園や公園のみならず，最近では道路，河川等広範囲にわたる一方，デッキ上部や人工地盤への植栽等，建築や土木の技術者との協働が必要であったり，複雑さを呈している。そのため，ランドスケープの基本設計であっても，実施設計の技量も要求されたり，関連分野の知識も不可欠になってきた。このことは，大学における設計教育のレベルの向上や，より高度の技術者養成の必要性を意味する。ランドスケープ設計は，デザイン，植栽デザイン，施工から成り立っており，バランスのある教育と統合的な技術の習得とが課題になるのである。

一方，21世紀に入り，低炭素社会の構築の面からすでに今後の数値目標が定められ，グローバルな面から学術・技術や政策による解決が早急に求められたりもしている。このような国際的な対応とともに，国内では，東日本大震災からの復興や原発の安全性に対する国民の信用回復にも努めながら，高齢化，人口減少，情報化等にかかわる大きな環境問題を抱えていることから，これらの諸問題にも従来からの諸課題に加え，対応を図っていかなければならない。

そして，現在，循環型社会，低炭素社会や生物多様性等を含めた自然共生社会の構築がかなりの広がりで浸透しはじめたことを考え合わせると，今後，「環境国家づくり」に視点を置きつつ，地球環境保全，地域環境保全・創出の双方の面から，国，自治体，企業，国民等が役割を分担しながら，一体となって目標を達成すべきであるし，ランドスケープアーキテクトを中心とした環境コーディネータとしての活躍も期待される。たとえば，国土形成計画に即して我が国の美しい国土景観を保全し，修復したり創出するには，自然保護のみならず，文化の伝承を考慮した諸事業の導入方法や計画のあり方が問われているのであるし，解決すべき視点と方法を明確にする総合的な学理と計画技術や国土管理技術も必要になる。

そのためには，横断的な教育のほか，技術者等に対する本質論の再教育，環境の計画，施工や管理を目標にすえた総合的な施策の立案と事業の推進や，住民とともに環境の保全と創出を考える，学際的能力を有する美意識豊かな環境コーディネータも求められる。

このような視点は環境都市づくりや環境農山漁村づくり等でも同様であり，我が国の空間計画等にかかわる。とくにフィジカルな環境問題等の解決にあたっては，環境学原論や環境学の学識を基礎とし，環境解析・評価—環境計画（環境デザインを含む）—環境施工—環境管理の学理と技術の体系論の確立と人が要請されることになる。

第2章 ランドスケープ計画・設計の基礎

2.1 美的空間構成のための原理

　空間はさまざまな要素から構成される。見た目の景観をつくっているのは形である。すべての形と形との間には何らかの関係性があり、これがさまざまな印象を生む。相互に心理的作用を及ぼし、あるいは離合集散して秩序をつくる。その秩序が美しさを生むのである。美しいということは調和しているということである。調和は秩序によってもたらされる。秩序には原理がある。秩序をもたらす美的原理は形と形の関係性から生れる。

　別々の独立した形も、群としてまとまると新たな形として印象づけられる。複雑な形も全体としては単純な形として理解される。類似した形が規則的にならぶと、そのまとまりはきわめて単純な形に変る。

　樹木の細部はきわめて複雑な形をしているが、全体としては幹が円柱、樹冠が球や三角錐といった幾何学な組み合せとして認識される。さらにそれが並木道になると、直線という単純な形に近づく。並木

写真 2.1 Boca Raton Hotel&Club(U.S.A)
並木は全体として直線に形を変え、ビスタを形成する。

写真 2.2 山城総合運動公園 (京都府)
単純な軸線は空間に秩序を与え、強い印象をもたらす。

写真 2.3 Sydney 市内 (Australia)
大きな木が空、芝生、背景の建物とコントラストになっている。

写真 2.4 Washington D.C.(U.S.A)
オベリスクが形づくる水平垂直のコントラスト。

道を美しく感ずるのは類似の形がまとまって図形化するからである。

このように，形は結合し，より単純な形にまとまり，安定しようとする性質をもっている。形が類似しているほど，配置が単純なほど，この傾向が強い。まるく並べられた列柱は円となる。単純な形はわかりやすく，みるものに強いメッセージを与える。単調で退屈なものになることもある。空間を構成するとき，あえて異質のものを取り入れるのはそのためである。

目に見える形は色や質感を伴っている。また，空間を構成する要素には形のないものもある。時間，明るさ，天気，湿っているとか乾燥しているといった空気の状態，風，におい，重さなどである。こういった自然の要素をつねに意識しておくことも，ランドスケープの計画・設計では重要である。

似た形は結合するが，相反するものは反発しお互いをひきたたせる。その結果空間に緊張感が生れ，印象が強くなる。対比（コントラスト）には大小，高低，太い細いといった形の要素のほかに，明暗，寒暖，新旧といったものもある。人工と自然，内と外，見えるものと見えないものといった空間のもつ性格の対比もある。空間を構成する要素の類似点を強調するか違いを引き立たせるかによって計画・設計の意図が表現される。

人も動物も昆虫もみな左右対称（シンメトリー）の形をしている。樹木や草花もおおむねこれに近い。花や鉱物の結晶，組織の断面などは放射対称になっていることが多い。幾何学的な形は安定している。西洋の庭園では左右対称の空間構成や幾何学紋様が多くみられる。水面は景色を映して天地対称の印象深い景観をつくる。公園では軸線が対象の構図を生むことが多い。

配置に規則性がなくても全体にまとまりを感じることがある。バランス（つりあい）とは重さの秩序を

写真 2.5 健康の森公園（鹿児島県）
沈床の階段と池，噴水がつくるシンメトリーの構図。軸線のアイストップとして桜島を借景にしている。

写真 2.6 Scottsdale Desert Wash (U.S.A.)
水面に映る天地のコントラストが印象的な景観をつくることが多い。

写真 2.7 Battery Park City (U.S.A.)
放射対称が加わった整然としたシルエット。

写真 2.8 富津海浜公園（千葉県）
幾何学的な図形の展望台がバランスよく構成されている。

示す言葉だが，重量感は視覚的にも直感される。空間やその構成要素も，大きさや色，質感などによって重量を生ずる。建物や樹林地は重く，広い芝生や水面，空などは軽く感じられる。見た目にバランスがとれていない景観には無理がある。

風景画には空，水面，山，地面，船や橋，建物などの人工物がバランスよく配置される。ランドスケープは風景画のように美しい景色を意図的につくろうとする試みでもある。日本庭園の石組みや配植はバランスのとれた構成の代表的なものである。

バランスのいい形は安定しているため，静かで単調な印象を与えることもある。そのため意識的にバランスをくずして空間を構成し，やや危険で動的な感じを意図することもある。

美しい形には数的秩序がある。黄金比やルート矩形，モデュロールなど，自然界の美しい形にひそんでいる比例 (プロポーション) のルールもいろいろと知られている。長さ a の線分を b と c とに分割し，$a:b=b:c$ となるとき，これを黄金分割とよび，この比 (おおむね 8:5) を黄金比という。面についても同様である。また，長辺が短辺のルート 2 になっている長方形は，同じタテヨコ比でどこまでも半分に分けることができる。これをルート 2 矩形という。もっとも美しい体型は八頭身だといわれているし，人の部位の比例をもとにした空間の法則もこれまでさまざまに提唱されている。

律動 (リズム) は音楽の重要な要素だが，形の反復は造形作品や空間構成の原理として扱われる。形に色や質感も加わって，強弱の流れが一定の変化を感じさせるのである。リズムは時間的な経過を伴うため，ランドスケープでは路の変化として演出されることが多い。並木や舗装の構成がその例である。上りと下り，明るさ暗さが交互にあらわれたり，歩行者の目に入る景色の移り変わりが律動感を演出する。

写真 2.9 竜安寺境内 (京都府)
伝統的な日本庭園の美には $\sqrt{2}$ 矩形や黄金比などの幾何学的な図形がつかわれていることが多い。

写真 2.10 Vancouver 市内 (Canada)
舗装には図形があらわれる。

写真 2.11 Seattle 市内 (U.S.A.)
縁石の曲線と噴水とがリズムをつくりだす。

写真 2.12 Stanley Park (Canada)
美しい景観は調和がとれている。そこには秩序と変化がある。

美しい景観には自然の要素が欠かせない。樹木や水には変化がある。ランドスケープの美しさは図学的な美しさだけでは説明できない。公園美は建築的な美しさとはおもむきが異なるのである。

結局のところ美しさとは調和(ハーモニー)がとれている状態のことなのである。調和とは似合っているということであり，対立的な異質性があってはじめて成立する概念である。石だけをみて調和しているとはいわない。水や樹木に相対してはじめて似合いの景観ができあがる。調和とは，多様なものが統一されているということであり，さまざまな変化がひとつにまとまっているということである。類似のものの中に適度に異質のものが加わって変化が生れ，しかもそれが全体として一つにまとまっているものが美しいのである。

2.2 アイデンティティと空間構成

計画・設計の基本となるのがアイデンティティである。テーマとは意味あいが違うが，テーマがアイデンティティとなることもある。ちなみにテーマとは，どんな公園にするといった計画・設計の目標をいう。アイデンティティはなぜこの公園をつくるのかという動機づけをするものである。空間の個性といったものであり，存在意義でもある。アイデンティティが鮮明であればあるほど特徴をだしやすくなる。「都市の顔」というより「音楽の都のシンボル」とした方が，計画が進みやすくなる。アイデンティティを表現するのが計画・設計だから，これがなければ空間構成は説明できない。アイデンティティと

写真 2.13 Walt Disney World(U.S.A.)
理想都市を新しく創造するという Walt Disney の理念がはっきりしている。

写真 2.14 Central Park(U.S.A.)
Frederick Law Olmsted は，都市にあって都市から離れた，静寂と心の安らぎの場を理想の公園とした。

写真 2.15 Vienna Stadtpark(Austria)
音楽の都のシンボルとなる公園。アイデンティティを著名な音楽家たちのリアルな彫像で表現している。

写真 2.16 養老天命反天地 (岐阜県)
生命の根源をとりもどす心のテーマパークをアイデンティティとしている。コンセプトは非日常空間の体験。

は計画・設計者のこだわりであり、あつき思いだといってもいい。

　アイデンティティには機能、用途、性格づけといった全体的なもののほか、空間構成によるもの、象徴的な施設や材料をとりあげたものなどがある。ジャンルはさまざまできまったルールはない。大切なのは個性であり、差別化である。

　公共施設の計画・設計ではアイデンティティが明快でないことがある。それはランドスケープがさまざまな機能をもっていたり、人によって価値観が異なったりするからである。その場合には空間構成をしながらアイデンティティを議論してもいい。公共施設ではアイデンティティを計画・設計者から一方的に提示するより、市民とともに考えることに意味がある。

　なるべくなら具体的でわかりやすいものをアイデンティティとすべきだが、哲学的・抽象的なものから豊かな空間が生れることも多い。その場合にはイメージをふくらませ、形のよりどころをさぐらなければならない。これが空間構成のコンセプトであり、デザインのモチーフである。

2.3　モチーフ，イメージ，アイディア，コンセプト

　創作活動には発想や表現のよりどころが必要である。機能をデザインの動機づけとすることもあれば、見た目を特徴づける具体的なものをくりかえし使うこともある。これは絵画や彫刻などで顕著にみられる手法である。装飾美術では、反復してあらわれる基本単位をモチーフという。Antoni Gaudi が設計した Parque Guell は、木の形などの自然の姿がモチーフになっている。

写真 2.17　Parque Guell(Spain)
　Antoni Gaudi は自然の姿を公園のモチーフとした。

写真 2.18　Plau Kapas(Malaysia)
　やしの木が空間のイメージを決定づけている。

写真 2.19　Park Andre Citroen(France)
　企業が移転した跡地の公園計画には複数のデザイナーが参加して数々のアイデアをもりこんだ。

写真 2.20　Gas Works Park(U.S.A.)
　工場跡地を公園にするため国際コンペが行われ、設備をそのまま生かすというコンセプトが評価された。

空間の印象は広い狭い，明るい暗い，静かうるさいといったものやにおいなど，五感と密接に関係している。ランドスケープではシンボルツリーが空間のイメージを特徴づけることもある。

こういった空間にしたい，これをねらいたいといったユニークな発想があれば，計画・設計の質はどんどん深まっていく。どんな卓抜したアイディアでも，必ず何かの経験や他の事例が下敷きになっている。多くの事例に接し，それを評することが発想力を高めるトレーニングになる。このように計画・設計者が能力を高める努力をすることも大事だが，一人の思いつきには限界があるため，ワークショップやブレーンストーミングによってアイディアを練ることも必要である。

計画のコンセプトがしっかりしていれば説明はしやすく聞く方もわかりやすい。コンセプトとは作者の意図のことである。コンセプトを表現する具体的な作業が計画であり設計である。まずコンセプトを定め，これを具体化する方法を考える。

アイデンティティと同様に，コンセプトもまた必ずしも計画・設計者だけで決めるべきものではない。ランドスケープは公共性が強いため，関係する多くの人からコンセプトのアイディアが出される。それを受けとめてひとつにする。公園のコンセプトは市民や行政の責任者がさまざまな議論を重ねて到達すべきものである。

2.4 時　　　間

ランドスケープの特徴は時間の要素が大きく影響するところにある。どんな空間にも何らかの歴史的文化的な背景があり，朝昼夜，さらに季節ごとにも様相を変え，年を重ねて植物が成長する。また，空

写真 2.21　Seattle 市内 (U.S.A.)
太陽が動き光が変化して時の流れを感じさせる。

写真 2.22　Christopher Colunmbus Waterfront Park(U.S.A.)
パーゴラの影が地表に印象的な模様をえがく。

写真 2.23　佐里コスモス園 (佐賀県)
植物は象徴的に季節の移り変わりを印象づける。

写真 2.24　Boston Common(U.S.A.)
記念碑の空間には歴史の流れがとどめられている。

間の中に入りこんで動きながら感じることもランドスケープの特徴である。そのつながりをシークエンスという。回遊式の庭園は歩く人がさまざまな景色を楽しめるように演出する。ランドスケープのシークエンスとは，動線上に連なる空間の時間的構成のことである。

光と影は時間を感じさせる。太陽の動きが空間に光と影をもたらし，日時計は具体的に時を示す。美しい影を描くパーゴラもある。木のデッキや波立つ水面は，日の光を反射してまぶしさの中に静けさをよぶ。光と影は歩き回る人に刻一刻と違った印象を与え，時間の経過を伝える。

夕日の光は強さも色あいも方向も，朝とは異なる。夜になると人工的な光が無限の変化をつくりだす。光の点景，ライトアップ，イルミネーションなど，夜は光の芸術の舞台である。公園では防犯やエネルギーの消費といった課題もかかえている。光と影をつかいこなすことは，専門の職能を生むほどに重要なことなのである。

光と影の強さや方向は季節によっても異なる。したがって，暦にあわせて空間を演出することもできる。星座も季節と密接に関係している。季節を感じさせるアイテムは植物である。日本は四季の変化に富んでいる。ランドスケープに季節をもりこむのは計画・設計の楽しみであり，義務でもある。

さらにランドスケープには，十年，百年，千年の長い時の流れが包まれている。伝統や風俗習慣が意匠に反映される。地形を読み解き，遺構を生かし，古いものを大切にするのはランドスケープの基本的なルールである。巨樹古木にも時間が宿っている。そして新たに植える木は長い歴史の始まりとなることを，計画・設計者は意識しておかなければならない。

2.5 空 間

空間はさらにいくつかの小さな空間に分けられる。その分割のし方や配列，アイテムの違いによって，視覚的な印象はまったく違ってくる。

空間はその表層からメッセージを発している。それは色や質感（テクスチャー）によってもたらされる。類似，対比，対称といった美の原理も，形に伴う色や質感がつくるものである。色は暖かさや寒さ，補色などによる相性の良し悪し，一体化といった法則をもっている。石，木，金属，コンクリート，レンガ，ガラス，土など，質感の違いは落ち着きや静けさ，安心感といったさまざまな印象の違いをつくりだす。ランドスケープの質を決定づけるのは表層である。

土地それ自体にエネルギーがある。これは土地の形状や方位によってつくられる。高い場所に大きな木を植えれば勢いを強める。起伏のない単調な敷地も，築山や植栽によって勢いをつけることができる。地勢を理解し，これを生かし，あるいはあらためていくことが必要である。また，気候気象のもたらす影響力を経験的に言いあらわしたものを方位といい，これに地学的な要素を加えたものが風水である。

写真 2.25 Atlantic City のボードウォーク (U.S.A.)
木の板のテクスチャーがあたたかみを感じさせる。

写真 2.26 桂離宮のこけのテクスチャー (京都府)
植物も空間のテクスチャーとなる。

写真 2.27 図としてのバードケージ (福岡県)
意匠を工夫した博覧会場の施設が図になっている。

写真 2.28 地となったバードケージ (福岡県)
空間内部では図が地に変る。

地 (Ground) と図 (Figure) の関係が空間に秩序をつくる。図になりやすいものは，視野の中央にあるもの，斜めのものより水平または垂直のもの，囲むより囲まれたもの，大きいものより小さいもの (図形は一般的に小さくなろうとする傾向をもっている)，同質のものより異質のもの，群化したもの，対称形，過去に体験したものなどである。地と図の区別が明らかなものほど，景観の印象が強く安定する。地と図の関係が弱いと空間が落ちつかない。また，図に近づくとそれが地になり，新たな図が現れてくることもある。地と図の階層はランドスケープのシークエンスを形づくる大切な要素である。

地形と植生，人工的な囲いによって，空間には領域 (テリトリー) が生ずる。領域は人と人との間に距離を作り，安心をもたらす。領域をつくることは人間の本能に基づく行為なのである。

物理的に囲まれたもの (閉じた領域) だけでなく，一本の木やひとつのベンチが領域をゆるやかに形成すること (開かれた領域) もある。領域となるベンチ相互の距離は物理的に何メートルと定められるものではない。ベンチの置かれた空間のスケールや雰囲気，数によっても異なってくるからである。隣り合せたベンチが別の領域に属することもある。

また領域には，聖域や結界といったものもある。自分のための私的な場ではなく，風土習慣や宗教的な意味をもつ領域である。そこには領域を象徴する何かが存在する。

閉じた空間に身を置くと，安心感に包まれたり，逆に孤独や不安を感ずることもある。屋外でありながら室内にいるような安定した空間を，植栽や囲いによって演出することもできる。このような内包的な領域は秘密の花園や瞑想の場となるが，ホームレス対策や防犯上の理由から，これを公園に計画することには抵抗もある。魅力的な場となるだけにさまざまな工夫をこらしたい。

領域は相互に関連をもたせながら，全体としてひとつの意味をもつようにする必要がある。空間の系統 (ネットワーク) は軸線や回遊性，平面的な対称配置やバランスのとれた位置関係によって意味づけられる。迷路のように入り組んだ空間のわかりにくさや意外性が，ネットワークの魅力となる場合もある。また，図の空間をたどるだけではなく，地から図をみるポイントがネットワークの要素となることもある。こういった空間の文脈 (コンテクスト) によって，ランドスケープが意味をもつようになるのである。

わが国では作庭の作法として，借景が多く用いられてきた。遠くの山や海，島などを背景とし，大木や大きな建物を構図に取り込んで庭をつくったのである。この考え方に基づいて，山や海を背景とする公園も各地につくられている。一方では借景の構図に近代建築が入り込み，芸術の価値を落としてしまうこともある。これは歴史や時間そのものがもつ計り知れない富を失うことでもある。ニューヨークのセントラルパークに代表される高層ビルと緑との対比を，モダンな景観として評価するむきもあるが，これは意図してつくられた景観ではない。公園の緑はもともと都市景観を隠し，忘れさせるためのものだったのである。庭園を時の芸術として評価するなら，背景に近代建築を許すべきではない。

反対に，庭や自然が景色そのものとなるとき，これを貸景という。みられる立場でランドスケープを

写真 2.29 中央区水谷橋公園 (東京都)
照明灯が空間を囲み，領域を規定している。

写真 2.30 Palacio de la Alhambra(Spain)
内庭の空間，内と外の領域の融合，ネットワーク化した回遊などさまざまな文脈が組み込まれている。

写真 2.31 Long Beach 市内 (U.S.A.)
一本の樹木によっても領域は設定される。

写真 2.32 Jack London Village(U.S.A.)
空間のシークエンスが立体的に構成されている。

写真 2.33 Battery Park(U.S.A.)
海と自由の女神が借景になっている。

写真 2.34 港区一の橋公園 (東京都)
空間をフレームで切り取る手法は借景貸景の応用である。

計画・設計することは，とても大切なことである。

さまざまな用途に対応する空間がある。運動施設のように一つの空間が単一の目的に使われる場合もあるが，その場合でもスポーツをする人とみる人とは空間をすみ分けている。いろいろな用途に複合的に使われると空間は生き生きとし，経済的価値も高まる。公園自体が複合空間だが，その部分空間にも複合 (コンプレックス) を意図する必要がある。

必要に応じて使い方を変えるように計画した空間もある。広場はバザールや祭りの会場となる。園路

写真 2.35 浜松城公園石舞台 (静岡県)
普段は自然と一体になった広場の一部が，時には野外ステージに姿を変える。石舞台自体がモニュメントでもある。

写真 2.36 別府市松原公園 (大分県)
公園はしばしば祭の会場として利用される。

がパレードやパフォーマンスの場となる。こういった用途の転換 (コンバート) も多様性の一形態である。転換を円滑にしかも感動的に行うためには仕掛けが必要になる。小屋がけやテントは場の転換に欠かせない。あらかじめ準備された基礎やジョイントが役に立つ。音響や照明が必要になることもあるため，供給処理設備も重要である。せっかくのイベントが仮設発電機の音で興ざめになる例は多い。

2.6 人　　間

　ヒューマンスケールとは，人が認識して快く感じる大きさのことである。空間が小さすぎると息苦しく，大きすぎると疎外感を生む。原則的には車椅子と車椅子とが抵抗なくすれ違う物理的な幅だとか，群集行動の特性などから施設の原単位は求められる。ベンチや階段の大きさ，手すりの高さなどは，人体のサイズをもとにして決める。

　心理的な側面も考慮する必要もある。たとえば園路の幅は歩行できるかどうかだけで決められるものではない。軸線を強調したりビスタ (見通し線) を印象づけるために，わざとオーバースケールにすることもある。逆に芝生を広く感じさせる目的でわざと狭くすることもある。

　屋外では予期せぬ行動や空間の使い方がでてくる。ディテールデザインでは安全性を最優先しなければならない。さらに耐久性にも留意する必要がある。公共の屋外施設は壊されたり，想像以上の負荷が

写真 2.37 Miami 市内 (U.S.A.)
都市空間ではスケールの調和を意図しなければならない。

写真 2.38 Boston Common Public Garden (U.S.A.)
広大な敷地の中で，ヒューマンスケールの公園が模索されている。

写真 2.39 錆びたまま放置された遊具
安全な空間を計画・設計するために，材料の耐久性や維持管理の体制もチェックしておく必要がある。

写真 2.40 公園内の青いテント群
ホームレスへの対応は公園計画における大きな課題である。

かかったりする。安上がりにつくろうとせず，丈夫なものにしておかなければならない。

　誰もが利用でき楽しめる，バリアフリーの施設づくりが必要である。車椅子の利用，視覚不自由者や高齢者に配慮したユニバーサルデザインが求められる。階段やスロープ，手すりなどには設計の指針がつくられている。こういった身体に対することだけでなく，自閉症やうつなどの精神的弱者の受け入れこそ，ランドスケープが課題とすべきものである。美しくおしゃれな公園をつくるだけではなく，防犯・安全を実現する，防災の機能をもつ，維持管理や運営管理に配慮する，といったことも忘れてはならない。都市の自然を保全する，静けさを演出する，子どもたちが元気に動き回る，その姿を眺める場を準備するなど，人間味にあふれた空間づくりこそランドスケープ計画・設計の目指すべきものである。

第3章 ランドスケープ計画・設計の種類とプロセス

3.1 ランドスケープ計画・設計の手順と方法

3.1.1 ランドスケープの計画・設計にあたって

　ランドスケープとは，地形，地質，動植物，さらに気候や気象，時間などの自然の作用といった"自然"をベースに，人の営みとしての生産，消費，建設，開発などの人工，さらに歴史，芸術，文化が加わり，景観が形成されてくるものといえ，その総合的なものとして把握される。

　日本社会におけるランドスケープのベースとなる自然と人の営みとしての人工の関係を概念的にとらえると，自然の中で暮らし，自然の恵みにより生きてきた縄文の社会から，米という農産物の栽培と富の蓄積，社会構造の変化を経て，さらに国家，都市の出現の中で文化が醸成され，自然観が形成されてきた平安の社会，さらに身分制度，社会構造の確立をみる江戸の社会では，江戸，大坂などの大都市（人口の集中）を見始めるものの，いまだ自然を基調とした社会が形成され，自然観に基づく風流・文化が醸成されていたといえよう。大変革を迎える明治となると，一気に西洋文明の導入，技術革新が行われ，自然を克服していく社会へと変貌し，大正の社会へと発展していくのである。そして，地球規模での戦争を経験し，高度経済成長の時代を迎え，自然を開発し，資源を搾取して，経済優先の風潮の中，公害，環境問題が顕著となり，環境問題では，地球規模での見直しを迫られる状況に至ったのである。ここで，「土地とランドスケープ」(ブレンダ・コルビン著，佐藤昌・内山正雄訳，(社)日本公園緑地協会，昭和48年9月1日発行)の訳者序から引用すると，「人間は土地およびランドスケープを開発し，その自然資源を搾取し，あるいは享受しながら生存し，繁栄してきた。(中略) われわれ人間は，自然の恩恵によって生きてきたといってさしつかえない。太陽，大地，水，それに動植物，地下資源，海洋等すべて自然の恵みによって生活してきているのであるが，これら自然資源は無尽蔵ではない。」

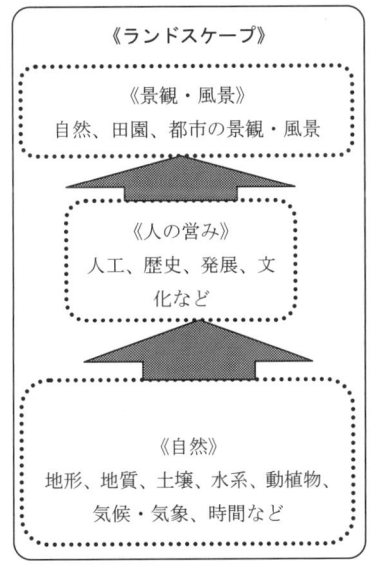

図 3.1 ランドスケープの概念

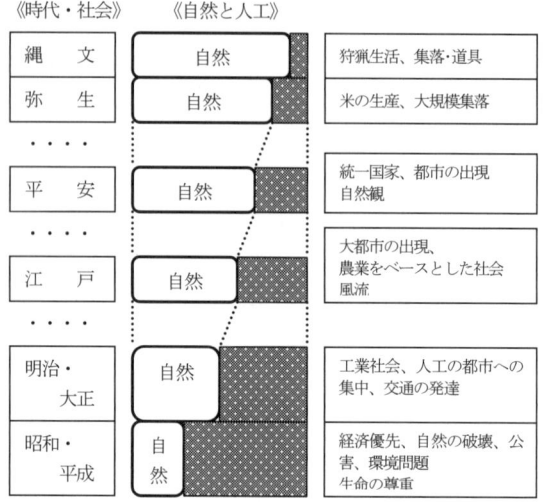

図 3.2 人の営みと自然の関係（日本社会における自然との関わり）

　すなわち，ランドスケープの計画・設計を行うには，自然と人工との調和をはかり，人間の生命，あるいはひろく生き物の命を育む自然との関係を踏まえた取り組みを行っていくことが必要である。そして，ランドスケープデザインとは，自然・人の営みのうえに成り立つ景観をコントロール，調和をとっていく技術ともいえるであろう。したがって，流行のデザインのみに左右されることなく，長期的な視野をもった取り組みが求められるのである。

　つぎにランドスケープが扱う分野として，自然，景観のもっとも根本的な緑のもつ効用，機能についても十分に把握しておかなければならない。緑・緑地の機能については，丸田が「環境緑化のすすめ」において，「緑・緑地のもつ"環境保全・創出機能"」として，以下のようにあげている。
- 自然的環境保全・創出機能
- 大気汚染，騒音・振動，風害等公害軽減防止機能
- 土砂崩壊等自然災害や延焼防止，避難用広場の確保等人為的災害にかかわる災害軽減防止機能
- 景観保全 (創出) 機能
- 歴史的・文化的環境保全 (創出) 機能 (注：(創出) は加筆部分)

緑・緑地のもつ機能は，以上のように多岐に渡るものであるが，ランドスケープ計画・設計にあっては，その目的を十分に把握し，緑・緑地のどの機能を，あるいは組み合せることが，もっとも必要かを見極め，効果的な緑・緑地のレイアウト，デザインを行うよう心がけなくてはならない。

3.1.2 ランドスケープ計画・設計の対象

　ランドスケープ計画・設計の対象については，島田が「ランドスケープの計画」において述べている内容を以下に引用する。

　ランドスケープ計画・設計は，建築物周囲を対象とした計画，都市公園の計画から緑の基本計画や地域の環境管理計画等に代表される一定地域や都市全体を対象とするような計画，農山漁村や自然環境地域における計画，さらには国土全体を対象とする計画等，何れも良好な空間秩序の形成を目指し広範囲において展開されている。そして，ランドスケープ計画・設計は，ランドスケープエコロジー→ランドスケーププラニング (計画) →ランドスケープデザイン (設計) →ランドスケープマネージメントに至る一連の流れを構成しており，その対象は，人の営み，空間の広がりでとらえると，戸 (住宅)～地区・コミュニティ～地域・都市～県～地方～国 (国土)～地球という単位が想定される。

　そこで，ランドスケープ計画・設計の対象を，都市空間を事例として空間的かつ形態的な側面や主要な計画目的等をもとに概略的に分類すると，以下のように示される。

(1) 個別空間系の計画・設計
① 点的な空間を対象とした計画：生活系の空間に位置する学校，病院，集会所等の施設や建築物個々の緑化に関する計画および関連する設計等，レクリエーション系の空間に位置する小規模な公園，広場，緑地の都市施設に関する計画およびそれらに関連する設計，環境保全系の空間に位置する社寺林，樹木等の保全に関する計画およびそれらに関連する設計
② 線的な空間を対象とした計画：交通系の空間に位置する道路沿いの修景や緑化，ショッピングモール，緑道，サイクリング道，水路・運河等に関する計画およびそれらに関連する設計，レクリエーション系や環境保全系の空間に位置する，河川や海岸の整備等に関する計画およびそれらに関連する設計
③ 面的な空間を対象とした計画：生活系の空間に位置する住宅地の緑化等の計画およびそれらに関連する設計，レクリエーション系の空間に位置する大規模な公園の計画，環境系に位置する緩衝緑地，避難緑地，都市内農地，斜面林，樹林地等の保全に関する計画およびそれらに関連する設計

(2) 全体空間系の計画・設計

　個別空間系の計画を含みつつ，点－線－面の有機的な結合による系統計画および関連する設計である，緑の空間計画，都市緑地・緑化計画，自然保護・保全計画，公園緑地計画，観光・レクリエーション計画，リゾート計画，都市景観形成計画，まちなみ保存計画等，都市環境計画，環境管理計画等，歴史的風土や文化財の保全計画，都市防災計画，ニュータウンの環境計画およびそれらに関連する設計であり，都市計画の一環として土地利用計画，交通計画，住宅地計画等との関係や社会，経済面等との整合のもとに立案される。

　さらに，これら全体空間系の計画を，主たる計画目的，計画手法，ランドスケープ計画・設計の原則的な目標ともいえる「安全性，健康性，能率性，快適性」等の側面のうち，とくに，関連深い安全性，健康性，快適性に照らし合せ分類すると，安全性の側面からは，都市防災系計画およびそれらに関連する設計 (自然災害防止計画，社会災害防止計画，避難路・避難緑地計画等)，健康性の側面からは，レクリエーション系計画およびそれらに関連する設計 (公園緑地計画，観光・レクリエーション計画，リゾート計画等)，快適性の面からは，環境保全系計画およびそれらに関連する設計 (緑の空間計画，歴史的風土や文化財保全計画等)，都市景観系計画 (都市景観形成計画，まちなみ保存計画等) に大別される。そして，これらの計画を含め，総括的に都市環境を位置付ける都市環境・管理系計画 (都市環境計画，環境管理計画等) が位置する。すなわち，都市防災系，レクリエーショ系，環境保全系，都市景観計画系の計画は，横軸で相互に密接に関連し合い，また，都市環境・管理系計画や個別空間系計画との縦軸においても密接な関係を保つ必要がある。

3.1.3 ランドスケープ計画・設計の基本的プロセス

《単位》	地球	国	地方	県	地域・都市	地区・コミュニティ	戸（住宅）
《緑・公園》	森林 海洋	国立公園 国定公園 歴史的風土保存 国営公園 レクリエーション都市	近郊緑地 広域公園	県立自然公園 緑地保全 緩衝緑地 総合公園 運動公園	保存樹林 都市緑地 地区公園 緑道	近隣公園 街区公園	保存樹木 屋敷林 庭 オープンガーデン

図 3.3　公園緑地を中心としたランドスケープ計画・設計の対象

　上記のような計画・設計は，主たる目的や対象等が異なる場合や重複する場合もあるが，一般的には，「企画−構想−計画−実施−運営」のフローに位置づけられ，都市計画法をはじめとして，各種の法制度に

写真 3.1　メインストリートの緑（長野県松本市）

写真 3.2　古い町並み（長野県塩尻市　奈良井宿）

写真 3.3　田園風景（長野県茅野市　刈取り後の稲田と松並木）

写真 3.4　自然と人の営み（長野県岡谷市　諏訪湖と八ヶ岳）

基づき策定されたものも多く，設計等の段階を経て具体の事業として実現化されているものもある。また，計画・設計過程において，ランドスケープからのアプローチのみならず，建築学，土木学，都市計画学，生態学，土壌学，地理学，気象学の関連分野との協働が必要な場合もあるが，いずれの計画・設計にせよ，基本的にはランドスケープに関する理念をもとに，公園緑地がもつ環境保全，防災，レクリエーション，景観保全等の機能・効果等を基礎として，それらの都市空間における計画的かつ永続的な確保，ストック化を図りつつ，良好な空間秩序の形成を目標としている。その計画・設計の立案に際しては，基本的に計画・設計目的の確認と必要に応じた関連上位計画との整合を図りつつ，「対象範囲の把握–調査・解析–評価–計画・設計課題と目標の検討–計画・設計内容の検討」というフローから構成され，この間随時フィードバックによる計画の一貫性，理念との整合性の確認や修正が行われる。

さらに実現可能な手法では，完成(完了後)のよりよい維持管理・運営を考えて市民の参加形態等にも配慮していくことが必要である他，必要に応じて PDCA サイクルによる検証も必要となる。

3.2　公園緑地の計画・設計の手順と方法

3.1.1　計画・設計の一般的手順

公園緑地の計画・設計の手順は，300 ha の国営公園であっても 2500 m^2 の街区公園であっても，基本的にはあまり変らない。おおむね図 3.4 のように，一連の流れに沿って計画・設計が行われる。

まず，「総合計画」や「緑の基本計画」等に基づき，市民意向，行政目標，予算，制約条件等を勘案し，ある公園を整備しようとする「企画」がなされる。次いで「計画」(プランニング)，「設計」(デザイン)

が進められ，「施工」および「監理」を経て公園緑地は開園される。さらに開園後の「運営・維持管理」を経て計画意図が実現される。また，「計画」には「基本構想」「基本計画」の2段階があり，「設計」には「基本設計」「実施設計」「監理」が含まれる。　しかし，実際には一連の流れの順序に進行していくとは限らない。途中段階で計画予算の縮小や計画敷地の拡大・縮小などにより，計画・設計の変更が余儀なくされることもある。また，詳細に検討した結果，前の段階へ戻って再検討が必要となるケースもある。各段階でフィードバックしつつも，全体としては徐々に連続的に「企画」から「運営・維持管理」へと向って進行していく。

　また，検討範囲や視野については，「企画」から「実施設計」へ進行するに従い，徐々に狭く限定的になっていくが，一方で作業量は徐々に増え，精度も精緻なものが必要となる。

　なお，開園後の「運営・維持管理」の内容が，公園緑地の価値を左右する。計画・設計の段階から現実的な「運営・維持管理」の状況を想定・評価しつつ，プランやデザインを検討することが重要である。また，開園後の「運営・維持管理」を通して得られた改善点などについて，フィードバックも必要である。

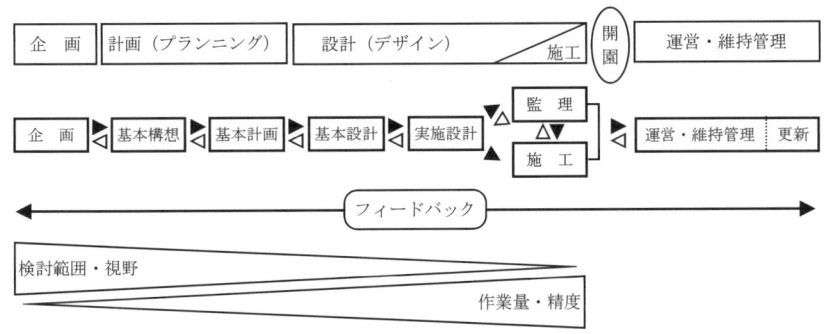

図 3.4　公園緑地の計画・設計の手順

3.2.2　計画・設計業務の内容

一連の計画・設計の各段階における具体的な業務内容と標準的な成果品は，**表 3.1** のとおりである。

表 3.1　計画・設計業務の内容[5]

段　階	業務の内容	標準的な成果品
企　画	計画の前提条件となるさまざまな条件を明らかにし，必要な目標を示す。	・企画書
基本構想	上位計画等に基づき，予定された対象敷地における公園の機能，性格，構想の理念，テーマを明らかにするとともに，公園のイメージおよびそれを規定する主要な施設について検討し，公園整備の基本的方向を決定する。	・基本構想図 ・基本構想報告書 ・イメージ図
基本計画	基本構想において定めた公園の機能，性格，理念，テーマおよびイメージに基づき，敷地の立地条件などを分析評価し，計画の方針および導入施設の内容・規模を設定するとともに，景観，環境保全，管理運営等の概略の検討に基づいて，土地利用(空間構成)および動線を定める等，公園の基本的な内容を決定する。	・基本計画平面図 ・基本計画報告書 ・イメージ図
基本設計	基本計画において定めた基本的な内容に基づき，設計条件との整合を図り，技術的およびデザイン的，経済的な見地から設計の指針を明らかにし，実施設計に向けて，公園の骨格となる施設配置，諸施設の形状，基盤施設，植栽などについて概略の設計を行う。	・基本設計全体平面図 ・各種基本設計図 ・主要施設構造図 ・基本設計説明書
実施設計	基本設計において定めた設計の指針および骨格となる施設配置等の概略設計に基づき，安全性，機能性，市場性，施工性，デザイン性といった面から詳細な検討を行い，工事の内容が十分に把握できる設計図書を作成する。	・各種平面図 ・各種詳細図 ・特記仕様書 ・構造・容量計算書 ・数量計算書 ・工事内訳書
監　理	設計図書に基づき設計意図を実現させ，公正な立場で工事の指導，助言をする。	・工事報告書 ・工事記録簿

3.2.3　計画の手順の実際

実際に行われている公園緑地の「基本計画」策定手順を示すと，**図 3.5** のようになる。

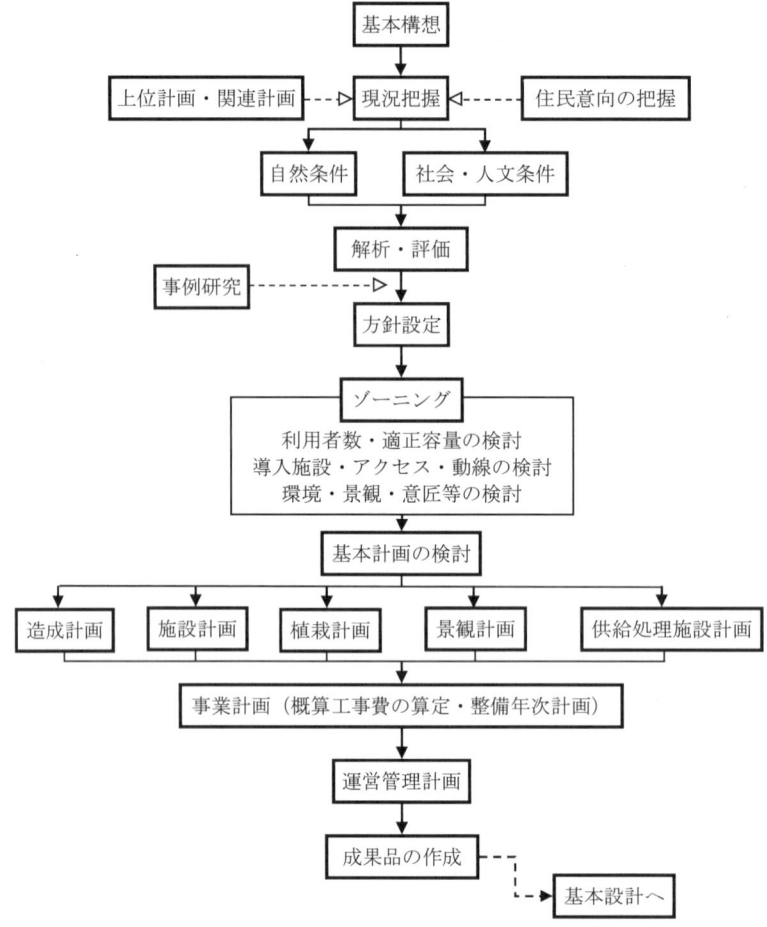

図 3.5 公園緑地の基本計画策定手順

《上位・関連計画の把握》
　公園緑地の「基本構想」および市町村が策定する「総合計画」「都市マスタープラン」「緑の基本計画」「地域防災計画」「環境基本計画」「景観計画」「生物多様性地域戦略」等の上位計画，関連計画を把握する。

《現況把握》
　計画対象地や周辺地域の自然条件，社会・人文条件の調査を行う。また，意識調査等から住民意向を把握しておくことも重要である。

《解析・評価》
　現況調査結果の解析・評価と計画へ向けた総合化を行う。

《方針設定》
　解析・評価をふまえて計画の方針やテーマを設定する。

《計画の検討》
　計画では，導入施設，アクセスや動線，利用者数や適正容量，環境・景観・意匠等の検討をふまえつつゾーニングを行い，さらに造成計画，施設計画，植栽計画，景観計画，供給処理施設計画等について概略検討し，基本計画をまとめる。基本計画図に基づき概算工事費の算定と整備年次計画の概略検討を行い，事業計画の方向を示す。また，運営管理計画についても概略検討する。

3.2.4　設計の手順の実際

　「基本計画」に定めた基本的内容に基づき「基本設計」，次いで「実施設計」を行う。「基本設計」は

全域を対象とするが，総合公園や広域公園等大規模な公園の「実施設計」は，区域を分割して行われることが多い。

「基本設計」では，具体的な施設配置，諸施設の形状等を検討するため，設計に先立ち，より詳細な現地の調査とともに土地境界や権利関係，給排水や電気等の供給処理条件等の確認を行う。また，関係機関や関連事業者との調整も基本設計の重要な項目である。既存の資料等では十分に把握できない地形，植生，動物，湧水等詳細な自然環境の把握，景観シミュレーション等も「基本設計」段階で実施する。

「実施設計」では，用地が確定し，詳細な地形・水準測量資料を元に，各種平面図や詳細図を作成する。特記仕様書，構造計算書，工事費の算出も行う。また，既存施設や埋設物，土壌，土質，地質等見えない部分の詳細確認は不可欠である。

3.2.5 住民参加による計画づくりの手順

公園緑地分野においては，住民参加による計画づくりが定着しつつある。その場合も基本的には同じ手順で，計画の各段階ごとにワークショップなどを開催し，住民，プランナー，行政が協働して計画を策定していく。図 3.6 に，住民参加による計画づくりの手順の一例を示す。

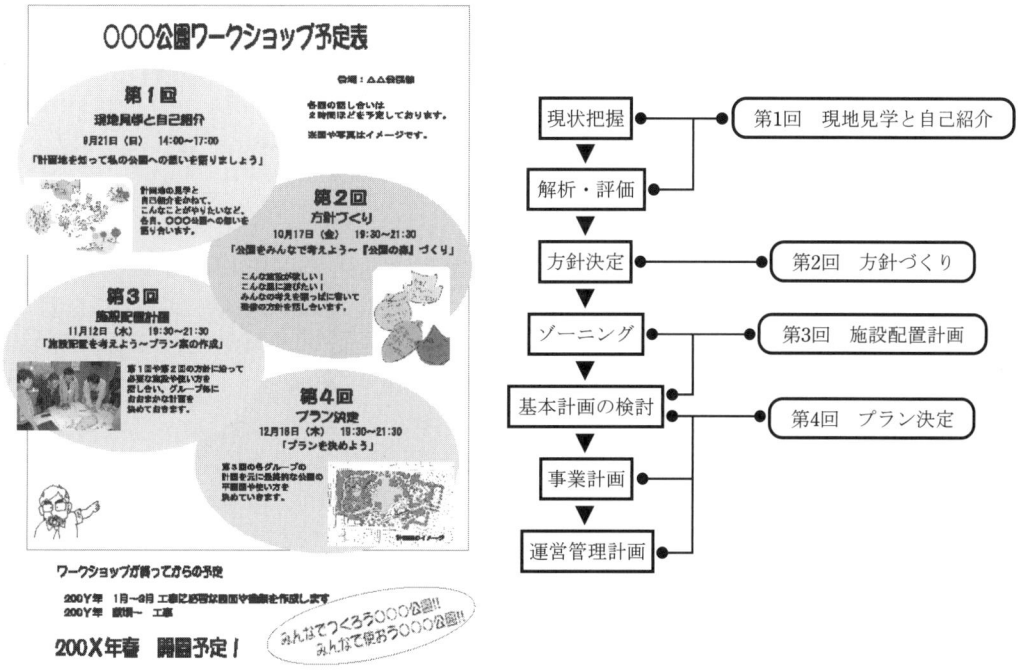

図 3.6 住民参加による計画づくりの手順
住民参加による公園緑地計画づくりの利点は多数あるが，なかでも将来の運営管理 (ソフト) を反映させた空間づくり (ハード) を行いやすいことが大きな利点である。

3.3 CAD による計画・設計

CAD は Computer Aided Design の頭文字である。コンピュータをつかってデザインすることであるが，コンピュータで図面を描くことを CAD という場合が多く，そのため D を Drafting の略とすることもある。

CAD のためのハードウェア (以下ハードと記す) はコンピュータ本体とハードディスク，モニター，キーボード，マウスの基本セットに，プリンターとプロッター，および外部記憶装置から構成される。CAD 特有のハードとしてタブレットやデジタイザもあるが，最近のソフトウェア (以下ソフトと記す) はこういった入力機器のメリットを補完する方向にあり，必ずしも装備する必要はない。入力装置とし

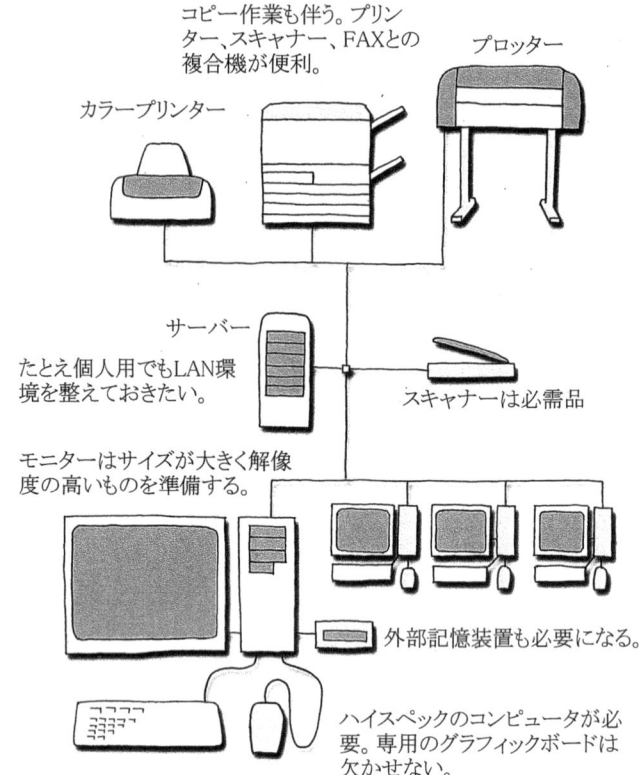

図 3.7 ハードの構成
　　LAN を組むことが望ましい。コンピュータ本体とモニターはとくに性能の高いものが必要。

てはむしろスキャナーの方が必需品である。また，CAD 作業では複数の機器やソフトを併用することが多いため，個人的に作業する場合でも LAN(複数の機器を共有するためのネットワークシステム) を組む必要がある。

　データ処理量が多いため，どのハードも性能の高いものが望ましい。とくに，コンピュータ本体には高い性能が要求される。パーソナルコンピュータでも CAD は扱えるが，最高水準のものでないと快適な動作は望めない。専用のグラフィックボードも欠かせない。また，モニターも大画面で解像度がもっとも高いものを準備するべきである。

　ソフトはドロー系とペイント系とにわけられる。図面を描くにはドロー系のソフトを使用する。普通これを CAD ソフトとよんでいる。CAD ソフトの扱う図形データをベクトルデータとよび，ソフト同士で互換性をもたせるため DXF というフォーマット形式が標準になっている。

　作業の現場では CAD ソフトだけでなく，着色にペイント系のソフト，陰影や透視図を作成する処理ソフト，ワープロ，表計算，文書作成 (DTP) ソフトなどを併用して図面を作成する。

　ここでは公園の基本計画平面図を描く手順を説明する。あらかじめ計画を練った上で，コンピュータを起動してソフトを立ち上げ，基本的なパラメータ (図面名称，図面サイズ，縮尺，線種など) を設定する。準備ができたらまず敷地の平面形を描く。データがあればこれを取り込むだけですむ。住宅や団地の庭を計画・設計する場合には，建物も描いておく。つぎに，骨格となる園路や広場を描く。運動施設や流れなどの施設，細園路，縁石や階段などを書き加えていけば基本的な平面図ができあがる。これに便所やあずまや，ベンチなどのファニチャー，樹木などを配置していき，さらに細かな仕上げをして計画図ができあがる。

　便所やファニチャーのデータがなければ，途中でこれらを描く作業が発生する。分業にすると作業がはかどる。最後に色をつけたり，陰影やテクスチャーを加えたり，文字を書き込んだりといった仕上げ

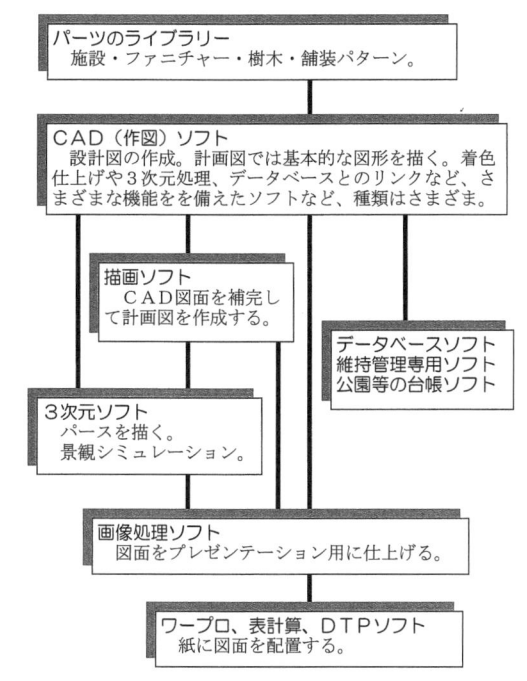

図3.8 ソフトの構成
ランドスケープのCADでは，作図ソフトだけでなく，3次元処理ソフトやグラフィックソフトを複数併用する。

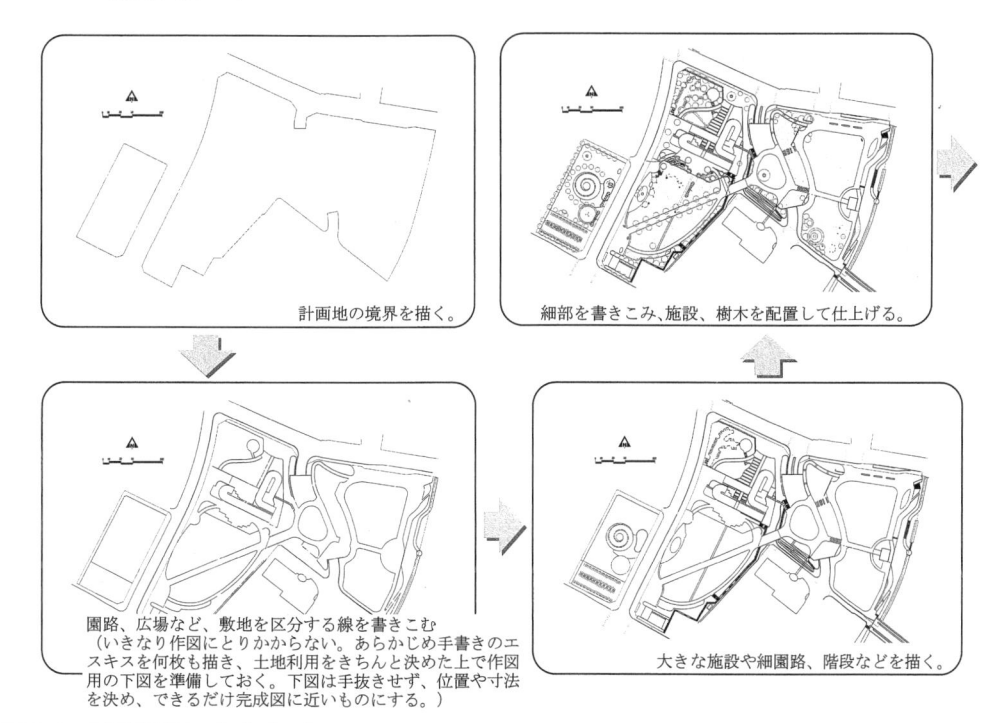

```
パーツのライブラリー
    施設・ファニチャー・樹木・舗装パターン。

CAD（作図）ソフト
    設計図の作成。計画図では基本的な図形を描く。着色
    仕上げや3次元処理、データベースとのリンクなど、さ
    まざまな機能をを備えたソフトなど、種類はさまざま。

描画ソフト
    CAD図面を補完し
    て計画図を作成する。

データベースソフト
維持管理専用ソフト
公園等の台帳ソフト

3次元ソフト
    パースを描く。
    景観シミュレーション。

画像処理ソフト
    図面をプレゼンテーション用に仕上げる。

ワープロ、表計算、DTPソフト
    紙に図面を配置する。
```

計画地の境界を描く。

園路、広場など、敷地を区分する線を書きこむ
（いきなり作図にとりかからない。あらかじめ手書きのエスキスを何枚も描き、土地利用をきちんと決めた上で作図用の下図を準備しておく。下図は手抜きせず、位置や寸法を決め、できるだけ完成図に近いものにする。）

大きな施設や細園路、階段などを描く。

細部を書きこみ、施設、樹木を配置して仕上げる。

図3.9 公園計画図の作成プロセス
レイヤーを分けて情報を入力し，これを重ねていく。

作業を行う。仕上げには描画や画像処理用の専用ソフトを使うことも多い。

CADの最大の利点は変更が容易なことであり，変更や修正に力を発揮するのがレイヤーである。現況，計画区域，園路・広場，建物やファニチャー類，樹木など，性格の異なるものはレイヤーを別にして描いておく。レイヤーのコピーや非表示もできるため，修正の記録や計画変更前後の比較などもできる。

レイヤーを使いこなさなければCADのメリットはだせない。レイヤーが使いやすいかどうかはCADソフトを選ぶときのポイントである。

公園のベンチや便所、休憩所、遊具など、配置の対象となるもの(パーツ、オブジェクト、シェイプ等、よびかたはソフトごとに異なる)をその都度描くのではなく、あらかじめデータベース(ライブラリーとよばれることが多い)にしておくと効率的に作図を進めることができる。この場合、平面図の縮尺に釣り合うような単純な形を準備することがこつである。遊具やベンチなどの既製品はメーカーからデータが提供されるが、設計データなので細部まで表現されている。これをそのまま計画平面図につかうのは避けたい。ちぐはぐで不自然なものになるからである。

運動施設や遊具だけが異様に詳しく描かれた不自然な計画図を見かけることがある。入手したデータをそのまま使ったり、別の設計図を流用したり、部分的に作図を細かく行ったりしたためである。図面全体の調和を欠き、見た目に美しくない。美しくない計画図は説得力をもたない。

計画図本来の目的は計画内容のすばらしさを伝えることにある。もっとも重要なのはその中身(コンテンツ)である。いきなりコンピュータにむかって図面を作成するわけにはいかない。まず下図から始めなければならず、これは手作業である。この下図段階にどれだけエネルギーをかけたかによって、計画・設計の質が決る。CAD図の作成に終始するようでは本末転倒である。

CADは計画・設計作業を合理化し、質の高い作品を実現するための道具である。さまざまな技術情報を生かす、多くの案を比較検討する、納得のいくまで修正する、景観のシミュレーションを行う、分業を実現する、といった方向に設計のやり方を変えていくことが大切である。

景観シミュレーションはランドスケープCADにもっとも期待されるものである。コンピュータによる透視図のメリットは、一度データを入力してしまうと視点を変えていくつものシーンを出力すること

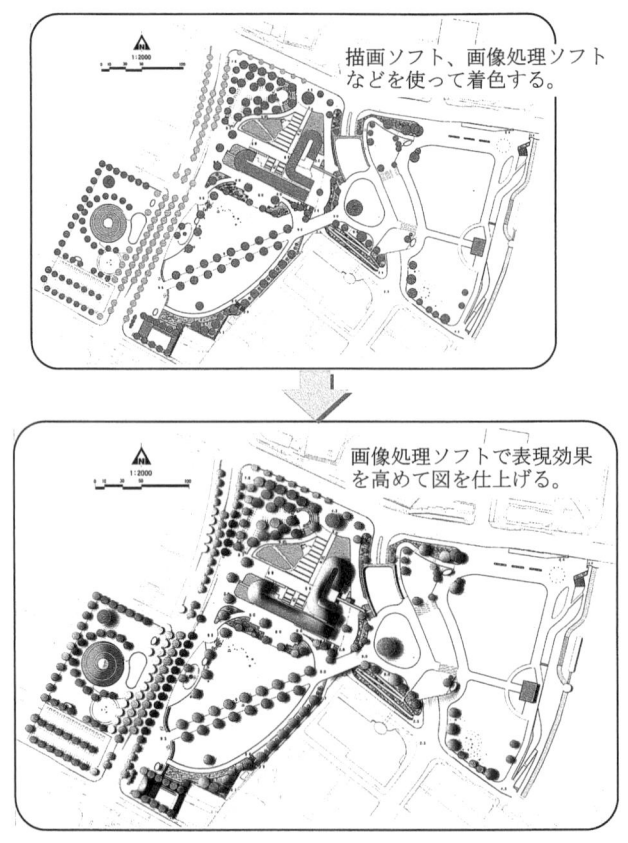

図 3.10 平面図の仕上げ
　　　　グラフィックソフトを利用して、さまざまな表現効果を出すことができる。

ができることである。園内を動き回って目に入る景観をチェックする (ウォークスルーシミュレーション＝擬似歩行体験) ことも可能になる。施設の配置，色やテクスチャー，照明などのシミュレーションも手軽に行える。日照や日影，雨水の流れ，植物の季節変化などをビジュアルにチェックすることも技術的には可能である。3次元CADはこれを実現するものである。

平面図が高さ情報をもち，オブジェクトが3次元データを備えていれば，ソフトが透視図を作成してくれる。ランドスケープの透視図には敷地内のデータだけでなく，敷地外のデータも必要になる。何キロも離れたランドマークがどう見えるかをチェックしなければならない。これには膨大なデータの演算処理が必要になるため，ハード，ソフトともに高い性能が要求される。

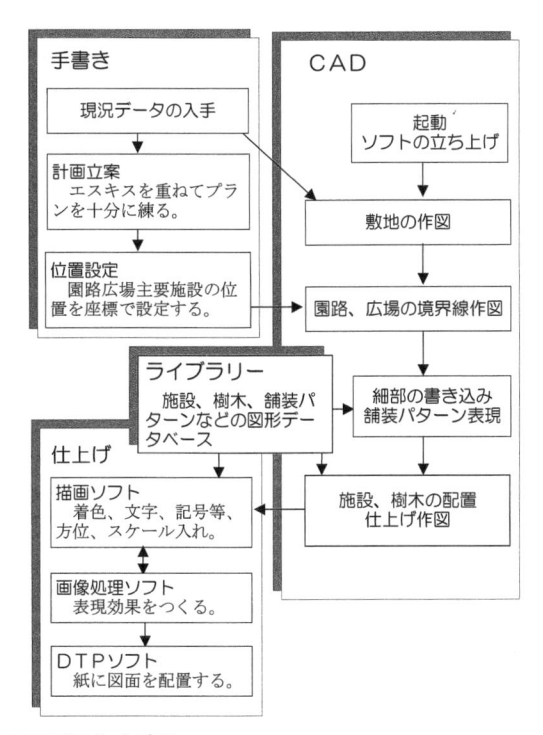

図 3.11 CADによる計画平面図作成手順
これは基本的な作図作業の手順である。実際には何度も前段階にもどり，修正しながら進める。分業もできる。

図面を描き，景観シミュレーションをし，説得力のあるきれいなものに色づけするといった一連の作業をひとつのソフトでこなすには，ソフトやハードの能力に限界がある。したがって今のところでは，特定のジャンルで3次元CADの実用化が進められている。主として住宅の庭を対象とする造園CADは，透視図の作成だけでなく，材料の整理や工事費の積算といった関連作業との連動を実現している。

本来的な意味ではCADは単なる作図ではなく，より質の高い計画・設計を実現するためのシステムである。したがって，2次元，3次元の図面を描く機能を充実させるだけでなく，さまざまな知識をもち，検討のプロセスをサポートする方向での開発にも期待がもたれる。

たとえば，植栽設計を支援する樹木データベースを利用して，姿形だけでなく，特性，市場性，価格といった属性をもとに材料をある程度しぼることは可能である。CADのライブラリーに蓄積する施設データも，3次元の形状だけでなく，素材や特徴，耐久性，価格などの属性を備えておくと設計の質は上がるはずである。

また，図面に描かれた施設ごとの情報は，施設管理にはきわめて有効である。公園の管理を目的とした専用ソフトも開発されている。これはCAD図面の中に樹木や施設の情報をうめこんで，施設ごとに管理記録を蓄積していくものである。

このように，計画・設計でつくられた情報が施工から維持管理，その後の改修にいたるまで受け継がれ，共有されるところにCADの意味がある。公共事業では電子納品が原則になっている。データベース，2次元・3次元CAD，積算，施設管理，公園管理や電子納品といった個別のCAD化は進められているから，設計データをプラットフォームとするデータの統合がこれからの課題である。

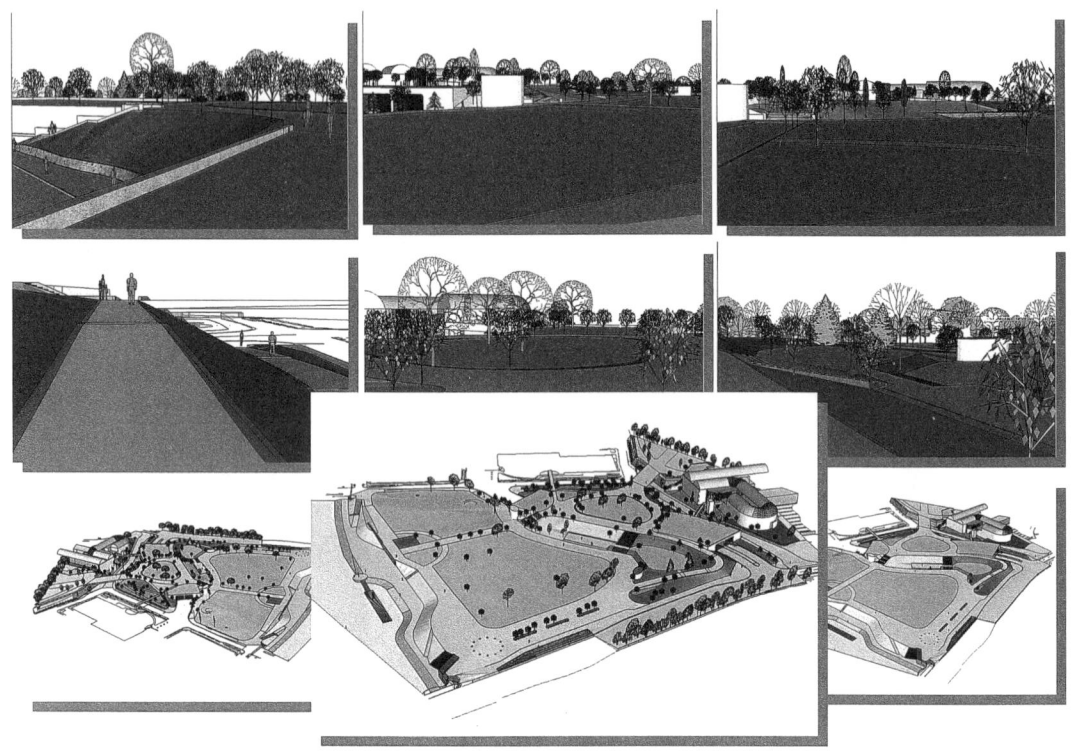

図 **3.12** 景観シミュレーションの例
　　　　一度入力してしまうといろいろな視点からの検討が可能になる。歩きながら目に入る様子を画面上でチェックすることもできる。

3.4 GISによる計画・設計

3.4.1 ランドスケープ計画・設計におけるGIS活用の意義

　GISとは，Geographic Information Systemsの略称であり，地理情報システムと訳される。GISの主な特徴は，デジタル上で図形情報と属性情報を一体的に扱い，地理情報の処理・解析が可能であることや，緯度・経度などの位置に関する情報をもっていることである。これらの特徴を有するGISは，複雑で膨大な地理情報を処理・解析し，明らかにすべき結果を演繹的に導き出す技術としてランドスケープの計画・設計において活用されている。

　ランドスケープの計画・設計では，対象地とその周辺地域の自然環境を保全しつつ，土地の魅力を最大限引き出すために，立地の分析と評価を行い，都市や自然および景観や文化的特徴を的確に把握した上で，土地分類やゾーニングなどの手法を用いてランドスケープの計画・設計に反映することが求められる。

　これらの一連のプロセスは，従来，紙上の地図情報をもとに行われるのが一般的であったが，立地条件となる土地利用，地形，水系，緑被，植生などの情報が膨大となる場合が多く，紙上の地図情報とその属性情報をもとに統合的に立地条件を処理・解析することが技術的，時間的に困難であった。

　GISは上記の課題に対応する技術であり，対象地で重要となる立地条件の各要素を面，線，点，画像

の図形情報とそれに付随する属性情報を一体的にデジタル地図として処理することで，科学的プロセスのもとに解析することが可能である。これらの結果は視覚的な図形情報としてアウトプットすることが可能であり，プロジェクトの各段階においてランドスケープアーキテクトや，事業者，住民などの関係者の間における合意形成を支援することができる。また，地理情報の解析はデジタル上で比較的容易に行うことが可能であるため，解析の手法に問題があることが明らかになった場合においても，デジタル上で容易に解析手法の修正を行うことが可能である。作業の効率化の観点では，GIS は緯度・経度などの位置に関する情報をもつため，植生図や土地利用図などのすでに整備されている GIS データが存在する場合，既存のデータをデジタル上で正確に重ね合せることにより GIS データを共有することが可能である。上記のことから，GIS を用いることにより，限られた時間の中で容易に地理情報を処理・解析することが可能となる。

表 3.2 GIS の特徴とランドスケープ計画・設計における GIS 活用の意義・利点

GISの特徴	ランドスケープ計画・設計におけるGIS利用の意義・利点
図形情報と属性情報を一体的に扱い，地理的情報の処理・解析が可能	科学的プロセスを得ることが可能
	立地条件などの処理・解析が容易
	作業効率を上げることが可能
緯度・経度等の位置情報をもつ	複数のデータをデジタル上で正確に重ね合せることが可能
	既存のGISデータを共有することが可能

3.4.2 ランドスケープ計画・設計における GIS の活用方法

　GIS は，立地分析や評価における地理情報の処理・解析を行う場合に効果を発揮する。ランドスケー

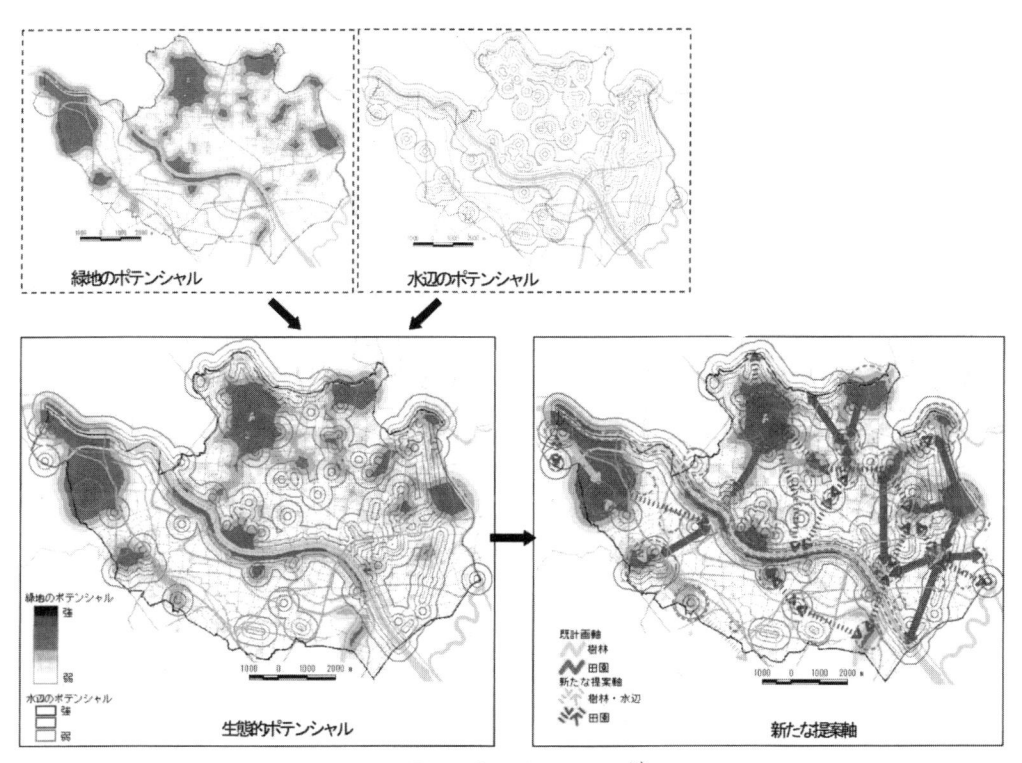

図 3.13 GIS をビオトープネットワーク構想立案に活用した例[7]
　　　解析手法は，緑地と水辺の図形情報から一定のバッファを発生させ，地理情報の表示を行っている。生態的ポテンシャルの図を作成することで地域のビオトープネットワークを形成する上で重要な地域を抽出し，地域内のランドスケープ計画・設計へ反映される。また，プロジェクトが進行していくなかで，ランドスケープのコンセプトの合意形成を図るための重要なツールとなる。

プ計画・設計において用いる主な地理情報の処理・解析方法には，各種地理情報を画面上に表示する地理データの表示，面積や延長などの空間計測，複数の地理情報の統合・切り抜きなどを行うオーバーレイ分析，面・線・点の地理情報から一定の範囲にバッファを発生させるバッファリングなどがある。その他には，空間データベース機能，三次元解析などがある[6]。

ランドスケープの計画・設計において，これらの処理・解析は，地域レベルを対象とした広域な範囲を対象とする場合で，詳細な現地調査を行うことが困難な場合に用いられることが多い。処理・解析の対象となる地理情報は，立地条件である土地利用，地形，水系，緑被，植生などであり，それぞれを1要素(レイヤー)として，レイヤーごとに属性情報をもつ面・線・点・画像のいずれかの図形情報が空間単位となる。

GISの活用において重要なことは，明らかにする事項を定め，それを導き出すための地理情報を収集し，適切な処理・解析を行うことである。たとえば，都市部における地域のビオトープネットワーク構想を立案する事例[7]では，自然環境を保全する上で緑地と水辺のネットワークが重要になるため，地理情報として緑地と水辺を抽出して，それらの地理情報からバッファを発生させている。この結果から，客観性を保ちつつ，ビオトープネットワークの形成を図る上で重要な地域を明らかにしている (図 **3.13**)。

3.4.3 ランドスケープ計画・設計における GIS の具体的活用事例

ランドスケープ計画・設計における GIS の具体的活用事例として，緑地保全計画における立地分析・評価と地域の類型化を行った事例[8]を紹介する。

当事例では，はじめに，緑地保全計画の対象となる地域の土地利用や，開発動向，都市緑地法や農地法などの法適用状況，緑被地の推移 (図 **3.14**)，植生などの地理情報のすべてを GIS データにより処理・

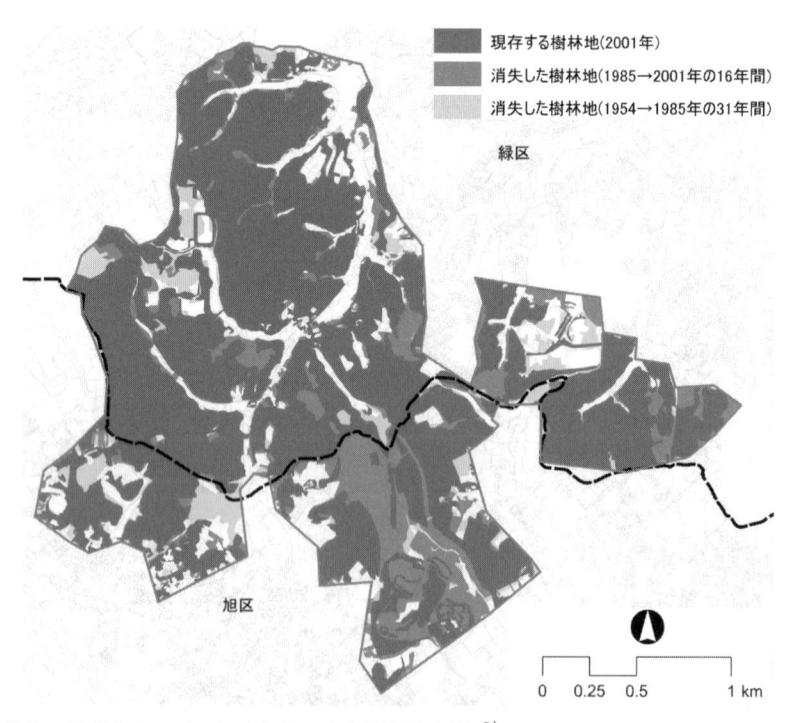

図 **3.14** 緑被地の推移をオーバーレイ分析により解析した例[8]
　　　　 年代の異なる樹林地をもとにオーバーレイ分析を行い，年代間の樹林地で重ね合う図形以外の範囲を抽出することで消失した樹林地の図形を作成している。1954 年から 1985 年の間で消失した樹林地と，1985 年から 2001 年の間で消失した樹林地をそれぞれレイヤーとして表示して，その上に現存する樹林地 (2001 年) レイヤーを重ね合せて地理情報を表示している。樹林地の推移を定量的かつ視覚的に表現することで緑地保全計画のための立地評価に利用されている。

解析して現況調査を行っている．これらの GIS データはすでに整備されていたものも多く含まれていたが，航空写真や紙上の地理情報であったものを，GIS によりデジタルデータ化して整備している．これらの地理情報の処理・解析では，主に，周辺地域を含めた地域の詳細な現況を把握するために，土地利用などについてバッファリング，および，オーバーレイ分析を行った後に面積の自動計測を行い，周辺地域 5 km 圏内の詳細な面積を把握している．

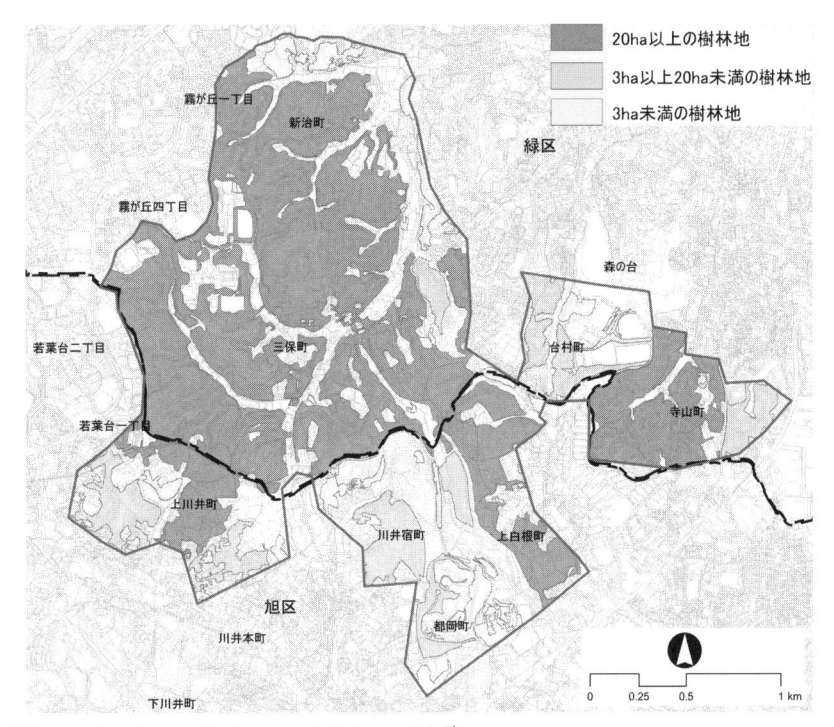

図 3.15 樹林地の連担度を空間計測により解析した例[8]
はじめに樹林地の面積計測を自動的に行い，それぞれの図形情報 (面) に対して面積の属性情報を与えている．つぎに，面積区分 (20 ha 以上，3 ha 以上 20 ha 未満，3 ha 未満) を行い，面積区分ごとに図形の色を設定して地理情報を表示している．樹林地の連担度を定量的かつ視覚的に表現することで緑地保全計画のための立地評価に利用されている．

さらに，上記の調査に加えて，対象地域の評価を行うために，樹林地の連担度 (図 3.15)，谷戸の残存度，小流域の緑被率などを詳細に把握し，緑地保全上重要な地域を抽出している．これらの一連の地域調査と緑地評価の結果から，空間を類型化して，その類型化ごとに緑地保全計画を立案している．

当事例は，複数の立地条件を処理・解析の対象として，多面的なアプローチにより対象地域の緑地保全計画を立案したものであり，GIS がもたらした技術的・作業的効果は大きいものであるといえる．

3.4.4 GIS の活用にあたっての課題

GIS は，既存のデータを共有して利用することが可能であり，地理情報の収集を容易にする点で優れている．しかし，ランドスケープ分野において求められる GIS データの整備は十分ではなく，とくに大都市圏以外の自治体における GIS データの整備が求められる．

また，GIS のデータ整備に伴い，増加していく GIS データの情報を効率的に検索して，共有するために，地域やデータの種別，精度，作成年ごとに分類・整理したデータベースシステムがインターネット上を介して公開されることが求められる．これらの課題に対応することが可能になれば，ランドスケープ分野における GIS の活用の機会がさらに増加して，GIS が普及していくと考えられる．

3.5 計画・設計業務の入札・契約

3.5.1 入札・契約

　一般に，公共事業で行われる設計・工事業者の選定は，入札によって最低価格者を決め委託契約を結ぶ。入札の形式は，一般競争，指名競争，公募型，プロポーザル方式，随意契約方式等がある。談合問題等，公共事業に対する社会の厳しい批判を受けて，「公共工事の入札及び契約の適正化の促進に関する法律」が平成12年11月27日公布された。この法律に基づき国土交通省は入札・契約の方法の改善方向が示され，新しい入札・契約方式が実施されることになった。この法律の基本原則は，①透明性の確保，②公正な競争の促進，③適正な施行の確保，④不正行為の排除の徹底，の4つであり，国にとどまらず地方自治体においても新しい入札・契約制度の導入が進行中である。ランドスケープは「生き物を扱う」という点で，建築・土木・都市計画とは異なる特殊性をもっている。今後は，価格重視の入札方式から技術力評価の入札方式への取り組みが望まれる。

```
　　　　　　　　　　　設 計 業 務 委 託 契 約 書
1　委託業務の名称　　　　○○○実施設計業務
2　履行期間　　　　　　　平成○○年○月　　日から
　　　　　　　　　　　　 平成○○年 ○月　　　日まで
3　業務委託料　　　　　　　　　　　　円
　　（うち取引に係る消費税及び地方消費税の額）　　　　　円
4　契約保証金　　　　　　　　　円


　上記の委託業務について、発注者　○○　　を甲とし、受注者　□□を乙として、各々の
対等な立場における合意に基づいて、別添の条項によって公正な委託契約を締結し、信義に
従って誠実にこれを履行するものとする。

　また、受注者が共同体を結成している場合には、受注者は、別紙の設計共同体協定書により契約
書記載の業務を共同連帯して実施する。
本契約の証として本書2通を作成し、当事者記名押印の上、各自1通を保有する。

　　　　　　　　　　　　　　　　　　　　　　平成○○年　　　　月　　　　日

　　　　　　　　　　　発注者　住所
　　　　　　　　　　　（甲）　氏名

　　　　　　　　　　　受注者　住所
　　　　　　　　　　　（乙）　氏名
```

図3.16　国土交通省地方整備局の設計業務契約書

3.6 計画・設計業務に関する法規

3.6.1 法令の種類

　法令には，成分法と不文法があり，また，公法と私法の区別がある。

（1）成文法

① 憲法：国家の統治体制の基礎を定めた法であり，国の最高法規である。
② 法律：国会によって制定される成文法で，行政活動の基礎となるもの。
③ 政令等：国の行政機関が制定する成分法で，法律を施行するため，または法律の委任に基づき各省が制定する府令，省令がある。
④ 条例等：地方公共団体の事務に関して国の法令に反しない範囲で地方議会によって制定される成文法で，一定の罰則を設ける事もできる。
⑤ その他：条約，裁判所規則がある。

(2) 不文法
① 慣習法：事実としての慣習が一般人の法的確信に支えられて行われるようになった場合に，慣習は慣習法になる。行政法の分野では法律による行政の原理があるため，その成立の余地はない。
② 判例法：裁判の判決で，同様の事案につき数回の同じ判断が繰り返され，その内容が合理的であれば，そこに判例法が生ずることとなる。
③ 条理：一般社会の正義心において，かくあるべきものと認められる筋合い，または道理を条理という。条理は，成文法も慣習法もカバーできな分野において，法として補充的に成立するものである。

(3) 公法と私法の区別
　公法は，国・公共団体を一方の当事者とする法，私法は私人相互間の関係を規律の対象とする法，具体的には憲法，行政法が公法とされ，民法，商法が私法とされる。

3.6.2 行政法の基礎知識

　行政法は，法律に基づいて行われなければならない。とする原理をいう。行政の基本と鳴子の原理は「行政は国民がその決定に参与する議会の定めた法律にしたがい，行政が国民の自由と権利を侵害するときは法律の根拠が必要であるとする2つの内容を含むものである。
　また，行政行為の特色は①法適合性，②公定力，③自力執行力，④不可浄力および不可変更力をもつ，といわれている。

3.6.3 行政行為の種類

　行政行為は，その内容から，通常，図3.17のように分類される。

図3.17　行政行為の種類

　なお，これらは学問上の分類であり，実定法上の用語と一致するとは限らない。

3.6.4 関係法規

　計画・設計に関係する法規を以下にあげる。各法規の内容は別途，インターネットで必要に応じ検索

されたい。

(1) 労働関係法令
- 労働基準法
- 労働基準法第32条第1項の労働時間等に係る経過措置に関する政令
- 労働基準法施行規則（抄）
- 労働安全衛生法（抄）
- 労働安全衛生法施工例（抄）
- 労働安全衛生規則（抄）
- 建設労働者の雇用に改善に関する法律

(2) 建設業関係法令
- 建設業法
- 建設業法施行令（抄）

(3) 都市計画関係法令
- 都市計画法
- 都市計画法施行令
- 風致地区内における建築等の規制に係る条例の制定に関する基準を定める政令
- 都市公園法
- 都市公園法施行令
- 都市公園法施行規則
- 都市公園等整備緊急措置法
- 都市緑地法
- 古都における歴史風土の保存に関する特別措置法（抄）
- 生産緑地法（抄）
- 都市の美観風致を維持するための樹木の保存に関する法律
- 土地区画整理法
- 景観法

(4) 道路交通関係法令
- 道路交通法
- 道路法
- 車両制限法

(5) 環境保全対策関係法令
- 環境基本法
- 騒音規制法
- 振動規制法
- 水質汚濁防止法
- 廃棄物の処理及び清掃に関する法律（抄）
- 浄化槽法
- 公害紛争処理法
- 自然環境保全法
- 自然公園法

(6) その他関係法令
- 消防法
- 建築基準法
- 技術士法

- 文化財保護法
- 工場立地法
- 河川法
- 海岸法
- 港湾法
- 砂防法
- 森林法

3.7 計画・設計業務の倫理・資格・OJT・CPD

3.7.1 設計業務における技術者の倫理 (Engineering Ethics)

品質管理技術，PL法 (Product Liability) 技術者倫理，この3つはそれぞれ別個のように考えられてきたが，公衆の安全確保の観点から技術者の責任と義務が重要になってきている。日本では技術者倫理の概念は新しく，先行するアメリカから技術者倫理がもち込まれたものである。現代社会は，安全確保のため科学技術の制御の重要性を認識し，その役割を技術者に負わせ技術者の倫理に期待している。技術者個人の具体的な行為は，それぞれの価値観や評価の条件が違って，不一致が生じる。倫理は人々が互いに価値観の違いを認め，不一致がありえることを認識することが，健全な社会，国際社会である。技術者倫理を学ぶことは，不一致に直面したとき，どのように納得し，解決するかを考えることにある。

倫理に関する言葉として，「倫理」，「モラル」，「道徳」，「徳義」，「道義」などさまざまな用語がある。その定義や使いかたは必ずしも明確ではないがその内容を以下に解説する。

(1) モラル (morals)

人は対人関係において，して良いこと，してはいけないことを識別し，判断する基準をそなえている。その判断に従って行為しようとする意識である。われわれの社会には，共通するモラルがあり，人によって多少の違いがあっても，よく一致する。

(2) 倫理 (ethic)

モラルに基づく判断を規範の形にしたものが倫理である。

(3) 法と倫理の関係

人々の意識には，モラルと常識がある。それが源泉となって規範が生じる。そしてモラルから倫理が発生し，常識から法が発生して，法と倫理が社会の規範になった。法は，国の権力による他律的な規範であり，倫理は人それぞれが自主的に尊守する自律的規範である。法と倫理は，法だけでは不十分なところを倫理が補い，倫理だけでは不十分なところを法が補うという補完関係にある。

技術士法の中で，技術者倫理に直接関係がある項目は，第4章：技術士の義務があるので，参考としたい。

表 3.3 技術士法「第4章 技術士の義務（抜粋）」[9]

- 信用失墜行為の禁止
- 技術士等の秘密保持義務
- 技術士等の公益確保の責務
- 技術士の名称表示の場合の義務
- 技術士補の業務の制限等
- 技術士の資質向上の責務

3.7.2 資　　格

計画・設計業務における資格には，技術士，一級建築士，RCCM，RLA がある。

(1) 技術士

技術士法に基づく国家試験資格で建設部門，環境部門，農業部門，林業部門等があり，科学技術に関する高等な専門的応用能力を必要とする計画，研究，設計，分析，試験，評価に関する指導の業務を行う者としている。技術士試験制度は一次試験，二次試験からなっている。また，大学におけるエンジニア教育など基礎高等教育が技術者に重要なことから，大学が JABEE(Japan Accreditation Board for Engineering Education：日本技術者教育認定機構) の認定を受けることによって第一次試験や学科試験を免除する措置が盛り込まれている。

(2) 一級建築士

建築基準法に基づく国家資格試験 (国土交通省) 第五条四建築物の工事は，それぞれに規定する建築士の設計によらなければ，することができない。

(3) RCCM(Registered Civil Engineering Consulting Manager) の造園部門

(社) 建設コンサルタント協会が認定している資格で公共事業の計画・設計の資格として国土交通省からも認められている。

(4) RLA(Registered Landscape Architect) 登録ランドスケープアーキテクト

(社) ランドスケープコンサルタント協会が認定している資格で，ランドスケープの調査，計画，設計のデザインおよび施工に当っての設計監理のプロとしての能力をもつ専門家を認定。デザイン能力とエンジニアリング能力との連携ができる専門家のライセンスとし，海外ランドスケープアーキテクトの相互認証も視野に入れている。わが国の景観計画を担うランドスケープの専門家として自己管理を前提に立ち上げた制度で，社会に貢献できる個人として登録を行うものである。

(5) その他

一級造園施工管理技士，一級土木施工管理技士 (国土交通省)

工事施工において設計図書に従って工事を遂行できる管理能力を認定した国家資格である。

3.7.3 OJT(On the Job Training) 実務訓練・職場内教育訓練

資格制度のグローバルスタンダードは，専門教育，OJT(実務訓練)，認定試験，そして CPD(継続教育) である。建設コンサルタント会社における実務訓練は制度化されていないが，各社の作品検討会やプロポーザル，コンペ(競技設計) 等を通じて，訓練が行われている。また，社会の要請に応えるべく，業務における品質管理マニュアルを作成し，各設計段階においてチェック，検討課題など，実務を通して実践している。

3.7.4 CPD(Continuing Professional Development)

CPD は，技術者等の継続的専門能力開発を目的としたもので，継続教育と略称されている。造園・環境系の CPD 制度としては，(社) 日本造園学会を中心とした造園 CPD 制度があり，造園・環境系技術者としての自発的学習を促すとともに，技術者としての教育機会を提供している。すなわち，同制度では造園 CPD プログラムの認定，造園 CPD 会員による継続教育の記録の保管や記録証明などが行われている他，講習会やシンポジウムの受講，論文や作品の発表，技術指導等の業務経験などに応じて単位数が設定されており，おおむね 3 年間で 150 単位の取得を目標に，これらの機会を通じて継続的に個人の知識や技術の幅を広げるとともに，倫理観を養い，自らの責任をもつことによって社会的使命を果すことをねらいとして運営されている。

第4章 事業の手続きと手順

4.1 ランドスケープ関連制度・事業の概要

(1) 空間のスケールと制度・事業手法

ランドスケープ分野が担う空間形成については，国土全体のエコロジカルネットワーク形成から，身の回りのオープンスペースデザインまで，そのスケールの広がりに多くのバリエーションがあり，それぞれの空間スケールに応じた調査・分析，計画・設計，管理・運営手法が用いられる。同様に，制度や事業手法についても，そのスケールに応じたさまざまなものが用意されている。

関連する制度としては，計画に関する制度，土地利用規制にかかわる制度，事業にかかわる制度がある。基本的には法令に基づく計画制度により，土地利用のマスタープランを定め，それを実現するために，既存の資源で保全すべきものは保全制度を適用し，事業によって実現すべきものは各種事業制度を用いることとなる (**表 4.1**)。

表 4.1 空間のスケールと制度・事業

広がり	スケール	事例	制度・事業例
国土・地方圏レベル	1/1 000 000～1/250 000	全国総合開発計画 首都圏の都市環境インフラのグランドデザイン	**計画制度**：国土利用計画，首都圏整備計画等 **保全制度**：自然環境保全地域，自然公園区域，近郊緑地保全制度等 **事業制度**：国営公園事業，自然公園事業
都府県レベル	1/100 000～1/50 000	都府県総合計画 広域緑の基本計画	**計画制度**：都府県総合計画，環境基本計画 **保全制度**：自然環境保全地域，自然公園区域，風致地区・緑地保全地域制度 **事業制度**：広域公園事業，自然公園事業
都市レベル	1/50 000～1/25 000	都市計画マスタープラン 緑の基本計画	**計画制度**：都市計画マスタープラン，緑の基本計画，環境基本計画 **保全制度**：特別緑地保全地区，生産緑地地区等 **事業制度**：土地区画整理事業，新住宅市街地開発事業等
地区レベル	1/10 000～1/5 000	地区開発事業計画 地区保全計画	**計画制度**：都市計画制度，開発許可 **保全制度**：地区計画等 **事業制度**：市街地再開発事業，防災街区整備事業等市街地開発事業
施設レベル	～1/2 500	公園緑地事業 広場・街路等事業 建築物敷地デザイン	**計画制度**：都市施設計画 **事業制度**：都市施設の事業計画，個別の建築物整備事業

また，実現主体は，国土・地方レベルから都市レベルまでは基本的に公共セクターが計画，保全のほとんど，事業のかなりの部分を担うのに対し，地区レベル，施設レベルになれば，民間セクターの役割が大きくなる。とくに，最近ではPFI事業など，公共セクターの仕事への民間セクターの参入が期待される。

(2) 国土・地方圏レベル

国土全体，地方圏のスケールにおける計画には，国土利用計画，国土形成計画，首都圏整備計画等の地方圏計画などがあり，それぞれについて自然資源の保全，生物多様性の確保，適正な国土管理の推進，緑地環境の創出，都市機能の配置等ランドスケープ分野に関連する部門が含まれる。また，ランドスケープ分野での圏域計画では，首都圏の都市環境インフラのグランドデザイン (2004年) などがある。

このスケールでのランドスケープ計画として配慮すべき点としては，国際レベルで重要な生物生息空

間への配慮や，国土の骨格を形成する自然環境の保全・再生・創出の視点，広域的流域圏等，都府県レベルをまたぐ自然環境施策の方針を考慮することが求められる。

地方圏レベルのランドスケープデザイン / 「首都圏の都市環境インフラのグランドデザイン」

・概要

都市再生プロジェクト (第3次決定) を受け，国土交通省，環境省および都県市からなる協議会により取りまとめられたもの。この中では，保全すべき自然環境25ゾーンおよび13河川を位置づけるとともに，自然環境の基本目標，都市環境インフラの将来像，整備に向けた行動方針などが示されている。

・ランドスケープ計画・デザインの視点
- 大都市に残された貴重な財産であるまとまりのある自然の保全を図る。
- 自然環境に関する現状を網羅的・客観的に把握する。
- 多様な主体による都市環境インフラ整備を効果的に推進する。

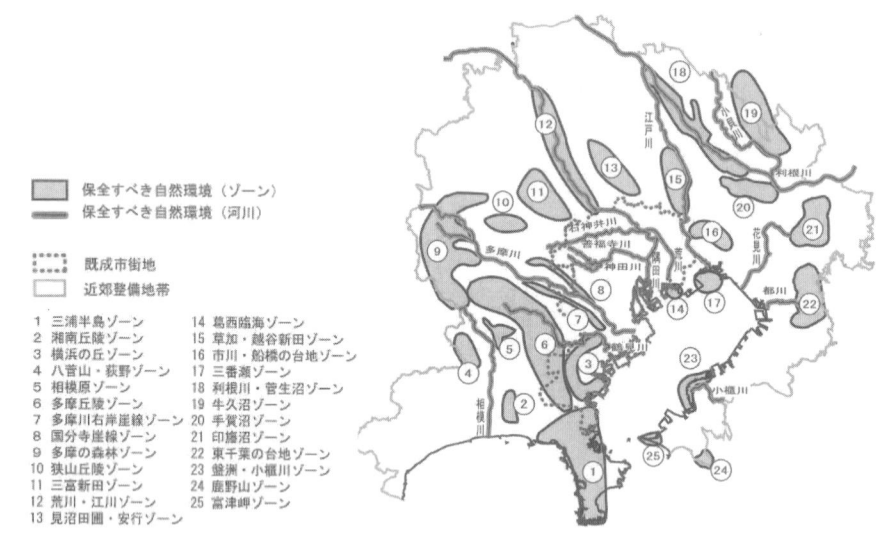

図 4.1 首都圏の「保全すべき自然環境」

(3) 都府県レベル

都府県レベルでは，各都府県の総合計画等基本となる計画，土地利用基本計画，環境保全計画等があげられる。ランドスケープ分野の計画では，都府県広域緑の基本計画として，各都市における緑の基本計画を支援するために広域的な観点から策定された都府県計画，いくつかの先進的都府県によって試みられているビオトーププランやエコロジカルネットワークプランなどがあるが，いずれも法定計画ではなく任意の計画として策定されている。

このスケールでの配慮すべき視点は，河川や湖沼，山地等の地域ごとの環境構造に応じた土地利用の方針，都市・農村・森林をつなぐ水とみどりの有機的なネットワーク形成の視点，市町村レベルをまたぐ広域的な自然環境施策の方針を定めることが求められる。

(4) 都市レベル

都市レベルでは，都市計画等における基礎的自治体となる市町村における骨格的な計画・事業がこれにあたる。都市計画法制度がベースとなる骨格的な事業制度が適用される。

このような都市レベルのプランには，過去のグリーンベルト構想を継続し，都市の市街地の形態規定を行うための既存の都市について土地利用の骨格を示す計画・制度から，従前の山林・農地等の土地利用を転換し，新たなニュータウンを計画・実現していく計画・制度までさまざまなものがある。制度としては市街化区域と市街化調整区域の線引き制度をはじめとする都市の骨格を定める都市計画制度，緑

地保全区域といった大規模な里地里山を保全するための土地利用規制制度，新住宅市街地整備事業や土地区画整理事業など大規模な土地利用転換のための事業制度が用いられる。

このスケールにおいては，歴史性や自然環境の特性を活かした都市の骨格となる環境構造の把握，市街地周縁部における自然環境の保全・再生に関する視点，都市住民が自然とふれあえる場の創出に資する施策，既存の自然資産を活用した持続可能な都市基盤の整備等に配慮することが望まれる。

都市の骨格形態の規定/鎌倉市緑の基本計画

・概要

平成 8 年に鎌倉市において全国に先駆けて策定された都市緑地法に基づく緑の基本計画。平成 9 年に「鎌倉市緑の保全及び創造に関する条例」を制定し，積極的に緑の保全を推進。平成 13 年，18 年，23 年に改定されたが，この間，市街化区域内の三つの大きな緑地の保全をはじめとする骨格的な緑地保全等に大きく効果があった。

・ランドスケープ計画・デザインの視点

- 「山と海の自然と人・歴史が共生する鎌倉」という基本理念の提示
- 自然共生型・低負荷型の都市環境の形成
- 古都の歴史的風土の保全・継承
- 多様なレクリエーション活動の場を備えた都市空間の形成
- 緑を基盤とした安全性の高い都市空間の形成
- 自然・歴史とまち並みが融和した都市景観の形成

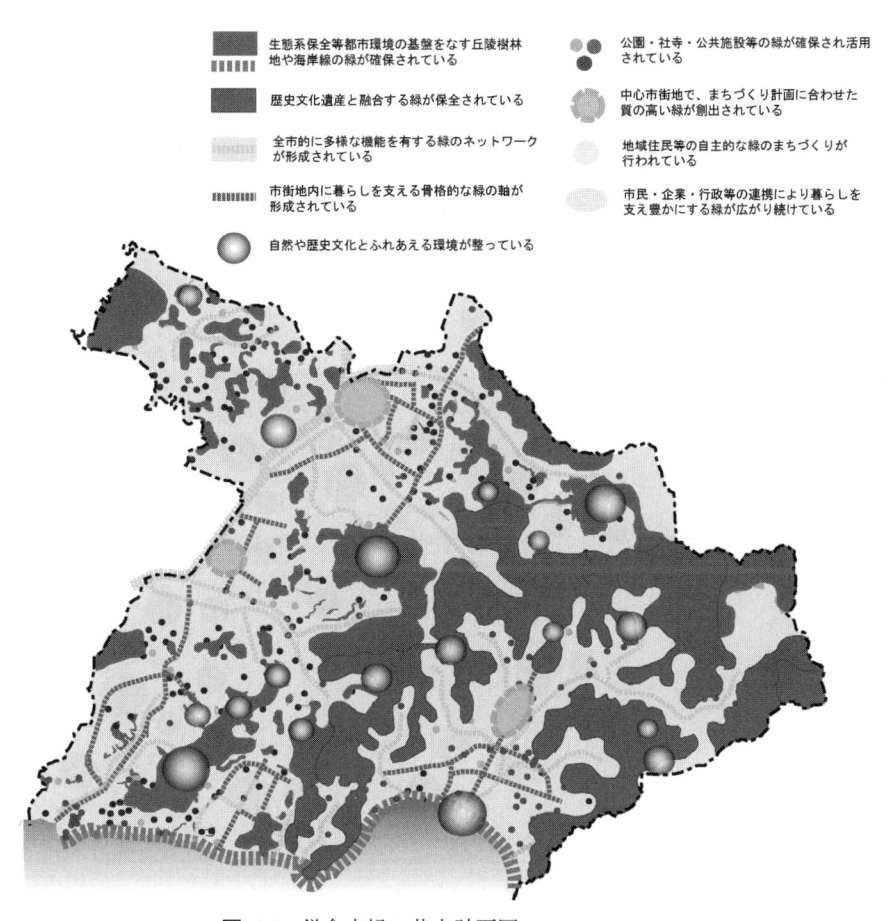

図 4.2 鎌倉市緑の基本計画図

> 環境に配慮したニュータウン形成/八王子みなみ野シティ

・概要

　東京都心の西方 40 km，JR 八王子駅から 2 km の八王子南部丘陵に位置する，計画人口 2 万 8 千人，事業面積 394 ha の大規模ニュータウン。UR 都市機構が「緑豊かな自然と調和の取れた市街地の形成」を目指し，地区内を流れる兵衛川の流域を中心に水系や里山環境の維持・再生を図りながら整備を行い，平成 20 年 3 月に事業が完成した。また，環境に配慮したニュータウン整備を進める一方で，地域の里山や棚田の維持管理を通じたコミュニティ活動の支援を実施し，環境共生都市の実現を目指している。

・ランドスケープ計画・デザインの視点
　・地区南部の自然環境の骨格となる尾根筋の保全を図るとともに，地区内を南北に貫く緑環境軸を整備。
　・谷，尾根，川などの自然環境の特性に応じたゾーンごとに生態系の維持・再生を推進。
　・貯留施設等の整備による雨水の流出抑制および，透水層の復元による定常的な河川流量の確保を図ることにより，地域の水循環系の維持・再生に努める。
　・保全・再生した里山環境の維持管理および，新旧住民のコミュニティ形成を目的とした，市民団体の設立企画や支援を実施。

図 4.3　八王子みなみ野シティの環境構造

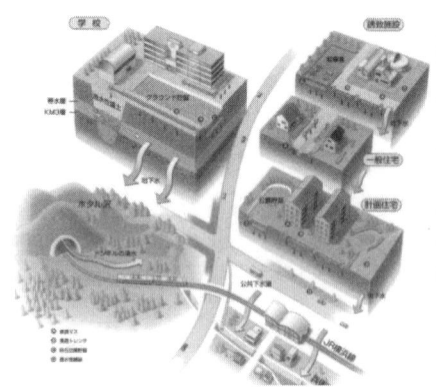

図 4.4　八王子みなみのシティの取り組み

（5）地区レベル

　地区レベルは，都市整備のさまざまな事業が実現されるスケールであり，市街地再開発事業，土地区画整理事業等の市街地開発事業，開発行為等による任意事業，各種地区計画による詳細土地利用計画の実現，景観地区や特別緑地保全地区等の土地利用規制制度，さらには緑化推進のための制度等，さまざまな制度が複合的に活用されることが期待される。具体的な事業も多岐にわたるが，最近では，都心部

の業務系再開発，臨海部や工場跡地等を活用した住宅団地開発，さらには大規模未利用地等を活用した住宅・業務・レクリエーションといった複合開発などが顕著にみられ，ランドスケープデザインが大きな役割を果している。

このスケールでは，地区周辺や都市構造への影響を考慮した拠点の整備，働く場・居住環境等土地利用の目的に応じた環境創出の視点，総体的な環境の質の向上，一体的な景観の形成等，周辺環境と調和したデザイン，計画策定プロセスにおける市民参画の視点等への配慮が求められる。

都心部の業務系再開発におけるランドスケープデザイン/大手町まちづくり景観ガイドライン

・概要

　世界的なビジネス交流拠点となる大手町地区の長期にわたる連鎖型都市再生を進めるにあたり，統一的な景観デザインコントロールによって国際的な価値をさらに高めることを目的として，大手町まちづくり推進会議が策定したもの。

・ランドスケープ計画・デザインの視点
  ・ 国際ビジネス拠点の高密度のアクティビティを吸収し，人々に潤いを与える水と緑のオープンスペースの創出
  ・ オープンスペースの中核空間となる日本橋川の再生，特徴ある通りの再生
  ・ 生きものとの共生や環境負荷低減につながるまちづくり

図 4.5 日本橋川リバーフロントのイメージ[1)]

安全で緑豊かな居住環境の形成/杉並区桃井三丁目地区

・概要

　杉並区の日産自動車工場の跡地 9 ha を活用し，4 ha の一次避難地となる防災公園，緊急時の防災空間を確保した敷地整備，緑豊かな住宅地，商業施設，介護老人保健施設，認証保育所・学童クラブ等の居住環境整備を杉並区，UR 都市機構，民間事業者が協働して，総合的に行ったプロジェクト。

・ランドスケープ計画・デザインの視点
  ・ 官・公・民の協働によるプロジェクト
  ・ 防災公園と集合住宅等の居住空間を一体的に整備することで総合的な都市機能の更新を図る。

- 都心部の密集した市街地において貴重な空間のまとまりを活かし，既存の市街地にも配慮した配置設計。
- 周辺住民と協働で防災公園の設計を進めることで，日常的に親しまれる防災拠点の整備を図る。
- 景観形成ガイドラインを作成し，設計の各段階で官・公・民による協議・調整を行うことで，地区の一体的な景観形成を図る。

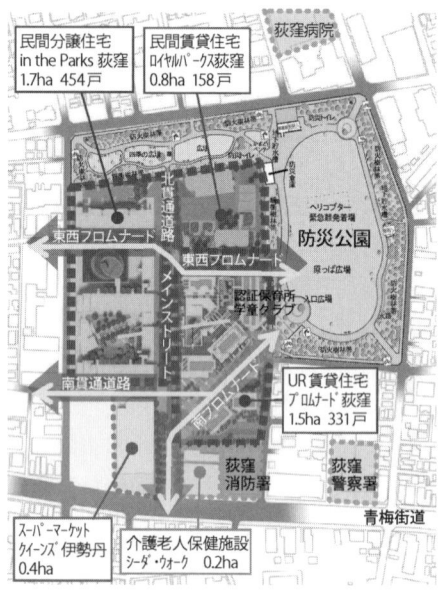

図 4.6 桃井三丁目地区の施設概要

（6）施設レベル

　個別の施設レベルでは，都市公園の計画・設計から，街路・広場等の公共空間形成におけるランドスケープデザイン，さらには個別の建築物の敷地におけるランドスケープデザインなど，多岐にわたる施設が対象となる。

　このスケールでは，特殊緑化，樹木移植等の最新の造園技術の活用，環境負荷の低減に配慮した施設整備，みどりによる快適な生活空間のデザイン，管理・運営への市民参加を含めた市民活動や環境学習の場の創出等が求められる。

事例—人工地盤上の緑化による身近な生物生息空間の確保／アーベインビオ川崎

・概要

　川崎駅西口の大宮地区再開発地区の一角に位置するUR都市機構の団地の建替による住宅と居住環境の一体的整備。周辺の緑環境とのネットワーク化を目指し，屋上緑化やビオトープを設置することで都心部のエコアップを図り，人が身近に自然と触れ合える居住環境の整備を実施。

・ランドスケープ計画・デザインの視点
- 都心部の高密度開発において，敷地面積に対して，人工地盤上で約24％，建物屋上緑化で約6％，全体で約30％と積極的な緑化を推進。
- 地区周辺の自然環境調査を実施し，緑のネットワーク化を図るための拠点を整備。
- ヒートアイランド現象の緩和や景観に配慮した屋上緑化を実施。
- 雨水を貯水タンクに貯留し，鳥や昆虫のための水盤に利用。
- 建替前の団地の伐採樹木を活用し，ベンチや樹名札に再利用。

- 鳥や昆虫の誘致を図るため，生息環境に適した植栽を積極的に導入．
- 既存樹木の移植により，居住者が慣れ親しんできた風景を継承．
- 動植物のモニタリング調査を実施するとともに，報告会等を通じて，居住者への情報発信を実施．

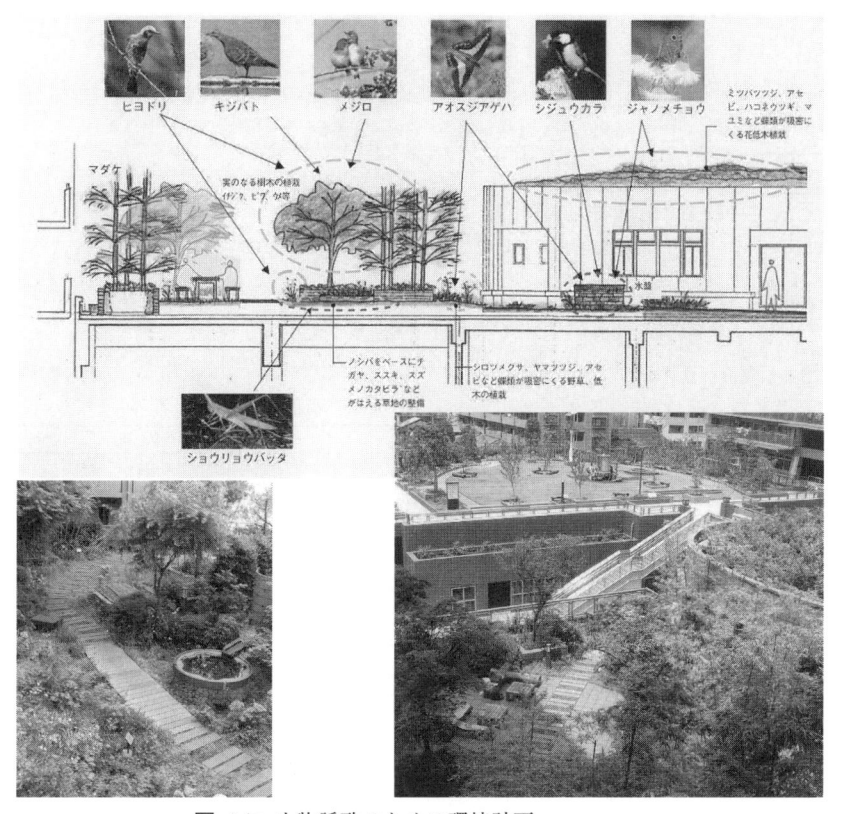

図 4.7 生物誘致のための環境計画

4.2 都市計画決定の手順

4.2.1 ランドスケープ計画・設計に係る都市計画

都市計画法 (以下，本項において，「法」という．) 第 4 条第 1 項にあるように，都市計画は，都市の健全な発展と秩序ある整備を図るための土地利用，都市施設の整備および市街地開発事業に関する計画で，法に定める内容，手続きにより定められるものである．ランドスケープ計画・設計に関係の深いものをあげると，

① 都市計画区域の整備，開発および保全の方針 (法第 6 条の 2) や市町村の都市計画に関する基本的な方針 (法第 18 条の 2)
② 市街化区域および市街化調整区域の区域区分，地域地区 (景観地区〔景観法〕，風致地区〔都市計画法〕，歴史的風土特別保存地区〔古都における歴史的風土の保存に関する特別措置法〕，特別緑地保全地区，緑地保全地域，緑化地域〔都市緑地法〕，生産緑地地区〔生産緑地法〕，伝統的建造物群保存地区〔文化財保護法〕) など土地利用に関する都市計画
③ 公園，緑地，広場，墓園その他の公共空地など都市施設に関する都市計画
④ 土地区画整理事業や都市再開発事業など市街地開発事業に関する都市計画
⑤ 地区計画等に関する都市計画

などがある．このほか，開発許可制度もその許可の基準等において関係がある．

都市計画は，原則，市町村が決定する形式となっているが，広域の見地から決定すべき都市計画，根幹的な都市計画などについては都道府県が，二以上の都府県の区域のわたる都市計画区域に係る都市計画については，国土交通大臣が定めることもできる。都道府県が定める都市計画のうち，大都市およびその周辺の都市等にかかる都市計画区域内の都市計画，国の利害に重大な関係がある都市計画については国土交通大臣に協議し，その同意を要することとしている。

都市計画を決定する者については，都市計画の種類ごとに定められており，**表4.2** に，ランドスケープ計画・設計に関係の深い主な都市計画の決定権者の一覧を示す。

4.2.2 都市計画決定手続きの基本的な考え方

近年，行政一般に対して，行政手続の透明化や情報公開，説明責任の遂行が求められており，都市計画のように権利義務に直接影響を与えることとなる行政手続についてはとくにその要請が高まっている。また，住民自らが暮らす街のあり方についても関心が高まっており，都市計画に対して住民自らが主体

表4.2 ランドスケープ計画・設計に係る都市計画の決定権者等

都市計画の内容		市町村決定(*1)	都道府県(指定都市(*2)) 決定	
		都道府県知事の同意必要	特定区域(*3)のみ大臣同意必要	大臣の同意必要
都市計画区域の整備、開発及び保全の方針	区域区分の有無及び方針並びに国の利害に重大な関係がある都市計画の決定の方針			●
	その他		●	
区域区分				●
地域地区	景観地区	○		
	風致地区 面積10ha以上		○	
	その他	○		
	歴史的風土特別保存地区			○
	特別緑地保全地区 面積10ha以上		○	
	その他	○		
	（近郊緑地特別保全地区）			○
	緑地保全地域		○	
	緑化地域	○		
	生産緑地地区	○		
	伝統的建造物群保存地区	○		
都市施設	公園・緑地・広場 国が設置する面積10ha以上のもの			●
	面積10ha以上	△	○	
	その他	○		
	墓園 面積10ha以上		○	
	その他	○		
	その他公共空地	○		
市街地開発事業	土地区画整理事業 面積50ha超	△	○	
	面積50ha以下	○		
	市街地再開発事業 面積3ha超	△	○	
	面積3ha以下	○		
地区計画等	地区計画	○(*4)		
	歴史的風致維持向上地区計画	○(*4)		

*1 △印の都市計画は，市町村が作成する都市再生整備計画に都道府県知事の同意を得て当該都市計画の決定等を記載した場合に限る
*2 ●印の都市計画は，指定都市の区域においても都道府県決定
*3 三大都市圏の既成市街地・近郊整備地帯等の全部又は一部を含む都市計画区域、三大都市圏の都市開発区域、人口30万人以上の市の区域の全部又は一部を含む都市計画区域(大臣指定)、これらと密接な関連のある都市計画区域
*4 都道府県知事の同意事項は、地区施設の配置、規模、地域地区で定められた建築制限の強化等に限定

的に参画しようという動きが広がっている。

　このようなことから，都市計画に対する住民の合意形成を円滑化し，都市計画の確実な実現を図る観点から，都市計画決定手続における住民参加の機会の拡大，都市計画に係る情報公開および理由の開示を進めるべきである。

　具体的には，都市計画の案の作成された後の手続としての縦覧，意見書の提出とは別に，公聴会の開催・説明会の開催等住民の意見を反映させるための措置を行うことが考えられる。この場合，公聴会は，都市計画の原案に対し公開の下で意見陳述を行う場，説明会は，原案について住民に説明する場と考えられる。

　そのほか，住民の意見を反映させるための手法として，まちづくりの方向，内容等に関するアンケートの実施，まちづくり協議会を中心とするワークショップの開催なども考えられる。

　なお，都市計画手続に係る事務は，自治事務であり，地方公共団体の判断において条例で手続を付加することは可能である。(手続を簡素化することはできない。) 具体的には，公聴会や説明会を必ず開催すること，都市計画の案の縦覧期間を法定の2週間以上とすること等が考えられる。

4.2.3 都道府県または市町村が定める都市計画の決定の手続き

　都道府県または市町村が定める都市計画決定の手続は図 4.8 および図 4.9 のとおり。なお，指定都市が定める都市計画については，以下のとおり。

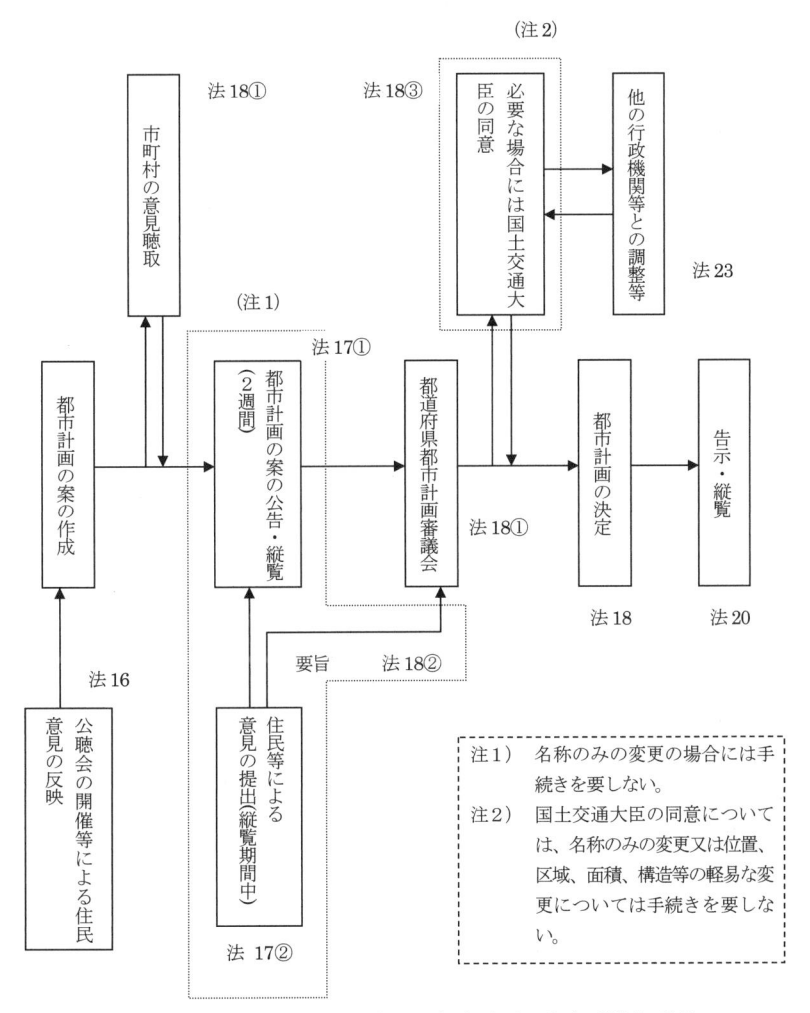

図 4.8 都道府県が定める都市計画の決定手続き (例)

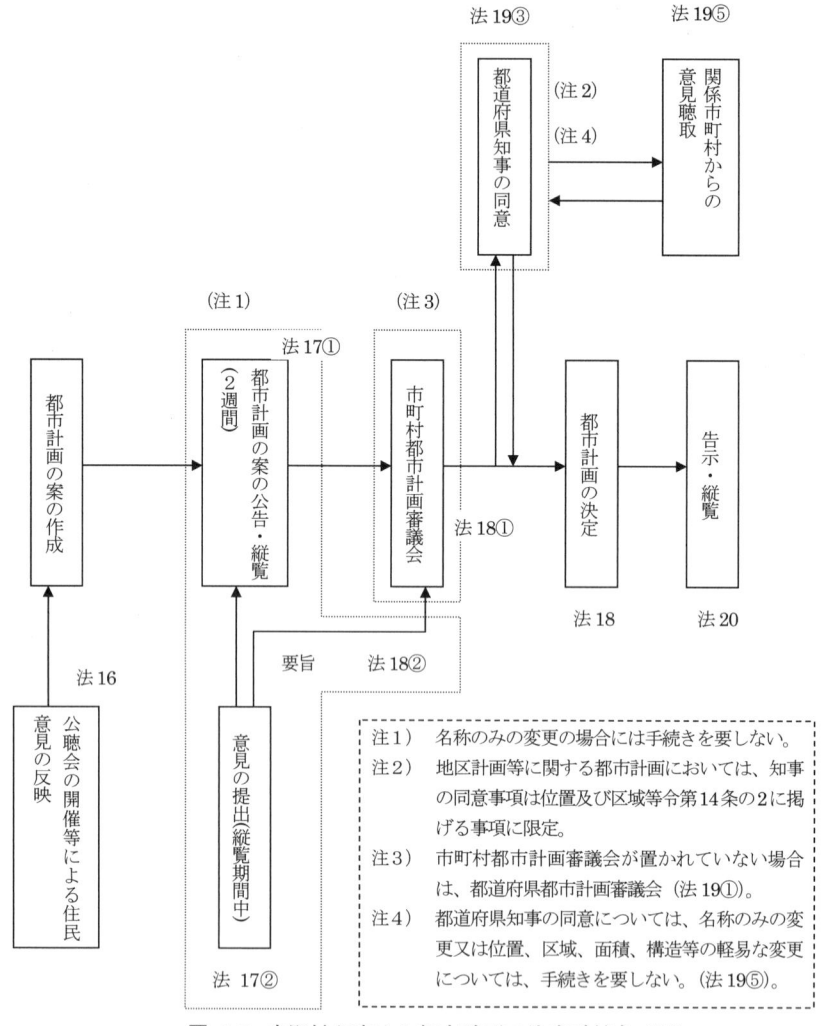

図 4.9 市町村が定める都市計画の決定手続き（例）

注1) 名称のみの変更の場合には手続きを要しない。
注2) 地区計画等に関する都市計画においては、知事の同意事項は位置及び区域等令第14条の2に掲げる事項に限定。
注3) 市町村都市計画審議会が置かれていない場合は、都道府県都市計画審議会（法19①）。
注4) 都道府県知事の同意については、名称のみの変更又は位置、区域、面積、構造等の軽易な変更については、手続きを要しない。（法19⑤）。

① 通常都道府県が決定する都市計画で国土交通大臣の同意を要しないものについては，市町村が定める都市計画の決定手続きと同じ。
② 通常都道府県が決定する都市計画で国土交通大臣の同意を要するものについては，市町村が定める都市計画の決定手続きと同様であるが，市の都市計画審議会を経たのち，都道府県知事の意見を添付して国土交通大臣の同意を得る点が異なる。
③ 通常市町村が決定する都市計画については，市町村が定める都市計画の決定手続きと同じ。

4.2.4 都市計画の提案制度

平成14年の都市計画法の改正において都市計画の提案制度が創設された。これは，地域のまちづくりに対する取組を今後の都市計画行政に積極的に取り込んでいくため，地域住民等の都市計画に対する能動的な参加を促進し，土地所有者またはまちづくり団体等からの都市計画の手続を定めたものである。

① 都市計画の提案主体
・ 都市計画区域内または準都市計画区域内の土地所有者等
・ まちづくりの推進を目的とするNPO法人，公益法人その他営利を目的としない法人
・ 独立行政法人都市再生機構，地方住宅供給公社
・ 過去10年間に開発許可を受け，0.5 ha以上の開発行為を行ったことがある等，一定の要件を満た

す団体
- これらに準ずるものとして地方公共団体の条例で定める団体

② 提案の要件
- 0.5 ha以上の土地の区域であること。ただし，とくに必要があると認められるときは，地方公共団体は，条例で区域または計画提案に係る都市計画の種類を限り，0.1 ha以上0.5 ha未満の範囲内で計画提案に係る規模を別に定めることができる。
- 法令で定める都市計画に関する基準に適合すること。
- 提案にかかる土地の区域内の土地所有者等の3分の2以上の同意(かつ地積要件として3分の2以上)を得ていること。

③ 提案の対象
- 都市計画区域内の整備，開発および保全の方針ならびに都市再開発方針に関する都市計画を除く都市計画全般。

④ 提案に対する都道府県または市町村の判断等
- 都道府県または市町村は，提案が行われたときは，遅滞なく都市計画の決定または変更をする必要があるかどうかを判断し，必要があると認めるときは，その案を作成しなければならない。

⑤ 都道府県都市計画審議会等への付議
- 提案を踏まえた都市計画の決定または変更をしようとする場合
  →都市計画の案を都道府県都市計画審議会等に付議しようとするときは，当該都市計画の案に併せて，当該提案に係る都市計画の素案を提出しなければならない。
- 提案を踏まえた都市計画の決定または変更をする必要がないと判断した場合
  →遅滞なく，都道府県都市計画審議会等の意見を聴いた上で，その旨およびその理由を当該提案をした者に通知しなければならない。

4.3 市街地開発事業等における公園緑地の整備

　大都市周辺部には，第二次大戦後の高度成長による都市部への人口集中と急速な市街地の拡大等のため，公園緑地等が圧倒的に不足する市街地が形成されている。かつては集中する人口の受皿として先行的・計画的に公園緑地等を整備する「新市街地」の整備に施策の重点が置かれたが，現在では，わが国の経済・社会を支える多くの人々が住み，働いているのにもかかわらず，防災面や景観面で課題があり，自然との交わりの機会の少ない「既成市街地」において公園緑地等を確保することに施策の重点がおかれている。

写真 4.1 港北センター南広場（土地区画整理事業）

　一方，税収の不足や高齢化の進展等により財政が危機的状況にあること，納税者の視点から見た行政支出の便益と受益者負担に関する説明責任が問われるようになったこと，既成市街地では，権利関係が輻輳していることが多く，その整序と公園緑地等の整備を一体的に行うことが事業促進に効果的なこと等を背景として，民間資金の導入を図り，市街地開発事業等により公園緑地等を整備する手法の重要性が増している。

市街地開発事業等による公園緑地の整備は，地域の権利者や民間企業による一般の投資・経済活動の中での公園緑地等の整備を誘導・支援することにより実現される。そのため実際の事業ニーズを反映しやすく短期的に事業効果を発現しやすい反面，長期にわたる事業や単独では不採算となる事業では特段の公的支援・規制緩和等がなければ事業そのものが成立せず，その中での公園緑地等の整備も困難となる。表4.3 では，このような特性をもつ事業を，「権利変換を伴う法定事業」，開発行為等を含む「一般開発事業」，特定街区や総合設計制度を活用した建築行為を含む「一般建築事業」等に区分し，その特徴を比較している。

写真4.2 晴海トリトンスクエア（市街地再開発事業）

権利変換を伴う法定事業（土地区画整理事業，市街地再開発事業，防災街区整備事業等）は，計画的な市街地形成を図るため，道路，公園，下水道等の公共施設の整備と合せて宅地の利用増進，建築物の整備を一体的かつ総合的に進める事業で，多数の権利者の権利変換を伴うことに特徴があり，権利者の一定割合の合意によりその権利変換に強制力をもたせることも可能としている。この権利変換手法の活用により土地の高度利用を実現し，そこから生れる開発利益の一部が公園緑地等の整備にあてられる。この場合，一定の公園緑地や公開空地の整備を条件に都市計画変更（容積率の割増し，用途地域の変更）や事業認可が行われることにより事業計画における公園緑地等の確保が誘導されることになる。平成15年3月には「密集市街地における防災街区の整備の促進に関する法律」が改正され，防災街区整備事業が創設されたことにより新たな手法が追加された。

また，一般開発事業は，単独あるいは少数の地権者等が共同で，主として建築物の建築または特定工作物の建設の用に供する目的で土地の区画形質の変更を行う事業であり，通常は開発後の土地に建築さ

表4.3 公園緑地等整備の手法と整備促進のしくみ

	整備手法	整備される緑地例	根拠法等	事業主体	整備促進のしくみ
公共事業	・公園事業 ・街路事業 ・河川事業 等	都市公園 街路樹・植栽帯等 河川緑地等	公園緑地法 道路法 河川法 等	国・地方公共団体等	公共事業費による整備 国から地方公共団体への交付金，補助金等
市街地開発事業等	■権利変換を伴う法定事業 ・土地区画整理事業 ・市街地再開発事業 ・防災街区整備事業 等	都市公園等 公開空地等 公開空地等	土地区画整理法 都市再開発法 密集法（略称） 等	事業組合等	一定の公園緑地等の整備を条件に都市計画変更（容積率の割増し，用途地域の変更，地区計画等）および事業認可。
	■一般開発事業 ・開発行為 等	都市公園等	都市計画法 等	個人・企業等	一定の公園緑地等の整備を条件に開発行為（土地の区画形質の変更）を許可（開発許可）
	■一般建築事業 ・特定街区・高度利用地区 ・総合設計・一団地認定 等	公開空地・屋上緑化	都市計画法 建築基準法 等	個人・企業等	一定の公園緑地等の整備，屋上緑化等により建蔽率・容積率の割増し，建築物の形態制限の緩和。（建築確認）
	■敷地内緑化 ・緑地協定 ・工場緑化	敷地内緑化 敷地内緑化	都市緑地法 工場立地法 等	個人・企業等	一定の緑化を義務付け （緑化義務）

写真 4.3 都庁都民広場（特定街区）

写真 4.4 新宿サザンテラス（総合設計）

れる建築物の分譲・賃貸等によって生れる開発利益の一部が都市公園等の整備にあてられる。この場合，都市計画法を根拠として条例等により一定の都市公園等の整備を条件に開発許可を与えることにより，その整備が誘導される。

　なお，一般建築事業は，単独あるいは少数の権利者等が共同で，建築基準法等に基づき建築物を建築する事業で，その建築物の分譲・賃貸等によって生れる開発利益の一部が敷地内の公開空地や屋上緑化等の整備にあてられている。建築確認とは建築計画が敷地，構造，設備，用途に関する法律に適合するか審査するものであるが，都市計画法に基づく特定街区等，建築基準法に基づく総合設計等により，公開空地の整備や屋上緑化を条件に，建蔽率・容積率の割増し，建築物の形態制限の緩和等を認めることにより，その整備が誘導される。

4.4 事業評価

4.4.1 事業評価の目的と背景

　昨今の厳しい経済状況を反映し，また公共事業へのアカウンタビリティが求められるようになり，ランドスケープ計画においてもより透明性・効率性が必要とされている。このため，すべての公共事業に

について，事業の新規採択時をはじめとするさまざまな機会において，当該プロジェクトの事業効果を表すため費用対便益を測定し，それを公表することとなってきている。

公共事業に係る事業評価の意義については，「公共事業実施の意思決定を行うための重要かつ客観的な材料を提供する」ことにより，「事業実施の意思決定プロセスにおける透明性を向上し，国民へのアカウンタビリティを果すとともに，予算等の限られた資源の効果的な執行を図る」ものとされている。また事業評価に際しては，「公共事業によるさまざまな効果・影響について整理し，科学的知見を最大限に活用して，論理的・客観的に実施する」ものとされている。

4.4.2 事業評価の方法

① 実施時期

公共事業評価の実施時期は，事業の実施に係る意思決定の段階を原則とするが，大きく事前評価，再評価，事後評価の3つがある。

事前評価は，事業の実施前の予算化等の段階で行い，事業の投資効果や事業の実施環境を視点として，ソフト面も含めた幅広い範囲から複数案を対象として評価を行い，事業の可否を判断するために行われる。

再評価は，実施中の事業の継続または中止を決定する段階で行い，事業をめぐる社会経済情勢の変化，事業の投資効果やその変化，代替案の可能性を視点として評価を行い，事業の継続，中止の判断を行うために行われる。

事後評価は，事業完了後一定期間を経過した段階で行い，事業完了後の効果・影響を確認し，当初見込みと異なる場合に，必要に応じて改善措置を実施するとともに，計画・評価手法の見直しに繋げるために行われる。

② 評価の方法

大きくは，事業効率，事業の波及的影響，事業の実施環境について評価を行うこととしている。

事業効率については，直接受益者が受ける費用対便益の測定と採算性の測定によって，波及的影響については，住民生活，地域経済，安全，環境，地域社会等について，実施環境については，事業の実効性，技術的難易度等について判断される。

とくに，費用対便益についての算定は，事業効率を判断するもっとも大きな要因であり，事業を実施する場合 (with) と事業を実施しない場合 (without) を比較して行い，事業全体の投資効率性を評価する。費用対便益の分析手法については，表 4.4 の手法がある。これまでの公共事業の多くは費用便益比 (B/C) の算定を用いることが多いが，今後は民間企業の投資判断に用いられてきた NPV や EIRR の手法も合せて示すことが求められる。

表 4.4 費用便益の分析手法

評価指標	概要	特徴
費用便益比（CBR，B/C） Cost Benefit Ratio	事業実施による総便益と事業実施のための総費用を比較したもの	○ 事業実施による純便益の大きさを比較可能 ○ 社会的割引率によって値が変化する
純現在価値（NPV） Net Present Value	事業の発生効果による純便益の現在価値から投下資本の現在価値を差し引いたもの	○ 単位投資額あたりの便益の大きさにより投資効率性を比較できる。 ○ 社会的割引率によって値が変化する
経済的内部収益率（EIRR） Economic Internal Rate of Return	事業の発生効果による純便益と投下資本の現在価値が等しくなるような割引率	○ 社会的割引率との比較によって投資効率性を判断可能 ○ 社会的割引率の影響を受けない

4.4.3 都市公園事業の費用対便益の考え方

(1) 費用対効果の考え方

ここでは，大規模都市公園を対象にした費用便益比 (B/C) による費用対便益の算定手法について紹介する。

① 費用対便益比の算定式

費用対便益比は一般的に，プロジェクトライフ期間の総便益(総価値)を総費用で除する次式で算定される。将来の価格については割引率を用いて現在価格に換算する。最近の例では，プロジェクトライフは50年，割引率は4%としている。

$$B/C = \frac{\sum_{t=1}^{n} B_t/(1+i)^t}{\sum_{t=1}^{n} C_t/(1+i)^t}$$

ここに，B：便益，C：費用，i：割引率，t：年次，n：プロジェクトライフ。

② 費用の考え方

費用は，用地費，施設費，維持管理費を加えたものとなるが，維持管理費についてはプロジェクトライフ期間の概算値を用いる。

③ 価値(便益)の考え方

都市公園のような非市場財の整備によって発生する経済的価値は，表4.5のように利用価値としての直接利用価値，間接利用価値，オプション価値と非利用価値としての存在価値，遺贈価値に大別される。このうちオプション価値，存在価値，遺贈価値については数量化が困難であり，直接利用価値と間接利用価値によって便益を計測することが多い。

表4.5 公園整備によって生じる価値の体系

価値分類		意味	機能	価値の種類
利用価値	直接利用価値	直接的に公園を利用することによって生じる価値	健康・レクリエーション空間の提供	健康促進 心理的な潤いの提供 レクリエーションの場の提供 文化活動の基礎 教育の場の提供
	間接利用価値	間接的に公園を利用することによって生じる価値	都市環境維持・改善	緑地の保存 動植物・昆虫の生育環境提供 食糧確保 ヒートアイランド現象の緩和 気候緩和 二酸化炭素の吸収 騒音軽減 森林の管理・保全，荒廃の防止
			都市景観	良好な景観の保全・提供 都市形態規制
			都市防災	洪水調整 地下水涵養 災害応急対策施設の確保 強固な地盤の提供 火災延焼防止・遅延 防風・防潮機能 災害時の避難地確保 災害時の救援活動の場の確保 復旧・復興の拠点の確保
非利用価値	オプション価値	現在は利用しないが，将来の利用を担保することによって生じる価値		
	存在価値	公園が存在することを認識すること事態に喜びを見出す価値		
	遺贈価値	将来世代に残す(将来世代の利用を担保する)ことによって生じる価値		

(2) 便益(価値)の計測方法

便益の計算手法には，表4.6のような方式があり，それぞれ特色があるが，一般的には直接利用価値の算定に旅行費用法，間接利用価値の算定に効用関数法あるいは仮想市場評価法を用いることが考えられる。ここでは，国土交通省の「改訂第2版大規模公園費用対効果分析手法マニュアル」(平成19年)における利用価値の計測手法を紹介する。

表 4.6 公園整備による便益の計算手法

手法	概要	適用可能性
旅行費用法	公園までの移動費用を利用して公園整備の価値を貨幣価値で評価する方法。	利用者数も合わせて算定できるため，直接利用価値の算定に用いられる。
代替法	公園整備による人々の便益を代替可能な市場財を購入するための費用の増加額で評価する方法。	公園を代替する財を設定することが困難で，本来の価値に比べ過少になりがち。
効用関数法	公園整備を行った場合と行わなかった場合の周辺世帯の持つ望ましさ（効用）の違いを貨幣価値に換算することで公園整備を評価する方法。	モデルを限定することにより，一般的な公園の計測に共通して用いることが可能。
ヘドニック・アプローチ	公園整備の価値が，土地市場及び労働市場に反映されると仮定し，公園整備状況を含めた説明変数を用いてこれらの価値で評価する方法。	正確な地価や賃金指標が必要となるが，要因が多く公園だけでの適用は困難。市街地整備を含む場合に適用可能。
仮想市場評価法	公園整備状況を被験者に説明した上で，その整備による環境等の変化に対してどの程度の支払い意思額があるかを直接的に質問する方法。	適用可能。ただし，特定の公園に対して個別に質問等を検討することが必要。

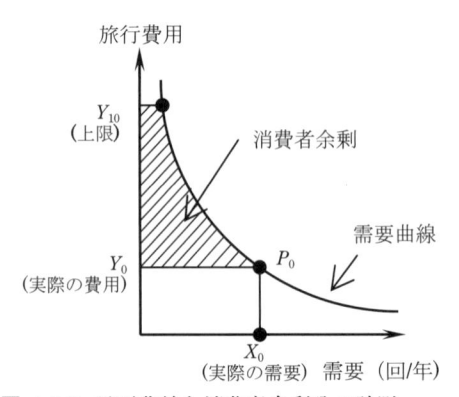

図 4.10 需要曲線と消費者余剰分の計測

① 旅行費用法を用いた直接利用価値の計測手順

a) データの収集—分析対象公園を利用すると考える圏域を設置し，圏域内をゾーン区分する。そのゾーン内の年齢階層別の人口データ，および検討対象ゾーン内の人々が対象公園以外に利用すると考えられる競合公園を抽出する。

b) 公園の魅力値の算出—公園の魅力をあらわす公園施設の利用者容量を，自然・空間系，施設系，文化活動系に区分して整理し，施設魅力値を算出する。

c) 旅行費用の算出—旅行費用＝交通機関別旅行費用×交通手段利用率＋公園利用料金で算出する。

d) 需要推計の算出—魅力値を旅行費用で除して当該公園を利用する各ゾーンの利用しやすさ（公園別利用選択率）を算出，公園別利用選択率をベースに一人当り都市公園需要量（一人当り年間利用回数）を算出する。この年間利用回数にゾーンの年齢階層別人口を乗じてゾーン全体の需要（総年間利用回数）を算出し，それをゾーン内の競合公園で配分して，個別公園の需要を推計する。

e) 需要関数の導出と単年度便益の算出—以上で推計した旅行費用および需要推計を用いて当該公園の需要関数を導出する。導出した需要関数を用いて消費者余剰分を計測し（**図 4.10**），単年度便益額を算出する。

② 効用関数法を用いた間接利用価値の計測手順

a) データの収集—当該都市公園の緑地面積，広場面積，防災拠点機能の有無を計測する。

b) 効用関数の定義—間接利用価値を，環境の維持・改善，景観の向上に役立つ価値（環境価値）と，防災に役立つ価値（防災価値）として算定するものとして，緑地面積，広場面積等と公園からの距離等によって効用関数を定義する。

c) 便益の算定—効用関数を用い，競合する公園との関係を考慮しながら，公園利用ゾーン内の世帯ごとの年間総便益額を算出する。

第5章　立地条件に関する調査・解析・評価

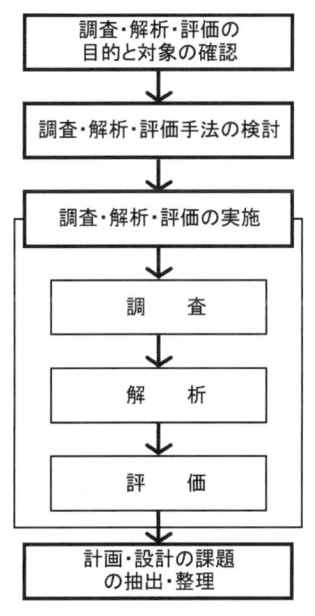

5.1 調査・解析・評価の目的と意義

　ランドスケープ計画・設計の対象や領域は，個人庭園，屋上緑化，都市公園のような個別空間の計画・設計から，土地利用計画，公園緑地計画，緑の基本計画，環境基本計画のような全体空間の計画などへと拡大・多様化してきた。これに伴い，立地条件にかかわる調査・解析・評価において要求される事項や個別の手法等も多様化・高度化しつつある。立地条件に関する調査は，ランドスケープ計画・設計の対象地およびその周辺地域の自然的環境，社会的環境，人文・歴史的環境の状態や，これにかかわる市民の意向等の的確な把握を可能にする。また，それらの成果に基づいた定性的・定量的な解析・評価は，計画・設計にかかわる課題の抽出・整理，計画・設計の前提条件の提示を可能にし，長期的な環境像，計画目標および具体的な計画内容の方向性を検討するためにも不可欠である。さらに，将来予測，各種代替案のためのシナリオ設定とその評価にも利用することができる。

5.2 調査・解析・評価の手順と方法

5.2.1 調査・解析・評価の枠組み

　ランドスケープの調査・解析・評価は，①調査・解析・評価の目的および対象の確認，②調査計画の立案(調査・解析・評価手法の選択)，③調査・解析・評価の実施，④計画・設計にかかわる課題の抽出・整理の一連の手順にしたがって進められる（図5.1）。

図5.1　調査・解析・評価の手順

表 5.1 調査・解析・評価の留意事項

段階		留意事項	具体的内容
調査・解析・評価の目的と対象の確認		対象	個別空間―全体空間
		空間スケール	国土・広域―都市・地域―地区・街区スケール―敷地
		立地	都市地域, 田園地域, 自然地域, これらを内包する流域圏など
		計画・設計の目的・内容	土地利用計画, 適地選定, 公園緑地計画, 景観基本計画, 環境保全計画, 観光・レクリエーション計画, 環境管理計画など
		計画・設計の段階との対応	基本構想, 適地選定, 基本計画, 基本設計, 実施設計, 施工管理など
調査・解析・評価の手法の検討と実施	調査	調査項目の設定	自然的条件, 社会的条件, 人文歴史的条件
		調査の規模や精度の検討	全体調査―部分調査, 概査―精査
		調査対象とする期間の検討	現況調査(実態調査)―変遷調査―将来予測調査
		調査方法の検討	文献・資料調査, フィールド調査, アンケート・ヒアリング, 地図・空中写真判読, リモートセンシング, 環境情報データベースの活用など
	解析・評価	解析・評価の方向性	調査項目毎の解析・評価, 調査項目間の関連性, 環境のポテンシャル, 計画設計時に留意すべきプラス要素とマイナス要素, 空間分布の読み取りなど
		解析手法	データの読み取りと記述, マッピング, 定性的解析と定量的解析, 多変量解析, モデル分析など
		総合化や評価手法	マトリクス法, メッシュアナリシスとオーバーレイ, シミュレーションモデルなど
		最適計画案の検討への対応	代替案・将来シナリオの設定と比較検討など
	その他	情報技術の活用	GPS(全地球測位システム), GIS(地理情報システム), WebGIS, CG(コンピュータグラフィックス), RS(リモートセンシング)など
		表現の手法	文章(記述), 表, グラフ, 分布図, 分類図, 分級図, 構造図, 模式図, 地域区分図など
計画・設計の課題の抽出・整理		プラス要素への対応	積極的な保全・導入方策の検討など
		マイナス要素への対応	軽減, 防止や改善方策の検討など
		その他	望ましい将来像の設定, 計画課題の具体化, 計画目標や基本方針への展開など

5.2.2 調査・解析・評価の目的と対象の確認

　調査・解析・評価の目的と対象の確認では，当該ランドスケープ計画・設計における位置づけを明確にしておく必要がある。すなわち，その計画・設計の対象(ある特定の公園緑地のようにほぼ均一な性状を有する個別空間，都市のようにさまざまな性状の個別空間を含みより地域的な広がりを有する全体空間)，空間スケール(国土・広域スケール，都市スケール，地区・街区スケール，敷地スケール)，立地(都市地域，農業地域，森林地域，自然公園地域，これらを内包する流域圏など)，計画・設計内容(土地利用計画，公園緑地計画，景観基本計画，環境保全計画，観光・レクリエーション計画，環境管理計画など)，計画・設計の段階(基本構想，適地選定，基本計画，基本設計，実施設計，施工管理など)等のおのおのについて，どのような位置づけがなされるのかを明確にする必要がある。

5.2.3 調査計画の立案

　つぎに，適切かつ具体的な調査計画の立案(調査・解析・評価手法の選択)が要求されるが，以下の示すように，調査・解析・評価手法は多種多様であり，適切な手法の設定，選択に留意する必要がある(表5.1)。

　調査項目に関しては，一般的には，ランドスケープ計画・設計の対象地およびその周辺地域を対象として，自然的環境条件，社会的環境条件，人文・歴史的環境条件に分類されるさまざまな環境要素についての幅広い項目を設定する(表5.2)。

　自然的環境条件の調査では，気象(気温，湿度，風速，降雨量，降雪量，冷霜，大気汚染など)，地形(標高，傾斜度および方向，谷密度，起伏度，地貌など)，地質・土壌(土壌分類，地質構造，崩土，地すべ

表 5.2 環境条件に係るおもな調査項目と内容

区分	調査項目	主な内容
自然的環境条件	気象	気温, 湿度, 風, 降雨量, 降雪量, 日照, ヒートアイランドなど
	地形	標高, 傾斜度および方向, 谷密度, 起伏度など
	地質・土壌	土壌分類, 地質構造, 崩土, 地すべりなど
	水系	水系, 地下水位, 湧水, 水質, 水量, 流域など
	生物・生態系	現存植生, 潜在自然植生, 緑被度, 野生動物分布など
	緑地現況	都市公園, 自然公園, その他の地域制緑地, 緑被地, 緑化実態など
	自然的景観要素	地形, 水系, 植生, 緑地等の自然的環境に係わる景観要素など
	自然的レクリエーション資源・施設	地形, 水系, 植生, 緑地等の自然的環境に係わる資源・施設など
	その他	自然的環境に関する住民意識など
社会的環境条件	人口	人口構成, 人口動態, 人口流動, 人口密度など
	産業	産業構造, 出荷額, 商圏構造など
	土地利用・土地所有	土地利用現況および変遷, 土地所有(公有・民有)など
	建築	建物用途別分布, 建築密度, 建築動態, 特殊建築物分布など
	交通	交通量, 交通施設現況, パーソントリップなど
	社会的レクリエーション資源・施設	観光レクリエーション施設, 施設利用実態, レクリエーション需要など
	都市施設	交通施設, 公共空地, 供給・処理施設, 教育文化施設, 医療福祉施設など
	公害・災害発生状況	公害や関連する苦情の発生地区, 災害履歴, 危険地域など
	法適用	各種の法適用, 協定, 条例など
	上位計画・関連計画	総合計画などの上位計画・関連計画
	その他	開発事業, 社会的環境に関する住民意識, 市民活動の状況など
人文歴史的環境条件	地域の歴史	文化財, 民俗行事, 名所旧跡, 伝統的産業, 祭礼など
	コミュニティ・圏域の構成	町丁目界, 学区, 旧市町村界, 字界, 通勤・通学圏など
	歴史的・文化的景観要素	文化財, 名所旧跡等の人文歴史的環境に係わる景観要素など
	歴史的・文化的レクリエーション資源・施設	文化財, 名所旧跡, 伝統的産業, 祭礼など人文歴史的環境に係わる資源・施設など
	文献資料	文芸作品の景観把握, 絵はがき等の対象
	その他	人文的環境に関する住民意識

りなど), 水系 (水系, 地下水位, 湧水, 水質, 水量, 水害危険区域など), 生物・生態系 (現存植生, 潜在自然植生, 緑被度, 野生動物分布など), 緑地現況, 自然的景観要素, 自然的レクリエーション資源・施設, 自然の環境に対する住民意識等が主要項目となる。

社会的環境条件の調査では, 人口 (人口構成, 人口動態, 人口流動, 人口密度など), 産業 (産業構造, 出荷額, 商圏構造など), 土地利用 (土地利用現況および変遷など), 建築 (建物用途別分布, 建築密度, 建築動態, 特殊建築物分布など), 交通施設 (交通施設現況, パーソントリップなど), 社会的レクリエーション施設 (観光・レクリエーション施設, 施設利用実態, レクリエーション需要など), 都市施設, 公害・災害発生状況, 法規制, 土地所有, 開発事業, 上位計画, 社会的環境に関する住民意識等が主要項目となる。

人文歴史的環境条件の調査に関しては, 地域の歴史 (文化財, 民俗行事, 名所旧跡, 文化財, 伝統的産業, 祭礼, 行事, 風習など), コミュニティ・圏域の構成 (町丁目界, 学区, 旧市町村界, 字界, 通勤・通学圏など), 歴史的・文化的景観要素, 歴史的・文化的レクリエーション資源・施設, 文献資料 (文芸作品の景観把握, 絵はがきなどの対象), 人文的環境に関する住民意識などが主要項目となる。

なお, 今後は, 持続可能な地域形成や環境都市の構築など, 自然環境の保全や再生への配慮がより一層重視される中で, 生物多様性の確保やビオトープ・ネットワークの形成など生物生息の側面, 省エネルギーやヒートアイランド緩和など都市気候改善等の環境負荷軽減の側面, 市民参画・環境学習の推進の側面も含めた調査項目の設定が望まれる (図 5.2)。

一方, 具体の調査方法に関しては, その規模の面で, 調査対象範囲全体を調査する全体調査と部分で行う部分調査が, 精度の面からは, 設定された調査対象や調査項目の概要をとらえるために行う概査と,

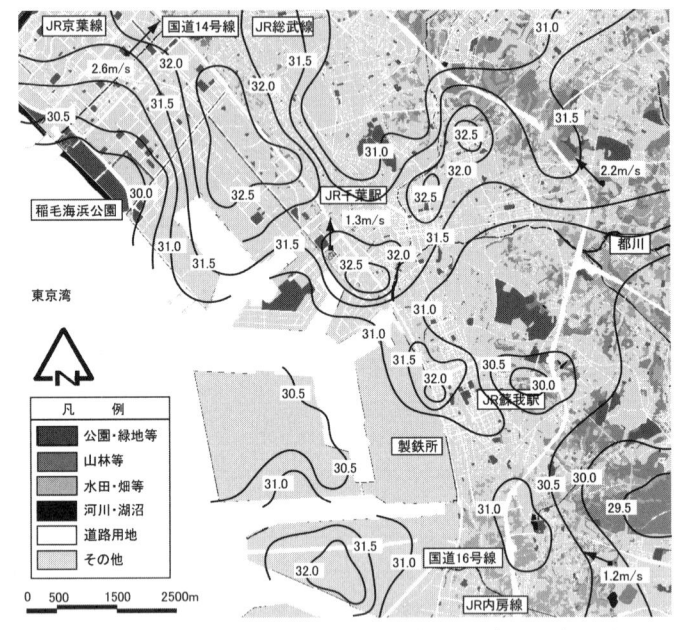

図 5.2 千葉市におけるヒートアイランドに関する解析の例（2001年8月14日14時）
自動車による移動観測データより作製。気温分布図と緑地分布図との重ね合せを実施（Yanai et al(2002)[1]）を改変。

より詳細な調査を行う精査とが想定される。調査対象期間の面からは，現在の状況のみを把握する現況調査(実態調査)，たとえば，過去から現在までのある一定期間の推移を把握する変遷調査，現在から将来のある期間までの状況を予測する将来予測調査が想定される。調査の方法では，文献・資料調査，フィールド調査，アンケート・ヒアリング，地図・空中写真判読，リモートセンシングデータの活用，環境情報データベース活用などが想定される。

5.2.4 調査・解析・評価の実施

調査を実施した後，調査結果の解析・評価が行われる。ここでは，個々の調査項目に関する解析・評価や，調査項目間の関連性に関する解析・評価がなされる。解析・評価では，調査項目となった環境要

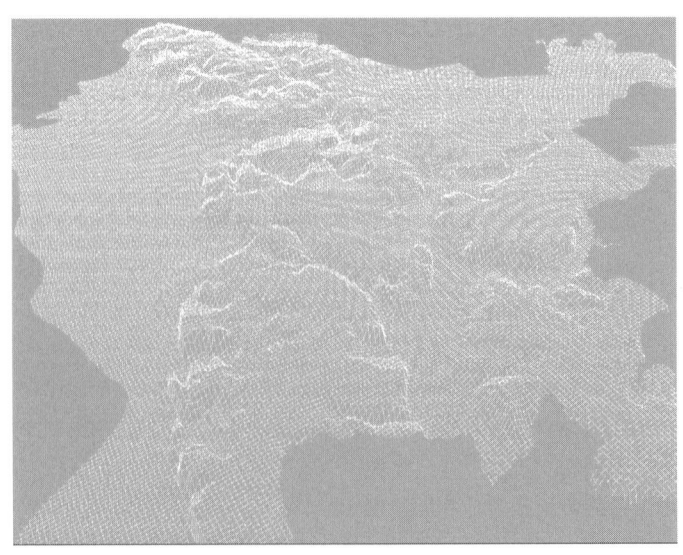

図 5.3 地形に関する解析の例――標高データを用いて3次元で可視化したもの

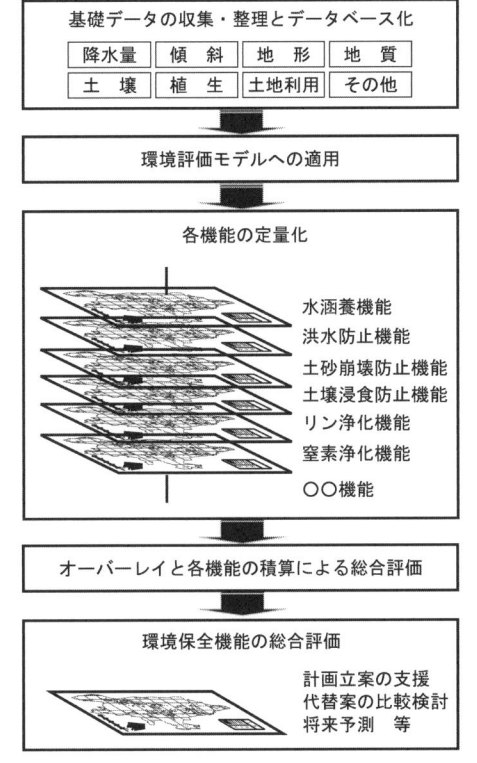

図 5.4 土地のもつ環境保全機能の総合評価のプロセス
GISで運用できる環境情報データベースを整備し，環境評価モデルを適用しながら，環境保全に係る土地の諸機能を定量的に解析・評価するプロセス（恒川 (1999)[2]）を基に作成）。

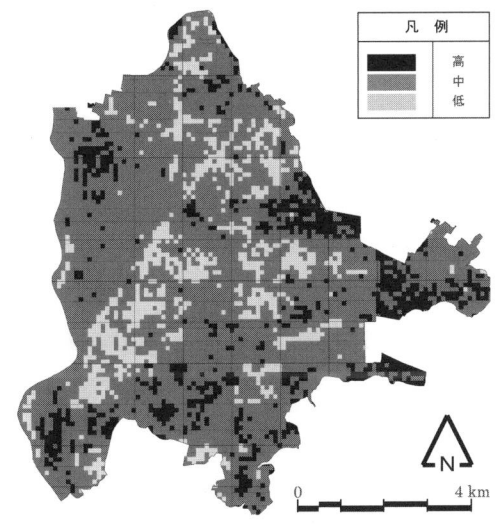

図 5.5 土地のもつ環境保全機能の総合評価
千葉県松戸市の例。メッシュアナリシスの手法を用い，図 5.4 の方法に従い作製。

素ごとの特性や環境要素間の関連性，そこから読み取れる環境のポテンシャル，ランドスケープ計画・設計の際に留意すべきプラス要素とマイナス要素やその空間分布を明確にする必要がある。

解析・評価の手法には，調査データの読み取りと定性的な記述による分析手法，オーバーレイ法，マトリックス法，評価関数による分析手法，その他これらの併用による手法等がある。

その過程では，調査データ，調査・解析・評価の視点や手法，調査データ，解析・評価結果等について，文章はもとより，表，グラフ，分布図，分類図，分級図，構造図，模式図，地域区分図等によって表現し（図5.3），これらの情報を重ね合せることによって，計画・設計対象地内の任意の地点・地区の情報が容易に読み取れるようにする必要がある。

なお，近年の情報技術等の進展により新たな調査・解析・評価手法が開発されている。広域的なランドスケープ計画に対応したリモートセンシングの活用，現地調査等を含めたGPSの活用，統合的なデータ解析・評価やシミュレーションモデルへの展開が可能なGISの活用（図5.4，図5.5），さらにはWebを活用した双方向型の調査・解析・評価の実現などであり，これらの動向への対応が要求される。

5.2.5 計画・設計にかかわる課題の抽出・整理

調査・解析・評価結果について，プラス要素に関しては，積極的な保全・導入方策の検討が，マイナス要素に関しては，その軽減，防止や改善方策の検討等の観点から計画課題の抽出・整理が行われる。そして，計画の理念に沿った計画対象における環境像の設定のもと，計画課題をより具体化し，計画内容の概要を設定するための計画目標や基本方針の検討が可能となる。

5.3 交通需要予測，観光需要予測

ランドスケープにかかわる計画・設計あるいは維持・管理を行うにあたって，「人」や「物」の動きである交通量や観光客数を把握し，さらに，それらの将来量を予測することが求められる。たとえば，計画自体の必要性や施設等の規模を検討する際に，将来の交通量や観光客数の予測結果は，検討結果を左右する重要な要因となる。

一般に将来の交通量の予測を「交通需要予測」，観光客数の予測を「観光需要予測」と呼称する。

まず，「交通需要予測」の方法についてみると，基礎データとして必要となる交通調査のデータには，主に自動車の出発点（：発地）(Origin)と終点（：着地）(Destination)および目的等を把握する「OD調査」（例：道路交通センサス（：全国道路交通情勢調査）（国土交通省））や，交通主体である人の動きに着目するパーソントリップ調査（都道府県，都市圏等で実施）等が整備されている。予測に際して基本となるのがこれらの交通調査のデータをもとに作成されるOD表である（図5.6）。このOD表をもとに「4段階推定法」を用いて予測が進められる（図5.7）。「4段階推定法」とは，対象地域をいくつかのゾーンに区分し，各ゾーンでの発生・集中する交通量（①発生交通量・集中交通量），ゾーン間の交通の流動量（②分布交通量），その利用交通手段（③分担交通量），その利用経路（④配分交通量）の4段階に区分して予測する方法である。

ここでは，とくに，基本的な交通量であり，かつランドスケープ計画・設計においても必要性の高い交通量として位置づけられる①発生交通量・集中交通量と，②分布交通量の予測の考え方について説明する。

「①発生交通量・集中交通量」では，既存の時系列データによる伸び率によって推定する方法（「成長率法」），発生交通量・集中交通量とかかわりの深い用途別面積等を用いて発生・集中原単位を作成し，

		着地			計 (発生交通量)
		ゾーン1	ゾーン2	ゾーン3	
発地	ゾーン1	t_{11}	t_{12}	t_{13}	G_1
	ゾーン2	t_{21}	t_{22}	t_{23}	G_2
	ゾーン3	t_{31}	t_{32}	t_{33}	G_3
計（集中交通量）		A_1	A_2	A_3	T

T＝生成交通量(調査対象地全体の交通量)
G_i＝発生交通量(ゾーンiで発生した交通量)
A_j＝集中交通量(ゾーンiに集中した交通量)
T_{ij}＝分布交通量(ゾーンiからゾーンjへの交通量)

図5.6 交通需要のOD表と各種交通量

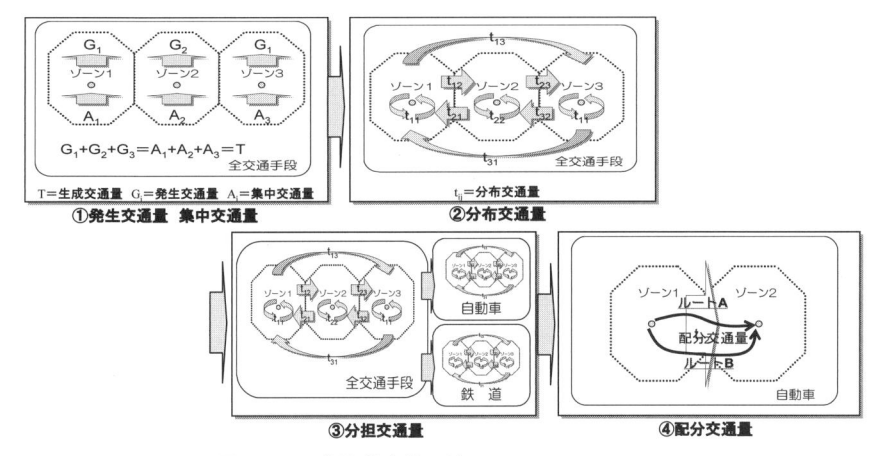

図 5.7 4段階推定法の流れ

それに基づき推定する「原単位計算法」や，居住人口，自動車保有台数等の経済諸指標に基づき推定する「関数モデル法」がある(表5.3)。「②分布交通量」では，現在の分布交通量からの分布モデル式の作成を基本とした「重力モデル法(グラビディモデル法)」や，現在のOD表のパターンが将来も大きく変化しないことを前提に予測を行う「現在パターン法」等がある(表5.4)。

つぎに，「観光需要予測」の方法についてみると，観光需要予測も交通需要予測とその考え方は類似する。基本となる各ゾーン(地域，観光地，施設等)で発生，集中する観光客数(①発生量，集中量)や，ゾーン間の観光客の流動量(②分布量)等を推定するモデルがあり，これらのモデルの組み合せにより必

表 5.3 発生・集中交通量の予測方法

	推定法	基本的な考え方	具体的な予測式等	必要となるデータ等
①発生交通量・集中交通量	成長率法(伸び率法)	現在のゾーン別発生・交通集中量にこれまでの伸び率を掛け合わせる予測方法	$T_i = F_i t_i$	t_i:iゾーンの現在の発生・集中交通量 F_i:iゾーンの予測時点までの伸び率 ※T_i=iゾーンの将来の発生・集中交通量
	原単位法	居住人口，従業員1人当たり発生・集中交通量や用途地域別敷地面積，床面積当たりの発生集中量を過去の資料より推定した原単位を用いる予測方法	$T_i = b_1 S_{i1} + b_1 S_{i1} + b_2 S_{i2} + \cdots + b_n S_{in}$	b_n:用途別面積等の交通発生・集中原単位(トリップ/㎡やトリップ/人など) S_{in}:iゾーンの予測時点における用途別面積等(㎡, 人など) ※T_i=iゾーンの将来の発生・集中交通量
	関数モデル法	各ゾーンの将来における居住人口，従業員数，自動車保有台数などの諸指標を説明変数，発生・集中交通量を目的変数としたモデル式(重回帰式等)を求め，その式を用いる予測方法	※重回帰式の場合 $T_i = a_0 + a_1 x_{i1} + a_1 x_{i1} + a_2 x_{i2} + \cdots + a_n x_{in}$	a_n:各指標に関わる回帰係数 x_{in}:iゾーンの予測時点における居住人口，就業人口等の交通量と相関関係の高い指標 ※T_i=将来のiゾーンの発生・集中交通量

表 5.4 分布交通量の予測方法

	推定法	基本的な考え方	具体的な予測式等	必要となるデータ等
②分布交通量	現在パターン法(成長率法)	現在のOD表の状況と将来の交通流動が大きく変化しないと仮説した，現在から将来への各ゾーンの発生・集中交通量の伸び率に基づく予測方法	※以下のような収束計算法を用いる 均一成長率法 平均成長率法 フレーター法など	現況OD表(:現状の発生・集中，分布交通量) 将来発生・集中交通量の予測値
	重力モデル法(グラビディモデル法)	発地と着地間のトリップ数がそれぞれのゾーンの発生・集中交通量に比例し，ゾーン間の距離に反比例するというモデル式(万有引力の法則を応用)を現在OD表のパターンから求め，そのモデル式に将来発生・集中交通量(予測値)を代入し予測する方法	$t_{ij} = k \dfrac{G_i^{\alpha} A_j^{\beta}}{D_{ij}^{\gamma}}$ ※その他に上記基本モデルを修正したモデルがある	※α, β, γ, kはパラメータ(これらのパラメータは現在の発生・集中交通量及び分布交通量(現況OD表より)を用いて決定する) G_i:将来のiゾーンの発生交通量(予測値) A_j:将来のjゾーンの集中交通量(予測値) D_{ij}:発地と着地間の距離 ※t_{ij}:将来の分布交通量

要となる予測量を推定する。

観光需要予測に必要な基礎データに関してみると，交通需要予測に関しては，OD 調査に代表される基礎データが整備されている一方，観光需要予測に関しては，とくに，発地と着地の双方を同時に把握した観光客数にかかわる基礎データはほとんどなく，発地サイドの「全国旅行動態調査 (国土交通省)」や，着地サイドの市町村別等の「入れ込み観光者数」が整備されている程度である。したがって，観光需要予測を行う際には，新たに基礎データを収集する必要がある場合もある。

基礎データを用いた基本的な予測方法は，交通需要予測と基本的に類似し，①集中量，発生量では，既存の時系列データによる伸び率によって推定する方法，発生量・集中量とかかわりの深い要素に基づき推定する方法等が用いられ，②分布量では，重力モデル法や，発地，着地のみのデータで推定する方法等が用いられる。

5.4 解析手法

5.4.1 空間解析とスケール

ランドスケープの扱う空間の調査・解析・評価にあたっては，メッシュ解析，ゾーン解析等の方法があり，何れも調査項目個々の解析・評価とともに，必要に応じてそれらを重層化させる手法が一般的である。ここでは，メッシュ解析をとりあげ，その概要を述べるものとする。

(1) メッシュ解析

メッシュを単位とする手法は，ランドスケープの扱う空間を調査・解析・評価する際に採用される極一般的な手法である。その理由としては，情報をメッシュ単位で圧縮することで，空間の特徴把握が容易になることがあげられる。たとえば，ある公園緑地の計画対象地内の植生状況をメッシュごとにパターン化することで，敷地内の植生の特徴がつかみやすくなる。また，解析に用いる植生以外の要素についても同一のメッシュを単位としてパターン化することで，重ね合せが容易になる。とくに，要素が移動する動物群である場合に便利であり，ある地域の生物多様性を指標する際に，小動物である昆虫類や爬虫類や両生類の分布データを用いることができる。例として図 5.8 に有田・小河原による小動物の分布情報を用いた空間評価を示す[5]。

ここでは，一辺 25 m のメッシュを単位として，その単位ごとに確認された小動物の「在–不在」データを「on–off」データとして多変量解析を用い，情報の圧縮とともに類型化を行っている。希少種の分布からではなく，一般的な生息種の種組成からの空間把握の事例である。

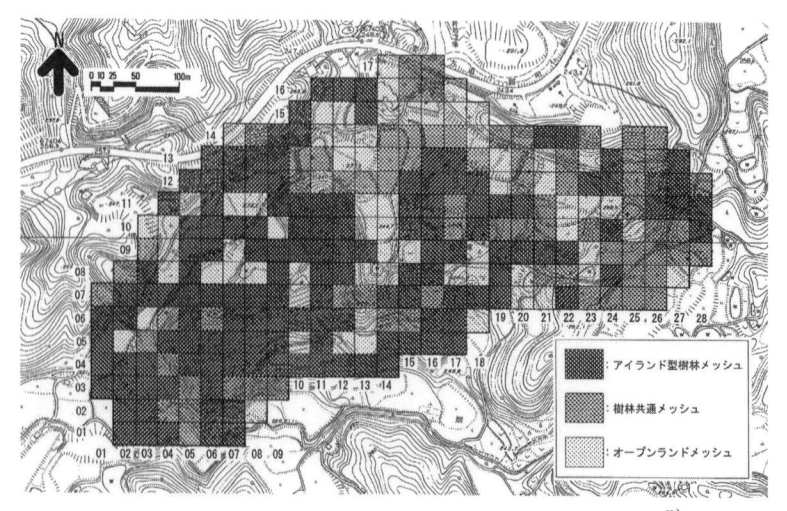

図 5.8 鳥類の分布情報からメッシュ解析した事例 [5]

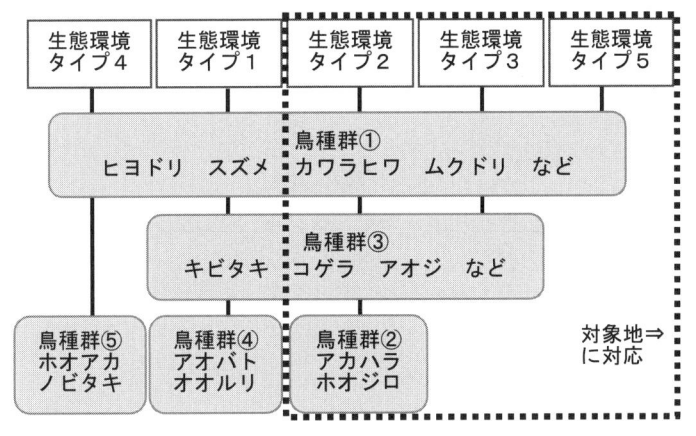

図 5.9 メッシュを単位とした鳥種群と生息環境タイプの模式図（繁殖期）[6]

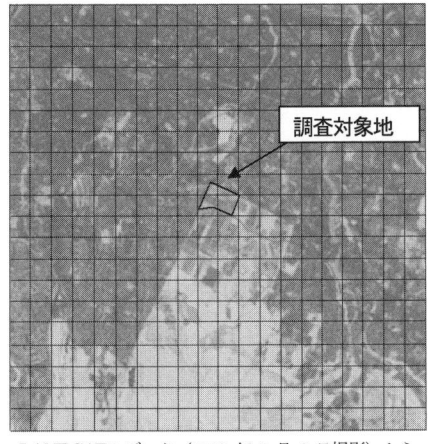

図 5.10 調査対象地とメッシュ解析対象地の関係 [6]

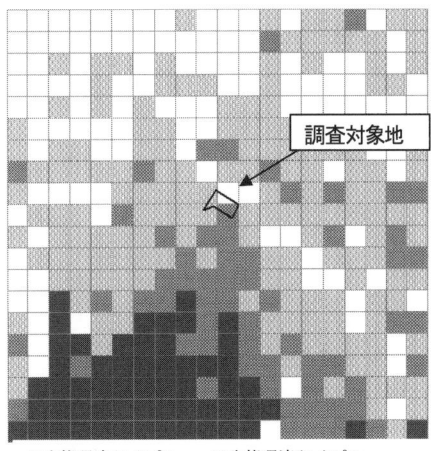

LANDSAT5 データ（1993 年 7 月 8 日撮影）から NDVI（正規化差分植生指数）を算出し、おおまかな緑被地の分布を表したもの。

図 5.11 メッシュを単位とした生態ポテンシャル評価図 [6]

■生態環境タイプ1　■生態環境タイプ2
▨生態環境タイプ3　□生態環境タイプ4

　また，都市計画のスケールでもメッシュを単位とした調査・解析・評価を行うことができる。図 5.9 は，ある調査対象地の生態的なポテンシャルを広域的な視点からとらえた事例である[6]。解析の詳細はここでは割愛するが，1 辺約 500m のメッシュ（地域基準メッシュを 4 分割したメッシュ）を単位とし，土地利用の情報と鳥類の生息状況から評価を行い，調査対象地で目標とすべき環境と鳥類種群の抽出を行っている。

　一方，メッシュを用いることのデメリットとしては，情報の圧縮に伴い情報が単純化する可能性がある事が考えられる。また，メッシュ単位で分析すると，周辺との関係，すなわち隣接するメッシュとの関係性が無視される可能性があることである。最近では，これもメッシュのもつパラメータの一つにすればよいが，解析やパターン化が複雑になってしまう。さらに，既存のデータが使いにくくなることもあげられる。たとえば，植生図などのように分布形状があるものは，対応できるが，任意の区域ごとの出現種のリスト等では，さらなる細分化が困難となる。

さらに、メッシュを使う際の注意点として、前述の空間スケールがある。すなわち、メッシュのサイズである。都市計画などでは、地域基準メッシュのような約1km四方を基本とすることが多い。なお、各種の調査を行う際、メッシュサイズは想定よりも一段階小さくしておくと、より細かい解析が必要となったときに対応できる。サイズを大きくすることは容易であるが、細分化は困難である場合が多い。

5.4.2 空間スケール

ランドスケープの解析を行う際に重要となる要素に「空間スケール」がある。対象とする計画が街区公園か総合公園かで、対象要素が1本1本の木か、クヌギ・コナラ林かの違いが出てくる。また、図5.8を例にとれば、調査・解析・評価を行うにあたって、メッシュのスケール（＝1辺の大きさ）を設定しなければならない。したがって、計画立案のための各種調査や解析、評価を行う場合には、まず、適切なスケールを選定することが重要となる。このような計画スケールと対象とする環境構成要素との関係を示す例として、小河原・有田による試案を、表5.5[7]を示す。ここでは、空間レベルを4区分し、それぞれに対応した計画スケールを示し、それに対応する地形や植生、動物群を示している。

表 5.5 生態環境の空間階層性と空間スケール試案[7]

空間レベル	抽出できる多様性	各事象について対応する空間スケールの階層性			計画スケール	図化スケール	メッシュサイズ	最小抽出ユニット
		地形	植生	動物群				
大構造		大地形 $10^4 \sim 10^3 km^2$ 〜中地形 $10^2 \sim 10 km^2$ 山地、平野、河川、湖、海	土地利用レベル 森林、草原、耕地、市街地	大型鳥類（大型猛禽類）大型哺乳類（クマ、シカ）	国土計画 国土軸 地勢軸	1/20万	5km	500m 25ha (500m四方)
中構造 エコシリーズ	γ多様性	小地形 100〜1ha 丘陵、台地、谷戸、川、池	クラス域レベル 常緑広葉樹、夏緑広葉樹、針葉樹林、住宅地	両生・爬虫類 鳥類 中型哺乳類（タヌキ、ウサギ）	都市計画 生態的土地利用軸	1/2.5万	500m	50m 2,500m² (50m四方)
小構造 エコトープ	β多様性	微地形 1ha〜100m² 尾根、緩斜面、山裾、低湿地、水田	群落・群集レベル コナラ林、アカマツ林、庭園、大木の社寺林	昆虫（肉食性）鳥類 両生・爬虫類 小型哺乳類	地区計画 生態環境軸	1/2500	50m	5m 25m² (5m四方)
微構造 エコエレメント	α多様性	超微地形 10m² 畦畔、土手、石垣、細流、田面	植物個体とその連続 ベランダ緑化、生垣、花壇、植込み、大木の孤立木	昆虫（植物食性）鳥類 両生・爬虫類 小型哺乳類	詳細設計 生態環境要素	1/250	5m	0.5m 0.25m² (0.5m四方)

5.4.3 GISの活用

GIS : Geographical Information Systems とは、日本語では、「地理情報システム」と呼ばれ、このもっとも単純で基本的な定義は、「空間的な位置データを伴う情報を処理することのできるコンピュータシステム」である[8]。

近年、ランドスケープの分野でも、研究分野のみならず、都市計画等の分野などでは実務のレベルで利用されつつある（たとえば図5.12）。GISは、ランドスケープの扱う空間情報を客観的に解析・評価できることから、今後、さらなる実用化が望まれる。そのためには、産学共同での技術者育成や、行政を含めた発注者の理解、応用事例の検討などが必要となるだろう。

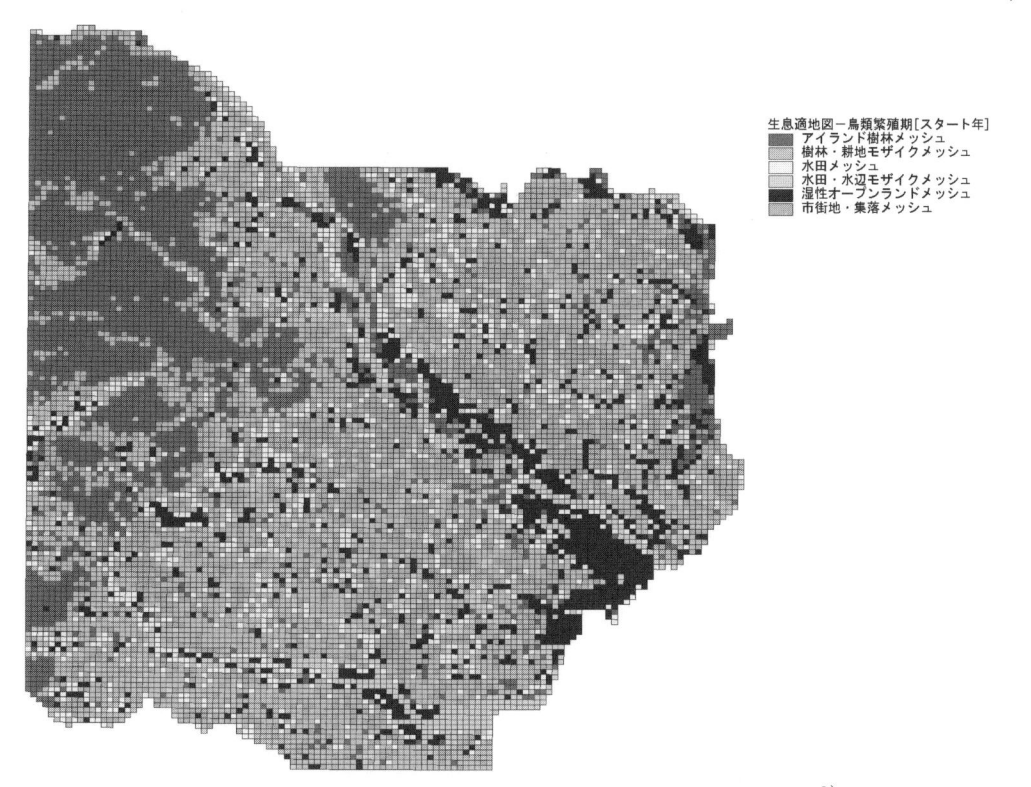

図 5.12 GIS を用いた生態ポテンシャルマップの事例 [9]

5.5 アンケートと数量化

　立地条件に関するさまざまな調査を行うにあたり，既存の資料や図面から得られる情報のみならず，それ以外の情報が必要となる場合は多い．その場合の情報収集の一つの手段として，住民や利用者等を対象としたアンケート調査を用いる機会は多い．

　アンケート調査とは，社会のさまざまな分野で生じている問題を解決するために，問題に関係している人々あるいは組織に対して同じ質問を行い，質問に対する回答としてデータを収集し，そのデータを解析することによって，問題解決に役立つ情報を引き出すというものである．

　実際には，「アンケート調査の企画」，「アンケート調査票の作成」，「実際の調査」，「データの整理・解析」等の段階をたどる (図 5.13)．「アンケート調査の企画」の段階でとくに問題となるのが「調査実施方法 (表 5.6)」の検討と「標本調査の準備」の際におけるサンプル数の決定 (図 5.14) である．「アンケート調査票の作成」は，非常に重要な段階となるが，調査の目的の明確化，プレ調査・解析の結果に基づき内容や項目の修正等を行うことが重要となる．

図 5.13 アンケート調査の流れ

　「調査データの整理・解析」の段階では，基本統計量の算出等の単純集計や複数の変数間の関係をみるクロス集計等が基本となるが，とくに，多変量解析手法は有効な方法となり得る．実際にアンケート調査の場合に多く得られる質的 (定性) データ (表 5.7) は，計算不可能でありそのまま統計解析を行うこ

表 5.6 各種のアンケート調査実施方法の特性

調査の実施方法				コスト ※注1	調査員の数	調査地域の範囲	アンケート回収率	調査時間	複雑な質問の可否	プライバシーに係わる設問の可否	回答内容のチェックの確認
調査の配布回収方法	①配布方法 ②回答記入者 ③回収方法	備考									
配布回収調査法 (：留置調査法, 配票調査法, 配票留置調査法)	① 調査員の訪問 ② 回答者 ③ 調査員の訪問	−		大	かなり多	狭	高	長	難	可※注2	可
配布郵送調査法	① 調査員の訪問 ② 回答者 ③ 郵送	−		やや大	多	狭	やや高	長	難	可	不可
郵送調査法	① 郵送 ② 回答者 ③ 郵送	−		小	不要	広	低	非常長	難	可	不可
郵送回収調査法	① 郵送 ② 回答者 ③ 調査員の訪問	−		やや大	多	狭	高	長	難	可※注3	不可
託送調査法	① 郵便以外の組織の利用 ② 回答者 ③ 郵便以外の組織の利用	郵便の代わりに学校等の既存組織を通じて配布・回収を行う		小	不要	狭	高	やや短	難	可※注3	不可
集合調査法	① 調査会場への回答者の集合 ② 回答者※注2 ③ 調査会場への回答者の集合	一定の場所に集合の後、一斉に配布・回答・回収を行う		学校企業：小 その他：大	少	狭	学校企業：高 その他：低	やや短	可	可	不可
宿題調査法	① 調査会場への回答者の集合 ② 回答者 ③ 調査会場への回答者の集合	一定の場所に集合させ、配布後、自宅に持ち帰り回答を行い(宿題的)、指定された期日に再度集合し回収する。		小	少	狭	高	長	難	可	可
面接調査法	① 調査員の訪問 ② 調査員 ③ 調査員の訪問	調査員が直接訪問し、質問を調査票に沿って口頭で行う		大	非常に多	狭	高	短	可	難	可
電話調査法	① 電話への回答者の呼び出し ② 調査員 ③ 電話への回答者の呼び出し	回答者に電話を掛け回答者本人に確認の上、調査票に沿って質問を行う。		やや大	かなり多	広	やや高	短	難	難	可

※注1) 調査員に関する人件費及び費用を含めたコストである。
※注2) 「一定の場所に回答者を集める場合」と「学校や企業のように既に集合した団体を対象とする場合」がある
※注3) 回収用封筒等を利用すればある程度可能

標本数（サンプル数）の決定方法
※男女比や有無等の比率に関する質問に注目した場合の決定方法

決定に必要な値

N：対象となる調査対象（母集団）の数
■「全国」～「地区」の人口、世帯数など
例）人口10万人の都市の全市民のとき
  $N=100,000$

K(α)：信頼度に関する値
■ 一般的に信頼度95%とすることが多い
  信頼度95%：$K(α)=1.96$
  → 便宜上：$K(α)=2$（信頼度95.4%）
※信頼度を高めたい場合
  信頼度99%：$K(α)=2.58$ のような値を用いる
例）信頼度95%として
  $K(α)=2$

P：母比率(%)
■ 実際には調査によって明らかにしようとしている値
  （→したがって調査前は不明な値）
・サンプル数が最大となる$P=50$（%）とすると安全
・予備調査や既存調査等で検討をつけることが望ましい
例）$P=50$

ε：信頼区間の幅に関する値（区間幅の1/2）
■ 母比率が50%と仮定
  信頼区間を50±10%(40%～60%)とした場合
  ：$ε=10$（%）
例）$ε=10$

サンプル数(：n)の決定式

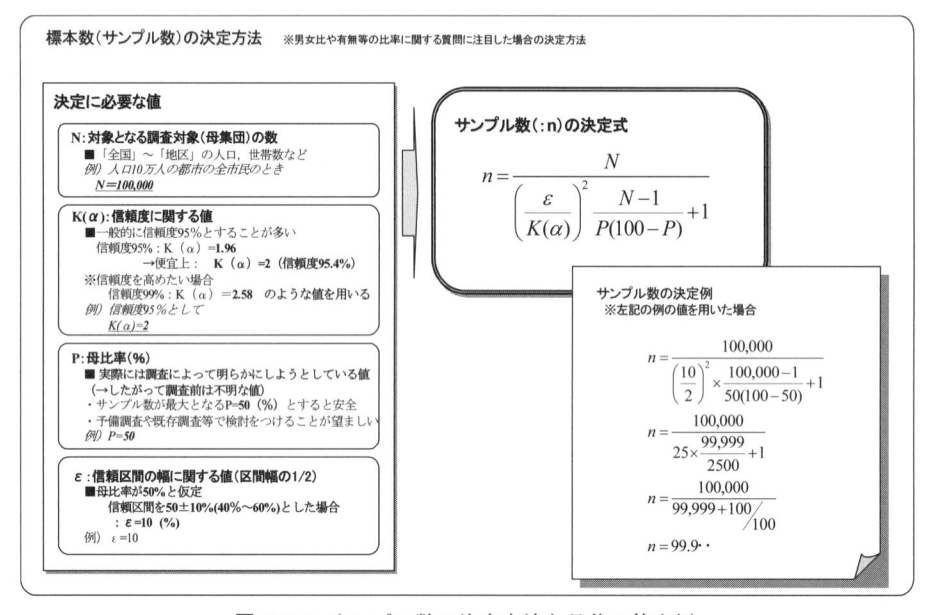

$$n = \frac{N}{\left(\dfrac{\varepsilon}{K(\alpha)}\right)^2 \dfrac{N-1}{P(100-P)}+1}$$

サンプル数の決定例
※左記の例の値を用いた場合

$$n = \frac{100,000}{\left(\dfrac{10}{2}\right)^2 \times \dfrac{100,000-1}{50(100-50)}+1}$$

$$n = \frac{100,000}{25 \times \dfrac{99,999}{2500}+1}$$

$$n = \frac{100,000}{99,999+100\big/100}$$

$$n = 99.9\cdots$$

図 5.14 サンプル数の決定方法と具体の算出例

表 5.7 調査データの測定尺度の特性

	特徴	尺度名	2つのデータにおける下記の関係の意味 意味有り：○ 意味無し：×			例
			大小関係	差	比	
量的データ（：定量データ）	数量的に表せるデータ	間隔尺度	○	○	○	身長, 体重
		比例尺度	○	○	×	西暦, 温度
質的データ（：定性データ）	いくつかのカテゴリー分類によって区別されるデータ	順序尺度	○	×	×	満足～不満足度（満足, やや満足・・）
		名義尺度	×	×	×	性別（男, 女）

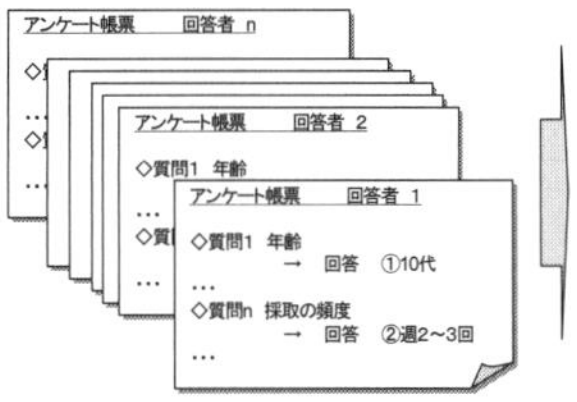

	質問項目													
	年齢					……	採取の頻度							……
	10代	20代	30代	40代	50代	……	ほぼ毎日	週2～3回	週1回	月2～3回	月1回	年数回	殆どしない	……
回答者1	1	0	0	0	0	……	0	1	0	0	0	0	0	……
回答者2	0	0	1	0	0	……	0	0	0	0	1	0	0	……
⋮	⋮	⋮	⋮	⋮	⋮	⋮	⋮	⋮	⋮	⋮	⋮	⋮	⋮	⋮
回答者n	1	0	0	0	0		0	1	0	0	0	0	0	……

図 **5.15** アンケート帳票からの数量化のイメージ

表 **5.8** 数量化理論の概要と具体的な解析イメージ

	Y 外的基準 （目的変数）	X 内的基準 （説明変数）	具体的な解析イメージ	
数量化Ⅰ類	量的データ	質的データ （定性データ） ※数量化した データ	予測する	例）ある都市における1日の観光客数（人数：量的データ）を決定する要因（天気，曜日等：質的データ）は何か？また，それらの要因により今後の観光客数を予測できないか？
数量化Ⅱ類	質的データ		判別する	例）ある都市における観光客のリピート希望の有無（有無：質的データ）を決定する要因（属性，活動内容，利用施設等：質的データ）は何か？。これらの影響要因より，リピート希望の有無を判別予測できないか？
数量化Ⅲ類	なし		集約する	例）ある都市における観光客の属性（性別，出身，学歴・・・・），周遊行動（名所見学，飲食，宿泊・・・）及び利用施設にはどのような関係があるのか？また，タイプ分類を行うことはできないか？（※タイプ分類の際にはクラスター分析を併用する場合が多い）
※（重）回帰分析	量的データ	量的データ （定量データ）	-	
※判別分析	質的データ			
※主成分分析	なし			

とはできない。そこで，質的データを目的に合うように最適な数値に置き換えて「数量化 (図 **5.15**)」することにより，解析可能な形態にする必要がある。また，具体の手法として，定量データの多変量解析である「重回帰分析」「判別分析」「主成分分析」に対応する質的データの解析手法が「数量化Ⅰ類」「数量化Ⅱ類」「数量化Ⅲ類」である (表 **5.8**)。

第6章 公園緑地の基本構想・基本計画の立案

6.1 緑の基本計画

6.1.1 計画の考え方

(1)「緑の基本計画」とは

「緑の基本計画」は都市緑地法に基づく計画制度であり，都市（市町村）の緑とオープンスペースに関する総合的な計画である。都市公園の整備や特別緑地保全地区の指定などの都市計画事業・制度だけではなく，道路緑化，河川等の水辺，学校等の公共公益施設の緑化，民有地の保全や緑化，さらに緑に対する意識の普及・啓発なども含めた幅の広い総合的な計画である。

「緑の基本計画」の策定主体は市町村であり，その固有事務として策定することになる。したがって，それぞれの市町村の諸条件や緑の特性・課題に応じた独自の計画策定が可能であり，また求められているといえる。

緑の保全や創出は，行政のみならず市民・事業者によるところが大きい。「緑の基本計画」を実効あるものとするには，行政・市民・事業者の協力・連携が不可欠である。この点をふまえ，法律では計画を公表し積極的な周知を図ることとしている。したがって，行政が一方的に計画を策定するのではなく，市民や関係者の意向を把握することに加えて，計画策定への参加等の策定プロセスも重要となってきている。

このように「緑の基本計画」は，市町村における緑からの都市（まち）づくりの方向を示すマスタープランであり，都市における将来の緑のあり方（将来像・目標等），保全，整備，緑化などに関する方針，さらに実現のための施策を明示することが求められる。

表 6.1 都市緑地法の緑の基本計画関連条文
法四条2の三は，市町村の実情に応じて定める事項である。

法第四条：緑地の保全及び緑化の推進に関する基本計画
　市町村は，都市における緑地の適正な保全及び緑化の推進に関する措置で主として都市計画区域内において講じられるものを総合的かつ計画的に実施するため，当該市町村の緑地の保全及び緑化の推進に関する基本計画を定めることができる。

法第四条2
　基本計画においては、次に掲げる事項を定めるものとする
　一　緑地の保全及び緑化の目標
　二　緑地の保全及び緑化の推進のための施策に関する事項
　三　次に掲げる事項のうち必要なもの（市町村の実情に応じて定める計画事項である）
　　・地方公共団体設置に係わる都市公園の整備の方針その他保全すべき緑地の確保及び緑化の推進の方針に関する事項
　　・特別緑地保全地区内の緑地の保全関する事項で次に掲げるもの
　　　　（省略）
　　・緑地保全地域及び特別緑地保全地区以外の区域であって重点的に緑地の保全に配慮を加えるべき地区並びに当該地区における緑地の保全に関する事項
　　・緑化地域における緑化の推進に関する事項
　　・緑化地域以外の区域であって重点的に緑化の推進に配慮を加えるべき地区及び当該地区における緑化の推進に関する事項

(2)「緑の基本計画」の役割と位置付け

「緑の基本計画」は，緑の視点からの都市づくりの指針となる役割をもっている。

計画に基づいて，行政は，樹林等の緑の保全方策の実施，都市公園等の計画・整備，公共公益施設の緑化推進，意識啓発や民間緑化の支援措置等の施策を展開し，また市民・事業者は，住宅・事業所等の緑化の推進，樹林保全や緑の育成等に取り組むこととなる。

「緑の基本計画」は法律に基づく計画であり，他の法制度に基づくマスタープランとの整合性が求められる。都市緑地法ではこの点について，環境基本法に定められた「環境基本計画」と調和が保たれていること，市町村の建設に関する基本構想に即すること，都市計画に関する総合的なマスタープランである都市計画法の「市町村マスタープラン」に適合することとしている。

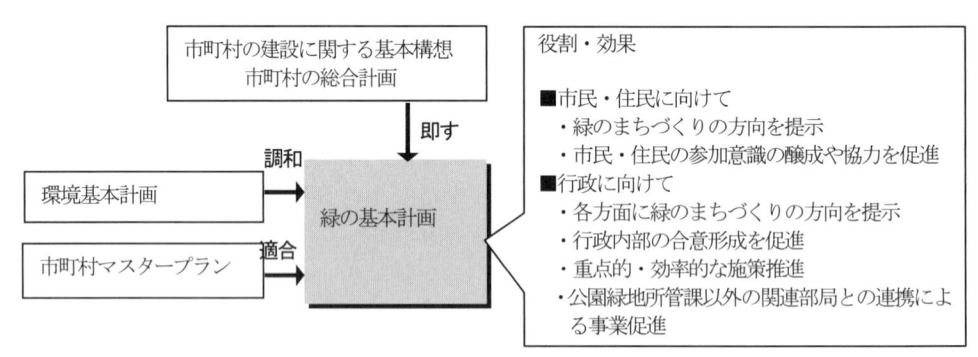

図 6.1　緑の基本計画の位置付けと役割

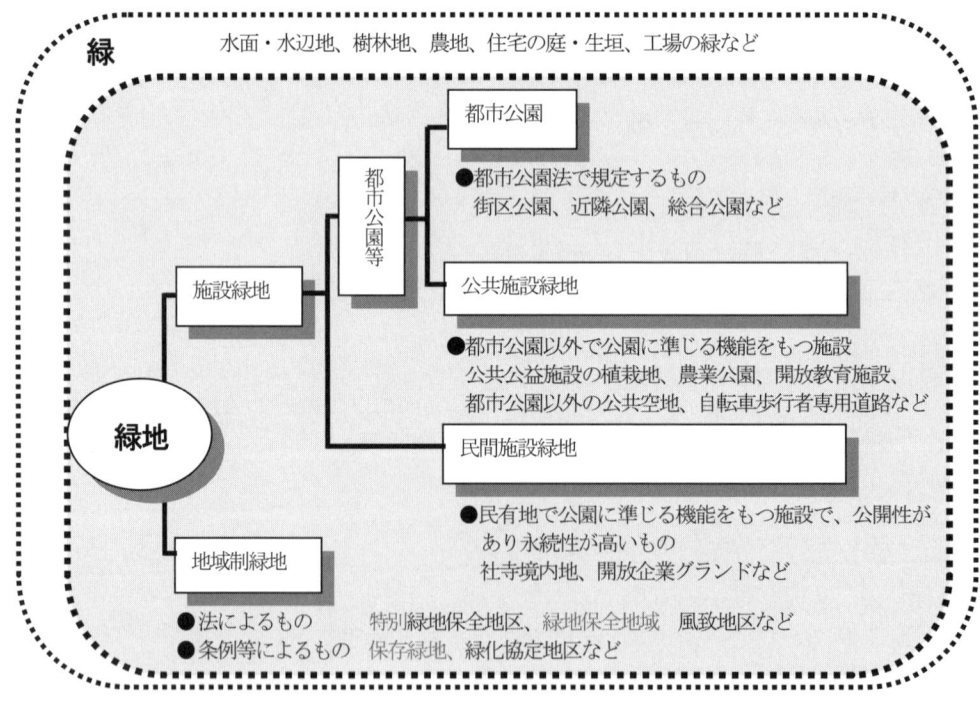

図 6.2　緑の基本計画の対象とする緑
　　　　緑地の確保目標等の検討に際しては，法的な措置や公的に担保できる緑地を対象とする場合が多い。

6.1.2　計画立案の手順と方法

計画立案の手順は大きく3段階に分けられる。第1段階は，計画条件の整理というべき段階であり，対象となる都市の緑の現況を把握するとともに，緑の解析・評価を行い，計画に向けての課題を設定す

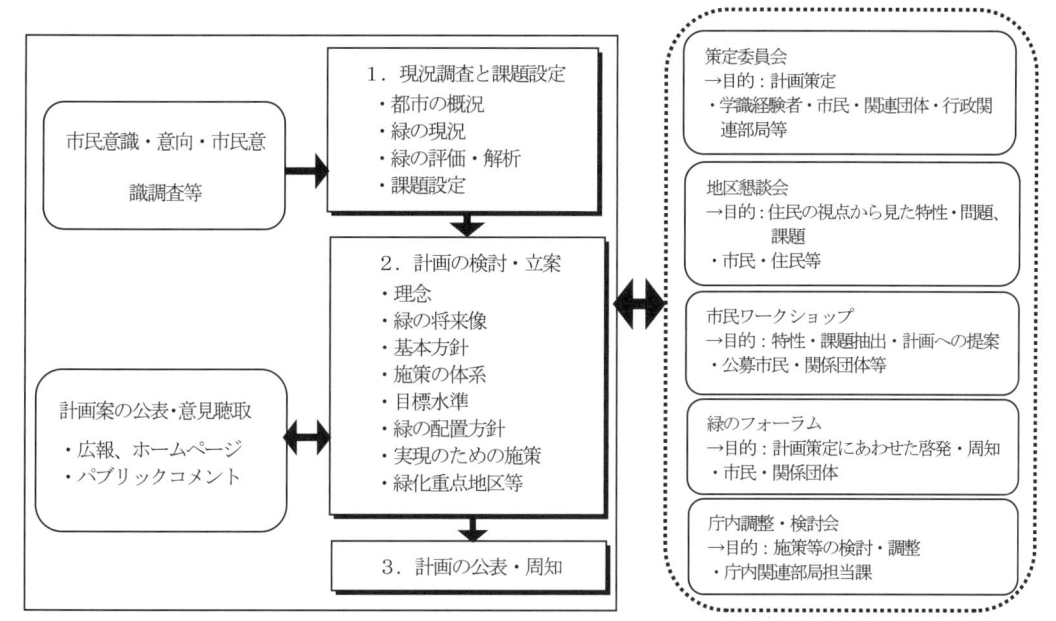

図 6.3 策定手順の例示
計画策定プロセスの情報の開示が求められることから，最終案でのパブリックコメントだけではなく，途中段階で検討案への意見を求める機会を設けることも必要となろう。

図 6.4 策定体制や市民参加手法の例示
市町村の状況に応じた策定体制と意見集約の場づくりが必要となる。

る。第2の段階は計画の検討であり，都市の特性をふまえたあるべき緑の将来像を描き，緑の保全，整備，緑化にかかわる基本方針や確保すべき緑の量等の目標水準を検討し定める。また，将来像の実現に向けて，基本方針に基づき必要な施策を明らかにする。第3段階は策定した計画の公表・周知である。「緑の基本計画」の実現には，市民等の理解，参加，協働が不可欠であることから，広報，ホームページ，イベント等多様な手法によって広く市民・事業者に計画を知ってもらうことも重要となる。

現況調査と課題設定の段階では，緑に対する市民等の意識・意向を把握するために，市民アンケートの実施，関係団体ヒアリングを行う他，市民ワークショップなどを実施し，専門的な評価とあわせて特性・問題・課題設定に活かしていくことが求められる。

また策定体制としては，学識経験者，市民・関連団体，行政関連部局の長からなる策定委員会を立ち上げ，計画の立案・策定を行うとともに，立案の途中段階で計画案をできるだけ開示し意見を得るなど，立案・策定プロセスを開示し，市民の身近な計画としての理解を高めていく必要がある。計画への市民参加は計画立案・策定上の課題であり，市町村の実情に応じ参加手法に工夫が求められよう。

行政においては，担当所管課だけで対応できる計画ではないことから，計画立案以後の施策展開を見越し，関連各部局による計画立案の検討の場を立ち上げることも必要となる。

6.1.3 計画の内容
（1）現況調査等

計画の検討にあたっては，まず次のような現況等の基礎的情報の調査・整理が必要となる。調査にあたっては，都市計画基礎調査，規定の関連計画・調査等の各種資料をできるだけ活用する。

・都市概況の調査

市町村の地形，植生等の自然的条件，人口，土地利用等の社会的条件，レクリエーション，景観等の計画検討に際して必要となる事項，総合計画や都市計画マスタープランなどの上位・関連計画について調査・整理し，計画立案の基礎情報として役立てる。

<都市の概況調査等>	<緑の現況調査>	<市民意識等>
●自然的調査 ・地形・地質・土壌 ・植生・動物相 ・水系 ・土地自然特性等 ●社会条件調査 ・都市の成り立ち ・人口 ・土地利用 ・都市施設・市街地開発事業等 ・公害発生状況 ・歴史的環境等 ●その他の調査 ・レクリエーション ・景観等 ●上位関連計画の整理 ・総合計画 ・都市計画マスタープラン ・環境基本計画等	●緑地現況調査 ・施設緑地 　都市公園 　公共施設緑地 　民間施設緑地 ・地域制緑地（保全系緑地） 　特別緑地保全地区 　風致地区 　近郊緑地保全区域等 　条例等によるもの ●緑被現況調査 　樹林・樹木、草地、農地等の緑 　被状況と面積 ●緑化状況等査 ・共公益施設緑化状況 　（道路，河川，公共公益建築等） ・民間 　民有地緑化状況 　緑地協定 　緑化活動等 ●緑関連施策の状況 ・保全施策 ・緑化推進施策 ・啓発・支援施策	●市民アンケート ・好きな緑・保全すべき緑 ・欲しい公園 ・緑のまちづくりの方向 ・重点的な施策等 ●関連団体・事業所アンケート （または、ヒアリング） ・活動内容 ・緑化・維持 ・今後もとめられる施策等 ●市民ワークショップ ・緑の点検 ・緑からみたまちづくり ・それぞれの取り組み

図 6.5 現況調査の内容
　上記の調査内容は標準的な調査内容である。市町村の特性，既往資料の状況に応じて調査内容を検討する必要がある。

・緑の現況調査

　施設緑地の整備状況や保全系緑地の指定状況を明らかにする緑地現況調査，実態としての緑の状況を把握する緑被現況調査，公共公益施設等の緑化状況調査，現状の緑関連施策についての調査を行い，評価・課題設定のための直接的な資料として活用する。

・市民意識調査

　市民が緑についてどのような考えをもっているかを把握し，計画立案に役立てる必要がある。そのためには，従来からの市民アンケート調査等の手法だけではなく，より具体の意見を得るためにワークショップの手法を取り入れることも検討されるべきであろう。

(2) 解析・評価から課題の設定

　計画の立案にあたっては，どこの緑がなぜ重要なのか，またどのような緑やオープンスペースが不足しているのかといった解析・評価が必要となる。そのプロセスを経た上で，政策的な視点からの点検も加味して課題を設定することになる。

・解析・評価

　通常，緑の解析・評価は，環境保全，レクリエーション，防災，景観の4つの視点から行う。これらの解析・評価を通じ，重要な緑や複合的な役割をもつ緑，不足している都市公園等についてできるだけ図上に表現し，課題設定や計画立案に役立つように整理する。

・課題設定

図 6.6 ワークショップの風景
　緑に興味を持っている市民の参加によって，身近な視点での緑に対する意見や提案が期待できる。

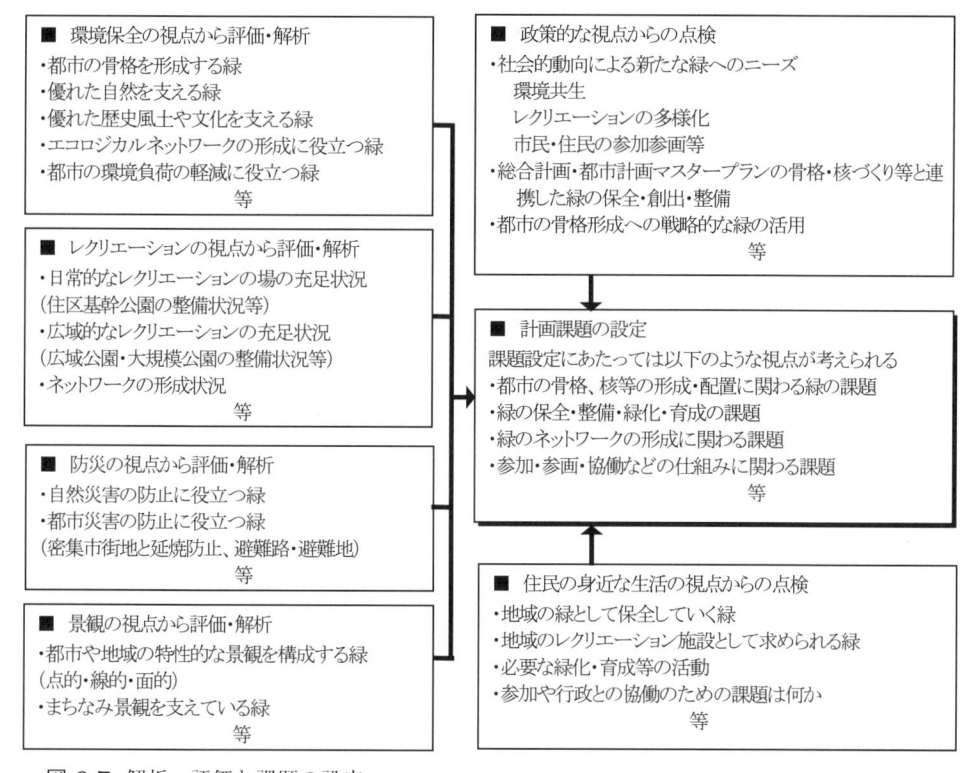

```
┌─────────────────────────────────┐      ┌─────────────────────────────────┐
│ ■ 環境保全の視点から評価・解析      │      │ ■ 政策的な視点からの点検           │
│ ・都市の骨格を形成する緑           │      │ ・社会的動向による新たな緑へのニーズ │
│ ・優れた自然を支える緑             │      │   環境共生                         │
│ ・優れた歴史風土や文化を支える緑   │      │   レクリエーションの多様化          │
│ ・エコロジカルネットワークの形成に  │      │   市民・住民の参加参画等            │
│   役立つ緑                        │      │ ・総合計画・都市計画マスタープラン   │
│ ・都市の環境負荷の軽減に役立つ緑   │      │   の骨格・核づくり等と連携した緑の  │
│              等                  │      │   保全・創出・整備                  │
└─────────────────────────────────┘      │ ・都市の骨格形成への戦略的な緑の活用 │
                                          │              等                    │
┌─────────────────────────────────┐      └─────────────────────────────────┘
│ ■ レクリエーションの視点から評価・解析│
│ ・日常的なレクリエーションの場の    │      ┌─────────────────────────────────┐
│   充足状況                        │      │ ■ 計画課題の設定                   │
│   (住区基幹公園の整備状況等)       │      │ 課題設定にあたっては以下のような    │
│ ・広域的なレクリエーションの充足状況 │      │ 視点が考えられる                    │
│   (広域公園・大規模公園の整備状況等)│      │ ・都市の骨格、核等の形成・配置に    │
│ ・ネットワークの形成状況           │      │   関わる緑の課題                    │
│              等                  │      │ ・緑の保全・整備・緑化・育成の課題  │
└─────────────────────────────────┘      │ ・緑のネットワークの形成に関わる課題 │
                                          │ ・参加・参画・協働などの仕組みに    │
┌─────────────────────────────────┐      │   関わる課題                        │
│ ■ 防災の視点から評価・解析          │      │              等                    │
│ ・自然災害の防止に役立つ緑          │      └─────────────────────────────────┘
│ ・都市災害の防止に役立つ緑          │
│   (密集市街地と延焼防止、避難路・   │      ┌─────────────────────────────────┐
│    避難地)                        │      │ ■ 住民の身近な生活の視点からの点検 │
│              等                  │      │ ・地域の緑として保全していく緑      │
└─────────────────────────────────┘      │ ・地域のレクリエーション施設として  │
                                          │   求められる緑                      │
┌─────────────────────────────────┐      │ ・必要な緑化・育成等の活動          │
│ ■ 景観の視点から評価・解析          │      │ ・参加や行政との協働のための課題は  │
│ ・都市や地域の特性的な景観を構成    │      │   何か                              │
│   する緑(点的・線的・面的)          │      │              等                    │
│ ・まちなみ景観を支えている緑        │      └─────────────────────────────────┘
│              等                  │
└─────────────────────────────────┘
```

図 6.7 解析・評価と課題の設定
解析・評価は，各市町村の資料状況や緑の特性に応じて，具体に手法を検討すべきである。課題については，現状分析からくる課題，政策・戦略的な課題に加え，計画の実現に行政・市民の協働が必要となっている今日，住民による地域点検などのワークショップを通じて身近な課題を抽出することが望まれる。

　緑の解析・評価の結果を基本にしつつ，社会動向の変化による新たな緑へのニーズ，総合計画・都市計画マスタープランなどの政策的な視点，また地域住民の点検などを通じた生活レベルでの視点から点検を加え，計画の課題設定を行う。

(3) 計画の目標等(緑地の保全および緑化の目標)
　計画の骨子にあたる部分であり，法律の「緑地の保全および緑化の目標」に該当する。
　通常，基本理念，緑の将来像，基本方針，施策の体系，計画の目標水準といった内容で組立られるが，都市の実情に応じ，組立・構成に工夫がなされるケースも多い。

・基本理念
　都市の独自性や緑の特性から，緑の意義，都市づくりにあたっての緑の役割・必要性を明示する。

・緑の将来像
　緑地の解析・評価，特性・課題をもとに，緑からみた将来の都市の姿を言葉と図で表現する。市民・事業者への呼びかけなど，多様な場面で使われることになるのでわかりやすさが求められる。

・基本方針
　緑の将来像を実現するための基本方向を提示する。フィジカルプランに関する方針，緑の保全や整備に関する方針，緑化・育成に関する方針，啓発・活動支援等に関する方針などが考えられる。基本方針は市民・事業者にも示されるので，わかりやすい表現とすることが求められる。

・施策の体系
　樹林地等の保全，施設緑地の整備，公共公益施設や民有地の緑化，啓発や支援方策等の施策展開の方向を体系的に示す。方針との関係をふまえ体系図で示すとわかりやすい。

・計画の目標水準

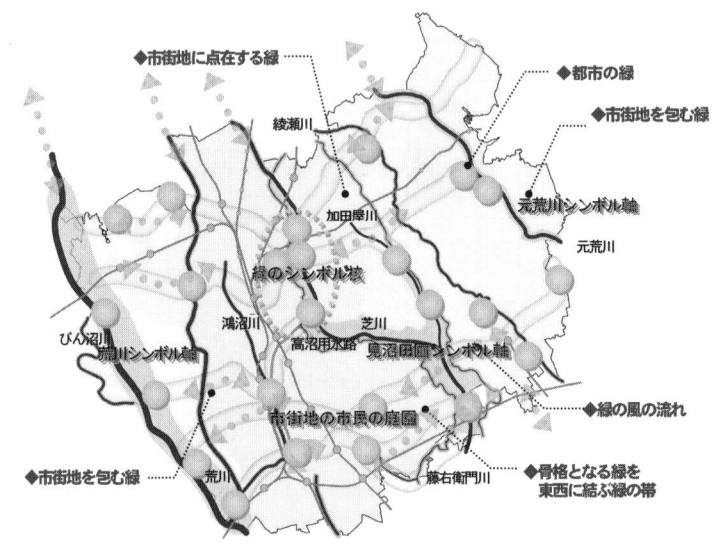

図 6.8 緑の将来像の事例—さいたま市緑の基本計画
将来の緑のまちづくりの姿を，わかりやすく表現することが求められる．

都市計画マスタープランの将来人口見通しと市街地規模をうけ，計画の目標水準を設定する．通常，緑地の確保目標水準（緑地（施設緑地および地域制緑地）の割合），都市公園等の目標水準（住民1人当りの面積），緑化の目標等を定めることになるが，都市の実情に応じて多様な定め方がされる．市民・事業者の緑化目標や行動の目標を提示する場合もある．

(4) 緑の配置方針

評価・計画課題，計画の目標等をもとに，骨格的な軸や拠点となる緑地，各評価を通じて重要な緑地，地区・住区レベルで必要な緑地，レクリエーションや生態系をふまえたネットワーク等を考慮し緑地の配置計画を立案する．必要に応じて緑化重点地区等の配置を行う．各解析・評価に応じた系統別の配置計画の検討を行ったうえで，総合的な緑地の配置計画を立案すると，各緑地の役割や機能がより明確になる．

(5) 実現のための施策の方針

都市公園等の施設緑地の整備目標および整備方針，地域制緑地の指定目標および指定方針，緑化の目標および推進方針を定める．あわせてこれらの図化した実現のための施策の方針図を作成する．

(6) 緑化重点地区等

緑化重点地区等における緑の特性・課題を整理し，緑の保全，都市公園等の整備，緑化推進の方針を立案する．この場合，地区の課題図，方針図を作成しておくと具体の内容がわかりやすいものとなる．

6.1.4 都市緑地保全法等の一部を改正する法律案について

6.1.1(1) 冒頭において，「緑の基本計画」は都市緑地法に基づく計画制度である，と記したが，「都市緑地法」というのは，かつて「都市緑地保全法」と呼ばれていたものであり，平成16年12月17日に施行された「都市緑地保全法等の一部を改正する法律」に依っている．これは，「景観法」および「景観法の施行に伴う関係法律の整備等に関する法律とあわせて「景観緑三法」と呼ばれている．

「景観緑三法」は，国土交通省のホームページなどで公開されているものではあるが，ここで簡単に「景観・緑三法」のおのおのの趣旨について触れておきたい．

・景観法

趣旨：都市，農山漁村等における良好な景観の形成を図るため，良好な景観の形成に関する基本理念および国等の責務を定めるとともに，景観計画の策定，景観計画区域，景観地区等における良好な景観

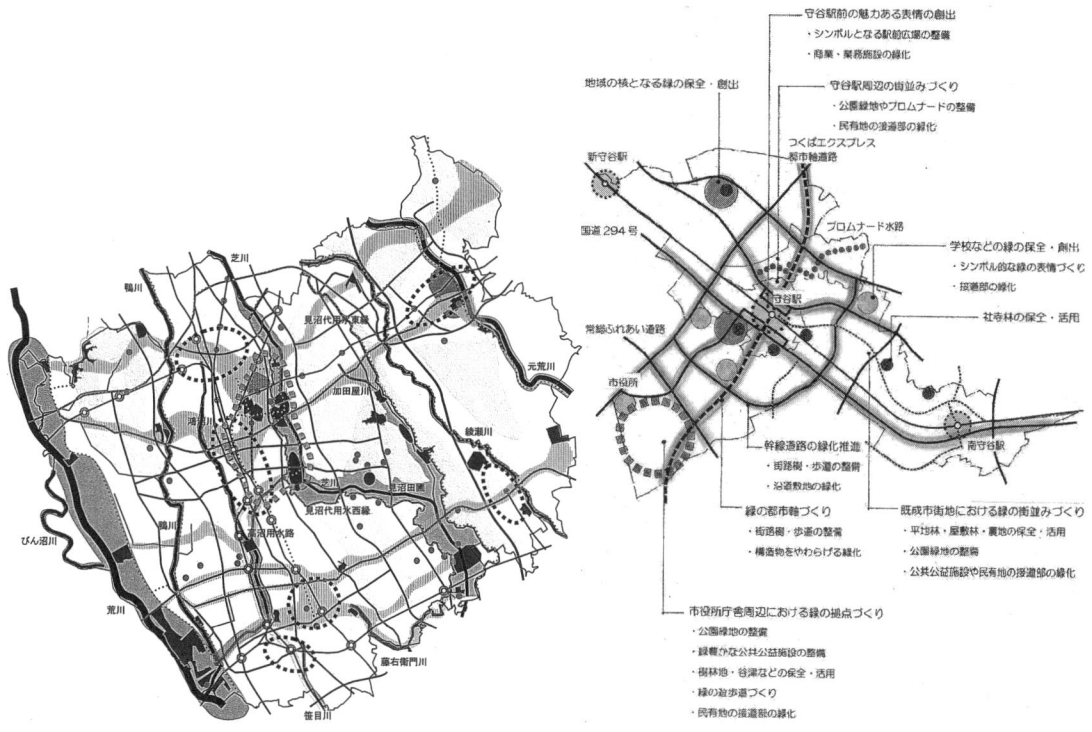

図 6.9 緑の配置図の例示—さいたま市緑の基本計画　環境保全、レクリエーション、防災、景観の各系統の緑の機能をふまえて緑の配置方針と配置図を定めている。

図 6.10 緑化重点地区の例示—守谷市緑の基本計画　緑の保全・整備・緑化に関する課題、方針を設定している。

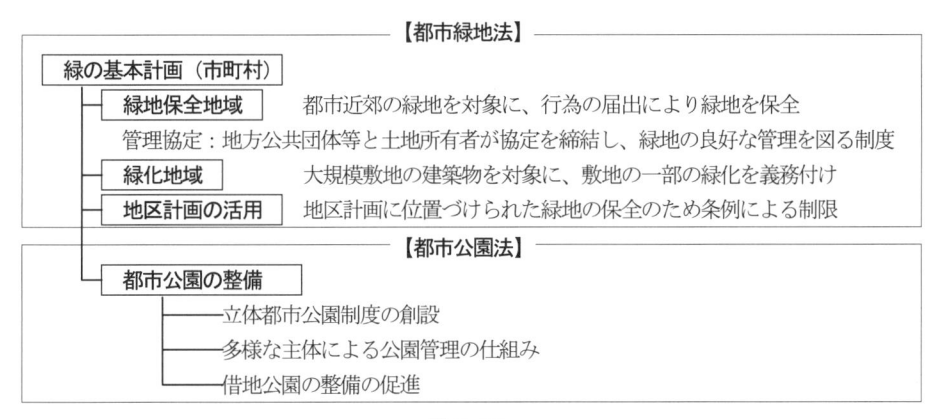

図 6.11

の形成のための規制，景観整備機構による支援等を行う。
・景観法の施行に伴う関係法律の整備等に関する法律
　趣旨：景観法の施行に伴い，都市計画法，屋外広告物法その他の関係法律の整備等を行う。
・都市緑地保全法等の一部を改正する法律
　趣旨：都市における緑地の保全および緑化ならびに都市公園の整備を一層推進し，良好な都市環境の形成を図るため，緑地保全地域における緑地の保全のための規制および緑化地域における緑化率規制の導入，立体都市公園制度の創設等所要の措置を講ずる。

　都市緑地保全法等の一部を改正する法律の「等」の中に「都市公園法」が入っているわけである。これにより，緑地の保全・都市の緑化・公園整備，が総合的に推進されることとなる。

　「緑の基本計画」を軸に，図 6.11 のように整理されている。

6.2 基本構想の立案

6.2.1 大規模公園配置構想
(1) 基本構想の考え方
　ランドスケープ計画が対象とする空間は，公園緑地個々から都市や国土等に至るまで，その範囲は幅広く存在する。また，その計画内容も緑の基本計画や歴史的風土の保全計画等の環境保全系計画，景観基本計画等の景観系計画，公園緑地やリゾート計画等のレクリエーション系計画，環境管理系計画等多岐にわたって存在している。このようなランドスケープ計画において，その基本構想は，当該事業にかかわる企画を受け，その後の計画・設計や施工，維持・運営管理やマネジメントに至る最初の段階となる。たとえば，広域的な公園緑地の整備にかかわる事業においては，今後整備すべき公園緑地の種類や候補地の選択を主に行い，当該公園緑地の将来計画や事業化にあたっての配置計画の明確な位置付けとともに事業目標や主要条件を明らかにすることが重要となる。また，個々の公園緑地を対象とした基本構想の立案においては，公園の位置，性格，役割，主要機能，事業方針 (完成時期，事業手法，事業費の目安) 等の主要な指針を示すことにより，後続の計画・設計作業にかかわる必要な条件の整理や決定に主目的をおくことになる。

　そこで，まず，前者の事例として首都圏を対象とした大規模公園の配置構想を取り上げ，その立案方法について解説していくものとする。

(2) 基本構想の手順と方法
　事例とする首都圏を対象とした大規模公園配置構想 (以下，本構想とする) は，図 6.12 に示すような 3 つのステージからなる手順をもって進めている。

　A ステージでは，公園緑地系統における大規模公園の位置付け，大規模公園の性格付け，大規模公園で展開される観光・レクリエーション活動の特性等を明らかにすることにより，一般論としての大規模公園の整理を行い，まずは，大規模公園の機能・あり方等をとらえておく必要がある。つぎの B ステージでは，大規模公園の必要性の検討を行う。首都圏における観光・レクリエーションの需要と供給を予測するとともに，その受け皿となる公園緑地の整備状況について把握し，今後の大規模公園の必要性に関する論理的根拠を明らかにする。

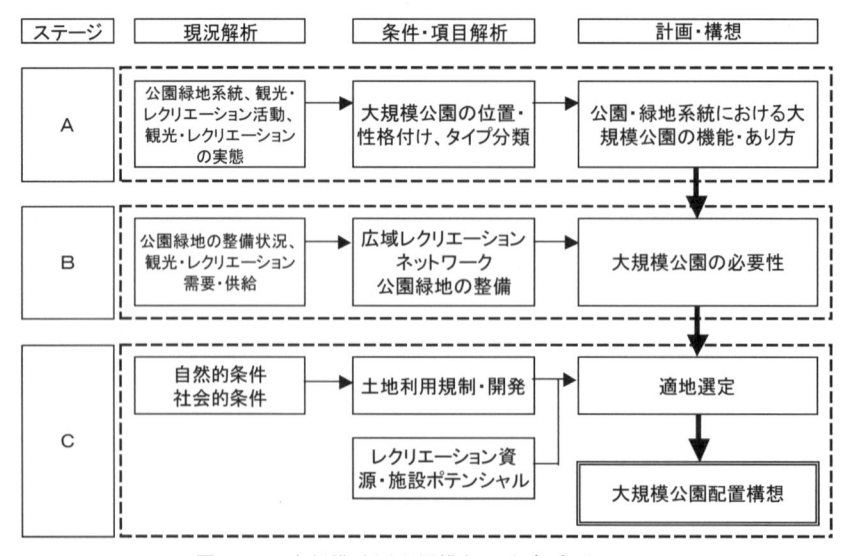

図 6.12　大規模公園配置構想の立案手順

さらにCステージでは，本構想の対象地域である首都圏の公園緑地整備にかかわる自然的条件および社会的条件を精査し，土地利用規制・開発状況を把握するとともに観光・レクリエーション資源の有無，内容等を照らし合せ，大規模公園として成立するための適地の選定を行う。さらに，選定された大規模公園の適地とA・Bステージで得られた成果を重層化させ，本構想が目的とする大規模公園の配置構想を立案することとなる。また，この際には，必要に応じてフィードバックし，本来の目的や内容の確認が必要となる。

方法については，各ステージの課題の整理や目的達成のために，定量・定性的かつ適正な調査・解析・評価が必要となる。調査にあたっては，地図・空中写真，統計資料，文献資料などの既存資料の収集による情報データの把握・蓄積を目的とした調査，また，評価・解析にあたっては，統計処理，メッシュおよびゾーンアナリシス，GISを使用した重層化法等を用いる。その他，必要に応じてフィールドサーベイ，ヒアリングやアンケート用紙による意識の把握，パーソントリップ調査等を行う必要がある。

(3) 基本構想の内容

本項では，上記(2)の手順に沿って基本構想の内容を解説する。

a. 基本構想立案に際しての基本的考え方と目的の明確化

基本構想の主題に関しては，基本構想全体を方向付ける重要な事項であるため，立案にあたっての基本的な考え方を整理し，その目的を明確にしておく必要がある。

すなわち，本構想においては，大都市圏である首都圏住民の高次広域レクリエーション需要・要求に対応させて推進される必要があるため，それを前提としつつ，以下に示すような事項を，大規模公園整備の基本的な考え方および目的として設定した。

・大規模公園整備の基本的な考え方および目的

① 近年における観光・レクリエーション需要は，増加かつ多様化する傾向を示している。とくに，首都圏等の大需要発生地である圏域を中心に，この傾向が顕著である。その反面，無秩序なレクリエーション開発を未然に回避する必要がある。

② 観光・レクリエーション活動は，人間生活における再生産エネルギー蓄積の場であり，「生き甲斐」を見いだす重要な要素となっている。また，生活様式や生活意識の変化等時代のすう勢に伴って質的・量的変化が生じている。

③ 国土利用計画法，国土形成計画法，自然環境保全法，自然公園法等国土の土地利用や緑地保全にかかわる上位計画・施策と一体となった秩序あるレクリエーションエリアの整備が必要である。

④ 公園緑地のもつ多様な機能・効果を前提としつつ，自然環境の保全や都市環境の改善を図り，もって都市の健全な発展と圏域住民における心身の健康の保持・増進に寄与するための一環として，首都圏域の整備に対応した大規模公園のあり方，整備および維持・運営管理やマネジメント等の方法について基本方向を定めることが必要である。

b. 大規模公園の概念設定

大規模公園の機能・あり方の検討にあたっては，①公園緑地系統における大規模公園の空間的位置づけ，②施設整備の内容からみた大規模公園の性格付け，③観光・レクリエーション活動の特性からみた大規模公園の性格付け，④大規模公園のタイプ分類，⑤大規模公園の施設等の側面を通して，その一般論として大規模公園の概念を設定する必要がある。

① 公園緑地系統における空間的位置付け

大規模公園は公園緑地系統の一環を構成するものであるところから，公園緑地にかかわる保護・保全あるいは利用を目的とした現行制度を勘案し，公園緑地系統における大規模公園の空間的位置づけを把握する必要がある。都市計画法関係のみの結果を**表 6.2**のように示したが，自然公園法等それ以外の関係についても把握する必要がある。また，これらをおのおのの計画対象レベル，生活圏における位置関係を整理すると**表 6.3**ように示される。これらより，大規模公園は，公園緑地系統の確立上，国土レベルから地域レベル間に位置づけられるが，その対象は広域を対象としたレクリエーション供給のみなら

表 6.2 公園緑地系統における大規模公園の空間的位置づけ

関係法 \ 項目	適用範囲: 都市計画区域 市街化区域	適用範囲: 都市計画区域 市街化調整区域	適用範囲: 都市計画区域外	主体: 指定の主体	主体: 規制の主体	公園緑地等	樹林地	水辺地・水面	海岸	農地等	景観・風致	文化財	鳥獣	公害災害	その他	規制方式: 届出制	規制方式: 許可制	改建設増物工新作築物の等	の土変地更の形質	土地の伐採	木竹の採取	水面の埋立・干拓	たま	の鉱採物取石類	その他	通損保障: 有	通損保障: 無	土地の買取: 有	土地の買取: 無	財政措置: 有	財政措置: 無
都市計画法																															
公園緑地その他公共空地				都道府県知事・市町村		○								○	○													○		○	
風致地区				都道府県知事	都道府県知事						○						○	○	○	○	○	○	○	○	○					○	
開発許可制度					都道府県知事									○																	
都市緑地法																															
緑地保全地区				都道府県知事	都道府県知事	○	○			○	○		○				○	○	○	○	○	○	○	○	○			○		○	
緑地協定区域				市町村長認可		○					○																				
近郊緑地保全法																															
近郊緑地保全区域				内閣総理大臣	都道府県知事	○	○				○				○		○											○		○	
同特別保全地区				都道府県知事	都道府県知事	○	○				○				○			緑地保全地区と同様									○		○		○	
生産緑地法																															
第1種生産緑地地区				市町村	市町村長					○							○	○			○		○								○
第2種生産緑地地区				市町村	市町村長					○							○	○			○		○								○
古都における歴史的風土の保存に関する特別措置法																															
歴史的風土保存地区				内閣総理大臣	府県知事						○						○	○													
同特別保全地区				府県知事	府県知事						○																				
都市公園法			―	国、都道府県、市町村		○								○										○							
景観法				都道府県市町村		○	○	○	○	○	○						○														
都市の美観風致を維持するための樹木の保存に関する法律				市町村長	市町村長		○									(助言)				○							○		○		○

表 6.3 大規模公園の計画対象レベル，生活圏における位置

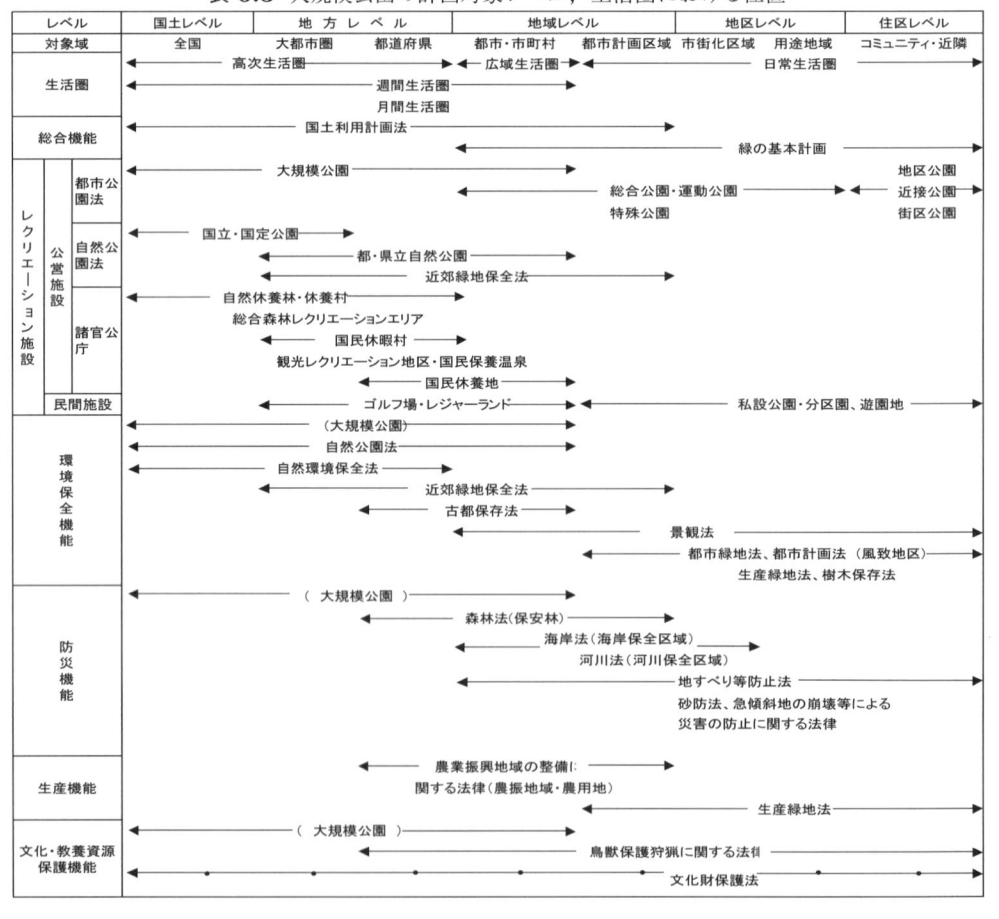

レベル	国土レベル	地方レベル		地域レベル			地区レベル		住区レベル
対象域	全国	大都市圏	都道府県	都市・市町村	都市計画区域		市街化区域	用途地域	コミュニティ・近隣
生活圏	←――高次生活圏――→		←――週間生活圏――→ ←――月間生活圏――→	←――広域生活圏――→			←――日常生活圏――→		
総合機能		←――国土利用計画法――→					←――緑の基本計画――→		
レクリエーション施設: 公営施設 都市公園法		←――大規模公園――→			←――総合公園・運動公園――→ 特殊公園		←――地区公園 近接公園 街区公園		
レクリエーション施設: 公営施設 自然公園法		←―国立・国定公園―→		←――都・県立自然公園――→ ←――近郊緑地保全法――→					
レクリエーション施設: 諸官公庁		←―自然休養林・休養村―→ ←―総合森林レクリエーションエリア―→ ←―国民休暇村―→ ←―観光レクリエーション地区・国民保養温泉―→ ←―国民休養地―→							
レクリエーション施設: 民間施設		←――ゴルフ場・レジャーランド――→					←――私設公園・分区園、遊園地――→		
環境保全機能		←――（大規模公園）――→ ←――自然公園法――→ ←――自然環境保全法――→ ←――近郊緑地保全法――→ ←――古都保存法――→					←――景観法――→ ←――都市緑地法、都市計画法（風致地区）――→ 生産緑地法、樹木保存法		
防災機能		←――（大規模公園）――→		←―森林法（保安林）―→ ←―海岸法（海岸保全区域）―→ ←―河川法（河川保全区域）―→			地すべり等防止法 砂防法、急傾斜地の崩壊等による災害の防止に関する法律		
生産機能				←――農業振興地域の整備に関する法律（農振地域・農用地）――→			←――生産緑地法――→		
文化・教養資源保護機能		←――（大規模公園）――→			←―鳥獣保護狩猟に関する法律―→ ←―文化財保護法―→				

ず，住区レベル等における環境保全等多面的な機能を有する空間として位置付づられることが指摘されることとなる。

とくに，公園緑地系統の確立上，大規模公園と密接に関連する空間としては，自然公園法に基づく国立・国定・都 (道府) 県立自然公園の他，各省庁によるレクリエーション施設 (国民休暇村，自然休養村等)，民間によるテーマパーク等があるところから，これらとの関連性の追究も重要となる。

一般的に，前者については，同法によると優れた自然の風景地を利用するための公園事業として施設整備をすることができるが，保護すべき地域と利用との需給バランスの不整合からオーバーユースによる自然環境破壊等の問題等も顕著化している。また，後者については，各省庁がおのおの独自の計画方針のもとに行っているため，配置，規模，施設内容等に一貫性がなく，住区レベルから国土レベルにおける国民のレクリエーション活動に関して不備な点が多いことに問題がある。そこで，系統的整備が実践されている都市公園を中心とした公園緑地系統のより一層の整備推進により，国民の系統的レクリエーション利用が図られることとなり，ここに，大規模公園の空間的位置づけが図られること等が指摘されことととなる。

また，より具体的な大規模公園の配置を検討する必要もある。本構想では，東京，名古屋，福岡等の大都市圏における既存の観光・レクリエーション資源・施設の分布を，その規模と中心地からの距離の関係について検証した。図は省略するが，都市には従来の都市公園が配置され，それに続く200km圏内に大規模レクリエーションエリアが設定される。この空間は，現行制度に基いた規制対象となるレクリエーション資源・施設が少なく，自然環境の破壊を招いてきたともいえるし，交通網のさらなる整備による利便性の向上に伴って，民間ディベロッパーの注目する空間ともいえ，大規模公園等により積極的に確保していくことが必要な空間として指摘された。

さらに，首都圏における公園緑地系統と大規模公園の関係をより明確にするために，国民に観光・レクリエーション施設や場を提供する施策を，①都市公園行政，②自然公園行政，③その他諸官庁よるもの等に区分し，それら既存の観光・レクリエーション資源・施設整備の規模と到達時間の関係や生活圏の関係から，東京のみならず水戸，前橋，宇都宮等の地方中核都市を中心に検討し，首都圏における公園緑地系統と大規模公園の関係を検証する必要がある。ここでは，東京からの検討結果を図**6.13**に示したが，誘致距離90分以上，規模50〜1000 haのゾーンに，今後，レクリエーション整備が必要とさ

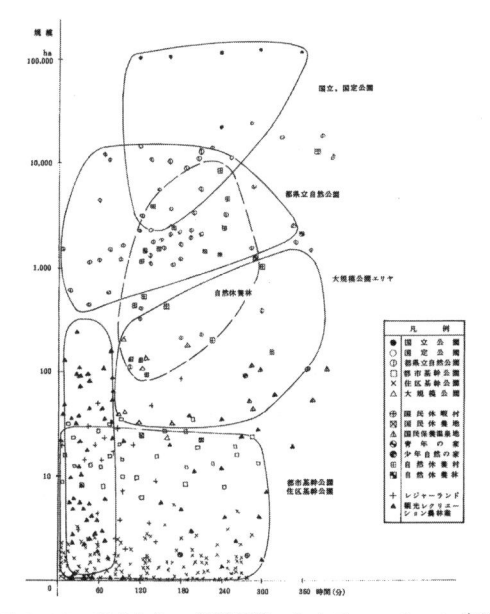

図 6.13 東京からの各種観光・レクリエーション資源・施設の分布

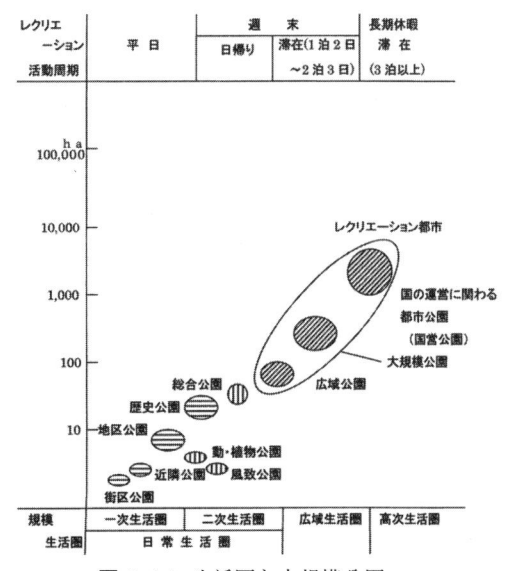

図 6.14 生活圏と大規模公園

表 6.4 レクリエーション空間利用密度基準

空　間	利用単位密度	可能なレクリエーション活動、施設の例
低密度利用空間	30人／ha　未満	ゴルフ、自然探勝、家族向きテント、狩猟　等
中密度利用空間【Ⅰ】	30〜99人／ha	スキー、テニス、釣り（固定舟釣、トロール舟釣、川釣）、乗馬、キャンプ場、別荘、野外レクリエーション広場、スポーツ広場　等
中密度利用空間【Ⅱ】	100〜499人／ha	スノープレイ、水上スキー、モーターボート、釣り（舟釣等）、ハイキング、別荘（海浜）、オートキャンプ場、果樹園、潮干狩り、ホテル、キャンプ（団体）　等
高密度利用空間	500〜999人／ha	ボート、ピクニック、遊園地、水族館、動植物園、博物館、国民宿舎、旅館、ユースホステル　等
超高密度利用空間	1,000人／ha以上	プール、スケート、海水浴場　等

表 6.5 大規模公園と観光・レクリエーション施設の検討例

観光・レクリエーション活動		資源条件：地形			資源条件：その他					立地		季節性				規模				自然改変度			誘致圏（分）	滞在時間（分）	所要時間（分）	日帰り利用	滞在利用
		平坦地	緩斜地	急斜地	水面	砂浜	樹林地	気候	温泉	興味対象	資源依存型	中間型	市場依存型	春	夏	秋	冬	1ha未満	1〜10ha	10〜100ha	100ha以上	大	中	小					
山岳・高原性	温泉								○		○			○	○	○	○			○		○							○
	登山		○	○			○			○	○				○	○					○		○						○
	ハイキング		○	○			○	○		○	○			○	○	○				○			○					○	
	キャンプ（山）	○					○				○				○					○			○		60〜120	—	—		○
	アーチェリー	○					○				○				○	○			○				○		60〜90	150	270〜330		
	自然探勝		○				○			○	○			○	○	○					○		○						
	オリエンテーリング		○				○				○			○	○	○	○			○			○						
	乗馬	○					○				○			○	○	○				○		○							
	狩猟						○	○			○						○				○		○		—	360	—		
	ツアースキー		○	○				○			○						○				○		○		90〜420	360	540〜1,200		○
	ゲレンデスキー		○	○				○			○						○			○			○		90〜420	360	540〜1,200		○
	スノーモービル	○						○			○						○				○		○						○
	スケート				○			○			○						○		○				○		40	100	180	○	
	避暑		○				○	○			○				○						○		○		180〜210				○
	ピクニック	○					○					○		○	○	○				○			○		60〜90	240	360〜420	○	
	デイキャンプ	○					○					○		○	○	○				○			○						
	果樹園		○							○		○		○	○	○				○			○		60〜90	180	300〜360	○	
	野外ゲーム	○										○	○	○	○	○			○				○		30	120	180		
臨海性	海水浴				○	○		○			○				○					○			○		40〜120	360	420〜600	○	
	波乗り				○	○		○			○				○						○		○						
	潮干狩					○					○			○						○			○						
	ローボート（海）				○						○				○					○			○		—	90	—	○	
	カヤック				○						○				○					○			○		—	90	—	○	
	キャンプ（海）	○			○	○					○				○					○			○		60〜120	—	—		○
	ヨット				○		○				○				○						○		○		90〜120	240	420〜480	○	
	モーターボート				○	○					○				○						○		○						
	水上スキー				○						○				○						○		○						
	スキンダイビング				○	○					○				○						○		○						
	魚釣				○						○			○	○	○	○				○		○		90〜240	320	500〜1,120		
	避寒	○				○		○			○						○				○		○						
都市近郊性	遊園地に行く	○								○			○	○	○	○				○			○		60〜90	200	320〜380	○	
	動物園に行く	○					○			○			○	○	○	○				○			○		30〜360	150	210〜870	○	
	植物園に行く	○					○			○			○	○	○	○				○			○		30〜360	150		○	
	飛行機乗り									○			○		○						○		○						
	グライダー	○								○			○	○	○						○		○						
	スカイダイビング	○								○			○	○	○						○		○						
	射撃						○						○	○	○	○	○			○			○						
	ヘルスセンター									○			○	○	○	○	○			○			○		60〜90	200	320〜380	○	
その他	ゴルフ		○									○		○	○	○					○	○			60	300	420	○	
	サイトシーイング									○	○			○	○	○	○				○		○						
	ドライブ									○	○			○	○	○	○				○		○						
	サイクリング	○								○	○			○	○	○					○		○		90〜240	120	300〜600	○	
	観光農園	○								○	○			○	○	○					○		○						

れる「ホワイトゾーン」が把握された。

　そして，このゾーンでの公的機関によるレクリエーション空間の整備により，自然公園のバッファゾーンとしての機能とともに，民間等の各種開発に伴うスプロール防止等の機能をも期待できることになる。すなわち，レクリエーション機能のみならず，前記のような各種の機能をも見込みつつ，図 6.14 に示したような体系化された制度によるレクリエーション空間整備の必要性が指摘されることとなる。

② 大規模公園における施設整備の内容

　大規模公園の機能・あり方を想定する際には，既存の観光・レクリエーション施設内容との比較を通して，また，表 6.4，表 6.5 に示したレクリエーション空間利用密度，レクリエーション資源との適合性，レクリエーション活動にかかわる利用性等を勘案しつつ，大規模公園において整備すべき施設の内容の検討が重要となる。表 6.5 は，その例を示してあるが，既述のように既存の観光・レクリエーショ

表 6.6 観光・レクリエーション活動の特性

When	レクリエーション活動を行う時間、時期であり、時間は、立寄型、日帰り型、滞在型の3タイプに大別され、時期は、日単位、週単位、月単位、年単位で分類される。その自由時間の状況に応じたレクリエーション整備が必要となる。
Where	生活圏、レクリエーション資源・施設の立地特性、レクリエーション資源・施設の性格等によって分類され、生活圏は、日常生活圏、広域生活圏、高次広域生活圏に、レクリエーション資源・施設の立地特性は、内陸型と臨水型や自然資源依存型、施設開発型および両者の中間型などに分類される。レクリエーション資源・施設の性格は、コミュニティタイプ、リージョナルパークタイプ、リージョナルパーク＋簡易宿泊タイプ、リゾートタイプに分類される。
Who	個人、家族、夫婦、友人、少人数のグループ、団体など利用単位別、青少年層、壮年層、高齢者層などの利用層別にさまざまな活動形態が形成され、それぞれが多様な目的をもちさまざまなレクリエーション活動が展開される。
What	レクリエーション活動は、一般的には手芸・工作、ダンス、演劇、文化的活動、音楽、自然観察・野外活動、社交的行事、スポーツ・ゲーム等に分類されが、各種の活動が複合的にかかわる場合も多い。また、資源条件、季節性等に支配されることもある。
Why	レクリエーション活動については、単なる観光地への訪問などの非日常的経験を通した精神的・肉体的な疲労回復等を目的とした生産補完的な活動はもとより、自由時間の増大、人生観や価値観の変化に伴う「生きがい、うるおい」としての活動も含めた総括的な活動としてとらえる必要がある。
How	日常生活や人生でのレクリエーション活動への時間配分、回数等が関与しており、レクリエーション需要との関係を考察する必要がある。また、個人の嗜好性、感受性、独創性等に影響される。

ン施設整備はその内容において一貫性等の不備もあり、自然環境との共生を前提としつつ、多様化した観光・レクリエーション活動の需要に対応した施設の導入を大規模公園において検討する必要性が指摘されることとなる。

③ 観光・レクリエーション活動の特性

大規模公園は、観光・レクリエーション活動にかかわる各種の特性によって、幾つかのタイプに分類されることが想定される。そこで、観光・レクリエーション活動の特性を把握する必要性が生じることとなる。本構想では、とくに観光・レクリエーション活動の中枢となる"5W1H"、すなわち、"When, Where, Who, What, Why, How"に注目し、その概要を**表 6.6**に示した。また、以上のような事項を前提に、観光・レクリエーション活動を生活圏・活動タイプ・活動周期・施設タイプの各軸で整理すると、**表 6.7**のように示される。

このような観光・レクリエーション活動の特性を前提として、大規模公園の整備に際しての資源的成立性や類似施設との競合性、整備後のレクリエーションネットワーク等について検討するために、①観光・レクリエーション資源・施設の分布実態、②観光・レクリエーション活動の発生現況、③観光・レクリエーション活動の発生阻害要因等の視点から、首都圏や広域生活圏個々における観光・レクリエーションの実態を把握する必要がある。

④ 観光・レクリエーションの実態把握

・観光・レクリエーション資源・施設の分布実態

観光・レクリエーション資源・施設の分布実態に関しては、大規模公園と密接に関係する既存の海水浴場、マリーナ、キャンプ場、オートキャンプ場、スキー場、スケート場、ハイキングコース、サイクリングコース、自然探勝路、フィルドアーチェリー場、温泉等の自然的観光・レクリエーション資源・施設、ゴルフ場、テーマパーク、遊園地、動物園、植物園、博物館、観光農園・牧場等の社会的観光・レクリエーション資源・施設、木工、陶芸、織物、祭り等の伝統産業や風俗・風習、文化財、史跡・名勝、天然記念物等の歴史・文化教養資源・施設の他、著名な観光・レクリエーション地のエリア、花見・紅葉地、さらには、スキー場、高原、海水浴場およびマリーナとしてのポテンシャルを有するエリアを含めた分布実態を把握する必要がある。

・観光・レクリエーション活動の発生現況

観光・レクリエーション活動としては、大別して日帰り型、滞在型に大別されるが、日帰り型レクリエーション活動では、主要な活動項目、参加率、参加回数、活動単位、利用交通機関、到達時間、平均費用等の要素を、また、滞在型レクリエーション活動では、上記に平均宿泊数などの要素を加え、発地別の観光・レクリエーション活動の発生現況やその発生特性について、経年変化等による傾向を把握す

表 6.7 観光・レクリエーション活動の分類

タイプ	項目＼生活圏	一次生活圏	二次生活圏	広域生活圏	高次生活圏
	周期性	平日	単一休日	連休	長期休暇
	滞留期間	時間	日帰り	滞在	
	活動型	コミュニティ	リージョナルパーク	リージョナルパーク＋簡易宿泊	リゾート
日常型		児童遊園　街区公園　地区公園　総合公園　動物園 近隣公園　博物館　風致公園　植物園 図書館　美術館　体育館　ボート ゴルフ練習場　サイクリング フットボール 鎮守の森　貸農園　プール 風土記の丘　レジャーランド　テニス　野球 スケート場			
週末型	日帰り		風致公園　広域公園 体育館　プール　ゴルフ　サーフィン 動物園　スケート　ドライブ　水上スキー 植物園　レジャーランド 風土記の丘　マリーナ 野球　テニス　海水浴 フットボール　サイクリング 自然観察園　釣　ピクニック 貸農園　都県立自然公園　自然休養林		
	滞在			高次広域公園（I） 総合体育館　マリー　キャンプ オート キャンプ スケート　ゴルフ　スキー　探検の森 テニス　別荘　コンドミニアム 青少年活動センター　民宿　国民宿舎 分区園　温泉　工芸村　ユースホステル 自然観察園　自然休養林　古都 都県立自然公園　国定公園	
長期休暇型					高次広域公園（II） 総合体育館 海水浴　別荘　温泉 テニス　マリーナ 工芸村　青少年活動センター スキー　ゴルフ 分区園　キャンプ　コンドミニアム ユースホステル 釣　オートキャンプ 探検の森　自然観察園 国立・国定公園　古都

る必要がある。

・観光・レクリエーション活動の発生阻害要因

　大規模公園の検討に際しては，観光・レクリエーション活動の発生阻害要因についても検討する必要がある。その要因は，一般に，平日の自由時間不足，休日の不足，長期休暇不足，観光・レクリエーション施設利用に関する費用負担，相手の不在，コーチの不在，観光・レクリエーション施設の不足，育児・託児施設の不足，情報不足，収入不足等があげられるが，これらの把握にあたっては，意識調査等によるデータの把握が参考となる。

⑤　大規模公園のタイプ分類

　以上のような分析結果を踏まえつつ，大規模公園の具体的な形態・内容を設定するために，立地誘致圏，交通条件，利用条件等の内的・外的各種条件と対応させ分類することが必要となる。表 6.8 には，本構想での検討結果を示した。すなわち，大規模公園としての成立性を，配置，規模，誘致対象，主要レクリエーション活動のポテンシャル，景観や植生等の自然的条件，防災，歴史性，伝統産業の有無や近接性，主要交通機関の近接性等の社会的条件から検討し，広域公園および2タイプからなる高次広域公園の計3タイプに，さらに，おのおのは内陸・臨水の自然立地条件から図 6.15 に示すように，合計6タイプに分類された。

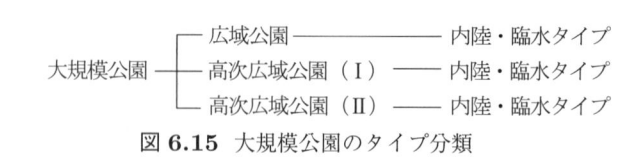

```
                    ┌ 広域公園 ──────── 内陸・臨水タイプ
大規模公園 ─┼ 高次広域公園（I） ── 内陸・臨水タイプ
                    └ 高次広域公園（II） ── 内陸・臨水タイプ
```

図 6.15　大規模公園のタイプ分類

　なお，高次広域公園IIは，週末や長期休暇による滞在型の大規模公園として想定し，その際に展開されるさまざまなレクリエーション活動を支える核的な資源として，①温泉，②高原，③スキー場，④海水浴場，⑤マリーナの存在を重要な要素として設定した。表 6.9 には，これらの資源の選定基準例を示したが，これらの資源の存在度によって，さらにランク付けが可能となる。すなわち，5つの資源のすべて備わった特Aランクから何れかの1つの資源が備わったDランクまでの5段階に分けられ，特A

表 6.8 大規模公園のタイプ

大規模公園のタイプ		ポテンシャル	主要なレクリエーション活動（□内は特化したレクリエーション活動）	自然条件 景観	自然条件 植生	社会条件 歴史性	社会条件 伝統産業	社会条件 交通	その他
広域公園	A	樹林地	野外レクリエーション・スポーツ [野球、サッカー、テニス、フィールドアスレチック等]、ピクニック、展望、野外音楽鑑賞、自然探勝	緩傾斜地で二次林を主体とした地域での各種野外レクリエーション活動	都県立自然公園、風致地区等都市、市町村を代表するようなすぐれた自然景観地を望める。	平地林（二次林を主体とした森林植生）（海岸植生）	都市、市町村を代表するような市町村、腱指定の史跡、名勝、天然記念物等の存在が望ましい。		JR、一般国道の近接、私鉄	都市近郊において確保できている用地が有ることが望ましい。災害時の避難地としての利用。
広域公園	B	水辺地 河川、海岸、湖沼	ローボート、潮干狩、海水浴 等	河川、海岸、湖沼等での野外レクリエーション						
高次広域公園(1)	C	樹林地	野外レクリエーション・スポーツ [ハイキング、サイクリング、野球、フィールドアーチェリー、フィールドアスレチック、サッカー、テニス等] 文化・教養活動、自然探勝 等 [スキー]	緩傾斜地で二次林を主体とした地域での各種野外レクリエーション活動	都県立自然公園、近郊緑地保全区域、国定公園等、首都圏あるいは都道府県を代表するようなすぐれた自然景観地を望める。	平地林（二次林を主体とした森林植生）（海岸植生）	首都圏、都道府県を代表する県指定、国指定の史跡、名勝、天然記念物の存在が望ましい。	伝統産業地の存在が望ましい。	国土開発自動車道、一般国道、JRの近接 国土開発自動車道インターチェンジより20km以内	都市近郊において確保できている用地が有ることが望ましい。
高次広域公園(1)	D	水辺地 河川、海岸、湖沼	[海水浴] 潮干狩、魚釣、磯あそび、ローボート、波乗り 等 [マリーナ] フィッシングピアー	河川、海岸、湖沼等での野外レクリエーション						
高次広域公園(2)	E	温泉 スキー 高原	[保養、休養] [スキー] ゲレンデスキー、ツアースキー、スノーモービル、ソリ遊び ハイキング、キャンプ、サイクリング 等 [避暑]	ポテンシャル各地に付随した多種多様なレクリエーション活動	国立公園、国定公園、自然環境保全区域等全国を代表するようなすぐれた自然景観地を望める。	多種にわたる植生（海岸植生）	国を代表するような国指定の特別史跡、特別名勝、特別天然記念物の存在が望ましい。	伝統産業地の存在が望ましい。	国土開発自動車道、鉄道新幹線の近接 国土開発自動車道インターチェンジ、鉄道新幹線駅より20km以内	
高次広域公園(2)	F	海水浴場 マリーナ	[海水浴] 潮干狩、キャンプ、スキンダイビング、魚釣、波乗り [マリーナ] 水上スキー、フィッシングピアー、モーターボート、ヨット 海中牧場、海中展望塔 等							

大規模公園のタイプ		誘致圏 利用対象	誘致圏 対象圏	交通 到達時間	利用 立地型	利用 利用形態 地域（地域）	利用 利用形態 地域（広域）	利用 利用形態 広域（地域）	利用 利用形態 広域（広域）	施設型	規模 ha	誘致対象 単位	誘致対象 層	誘致対象 季節	誘致対象 目的
広域公園	A	地域を中心とした利用 ∨ 広域を中心とした利用	各地方生活圏 ＋ （首都圏）	地方中核都市等の人口重心地から自家用車（国道）、JR、私鉄、バス等を利用し120分以内	内陸型	日帰り ∨ 滞在	日帰り ∨ 滞在	日常 ∨ 週末	週末	リジオナルパーク	50～200	原則として全単位（個人・家族グループ等）の利用	原則として全利用者層（青少年・壮年・老年等）の利用	原則として全単位（個人・家族グループ等）の利用	原則として全利用者目的（運動・見物・教養・鑑賞・飲食・遊戯・休養・防災等）のうち何れかが単独的に立地し、その他はそれに付加
広域公園	B	地域を中心とした利用 ∨ 広域を中心とした利用	各地方生活圏 ＋ （首都圏）		臨水型	日帰り ∨ 滞在	日帰り ∨ 滞在	日常 ∨ 週末	週末	リジオナルパーク		〃	〃	〃	〃
高次広域公園I	C	地域を中心とした利用 ∧ 広域を中心とした利用	各地方生活圏 ＋ 首都圏	既成市街地等の人口重心地から自家用車（高速道）、JR、私鉄（急行・特急）等を利用し120分以遠	内陸型	日帰り ∨ 滞在	日帰り ∨ 滞在	日常 ∨ 週末	週末	リジオナルパーク ＋ 簡易宿泊	200～500				
高次広域公園I	D	地域を中心とした利用 ∧ 広域を中心とした利用	各地方生活圏 ＋ 首都圏		臨水型	日帰り ∨ 滞在	日帰り ∨ 滞在	日常 ∨ 週末	週末	リジオナルパーク ＋ 簡易宿泊					原則として全利用目的のうち何れかが総合的に立地
高次広域公園II	E	地域を中心とした利用 ∧ 広域を中心とした利用	各地方生活圏 ＋ 首都圏	既成市街地等の人口重心地から自家用車（高速道）、JR（特急）、新幹線を利用し120分以遠	内陸型	日帰り ∨ 滞在	日帰り ∧ 滞在	日常 ∨ 週末	週末 長期休暇	リジオナルパーク ＋ リゾート	500～1,000				
高次広域公園II	F	地域を中心とした利用 ∧ 広域を中心とした利用	各地方生活圏 ＋ 首都圏		臨水型	日帰り ∨ 滞在	日帰り ∨ 滞在	日常 ∨ 週末	週末 長期休暇	リジオナルパーク ＋ リゾート		〃	〃	〃	

ランクが高次広域公園Ⅱの成立にとって最適な条件となる。

⑥ 大規模公園の施設

施設の選定にあたっては，既述の観光・レクリエーション活動の特性，大規模公園の整備に際しての資源的成立性やレクリエーション空間利用密度に係る適合性，類似施設との競合性，観光・レクリエーション資源・施設の分布実態等を勘案しつつ，大規模公園の成立にかかわる資源を効率よく利用できる施設の選定を前提に，以下のような各項目を満たす施設を選択する必要がある．

① 立地条件に融合していること
② 通年利用が可能であること

表 6.9 滞在型レクリエーション活動を支える各種資源の選定基準例

資源・施設＼条件	地 形 条 件	気 象 条 件	そ の 他
スキー場	＊傾斜度：滑降コースが6°～30° 初級6°～10°、中級11°～19° 上級20°～30° ＊傾斜方向：雪質維持のためには北斜面、日当りのためには南斜面 ＊傾斜度：初級・中級：長さ200～400m、上級：長さ300～350m	＊積雪量：1m.以上 ＊積雪期間：90～100日間 ＊風速：15m/secでリフト運行中止	＊地破条件が草地であると、積雪量50cm位で滑降可能
海水浴場	＊砂浜：汀線長 500m以上 巾：100～200m、勾配：2～10%の遠浅、方位：東南ないし南方向 ＊後背地：樹林地があること	＊天候：晴天日数が多く真夏日が2週間以上 ＊気温：24℃～27℃ ＊水温：23℃～25℃ ＊風速：5m/sec以下の風があること	＊海象条件 □水質：透視度30cm以上、大腸菌1,000MPN/100ml以下、COD 2ppm以下、油膜を肉眼で認めない、有害生物がいないこと □波高：0.7m以下で、ある程度必要 □海底土質：泥・土・岩石ではないこと、貝殻が少ないこと
マリーナ	＊傾斜度：陸上施設部で傾斜0～5° ＊水深等：水深3m程度で、地盤の堅固な湾形の良い静水面があること	＊気温：20℃～30℃ ＊水温：25℃以上	＊海象条件 □潮位：浅橋式はMAX1.5m波高、水上保管式はMAX0.3m波高、ヨッティングは1m波高が限界 □潮流：小型ヨットではMAX2ノット/時 □風速：小型ヨットで5m/secが快適
高 原	＊標高：800m～1,100m ＊傾斜度：20%以下 ＊傾斜方向：南・東南方向	＊気温：15℃～25℃、7℃以上（冬季）	＊地破条件は森林、草地等が望ましい ＊水利の量と質が確保されていること

温泉については、□温泉源を有する、□引湯の可能性が大きい、□泉質が豊かである、□温泉療養効果が期待できる。

③ 自然風土の特徴を活かした施設であること
④ 地場産業との融合が可能であること
⑤ 広い利用層の要求を満たせること
⑥ 日帰り，滞在期間の許される範囲の中で，さまざまな活動が楽しめる複合化した施設であること
⑦ 大衆的な利用が可能な滞在施設であること

また，これらの条件を前提に，大規模公園のタイプ，性格，観光・レクリエーション活動を考慮し，導入可能施設を整理すると**表6.10**のように示された。

c. 大規模公園の必要性の検討

大規模公園の概念設定等に関する事項に加え，観光・レクリエーション需要，観光・レクリエーション活動別の発生需要予測，都市公園整備状況等の量的検討事項の面からみた大規模公園の必要性について検討することも重要である。以下は，観光・レクリエーション需要等に関する算定方法の一例である。

① 観光・レクリエーション需要

日帰り型観光・レクリエーション需要に対する大規模公園の必要量を算定する必要がある。すなわち，大規模公園における年間利用者数を，前述の大規模公園モデルを参考に，導入施設の原単位，利用密度原単位，空間標準利用密度等から標準利用者数を想定する。また，この利用者数をもとに，首都圏において発生する日帰り型観光・レクリエーション需要予測値を大規模公園において消化するものと仮定し，次式のような方法で大規模公園の必要量を算定する。

$$大規模公園必要量 = \frac{日最大活動量}{年間大規模公園適正利用者数 \times 年集中率}$$

・日最大活動量＝計画目標年の活動量×年集中率

滞在利用を中心とした大規模公園の必要量を算定にあたっては，計画当該年までに首都圏において発生する滞在型観光・レクリエーション需要予測値を大規模公園において消化するものと仮定し，宿泊施設の必要面積を参考としつつ，次式のような方法で大規模公園の必要量を算定する。

$$宿泊施設必要面積 = 日最大活動量 \times 1人当り必要面積$$

・日最大活動量＝計画当該年の活動量×年集中率
・年集中率＝計画目標年平均滞在日数÷基準年1人当り平均滞在日数×集中日定員÷定員稼働率×日数

表 6.10 大規模公園への導入可能施設

大規模公園のタイプ	宿泊施設																教養施設																		
	旅館	ヒュッテ	バンガロー	キャンプ場	オートキャンプ場	トレーラーコート	ディキャンプ場	民宿	ホテル	国民宿舎	ユースホステル	別荘	コンドミニアム	林間学校	臨海学校	海の家	山の家	売店・軽飲食店	ボテル・ヨット	寮	動物園※1	植物園※2	自然観察園※3	博物館※4	図書館	水族館	野外劇場	水上劇場	クラフトセンター	海中展望塔	海洋音楽堂	野外ラジオ聴取施設	天体・気象観測施設	記念碑	遺跡※5	ネイチャートレイル	オリエンテーリング	レンタファーム	青少年野外活動センター	環境教育センター	演出ひろば	バザールひろば
---	---	---	---	---	---	---	---	---	---	---	---	---	---	---	---	---	---	---	---	---	---	---	---	---	---	---	---	---	---	---	---	---	---	---	---	---	---	---	---	---	---
A	○	○	○																		○	○							○			○	○			○	○		○			
B	○	○	○															○				○	○																			
C	○	○	○															○					○													○	○		○			
D																		○																								
E	○	○	○	○	○	○	○	○	○	○	○	○	○	○	○	○	○	○	○	○	○	○	○	○	○	○	○	○	○	○	○	○	○	○	○	○	○	○	○	○	○	○
F	○	○	○															○																								

大規模公園のタイプ	運動・遊戯施設																															休養施設			
	野球場	ゴルフ場	サッカー場	ラグビー場	テニスコート	バスケットコート	バレーコート	陸上競技場	水泳プール	漕艇場	スケート場	相撲場	弓道場	鉄棒・つり輪	射撃場	乗馬場	スノーモビルコース	ハイキングコース	サイクリングロード	フィールドアスレチック	モトクロス	遊園地	水浴場	人工海岸	マリーナ	フィッシングピア	ロボート場	モーターボート場	釣場	体育館	ターゲットアーチェリー	フィールドアーチェリー	プレイフィールド	遊戯施設※6	登山コース	休憩所	ピクニック広場	野営場	展望園地	レストハウス
---	---	---	---	---	---	---	---	---	---	---	---	---	---	---	---	---	---	---	---	---	---	---	---	---	---	---	---	---	---	---	---	---	---	---	---	---	---	---	---
A	○	○	○	○	○	○	○	○		○	○	○							○							○			○								○			
B																																								
C																	○	○											○											
D																						○						○	○											
E	○	○	○	○	○	○	○	○	○	○	○	○	○	○	○	○	○	○	○	○	○	○	○	○	○	○	○	○	○	○	○	○	○	○	○	○	○	○	○	○
F																																								

大規模公園のタイプ	管理・便益施設							交通施設			
	管理事務所	ヴィジターズセンター	コミュニティーセンター	軽飲食店	売店	ショッピングセンター	インフォメーション	会議場	その他管理サービス施設	園路	道路	パーキング	周遊港	ヘリポート
---	---	---	---	---	---	---	---	---	---	---	---	---	---	---
A	○			○	○				○	○	○	○		
B	○								○	○	○			
C	○	○			○				○	○	○	○		
D	○	○			○				○	○	○			
E	○	○	○	○	○	○	○	○	○	○	○	○	○	○
F	○	○							○	○	○			

※1 動物園(小動物園等を含む)
※2 植物園(温室、花木園、果樹園、山菜園等を含む)
※3 自然観察園(鳥類観察園、自然動植物園等を含む)
※4 博物館(美術館、民芸館、民族資料館、陳列館等を含む)
※5 遺跡(古墳、城跡、旧

② 観光・レクリエーション活動別の発生需要予測と供給

計画目標年の観光・レクリエーション活動に影響する要因として，余暇時間(平日，週末，長期休暇)，デモグラフィック(年齢，性別，ライフステージ)，社会経済(収入，職種，社会階層)，モビリティ(自家用車の保有)，空間(別荘，家屋水準)，心理(余暇期待，生活態度，健康)等を取り上げ，人間の活動の自由裁量度がこれらに依存する行動科学的仮説をもとにした計量モデルによる予測も1つの方法である。このような方法によって，計画目標年において供給すべき観光・レクリエーション活動別の発生需要が把握される。このようにして得られた数値は，公園緑地系統との関係に照らし合せ，計画的な整備の検討を行う必要がある。

③ 都市公園整備状況からみた大規模公園の必要性

首都圏における日常生活圏はもとより，広域圏や高次広域生活圏個々において，現状での都市公園の整備状況を勘案しつつ，今後の1人当り都市公園面積等の目標値を達成すべく，計画的な整備の検討を行う必要がある。本構想では，図表は省略するが，圏域内の市町村および都県における都市公園の整備

状況，今後の目標値等を把握し解析した。

d. 大規模公園の適地選定

大規模公園の適地選定にあたっては，下記のような自然的条件および社会的条件について把握する必要がある。

① 自然的条件

・緑地現況

緑地現況に関しては，自然植生，傾斜度，標高，生物多様性や学術上にあって価値の高い生物・生物群集等について，その現状を把握する必要がある。また，その取扱いにあたっては，**表6.11**に示すような点が，とくに，自然環境の保護・保全上，留意するべき事項としてあげられる。

表6.11 大規模公園の適地選定と自然的条件

緑地現況	自然植生	自然植生域をその自然度の熟度と学術的価値から区分すると，表6.12のように示される。土地条件の総合体として存在する場合が多く，周辺の植生の修復を期する場合等においては，もっとも重要な指標となる。とりわけ，自然度8，9，10の自然植生域については，積極的な保護空間とする必要がある。
	傾斜度	降雨等で地盤が緩み，土砂崩壊等の自然災害を起す危険性が高いところは，傾斜度36％以上の区域であり，このような区域については，人為的な改変は行わず，保護される必要がある。
	標高	標高1100mにおいて，林業と自然保護空間の境となり，これ以上の標高における開発は生態系の保護上，極力回避する必要がある。
	生物・生物群集	学術上や生物多様性上にあって価値の高い生物・生物群集：生物多様性の保護・保全や学術研究の発展にあたって確保されるべき空間である。
緑地保全現況	自然公園区域	国内でも有数の自然景勝地，自然植生地等を包含しており，とりわけ，国立公園や国定公園区域については，保護・保全を必要とする。
	自然環境保全区域	原生の自然など将来にわたって自然環境を保護・保全する区域であり，保護・保全を必要とする。
	地すべり防止区域 砂防指定区域 急傾斜地崩壊危険区域 河川保全区域	自然災害等の発生による民生への被害を未然に回避するためなど，防災上，必要と認められる地域であり，保護・保全を必要とする。
	保安林区域	水源涵養，自然災害防止，航行目標の保存，公衆の保健，風致の保存等を目的として指定されており，保護・保全を必要とする。
	農業振興地域	自然，経済，社会的条件などを勘案し，総合的に農業の振興を図ることが必要と認められる地域であり，保護・保全を必要とする。

・緑地保全現況

緑地保全現況に関しては，自然公園区域，自然環境保全区域，保安林区域，地すべり防止区域，砂防指定区域，急傾斜地崩壊危険区域，河川保全区域，農業振興地域等の法令適用区域について把握する必要がある。また，**表6.11**に示すような各法令の目的や主旨を尊重し，緑地の保護・保全を優先する必要がある。

② 社会的条件

・交通体系

現在ならびに将来にわたって生活，産業，都市整備等の主軸となる幹線交通網は，広域的なレクリエーション活動を可能とさせる手段となる。そこで，国土開発幹線自動車国道等の幹線道路網，新幹線等の幹線鉄道網の整備状況や今後の計画について把握する必要がある。また，これらの現状や今後の計画を踏まえた等時間時間距離を想定し，日帰り圏や滞在圏の検討を行う必要がある。さらに，計画目標年における観光・レクリエーション需要を各交通機関に分担させ，とくに道路については，年平均1日交通量やピーク時交通量等，自動車台数に変換した区間別交通量を推計し，交通ネットワークへの影響について検討する必要がある。

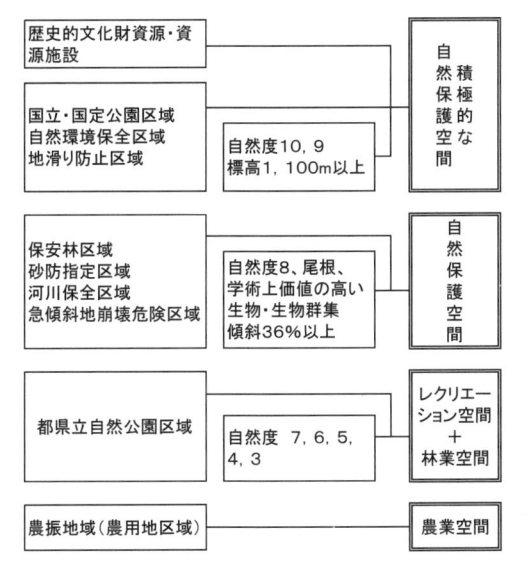

図 6.16 適地選定フロー：自然的条件

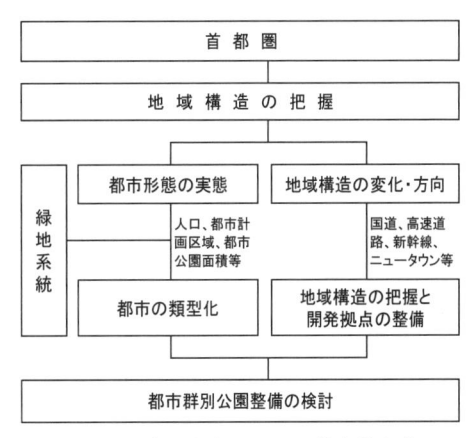

図 6.17 適地選定フロー：社会的条件

・地域構造

人口分布や移動，自然増や社会増による人口増減等にかかわる人口分析，産業分布，産業別人口や就業構造等の構造的変化等に関する分析を通して，自然生態系の保護・保全対策，市街地化に伴う環境破壊やスプロール化の防止対策，広域災害時の対策，レクリエーションの場の確保等について，首都圏や広域生活圏個々に検討する必要がある。とくに，農林業に関しては，生鮮食料品の安定供給，健全な地域社会としての農山漁村の形成，都市と農山漁村との交流，地球環境の保全，流域圏の保全，生物多様性の保護・保全，都市住民への緑と憩いの場の提供等さまざまな機能・効果が認識されるところであり，その積極的な保護・保全施策の検討が必要とされる。

表 6.12 自然度と植生概要

自然度	植生概要
10	高山ハイデ，風衝草原，自然草原等，自然植生のうち単層の植物社会を形成する地区
9	エドマツ-トドマツ群集，ブナ群集等，自然植生のうち多層の植物社会を形成する地区
8	ブナ・ミズナラ再生林，シイ・カシ萌芽林等，代償植生であっても，とくに自然植生に近い地区
7	クリ-ミズナラ群落，クヌギ-コナラ群集等，一般には二次林と呼ばれる代償植生地区
6	常緑針葉樹，落葉針葉樹，常緑広葉樹等の植林地
5	ササ群落，ススキ群落等の背丈の高い草原
4	シバ群落等の背丈の低い草原
3	果樹園，桑畑，苗圃等の樹園地
2	畑地，水田等の耕作地，緑の多い住宅地
1	市街地，造成地等，植生の殆んど残存しない地区

③ 大規模公園の適地選定

大規模公園の適地選定にかかわる作業フローは，自然的条件については図 6.16，社会的条件については図 6.17 に示した。このうち，自然的条件については，植生 (図 6.18 参照)，自然度 (表 6.12 参照)，傾斜度，標高等の事項および緑地保全にかかわる各種法令適用区域を重層化させた。また，社会的条件は，首都圏における地域構造を把握し，業務，商業，工業，農業等による都市の類型化を試み，都市群別の公園整備のあり方を検討した。さらに，この両者を重ね合せ，図 6.19 に示すような大規模公園としての適地が抽出される。

・自然的条件による空間区分と公園整備

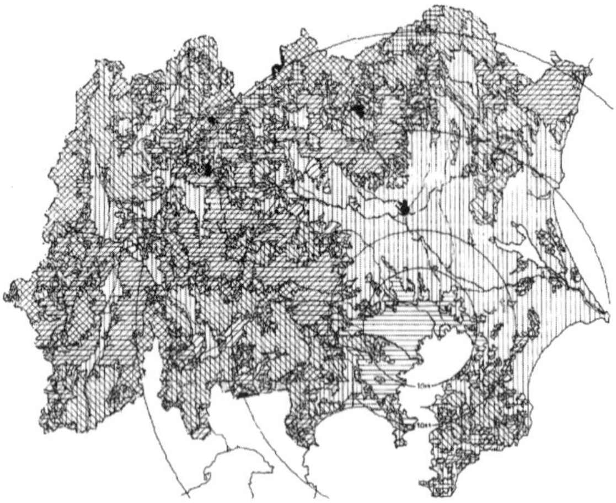

図 6.18 自然度分級図

図 6.19 大規模公園の適地

表 6.13 自然的条件による空間区分

積極保護空間	自然および歴史的環境を現状のまま維持し，学術研究，教育用資料等としてのみ，その利用が許容される空間として位置付け，最低限の維持管理以外の立ち入りを禁止する場合，歩行による観察程度の利用を供用する場合等，その利用についての適切な制限が必要となる空間である。
保護空間	自然および歴史的環境を現状のまま維持することを原則とし，建築物や道路等の設置を制限しつつ低密度な利用は許容する空間である。
レクリエーション空間＋林業空間	自然および歴史的環境を維持しつつ，レクリエーション利用と林業の共存あるいは調整を図る空間である。レクリエーション利用に際しては，森林の保全を前提として施設の設置の許容限界はある程度緩和され，豊かな自然環境下での施設整備も可能なレクリエーション空間が想定される。
農業空間	生産緑地の保全という視点から，農業地域を積極的に維持していく空間である。レクリエーション利用に際しては，農業地域の環境保全を前提として許容される。

表 6.14 社会的条件による空間区分と公園整備

複数業務都市群	東京中心部，各県都などに代表されるように都市機能としての中核をなし，特定の機能的偏狭を示さず，政治的機能をも含んだ都市群である。昼間人口は他地域より流入する傾向をもつため，常住者のみならず昼間住民への配慮が要求される。日常生活における良好な環境保全，公園・レクリエーション機能を有する場の確保とともに，昼間住民の利用や災害時の利用，景観対策等を考慮した公園整備が必要となる。
商業都市群	東京市部，東京湾沿岸都市，東京周辺都市などに代表され，東京中心部等への人口や産業の集中化現象に伴う環境の悪化，用地確保の困難さなどにより健全な都市機能の遂行に限界が生じたことに起因し，複数業務都市群からの交通要件，あるいは地域の実情に応じて形成された小型の複数業務都市群として位置付けられる。当該地域にとっては中核的機能を併せもっており，定住人口がある程度明確なため，これらの住民に対する公園整備が必要となる。
工業都市群	東京湾沿岸，幹線道路沿線，都市開発区域，港湾整備の進んだ都市などに代表され，都市機能は，工・鉱業の生産機能に卓越している。複数業務都市群等と交通網等によって緊密な連絡が保たれた内陸工業団地，臨海工業団地等によって形成されている。この都市群においては，就業者に対する公園・レクリエーション機能の提供や発生する周囲への環境圧の軽減に配慮した公園整備が必要となる。とりわけ，近郊整備地帯と都市開発区域間の空白ゾーンは，複数業務都市群や商業都市群との関連で重要な位置を占めており，積極的な公園整備の必要性が指摘される。

　自然的条件とレクリエーション利用との関係からみた空間区分と公園整備については，**表 6.13** に示すように，積極保護空間，保護空間，レクリエーション・林業空間，農業空間に区分される。

・社会的条件による空間区分と公園整備

　首都圏における都市群別の公園整備のあり方についての検討を行った。その結果の概要は，**表 6.14** のように示される。

e. 大規模公園配置構想

① 大規模公園配置構想

大規模公園配置構想の立案にあたっては，大規模公園等適地選定によって抽出された適地をベースにするが，この際には，下記のような適地選定にかかわる基本方針をたて，適地おのおのについて，その規模，位置，標高，地形等の自然的条件，交通，時間距離等の社会的条件およびレクリエーション資源(ポテンシャル)の有無，種類等について詳細な検討を加えるとともに，前掲の観光・レクリエーション需要と大規模公園による分担案の検討とを平行させつつ行う必要がある。

《適地選定にかかわる基本方針》

表 6.15 大規模公園の種別

広域公園	大規模公園のタイプ分類における自然的，社会的条件等から，主として地方生活圏をベースとして立地する公園である。
高次広域公園 I	主として数地方生活圏をベースとして立地する公園であり，とくにレクリエーションアクティビティにおいて地方生活圏では体験不可能な特化したアクティビティを可能とする公園である。
高次広域公園 II	主として大都市圏をベースとして立地する公園であり，とくに自然的条件のうちレクリエーションアクティビティにかかわるポテンシャルの存在(高原，スキー場，マリーナ，海水浴場，温泉)によって左右され，さらに，このポテンシャルの中に保養，休養，避暑，避寒といったリゾートとしての要素が含まれる公園である。

表 6.16 大規模公園の種別選定条件

条件1	滞在利用可能なレクリエーション資源の存在	「高原，スキー場，マリーナ，海水浴場，温泉」の5つのポテンシャルのうち何れかが存在していること。
条件2	滞在利用によるレクリエーション活動の可能性	レクリエーション活動おのおのには，1つの行動が完結するために必要な所要時間(誘致時間＋滞在時間)が存在し，滞在によるレクリエーション活動が想定され，そのレクリエーション活動にかかわるポテンシャルが存在していること。
条件3	高速道路インターチェンジからの距離	高速道路インターチェンジと郊外大規模レクリエーション地の位置関係からレクリエーション客が高速道路経由で大規模公園を訪れる際，その到達利便性からおおむね20km内に存在することが必要である。
条件4	国立公園のバッファーゾーン，利用拠点としての可能性	我が国を代表する自然景観，植生等を含有する国立公園内において，レクリエーション利用のオーバーユースによる環境破壊を防止し，優れた自然的資産を確保するために，国立公園に隣接し，そのバッファーゾーンとして，また，国立公園の利用に際して，その宿泊拠点としての機能を有することが望ましい。
条件5	長期滞在が可能なレクリエーション資源の存在	長期滞在(3泊〜1週間)にあたって，上記1の5つのポテンシャルが複合的に存在することが望ましい。とくに，内陸性の大規模公園としては，「高原，スキー場，温泉」等のポテンシャルが複合的に存在すること，臨水性の大規模公園としては，「マリーナ，海水浴場」等のポテンシャルが複合的に存在することが望ましい。
条件6	周遊拠点としての可能性	長期滞在(3泊〜1週間)におけるレクリエーション活動が，大規模公園内の活動にとどまらず，周遊活動も想定されるため，大規模公園の周囲に，首都圏を代表するような観光・レクリエーション地が近在していることが望ましい。

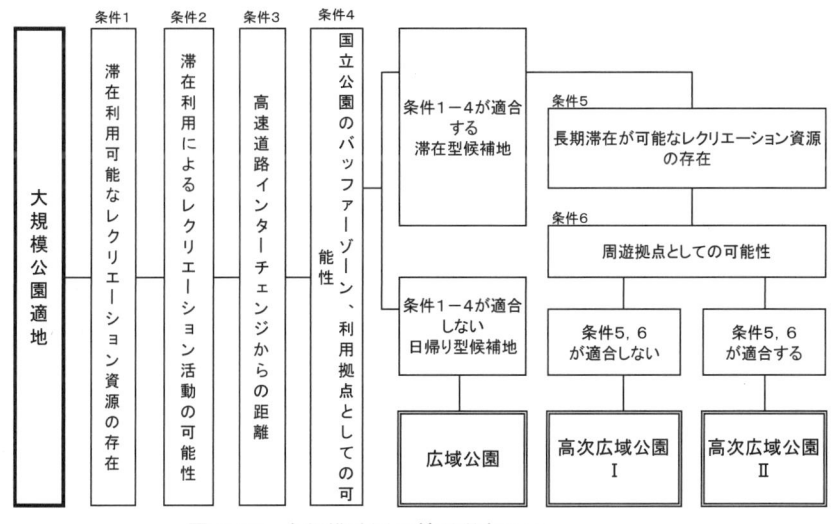

図 6.20 大規模公園の種別選定フロー

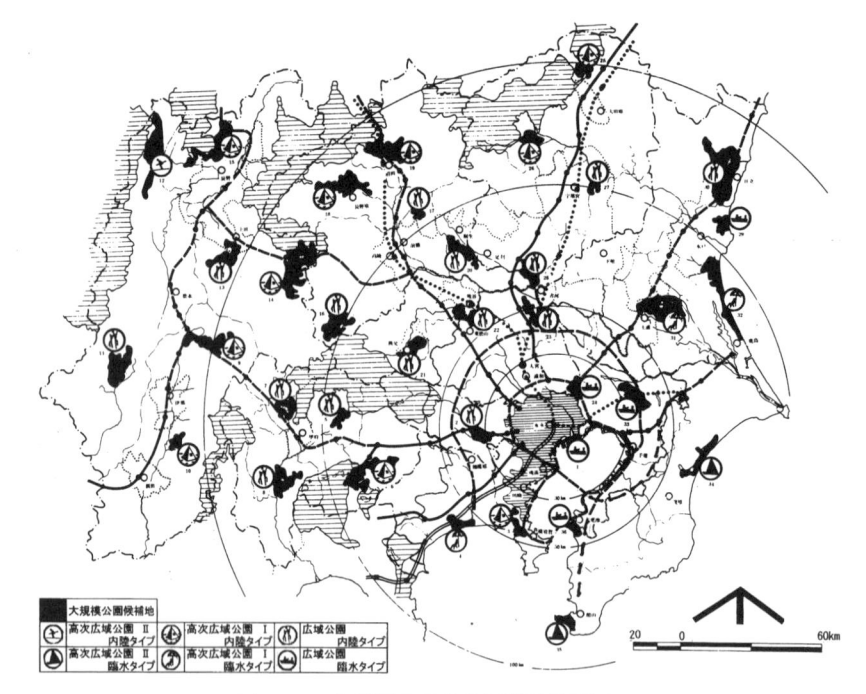

図 6.21 首都圏大規模公園配置構想図

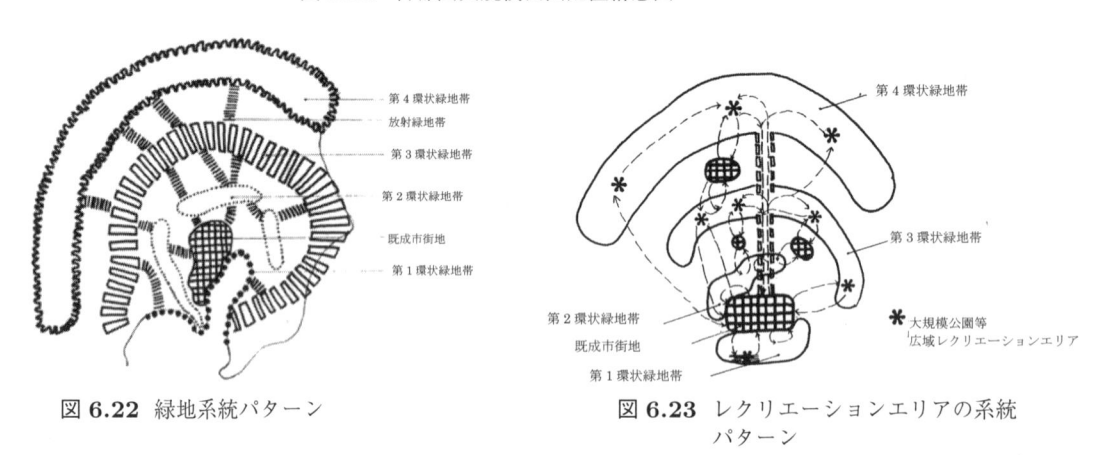

図 6.22 緑地系統パターン

図 6.23 レクリエーションエリアの系統パターン

① 地方生活圏ごとに最低1箇所の大規模公園を配置する。
② 大規模公園の種別，広域公園，高次広域公園I，高次広域公園IIの設定にあたっては，**表 6.15** および前掲の大規模公園のタイプに適合すること。
③ 誘致距離，規模等の設定にあたっては，前掲の緑地系統における位置（大都市，地方中核都市からの誘致距離90分以上，規模50～1000 ha）を考慮すること。
④ 大規模公園の種別にあたっては，より明確な選定を行うため，**図 6.20** および**表 6.16** に示す1～6の条件の設定による大規模公園の種別選定フローに沿って行う。

以上をもとに，**図 6.21** には首都圏大規模公園配置構想図を示した。すなわち，**表 6.16** と**図 6.20** に示した条件1～4に適合する箇所が高次広域公園に，不適合であった箇所は広域公園として設定される。また，高次広域公園のうち条件5，6に適合した箇所は高次広域公園IIであり，不適合箇所が高次広域公園Iとして設定される。また，広域公園，高次広域公園Iおよび高次広域公園IIは，それぞれ内陸タイプ，臨水タイプに区分され，合計6タイプに設定することができる。

②　公園緑地配置系統

以上のような配置構想については，その理念や考え方をパターン化として表示することが重要である。そこで，本構想については，**図 6.22**，**図 6.23** に示すように，緑地系統パターンおよびレクリエーションエリアの系統パターンとしての想定を試みた。

緑地系統パターンとしては，30 km 圏の既成市街地を中心に，東京湾岸部の第 1 環状緑地帯，50 km 圏の第 2 環状緑地帯，100 m 圏の第 3 環状緑地帯，150 km 圏の第 4 環状緑地帯が想定され，これらの環状緑地帯と放射状に存在する河川等により，有機的なネットワークが図られるものと想定される。また，このような配置系統が確立された時点で，具体的に生存への寄与 (災害防止，公害軽減・防止等)，生活への寄与 (自然環境保全，レクリエーション機能，気候の緩和，大気の浄化，景観の保全，アメニティの確保，ゆとりの場の確保)，文化への寄与 (史跡・文化財の保護，遺産の継承等)，自然保全への寄与 (野生動植物の生存，生物多様性の保護等) や都市形態規制等の総括的緑地効果が期待され，将来にわたって首都圏の環境保全が図られることとなる。

レクリエーションエリアの系統パターンについては，日帰りを中心とした週末レクリエーション活動は，主に，第 1・2・3 環状緑地帯および放射緑地帯の一部で供給される。第 1 環状緑地帯における大規模公園等の公園緑地は，とくに夏季の海水浴等の利用利用されるとともに，第 2 環状緑地帯における公園緑地とともに災害時における避難緑地としての機能が期待できる。また，日帰りを中心とした週末レクリエーションは，第 3 環状緑地帯において消化され，大規模公園，都県立自然公園等の豊富な自然的レクリエーション資源により，これらを拠点として需要を満たすものと考える。

滞在を中心とした週末レクリエーション需要および長期休暇型のレクリエーション需要は，第 4 環状緑地帯において供給され，距離，時間，目的等により両者の位置づけがなされる。ここでは，大規模公園等により滞在を条件として豊富な自然的レクリエーション資源等を拠点として整備し，国立・国定公園の利用拠点として，自然環境を保護しつつ民間等によるレクリエーション開発によるスプロール化を防止することが必要である。また，これらの広域レクリエーションエリアと既成市街地を結ぶレクリエーションネットワークとして放射緑地帯の利用が想定される。

6.2.2 都市公園の基本構想
(1) 基本構想の考え方と手順

基本構想の考え方については，前項においても述べたが，計画・設計の最初の段階に位置するため，その立案にあたっては，公園の位置，性格，役割，主要機能，事業方針 (完成時期・事業手法・事業費の目安等) の主要な指針を示すことが重要な内容となる。すなわち，当該事業の構想内容を適切に判断・決定するための諸条件に関する十分な調査・解析を通した適地の選定，導入機能・施設の内容，規模，整備水準，維持・運営管理やマネジメントの方法といった根幹的な条件を定め，方針として確立できるようにすることが必要となる。

そこで，本項では，都市公園を事例に，その基本構想の立案にかかわる手順と方法を述べるが，検討範囲は，おおむね，前提条件の整理・把握，基本方針の設定，適地選定，基本構想の立案等のように整理できる。

前提条件の整理・把握は，当該公園の基本構想にかかわる発注者の意向，上位計画等を対象としたもので，基本構想の根幹を構成するところから，その内容を的確に把握する必要がある。ついで，基本方針は，基本構想の検討に際し，その考え方や具体的な方向性を定めるものである。そのため，当該公園の目的・役割について，公園緑地の機能・効果，公園緑地系統下における位置付け，公園の性格等から明らかにすることが必要となる。すなわち，当該公園の整備に関して，広域的な視点から土地利用，自然環境保全，交通整備，レクリエーション整備等にかかわる位置付けを行うとともに，当該公園が位置する地域の土地利用構想，自然環境保全，レクリエーション需要，レクリエーション資源・施設，産業の活性化等の側面，また，あわせて当該公園の公園緑地系統下における位置付け，配置，規模，立地性，レクリエーション資源・施設，活動等の側面から検討を加え，基本方針の設定を行う必要がある。

適地選定にあたっては，当該地域の広域的な位置付けに加え，自然的，社会的条件等にかかわる特性を解析・把握し，当該地域において自然環境の保護を優先する空間，自然環境保全空間，レクリエーション整備空間の類別化による適地選定を行う必要がある．また，この段階でのスケールが大きい場合には，そこで選定された空間を対象として，詳細なスケールでの自然的，社会的条件等レクリエーション整備にかかわる留意事項等にかかわる解析結果を比較検討し，さらに，規模や性格を加味させつつ公園適地としてのレクリエーション施設整備空間の選定を試みる必要がある．

基本構想の立案にあたっては，上記によって類別化された空間および選定された公園適地を中心として，土地利用構想，広域レクリエーションネットワーク，レクリエーション施設構想，今後の事業方針の検討等による構想の範囲を設定するとともに，その具体的内容を検討することとなる．

(2) 基本構想策定の実際

基本構想策定にあたっての具体的な手順については，より理解しやすくするために，高原，樹林地等の資源に特化した地域（以下，対象地域とする）での大規模公園の整備にかかわる基本構想（以下，本構想とする）を事例として取り上げ解説する．

a. 前提条件の整理・把握

本構想の立案手順としては，図 6.24 および表 6.17 のように示したが，本構想の目的が上記の対象地域における大規模公園の整備構想の立案にあるため，その基本方針の設定にあたっては，一般論としての公園緑地系統下における大規模規模公園の位置・性格付けにかかわる調査，首都圏，地方生活圏，県等を対象とした広域圏下における公園緑地系統，観光・レクリエーション系統，交通体系，広域整備計画などの上位計画等と大規模公園の位置付けにかかわる調査，対象地域における気候，地形，植生等の自然的条件，土地利用，土地所有，人口分布等の社会的条件にかかわる調査等を行い，それらの解析結果を本構想の基本方針を設定する際の前提条件とした．

b. 基本方針の設定

本構想に係る基本方針としては，前記の解析結果をもとに，大規模公園としての方針および対象地域の特性という視点からの方針を設定した．とくに，大規模公園としての方針に関しては，基本的性格，規模・配置，立地，レクリエーション施設・活動，維持・運営管理やマネジメントにかかわる方針を定め，その後の方向性を明らかにした．

b–1 大規模公園としての方針

① 基本的性格

- 大規模公園として，日常生活圏はもとより広域圏からのレクリエーション需要を満たす．
- 自然環境下での野外レクリエーション活動を可能とするとともに，その多様化に適応させる．
- 公園緑地系統としては，都市基幹公園と自然公園の中間型の性格を有するタイプとする．
- 日帰り型のレクリエーション活動を中心としつつ，一部に簡易宿泊も可能とした内容とする．

② 規模・配置

- 公園計画区域内の自然環境の保全を図るとともに，多様化したレクリエーション活動に対応させるため，全体で 1000 ha 程度の規模を想定するが，地域の自然的，社会的な特性による増減も考

表 6.17 構想立案にあたって必要な調査

調査対象		主な調査項目
一般論		公園緑地系統下における大規模規模公園の位置・性格付け 等
首都圏等		道路網，鉄道網，観光・レクリエーション資源・施設，自然公園，観光・レクリエーション地入り込み客数 等
地方生活圏，県	自然的条件	気候，地形，水系，自然災害地，植生自然度，動植物相，景観 等
	社会的条件	土地利用，土地所有，土地開発状況，法令適用，人口構造，産業構造，文化財分布，交通網，都市施設分布，観光・レクリエーション資源・施設分布 等
対象地域	自然的条件	歴史，気候，気象，地形，地質，水脈，植生，動植物，景観 等
	社会的条件	自然公園，交通，農業，観光・レクリエーション資源・施設分布，開発状況 等

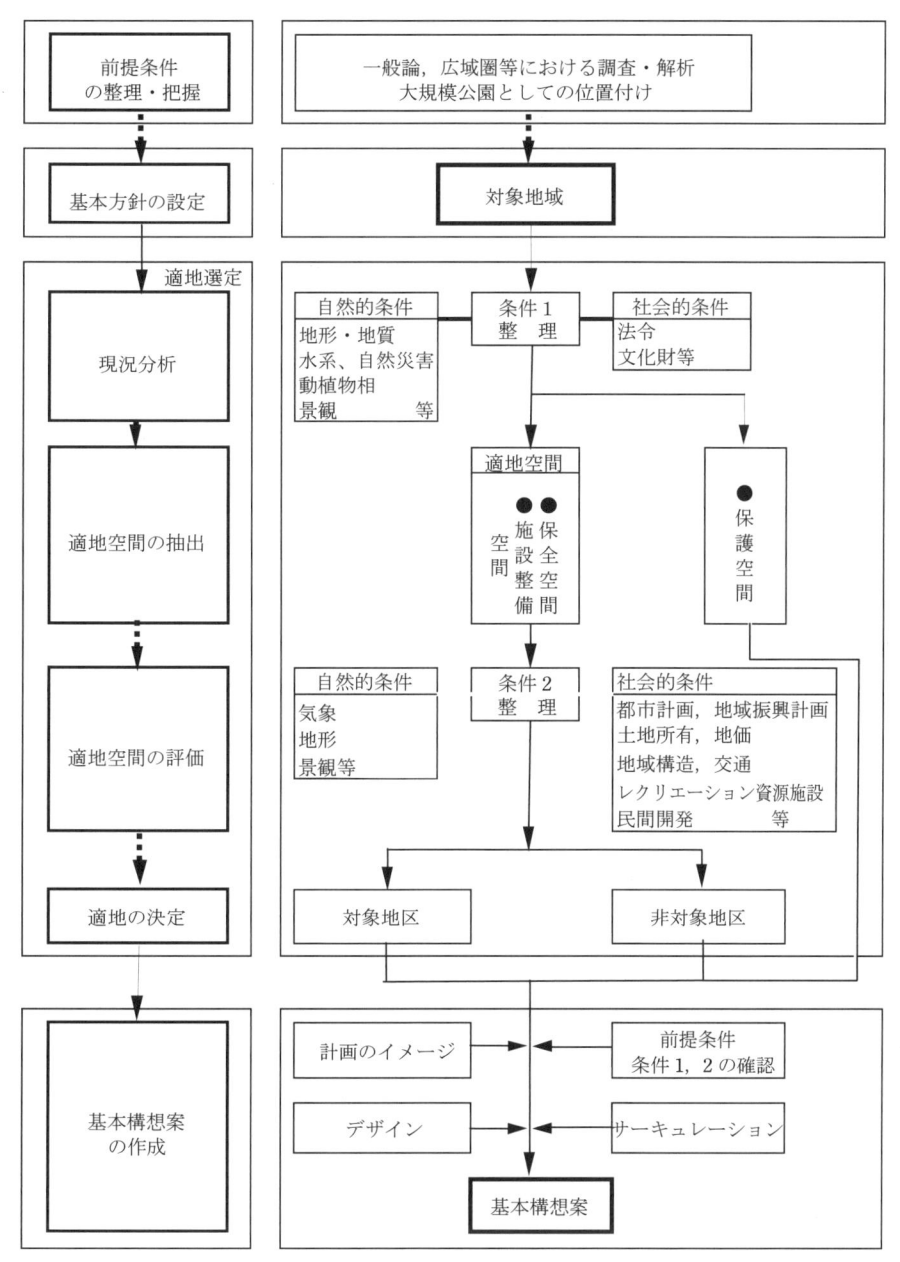

図 6.24 構想の立案手順

慮する。
- 区域は 1 箇所にまとめられるよう図るが，状況に応じて数箇所に分散することも考慮する。ただし，自然環境の保全の点から，常にある程度のまとまりを保つものとする。

③ 立地
- 自然条件を十分把握し，多様なレクリエーション活動を可能とする変化に富んだ自然資源を有するものとする。
- 周辺環境や景観との調和を尊重し，現況の自然環境を尊重した計画とする。
- 公園計画区域内には自然保全ゾーン，自然利用ゾーンならびにレクリエーション活動にとって必要な最低量の施設配置ゾーンを設ける。
- 主要交通網からの到達性に優れ，レクリエーション客の誘致が容易であるものとする。

- 農業，工業，都市化等が特化したところは避け，林業との調整を図った利用を考慮する。
- 地域住民の生活環境向上のため，関連する都市施設の整備を図る。

④ レクリエーション活動・施設
- 四季を通じて，年齢層，階層等にかかわりなく，多様なレクリエーション活動を可能とした施設整備を図る。
- 自然資源を活用し，野外レクリエーション活動を中心とした施設を重点的に配置する。
- さまざまなレクリエーション活動や施設が有する自然的および社会的立地特性との関連性を把握し，適切な選択を行うものとし，とくに自然との融合性にかかわる十分な配慮のもとに選定する

⑤ 維持・運営管理
- 短期・中長期的な環境アセスメントを実施し，自然環境の保全について十分配慮する。
- パークマネジメントの視点から，持続的な活性化が図れる経営を行う。
- バリアフリーやユニバーサルデザインの視点から，持続的に安全・安心性が図れるものとする。

b–2 対象地域における特性からの方針
- 対象地域でのレクリエーション活動の場として，自然と融合したシンボルとなる大規模公園とする。
- 対象地域のオーバーユースを軽減し，自然環境を保護・保全するためのバッファーゾーンとしての機能と同時に自然環境下でのレクリエーション需要を満たす。
- 自然環境保全を優先しうる公共施設として自然環境の破壊を防止し，また，持続的な維持・運営管理を通して災害の防止を積極的に推進する。
- 地域の林業との調整を図るとともに，その活性化に寄与できる整備内容とする。
- 対象地域の自然や景観を保全し，これらと融合可能なレクリエーション施設を優先する。
- 道路や上下水道等の公共施設が公園整備に伴って充実する等，公園整備が地域住民に対して付加価値をもたらすよう配慮する。

c. 適地選定

① 適地選定の目的

地域の広域的な位置づけ，自然的および社会的特性を把握し，対象地域の保護空間，保全空間，施設整備空間の洗い出しを行った上で，適地空間おのおのにおける整備にあたっての留意点について比較検討し，大規模公園としての規模や性格等を加味させ，施設整備地区の設定を試みる。

② 方法・手順

対象地域の自然的および社会的特性について250mメッシュによる重層化法を用いて適地空間と保護空間の2段階に分類し，適地空間については，保全空間と施設整備空間とに分類した。すなわち，具体的な作業としては，図 6.24 に示したように，自然的および社会的特性から大規模公園としての適合性にかかわる可否を条件1として設定し，その結果として適地空間と保護空間として分類した。また，適地空間についてはゾーニングを行い空間的まとまりとしてとらえた。つぎに，条件2では，条件1によって抽出された適地空間ゾーンにおいて，さらに大規模公園としての有利性を評価する基準を設定し，その各要因を重合化した上で大規模公園の施設整備空間としての対象地区と非対象地区に類別化した。そして，この対象地区について計画のイメージ，性格，デザイン，サーキュレーションを加味し基本構想を立案する。

③ 適地選定・評価

適地選定にあたっては，まず，適地空間の抽出を行ったが，このための条件1としては，図 **6.25** に示したように，各条件の要因を整理した上で対象地域を評価し，保護空間，適地空間(保全空間，施設整備空間)の抽出を行った。このうち，図 **6.26** は，施設整備空間として抽出されたメッシュを中心にゾーニング図として示したものであり，A〜Uの合計21箇所のゾーンとして設定された。

つぎに，条件 2 としては，この 21 箇所のゾーンを対象に，2 段階の評価をもって大規模公園・施設整備空間としての対象地区の選定を詳細に行った。まず，第 1 段階では，**表 6.18**

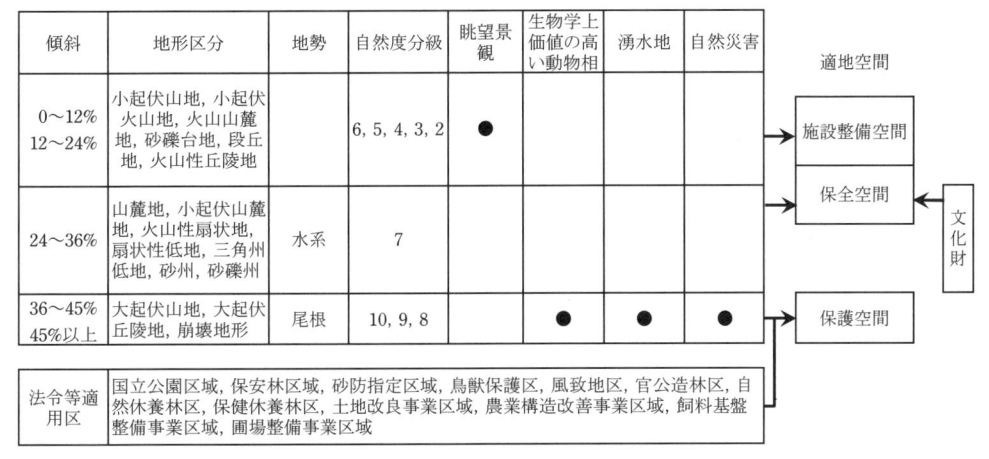

傾斜	地形区分	地勢	自然度分級	眺望景観	生物学上価値の高い動物相	湧水地	自然災害	適地空間
0〜12% 12〜24%	小起伏山地, 小起伏火山地, 火山山麓地, 砂礫台地, 段丘地, 火山性丘陵地		6, 5, 4, 3, 2	●				→ 施設整備空間 → 保全空間
24〜36%	山麓地, 小起伏山麓地, 火山性扇状地, 扇状性低地, 三角州低地, 砂州, 砂礫州	水系	7					→ 保全空間
36〜45% 45%以上	大起伏山地, 大起伏丘陵地, 崩壊地形	尾根	10, 9, 8		●	●	●	→ 保護空間
法令等適用区	国立公園区域, 保安林区域, 砂防指定区域, 鳥獣保護区, 風致地区, 官公造林区, 自然休養林区, 保健休養林区, 土地改良事業区域, 農業構造改善事業区域, 飼料基盤整備事業区域, 圃場整備事業区域							

※ 保全空間には「文化財」も関連

図 6.25 適地選定にあたっての条件 1

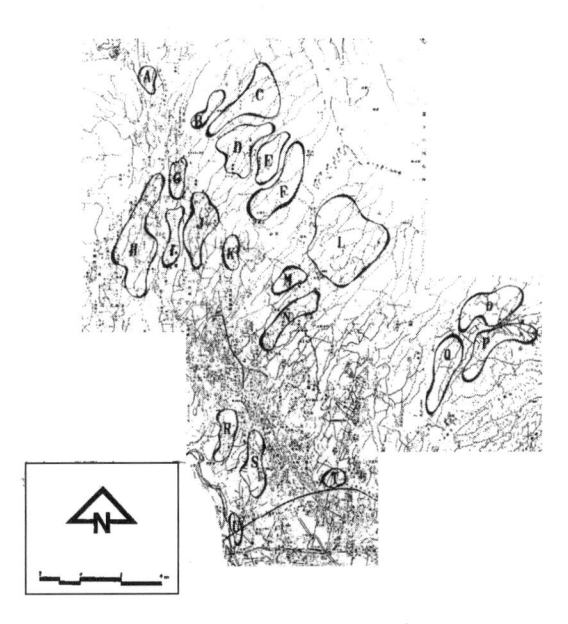

図 6.26 施設整備空間としての適地

表 6.18 対象地区選定に際しての立地条件

規模	立地条件
傾斜	0〜12%, 12〜24%
傾斜方向	東, 西, 南, 北, 平坦地
景観	眺望等の景観
景観評価ランク	No, Ni, Na, An, Ai, Ao
交通網	JR, 高速道路, 国道, 主要地方道, 県道, 有料道路
レクリエーション資源施設	各種レクリエーション資源・施設
文化財資源施設	各種文化財資源・施設
民間開発	民間開発の有無
土地所有	国有地, 県有地, 私有地, 財産区, 民有地
民有地所有者	大規模民有地所有者
都市施設等	各種都市施設
土地利用	樹林地, 草地, 農地
地価	1 m^2 当りの単価

表 6.19　自然景観度：条件 2―第 1 段階

大分類	小分類	自然景観度
1 樹林地(湿原の高山植物群落を含む)	自然域(単層の植物で構成)	10
	自然域(多層の植物で構成)	9
	自然域に近い代償植生域	8
	二次林域	7
	植林域	6
2 農耕地草地	草地(ススキ等草丈が高い)	5
	草地(シバ等草丈が低い)	4
	樹園地	3
	水田, 畑	2
3 市街地	市街地	1

に示すような現況における各種の立地条件を検討し評価を行った。このうち,とくに景観形成は,適地選定に際して重要な存在となるため,その評価については,自然景観度と景観要求度のマトリックスをもって行った。すなわち,**表 6.19** に示したように,自然景観度は主に土地利用・植生による景観評価であり,自然状態にある景観は,高いランクとし尊重するものとした。また,景観要求度は,**表 6.20** に示したように,地形を基にした景観評価であり,計画における景観のランク付けともいえる。

表 6.20　景観要求度

景観要求度	地形区分
4	大起伏地
3	小起伏地
2	山麓・丘陵地
1	その他

表 6.21　自然景観度と景観要求度

項目		自然景観度									
		10	9	8	7	6	5	4	3	2	1
景観要求度	4	No	No	No	No	No	No	No	No	No	No
	3	No	No	No	Ni	Na	Na	Na	Na	Na	Ai
	2	No	No	No	Ni	Na	An	An	An	Ai	Ao
	1	No	No	No	Ni	An	Ai	Ai	Ai	Ao	Ao

　この自然景観度と景観要求度のマトリックスによる評価ランクは,**表 6.21** に示したように 6 ランクにより自然景観から人工景観へ移行するものとしてとらえられ,**表 6.22** には,レクリエーション整備のみならず,産業・都市開発等の整備にかかわる基本的な考え方を,**図 6.27** には,各ランク別に現況景観(保全)と景観の計画的再構成(整備)にかかわる比重についてのモデルを示した。

　第 2 段階では,大規模公園・施設整備空間として設定した 21 箇所のゾーンを対象に,第 1 段階評価ならびに**表 6.23** のような条件を設定し,施設整備空間としての評価・考察を行った。その結果,これらの条件を満足し,大規模公園・施設整備空間として実現性の高いゾーン,すなわち「F, L, O, Q」の 4 ゾーンが最終的に本構想の対象地区として選定された。

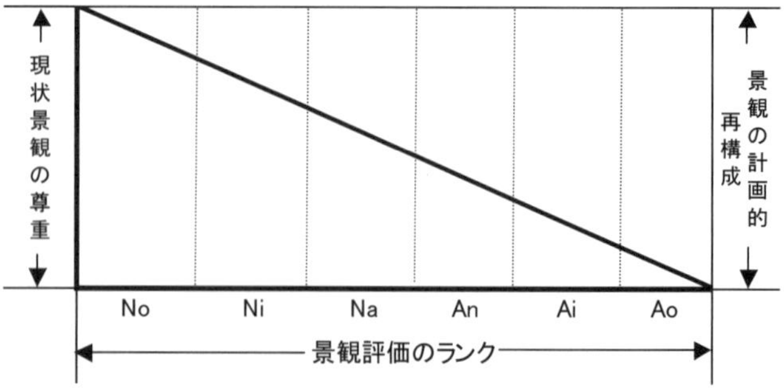

図 6.27　現況景観と景観の計画的再構成にかかわる比重モデル

　④　**対象地区におけるレクリエーション活動・施設の選定**

　対象地区におけるレクリエーション活動・施設の選定にあたっては,前述の基本方針を前提に,さらに具体的な方針を以下のように設定して選定を行った。その結果,**表 6.24** に示すような施設が,導入

表 6.22 景観評価

景観評価ランク	整備に関する考え方	景観に関する考え方
No	原則的に回避	原則的に現状景観を維持
Ni	整備規制Ⅰ:種目・量原則的に保全	現状景観を尊重した計画的な構成を図る
Na		
An		
Ai	整備規制Ⅱ:種目原則的に整備誘導	計画的な景観の再構成を図る
Ao		

表 6.23 適地選定に際しての立地条件:条件2—第2段階

	条件	内容
1	市街地の隣接性	高い場合には,集落周辺のスプロール化防止,生産緑地の保全等を優先する。
2	集落の分布性	高い場合には,市民の日常的利用度のより高い都市基幹公園等の実現を図る。
3	国立公園の隣接性	高い場合には,国立公園の保護を重視し,バッファーゾーンとしての緑地保全等を優先する。
4	レクリエーション施設の隣接性	高い場合には,緑地保全等を優先する。
5	交通網の整備状況	低い場合には,交通網の整備を伴う。
	大規模公園・施設整備空間としての対象地区	上記の各条件をクリアーする

が見込まれる代表的な施設として選定された。

《レクリエーション活動・施設の選定方針》

・住区・都市基幹公園では体験できない,非日常的体験の場とする。
・対象地域での自然環境財を尊重し,それを満喫できるものとする。
・アクティビティ,サイクル,グループ等多様なレクリエーション嗜好に応えられるものとする。
・対象地区の自然的・社会的特性との調和を十分図るものとする。
・首都圏等からの位置,対象地域における特化した資源の存在等の条件から,広域圏からの誘致も図れる目玉として施設の導入を図るものとする。

d. 基本構想の立案

本構想の立案にあたっては,その具体的な検討範囲を適地選定によって得られたA〜Uの21のゾーンと,その中で大規模公園・施設整備空間の対象地区として選定された「F, L, O, Q」の4ゾーンについて,そのレクリエーション構想を立案するものとし,具体的には,土地利用構想,広域レクリエーションネットワーク,レクリエーション施設構想を立案した。

① 土地利用構想

上位計画である広域圏の土地利用構想等を参考に,市街化地区,農業振興地区,林業振興地区,自然環境保全地区,緑地環境整備地区,集落区域等に区分する一方で,A〜Uの21のゾーンについては,前述の評価に加えて対象地域の公園緑地系,生活環境の保全・整備等を考慮し,1.大規模公園候補地,2.

表 6.24 導入が見込まれる代表的なレクリエーション施設

管理サービス施設	管理センター,ビジターズセンター,会議場,売店,レストラン,情報センター等
文化教養施設	ネイチャートレイル,自然観察園,アニマルランド,植物園,温室,郷土資料館,セミナーハウス,林間学校,青少年野外活動センター,自然科学博物館等
宿泊施設	キャンプ場,オートキャンプ場,レストハウス,バンガロー,キャビン,ロッジ等
スポーツ施設	テニスコート,バレーコート,ミニゴルフ場,サイクルセンター,サイクリングコース,フィールドアーチェリー,フィールドアスレチック,プレイフィールド等
野外レクリエーション施設	展望台,レクリエーション農園,ピクニック広場,フルーツランド,野外劇場,樹林広場,多目的広場,自然観察園,動物触れ合い広場,馬場,乗馬トラック,ハイキングコース,オリエンテーリングコース,ホースライディングコース等
交通施設	トレイル,園路,駐車場,バス停等

国立公園のバッファーゾーン＋自然緑地保全，3. 生産緑地保全，4. 都市基幹公園等の機能を有する空間として位置付けた。

② 広域レクリエーションネットワーク

対象地域周辺に位置する広域レクリエーション地としての自然公園，観光・レクリエーション資源・施設の集積地の他，人口集積地の存在，交通網の整備状況，観光入り込み客数等を勘案しつつ，対象地域を中心とする広域レクリエーションネットワークでの本構想による大規模公園の位置づけを設定した。

③ レクリエーション施設構想

前述の基本方針やレクリエーション活動・施設の選定等を前提としつつ，大規模公園・施設整備空間の対象地区として選定された「F，L，O，Q」の4ゾーンのうち，「F，L」ゾーンと「O，Q」ゾーンは行政区域が異なること，また，「F，O」ゾーンは，それぞれ道路によって分割されることを踏まえ，表6.25のように各ゾーン別のレクリエーション施設構想を立案した。なお，図6.28〜図6.30に，代表的な施設例のイメージ図と概要を述べるとともに，図6.31には，Lゾーンを対象に，より具体的なレクリ

表6.25 ゾーン・地区別のレクリエーション施設構想

ゾーン地区	性格	エリア	主要施設	概要
F1	レクリエーションエリア一般向け	スポーツエリア体を動かす広場	テニスコート，アーチェリー場，プレイフィールド，馬場，乗馬トラック，ミニゴルフ場，マラソンコース，トレーニングコース，トレーニングセンター，運動広場等	・トレーニングコースは，コースを巡りながら体を動かすもので，コースの要所に簡易な運動器具を配置し，全身の運動を行っていく。トレーニングセンターは，これに付随した施設であり，指導員の配置とともにサウナ等を設置し，健康増進を図る。
F2		宿泊エリア体を休める広場	国民宿舎，キャンプエリア，テント村，オートキャンプ場等	・簡易な宿泊施設を配し，収容力は低く抑える。オートキャンプ場は多客期の駐車場としての利用も考慮する。
L		野外レクリエーションエリア遊ぶための広場	お花見広場，お花見通り，樹林広場，ピクニック広場，木登り広場，バザール広場，演出広場，探検広場，ミニゴルフ場，ホースライディングコース，サイクリングコース等	・お花見通りは，山並に向けて花木を植栽した通りとし，所々に展望広場，お花見広場を配置する。演出広場は，各種の催し物，祭り等を企画し，参加型レクリエーションの場とする。探検広場は，崖登り，沢登り，吊り橋，樹林迷路等による遊び場とする。
O1	レクリエーションエリア団体・サークル向け	文化教養エリア知識を広める広場	動物の森，芸術の森，工芸の森，教養の森野外劇場，自然観察園，青少年野外活動センター，自然科学博物館等	・動物の森では，野鳥，小動物，野草等の観察の場の他，樹木園を兼ねたものとする。芸術の森は，彫刻，絵画展，音楽祭等が開催される場とする。工芸の森は，手作りによる物作りの場とする。教養の森は，勉強会，読書，討論会等を行う場とする。
O2		宿泊エリア体を休める広場	林間学校，セミナーハウス等	・団体用宿泊施設として，小学生〜中学生，高校生，大学生，一般社会人等さまざまな利用を可能とする。
Q		スポーツエリア体を動かす広場	球技広場，テニスコート，陸上トラック，マラソンコース，プレイフィールド，乗馬トラック，トレーニングコース，トレーニングセンター等	・団体，グループの利用に供し，球技広場は，サッカー，野球等の球技が行える場とする。
共通施設			トレイル(ホースライディングコース，サイクリングコース)，駐車場，便所，休憩所，レストラン，売店，バーベキュー広場，管理施設等	

エーション活動・施設によるゾーニング例を示した。

《Fゾーン―F1地区【一般向けレクリエーションエリア，スポーツエリア＝体を動かす広場】》

本地区は，自然の中で体を動かし，屋外スポーツとしてのレクリエーションが行える場とする。スポーツをレクリエーションとして行えると同時に，健康の場として計画する。

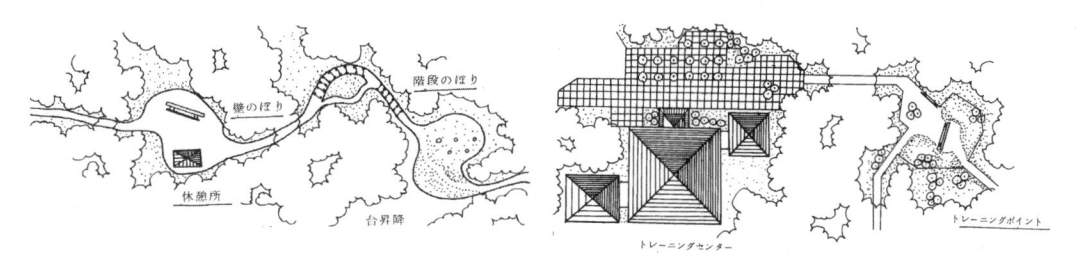

・トレーニングコース・トレーニングセンター

自然環境の中で，自然の地形，樹林等を生かして設けるものとし，コースの設置は樹木の一部を間引きして整備する。トレーニング器具も丸太等の自然の材料を用いる。コースは，おおむね1000～2000m程度とし，20～40種目程度のポイントにより，性別，年齢に応じた全身運動を行うものである。また，この施設は，老若男女が樹林の中で気軽に楽しく体力づくりができる場である。コースには，広場を付随させ，そこで軽度な体操から歩く，走る，跳ぶ，鉄棒での体操，平均台，ハードな体操等を行い，最後に整理体操を組み入れたものである。

また，指導員が常駐するトレーニングセンターを付随させ，サーキットトレーニング施設，サウナ等を設置する。

図6.28 トレーニングコース・トレーニングセンター

Lゾーン・地区【一般向けレクリエーションエリア，野外レクリエーションエリア＝遊ぶための広場】

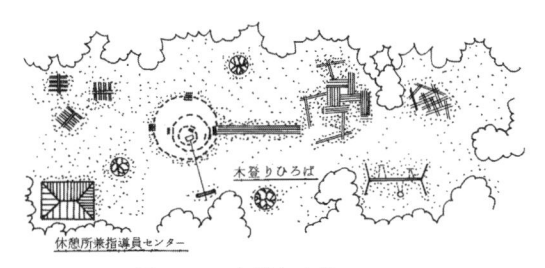

図6.29 木登り広場

本地区は，日帰り利用を主体に，若干の宿泊利用者を見込んだ自然的レクリエーションの場となる。このうち，宿泊利用者には，対象地域周辺の周遊ネットワークの一部としてとらえられる。とくに，本地区では，遊びのための各種広場を配置し，自然の中での遊びを演出する場とする。

・木登り広場

子供の遊び空間として計画し，木登りや材木を利用した遊びを体験できる場とする。そこではプレイリーダーのもと子供達が遊びの主導権をもち，自由に創造し，駆け回れる場として活用されることとなる。また，保護者は安全性を見守る脇役となる。

《Oゾーン―O1地区【団体・サークル向けレクリエーションエリア，文化教養エリア＝知識を広める広場】》

本地区は，主として団体，サークル等での利用を図るものとするが，家族連れ，グループ等の利用も想定する。自然環境を十分活用し，樹林の中で考え，見学し，交流する場とする。

・芸術の森

樹林に囲まれた広場や疎林広場を設け，屋外での彫刻，絵画展や音楽祭を催す。これらの催しは，地元はもとより広域圏からの参加も勧誘し，年間を通した企画が行える場とする。

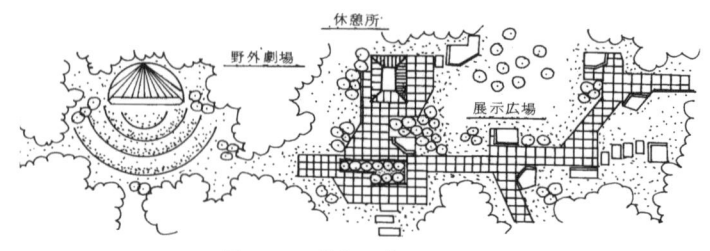

図 6.30 芸術の森

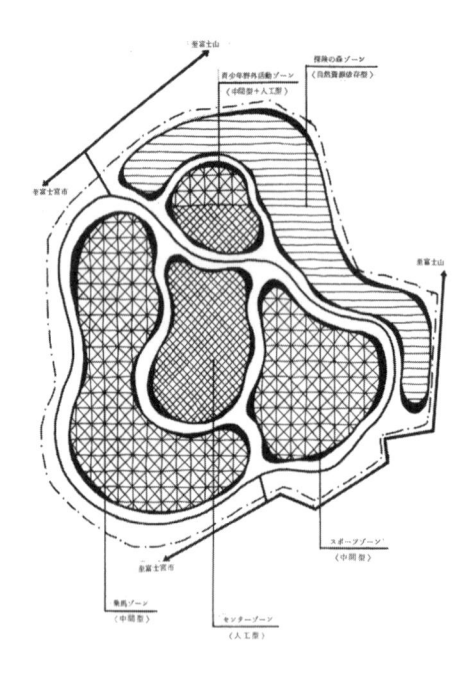

ゾーン・施設名	面積
青少年野外活動ゾーン	70 ha
運動広場	
キャンプエリア	
ピクニック広場	
青少年野外活動センター	
セミナーハウス	
駐車場	2ha
探検の森ゾーン	280 ha
スポーツゾーン	110 ha
運動広場	
ミニゴルフ場	
フィールドアーチェリー	
フィールドアスレチック	
センターゾーン	40 ha
芝生広場	
簡易宿泊施設	
インフォメーションセンター	
自然科学博物館	
野外劇場	
演出広場	
ピクニック広場	
駐車場	10ha
乗馬ゾーン	150 ha
ホースライディングコース	
馬場	
厩舎	
園路	30 ha
	総面積：620 ha
	同時最大利用可能人数：約 33 000人

図 6.31 L ゾーン：レクリエーション活動・施設によるゾーニング例

e. 事業方針の検討

上記のレクリエーション施設構想等をもとに，当該公園の完成時期，事業手法，事業費の目安等の事業方針について検討し，本構想の実現性にかかわる裏付けを行う必要がある。とりわけ，事業の完成が中長期に渡ることが想定されため，事業内容によるプライオリティの検討，整備後の持続的な維持・運営管理やマネジメントを念頭においた事業手法の検討等を行う必要がある。

6.3 基本計画の立案

6.3.1 基本計画の考え方

都市公園整備における基本計画とは，「基本構想に基づき，計画の概要を具体的に定める」ことであり，計画の基本的方向を定め，その概要を示すことにより事業化に向け総合的判断に資する成果をとりまとめるものである。また，その成果は都市計画の決定を行う基礎的な資料として，きわめて重要なものであり，他の関連事業と整合がとれた形で作成される必要がある。

すなわち，基本構想では，公園の位置，性格，役割，主要機能，事業方針(完成時期・事業手法・事業費の目安)等の主要な指針が示されるが，基本計画では，それらを具体的に示し，後続の設計作業に必要な条件を整理し，決定することに主目的をおくことになる。

したがって，基本計画を策定するにあたっては，計画の内容を判断し，決定するために必要な計画緒元について十分調査し，あらゆる側面からの解析を行い，導入機能・施設の内容，規模，整備水準，維持・運営管理やマネジメントの方法といった根幹的な条件を定め，方針として確立できるようにすることが必要である。

基本計画における検討範囲は，おおむね下記のように整理できる。

① **基本構想および与条件の確認**
基本構想で示された計画内容の指針および基本計画策定時点の事業費枠，事業スケジュール等について確認を行う。

② **関連施設・関連計画との調整**
計画地周辺の道路，供給処理施設等の整備状況や将来計画を把握し，公園を建設するにあたっての整備条件を確認し調整する必要がある。たとえば，雨水排水については放流条件によっては，大規模な調整池を整備する必要があるため，計画内容そのものに大きな影響を及ぼすことになる。

③ **導入機能・施設内容の設定**
上位計画，社会環境条件，自然的条件，敷地条件，地域住民の意識等，諸条件に基づき導入すべき機能・施設を設定するとともに，利用形態，利用対象に応じた施設の規模，整備水準(グレード)，整備イメージ，有料化の有無等，施設内容を設定する。

④ **施設配置計画の策定**
周辺の交通条件，地形条件，自然的条件等を総合的に判断し，公園へのアクセス，園内動線，空間構成，景観構成の検討を行い，施設の概略の位置を定める施設配置計画を策定する。

⑤ **概算事業費の設定および事業工程の検討**
設定された計画内容に基づき工事費，用地費，事務費等に掛かる概算の費用を算出し，財政面からの検討・調整を行うとともに，必要に応じて計画内容の見直しを行いつつ概算の事業費を設定する。また，後続の設計に要する期間や建設に要する期間を勘案し，概略の事業工程計画を作成する。

⑥ **維持・運営管理方針の設定**
公園の管理・運営は，整備水準の維持，公園利用の活性化を左右する重要な要素となり，また，維持・運営管理の内容によっては，施設の素材選定やデザインに影響を及ぼすため，基本計画段階で維持・運営管理の方針を設定する。

⑦ **基本構想へのフィードバック**
基本計画策定の一連の検討を通して，基本構想の指針との整合性を調整し，必要に応じて基本構想の修正を行う。

6.3.2 基本計画策定の手順

基本計画策定にあたっては，基本構想での検討レベル，対象となる公園の種別や規模等の諸条件により，調査内容および検討項目を十分検討した上で作業を進めていくことが重要であるが，一般的な流れは，図 **6.32** に示すよう現況把握，敷地分析，計画内容の設定，ゾーニング，施設配置計画の5つに大きく区分される。

6.3.3 基本計画の実際

基本計画策定の流れは，現況把握から計画内容の設定に至るまでの解析作業と，ゾーニングおよび施設配置計画という統合化の作業にわかれ，この2つの作業を整合させつつ具体的な計画を構築していく

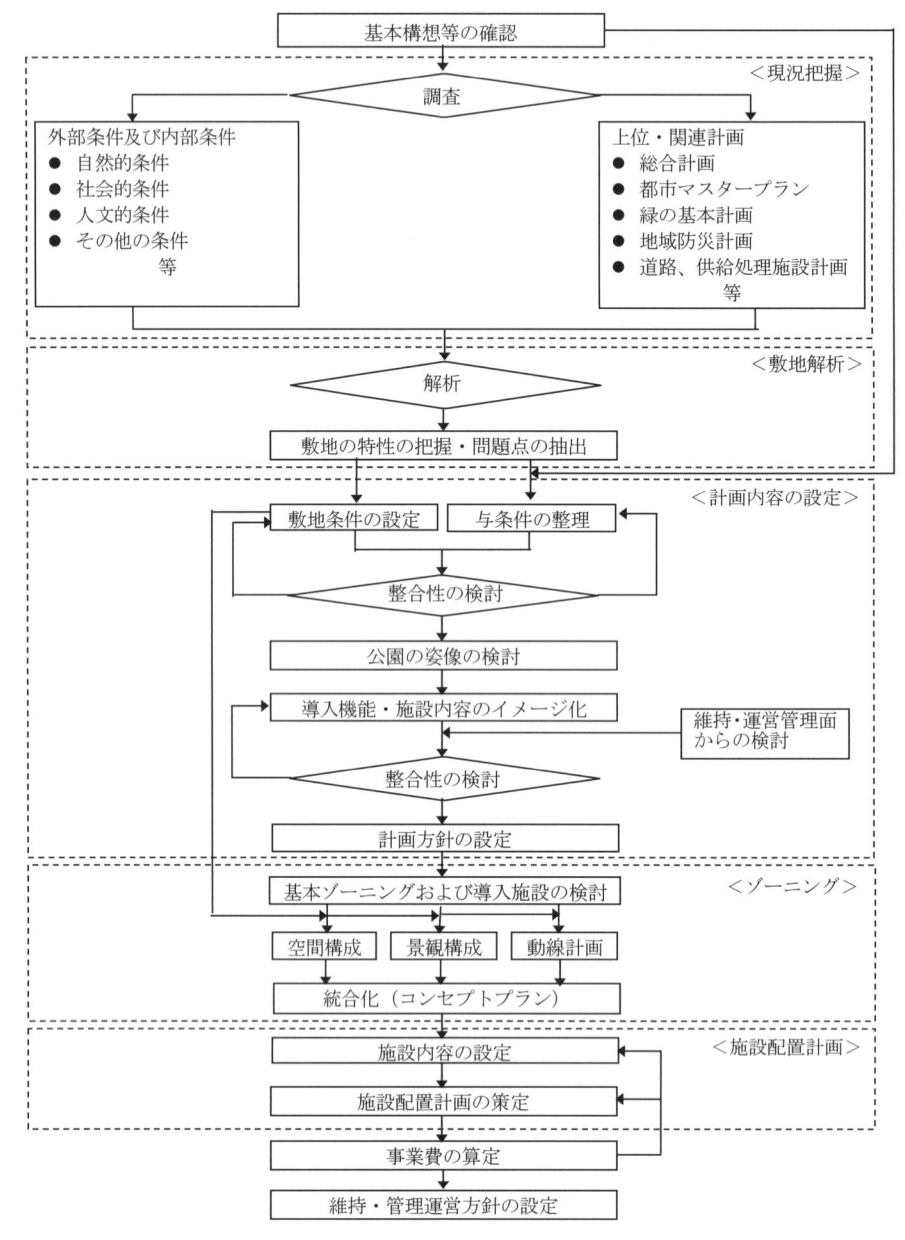

```
                        ┌─────────────────┐
                        │ 基本構想等の確認 │
                        └─────────────────┘
    ┌──────────────────────────◇──────────────────────────────┐
    │                     <現況把握>                          │
    │            ┌──────── 調査 ────────┐                     │
    │   ┌────────────────┐         ┌────────────────┐         │
    │   │外部条件及び内部条件│       │ 上位・関連計画 │         │
    │   │ ● 自然的条件    │         │ ● 総合計画     │         │
    │   │ ● 社会的条件    │         │ ● 都市マスタープラン│    │
    │   │ ● 人文的条件    │         │ ● 緑の基本計画 │         │
    │   │ ● その他の条件  │         │ ● 地域防災計画 │         │
    │   │      等         │         │ ● 道路、供給処理施設計画│ │
    │   └────────────────┘         │      等         │        │
    └──────────────────────────────┴────────────────┘────────┘
```

<図 6.32 基本計画策定の手順>

現況把握：外部条件及び内部条件（自然的条件、社会的条件、人文的条件、その他の条件等）、上位・関連計画（総合計画、都市マスタープラン、緑の基本計画、地域防災計画、道路、供給処理施設計画等）

敷地解析：解析 → 敷地の特性の把握・問題点の抽出

計画内容の設定：敷地条件の設定／与条件の整理 → 整合性の検討 → 公園の姿像の検討 → 導入機能・施設内容のイメージ化（維持・運営管理面からの検討） → 整合性の検討 → 計画方針の設定

ゾーニング：基本ゾーニングおよび導入施設の検討 → 空間構成／景観構成／動線計画 → 統合化（コンセプトプラン）

施設配置計画：施設内容の設定 → 施設配置計画の策定 → 事業費の算定 → 維持・管理運営方針の設定

図 6.32 基本計画策定の手順

ことになる。

以下に，基本計画策定の手順 (図 6.32) にしたがって作業内容を解説するが，抽象的な解説では理解しがたい作業もあると考えられることから，現況分析図等については長野市の「若里創造の森公園」の基本計画を参考例として活用し解説していくものとする。

(1) 基本構想等の確認

計画に先立ち，基本構想で設定された当該公園の位置づけ，性格，主要機能，事業方針等について確認するとともに，関係所管等へのヒヤリングを通じて，できる限り具体的な内容に整理することが重要である。たとえば，どのような役割をもたせ，どのような利用形態や誘致圏域を想定し，必要不可欠な機能や施設は何か，競技会やイベント等が想定されていれば必要な規模はどの程度か，また，総事業費や整備時期等について具体的に確認しておく必要がある。なお，基本構想が策定されていない場合についても，同様な事項については関係所管等へのヒヤリング等によりできる限り具体的に整理し，確認を

とっておくことが重要である。

また，基本構想以外にも公園として必要な条件があり，この時点で確認しておく必要がある。たとえば，都市公園であれば，都市公園法に沿う必要があるのは当然であるが，都市公園法の改正によって公園施設の見直しや，建築物の用途等によって建蔽率規制が緩和されるなどの措置も講じられており，さらに，各種施策事業を活用する予定であれば採択基準や補助の内容等を確認する必要があり，この時点で法制度等を整理しておくことが重要である。

(2) 現況把握

現状把握は，計画方針の設定に必要な敷地条件や与条件を設定あるいは整理するための基礎資料の収集と，主要な条件を確認することが目的である。

調査内容は，基本的には上位・関連計画調査，外部条件調査および内部条件調査の3つに大きく分けることができるが，それぞれの調査項目や調査の対象範囲は，基本構想等で確認された当該公園の位置づけや想定する誘致圏域等によって適切に検討する必要があるが，ここでは一般的に必要と思われる調査項目および対象範囲について解説する。

a. 上位・関連計画の把握

上位・関連計画としては，当該自治体の全域の将来像や公園緑地計画等を定めた「長期総合計画」「都市マスタープラン」「緑の基本計画」「環境基本計画」「景観計画」「地域防災計画」等があげられるが，それぞれの計画の中での当該公園の位置づけ，他公園や他施設との連携やネットワーク化等について確認する必要がある。また，当該公園に直接的ではないが，計画上影響を及ぼす周辺地区の道路計画や周辺の土地利用計画等の内容および事業時期について，それぞれの計画から読み取り確認する必要がある。

その他，上水，下水，電気・エネルギー等の供給処理施設等の計画についても関係所管へのヒヤリング等を通じて資料を収集し整理する必要がある。

b. 外部条件の把握

外部条件の調査は，内部条件が当該公園の敷地そのもの，あるいは隣接地の条件について調査するのに対し，当該公園が位置する自治体の全域や想定する誘致圏域を対象に行う調査である。

① 自然的条件

自然的条件としては，気象，地形，地質，生物等があげられるが，計画に活かすべき特性および制約となる条件を把握するために行うもので，基本的には表6.26に示す項目を一通り調査し，留意すべき事項を見落さないことが重要である。

表 6.26 自然的条件の調査項目

分類	調査項目	調査目的・留意事項等
気象	◇気温(年平均気温, 月別平均気温, 夏季最高気温, 冬期最低気温) ◇湿度(年平均湿度, 夏季平均湿度) ◇降水量(年間降水量, 月別降水量) ◇降雪量(月別降雪日数, 積雪期間・量) ◇天気日数(月別晴天日数, 曇天, 雨天) ◇日照時間(月別日照時間) ◇風向風力(季節風の有無と風力) ◇降霜(早霜, 晩霜の平均時期) 等	◇公園利用特性の判断指標(通年型利用, 3季型利用等) ◇導入機能・施設選定の判断指標(気象条件を生かす活動・施設, 気象条件を克服する施設の検討等) ◇施設配置の判断指標(季節風の風上に樹林帯や大型屋内施設の配置等) ◇植栽植物選定や配植方法の判断指標等
地形・地質	◇地形(当該公園の標高と周辺地形の関係, 周辺の河川水系や湧水の有無) ◇地質(当該公園周辺の地質：軟弱地盤, 崖崩れの発生の危険性の有無)等	◇景観形成の判断指標(山系等のスカイラインの活用あるいは保全等) ◇造成計画の判断指標(地下水脈の保全条件, 造成の法面の高さや勾配条件, 大型構造物等の基礎工法等)等
生物	◇植物(植生, 貴重植物の有無と分布)動物(動物相, 貴重動物の有無と分布)等	◇植栽植物選定の判断指標 ◇空間構成の判断指標(生育・生息環境の保全区域の必要性の有無, 自然ふれあい機会の演出, 地域らしさの演出等)等

表 6.27 社会的条件の調査項目

分類	調査項目	調査目的◇留意事項等
人口	◇人口動向(総人口, 世帯数, 年齢別構成の推移と今後の想定) ◇人口分布等	◇導入機能・施設選定の判断指標(年齢構成に応じた機能・施設, 人口数による規模算定等) ◇施設配置の判断指標(利用者の流れの量と方向の予測等) ◇公園利用者数の予測とそれに対応した便益施設の容量等の諸元条件等
土地利用	◇土地利用(土地利用構成, 周辺地域の土地利用現況) ◇都市計画(周辺地域の用途地域の指定状況)等	◇導入機能・施設選定の判断指標(ライフスタイル傾向の把握等) ◇空間構成, 施設配置の判断指標(景観への配慮や緩衝帯の確保等の判断等)
産業	◇産業別就業者数(第1次, 第2次, 第3次別産業就業者数) ◇主要産業・特産物等	◇導入機能・施設選定の判断指標(ライフスタイル傾向の把握, 地域特性を活かす活動◇施設等)等
交通	◇広域交通網(鉄道, 道路網) ◇周辺地域の交通網(鉄道駅・バス路線, 道路網, 緑道, サイクリング道路)等	◇施設配置の判断指標(利用者の流れの量と方向の予測等) ◇駐車場規模設定の諸元条件等
都市施設	◇都市施設の現況・将来計画(公共公益施設の分布と施設概要)等	◇導入機能・施設選定の判断指標(公園施設の類似機能・施設の確認:競合化回避, 機能連携の可能性検討)等
法規制	◇当該公園区域, 周辺地域の各種法規制状況(都市計画法, 都市緑地法, 景観法, 森林法, 防災関連法, その他条例等)等	◇導入機能・施設選定, 施設配置, 景観形成等の判断指標(建築規制, 開発規制, 景観規制等の確認, 周辺地域に対する模範的・先導的取り組みの検討)等
公害・災害	◇周辺地域の公害・災害状況(過去10年程度の排気ガス公害や, 地すべり, 火災延焼等の災害発生の状況)等	◇施設配置の判断指標(公害・災害発生源側の緩衝帯の確保, 周辺住民に対する避難空間の確保等の検討)等

② 社会的条件

社会的条件としては, 人口, 土地利用, 産業, 交通, 都市施設, 法規制, 公害・災害等があげられるが, 計画に活かすべき特性および制約となる条件を把握するために行うもので, 基本的には表 6.27 に示す項目を一通り調査し, 留意すべき事項を見落さないことが重要である。

とくに, 人口については計画内容を決定していく上で主たる要素となることから, 当該公園の誘致圏の人口分布や年齢構成等を現況および今後の動向の両面にわたり調査することが必要である。なお, 人口統計は夜間人口が基本であるが, 誘致圏が徒歩圏を中心とした住区基幹公園等で, 商業地やオフィス街に位置する公園であれば, その主たる利用者は地域で働く人達や買い物客等である可能性が高いことが予測されるため, 昼間人口についても同様の調査を実施することが必要である。

③ 人文的条件

人文条件としては, 歴史・文化資産, 観光・レクリエーション等があげられるが, 公園のテーマ設定や施設計画に重要な影響を与えるため重要な調査となる。基本的には表 6.28 に示す項目を一通り調査し, 留意すべき事項を見落さないことが重要である。

表 6.28 人文的条件の調査項目

分類	調査項目	調査目的・留意事項等
歴史・文化資産	◇有形文化財(史跡・名勝・天然記念物, 景観重要建造物等) ◇無形文化財(伝統芸能, 祭り等の無形文化財) ◇その他景勝地, 風土特性(指定文化財以外の景勝地, 歴史的街並み等)	◇公園のテーマ設定の判断指標(導入機能・施設選定, 施設デザイン, 景観形成等への展開)等
観光・レクリエーション	◇観光・レクリエーション施設(民間遊園地, 公共スポーツ・レクリエーション施設, 花見の名所等)◇その他イベント・行事等	◇導入機能・施設選定の判断指標(公園施設の類似機能・施設の確認:競合化回避, 機能連携の可能性検討)等

④ 公園ニーズ等の条件

公園ニーズ等の条件については，計画の背景となる社会環境条件や住民意識等があげられる。基本的には**表6.29**に示す項目を一通り調査する必要があり，これらの調査が不足している場合は，公園の位置づけや性格付け，主要機能の設定等に重要な影響を与える可能性もあるため十分な配慮が必要である。

表6.29 その他条件の調査項目

分類	調査項目	調査目的・留意事項等
社会環境条件	◇時代背景の把握（少子高齢化対策，環境対策等，時代的な要請等） ◇重点施策の把握（国等が掲げている都市施設に対するバリアフリー化，民活化，市民参画等の重点施策） ◇レクリエーション活動の動向把握等	◇公園の位置づけ・性格付け・主要機能の設定等の判断指標等
住民意識	◇アンケート等による住民意識や公園に対する要望把握等	同上

表6.30 自然的条件の調査項目

分類	調査項目	調査目的・留意事項等
景観特性	◇現地踏査による景観特性調査 ◇毎木調査等の既往資料による大木，花木，紅葉木等の把握等	◇敷地内および周辺地域・遠方等の特徴的景観の保全および視点場の確保等の判断指標 ◇敷地内および隣接地等の景観の阻害要
動植物	◇現地踏査による概観レベルの樹林構成，樹林の遷移状況等の確認 ◇植生調査等の既往資料による貴重植物，群落等の把握 ◇現地踏査による概観レベルの動物の生息状況の確認 ◇動物調査等の既往資料による貴重動物の生息等の把握等	◇貴重な動植物の生息・生育環境の保全空間確保および保存樹木の判断指標 ◇樹林管理方針（現状保全／育成管理／樹種転換等）の判断指標 ◇自然ふれあいの場等の活用空間としての判断指標等
微気象	◇既往資料，現地踏査による季節風や恒常風の風向や風の道等の確認 ◇日照条件の確認（周辺地形や建造物等による日陰地の確認，敷地内の地形による陽だまりの確認）等	◇運動施設，休息空間等の施設配置の判断指標等
地形・水系・土壌	◇測量図等の既往資料，現地踏査による地形特性，水系の確認 ◇現地踏査による表土の概観確認等	◇保全すべき地形・水系の判断指標 ◇施設配置の施設配置の判断指標 ◇排水系統の施設配置の判断指標 ◇優れた表土の保全・活用の判断指標等

c. 内部条件の把握

内部条件の調査は，当該公園の敷地そのもの，あるいは隣接地について調査するもので，敷地のもつ潜在的能力や制約を充分把握し，公園の具体的な内容を規定する諸元の収集を目的とするものである。

このため，既往の資料だけでは充分な成果を得られないため，現地踏査を中心とした個別でかつ専門的な調査となり，時間と労力を要する作業である。

① 自然的条件

自然的条件としては，景観特性，動植物，微気象，地形・水系，土壌等があげられるが，基本的には**表6.30**に示す項目を行う必要がある。

② 社会的条件

社会的条件としては，敷地境界線や各種権利関係について確認する必要があるが，この段階で詳細な調査の必要性は低い。ただし，敷地内に水路や水系が存在する場合には水利権等を確認し，利用や改修が可能であるかの判断が必要となる。また，敷地が工場跡地等である場合，地下埋設物等の確認が必要である。

③ 人文的条件

人文的条件としては，外部条件の調査で把握できるため基本的には内部条件調査ではとくに必要ではない。しかし，埋蔵文化財等の区域に公園が立地している場合には，その調査に係る時間や位置等が公園の内容や建設行程に多大な影響を与えるので，基本計画時点で検討・調査が必要である。

(3) プログラムアナリシス

プログラムアナリシスは，現況把握により得られた主に上位・関連計画調査，外部条件調査等から得られたデータ解析を通して，当該公園の誘致圏域を中心とした公園整備にかかわる留意事項の整理，公園系統下における位置付けや機能の把握，アイデンティティを醸し出すための性格付け等を検討し，当該公園の望むべき公園像や機能を明らかにすることにある。

ここでは，抽象的な解説では理解しがたいと考えられるため，実際の作業として行われた長野市の「若里創造の森公園」の基本計画を参考例として紹介する。

当該公園のプログラムアナリシスにかかわる項目としては，長野市，長野地方生活圏，長野県の位置，気候（月別気象概況，月別天気日数，月別風向，降雪・降霜，月別日照時間），地形・地質，人口（人口推移，年齢別構成），土地利用・産業（土地利用状況，産業別就業人口），都市計画（都市計画区域，用途地域），交通（鉄道網，道路網），観光・レクリエーションネットワーク（自然公園分布，観光・レクリエーション資源・施設分布，文化財分布），公園緑地（都市計画公園分布，公園緑地整備目標），計画にあたっての背景（公園緑地に期待される新たな機能やニーズ，公園周辺地域での配慮事項），計画対象地の位置・規模，周辺交通網等が調査・解析され，とくに留意すべき点として以下のような事項が指摘された。

- 本公園は，約10.5 haの面積を有し，都市公園法に基づく公園種別としては，都市基幹公園のうちの総合公園に該当する。また，その配置にあたっては，一般的に市民等都市住民全般の休息，観賞，散歩，遊戯，運動等総合的な利用に供することを目的とした公園とする。
- 長野の気候・気象等の条件，風土性に適合した整備とするともに，公園緑地系統の一翼を担うものとする。また，市街地や交通網の整備を勘案した公園整備を行うのとする。
- 国民の価値観や自由時間の変化，歴史・文化的教養の充実や文化・芸術関連活動への参加意欲の高まり等に対応するために，従来からの都市公園機能に加え，より文化性，芸術性が賦与された公園とする。
- 地域住民が主役となって郷土の文化，芸術を醸成・育成し，伝承する場としての機能をもたせ，郷土への愛着心や故郷意識の醸成への寄与を図る。
- 地域独自の文化や芸術を地域住民自らが育て培うことにより，その活動を通して密接なコミュニティの形成の場とする。
- 森を形成させることにより長野の自然的環境が継承され，人間性，文化性や自然性の資質向上や回復に寄与する。

以上を踏まえ，本公園におけるプログラムアナリシスの結果は，**図6.33**のように示される。

(4) サイトアナリシス

サイトアナリシスは，現況把握により得られた主に内部条件調査等から得られたデータを使い，当該敷地にかかわる土地の改変の難易度，レクリエーション利用や保存・保全の観点等，公園計画において考慮すべき項目について分析し，公園計画地として直接的にかかわる特性を総合的かつ総括的に明らかにすることである。

サイトアナリシスの手法としては，敷地を一定の大きさに分割し，各部分に評価分級を与ええて評価するデジタル的な手法と，評価すべき事項や配慮すべき事項を忠実に表現するアナログ的な手法がある。前者は一般にマトリックス法と呼ばれ，大規模な敷地で，分析すべき要因が多い場合に分析の合理化や整理のしやすさから使われる手法である。一方，一般的な公園では比較的小規模な敷地であり，評価ポイントが具体の地点として表現でき精度の点で優れている後者の手法が多く使われる。

「若里創造の森公園」の例は，後者の方である。そこで，計画地の概要を述べると，計画地は周囲が上信越高原国立公園等の山々に囲まれた長野盆地の一部にあり，ほぼ平坦な地形で敷地の一部には用排

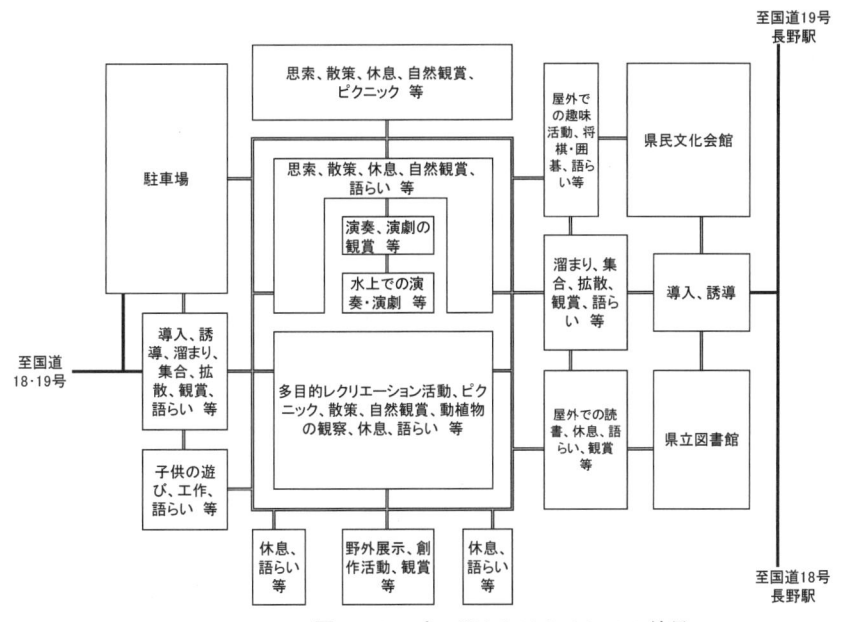

図 6.33 プログラムアナリシスの結果

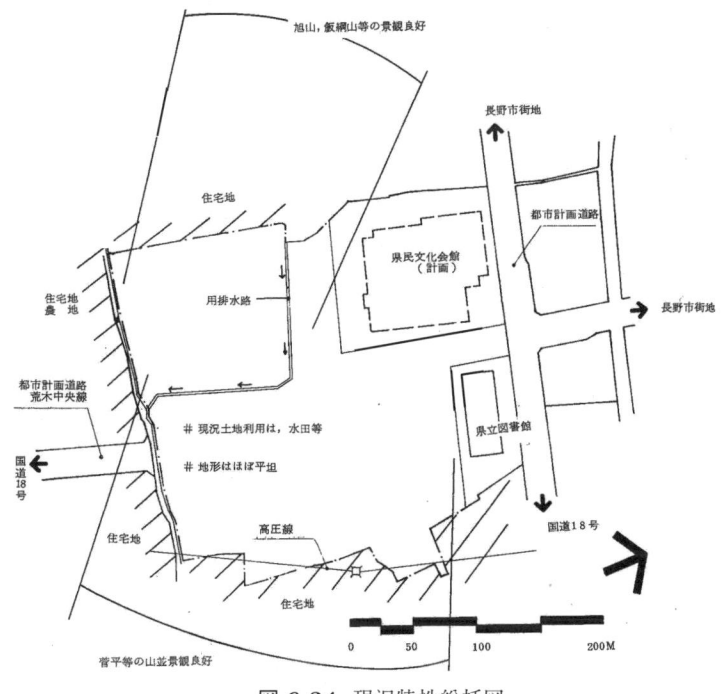

図 6.34 現況特性総括図

水路が流れている。地質は犀川による沖積層の地帯に属しており，土地利用が水田等によって占められていることから排水は不良と思われ，計画にあたっては注意を要する状況である。また，北から北西にかけて飯綱，旭山等の山並み，東から南東には菅平を中心とした山並みが望め，これらの景観をできるだけ活かしていくことが計画上の重要な要素としてあげられる。以上の計画地に直接的にかかわる現況の特性は図 **6.34** のように示され，サイトアナリシスの結果は図 **6.35** に示すとおりである。また，考慮すべき主要事項を整理した結果は以下のとおりである。

《内部条件》
・敷地に隣接して県民文化会館および図書館が存在し，公園との一体化にあたっては機能，景観等

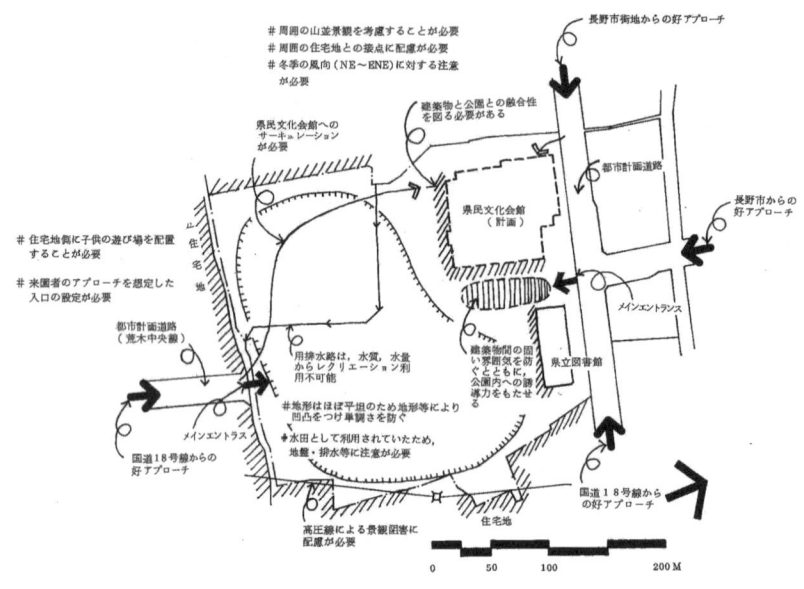

図 6.35 サイトアナリシスの結果

における配慮が必要である。
- 敷地はほぼ平坦であるため，敷地の造成等により単調さを避ける必要がある。
- 土地利用が水田等であるため，排水等には注意が必要である。
- 敷地内を用排水路が流れているが，水利権が存在し，また，水質，水量の点でレクリエーション利用は不可能である。
- 敷地東側には高圧線があるため，高圧線下の利用と景観的な配慮が必要である。

《外部条件》
- 敷地の北から北西にかけて飯綱，旭山等の山並み，東から南東にかけて菅平を中心とした山並み景観が望め，四季折々の山の姿を公園の遠景として考慮した計画とすることが必要である。
- 敷地の北側に沿って都市計画道路が計画されており，また，南側には公園への取り付け道路が計画されている。これらの道路は公園完成時には公園への主要なアプローチとなるため，計画にあたっては，これらの街路の存在を考慮した入口の設定と駐車場の設定等が必要である。
- 敷地周辺の土地利用は住宅地と農地等が混在しており，とくに東，南，西側は住宅地が隣接している。また，敷地周辺の用途地域は第一種住居地域，第一種中高層住居専用地域に指定されていることから，今後も市街化が進むものと思われる。したがって，公園周囲においては，これら近在の住宅地を考慮した計画内容を検討していくことが必要である。

(5) 計画内容の設定

　計画内容の設定とは，プログラムアナリシスとサイトアナリシスから得られた各種条件を相互に検討し，整合性を確認しながら公園の姿像をまとめてゆき，導入すべき機能や施設内容のイメージ化を図りながら，施設計画や景観計画等の計画方針を設定していくものである。

　なお，導入機能や施設内容のイメージ化の段階では，各機能や施設について，維持・運営管理が可能であるか，また，どのようなマネジメント形態をとるべきかといった基本的な視点を確認しておくことが基本設計等の後続の作業を円滑に進める上で重要なこととなる。一般的にこの段階では，市民参加等を前提として周辺住民に意見を求めるには早急であり，具体的な内容も示しづらいため，主として公園管理者の意見や関連所管の意見等の調整に主点を置くことが一般的であり，重要な作業となる。

　以下に，長野市の「若里創造の森公園」における与条件と，上記の作業を通して設定された計画方針を参考として示す。なお，計画方針については，「公園の基本的な計画方針」「施設計画にあたっての方

針」および「修景・植栽計画にあたっての方針」の3つに分けて設定されている。

《「若里創造の森公園」における与条件》
- 従来からの都市公園機能に，より文化性，芸術性が賦与されたもので，地域住民が主役となって郷土の文化，芸術を醸成・育成し，伝承する場としての意義をもたせる。
- 地域独自の文化や芸術を地域住民自らが育て培うことにより，密接なコミュニティの形成の場としていく。
- 森を形成させることにより長野の自然的環境が継承され，人間性，文化性や自然性の資質向上や回復に寄与する。

《若里創造の森公園の基本的な計画方針》
- 長野地域の貴重な文化遺産を継承しつつ，新しい地域文化の創造を通して信州文化の創造に役立つものとする。
- 長野地域居住民の芸術・文化の知的向上を図るものとする。
- 長野地域居住民の自由時間の増加に対応させ，芸術・文化の振興に役立つばかりか，多様化する。余暇活動の場としても活用可能な場とする。
- 長野地域居住民の平日および週末における社会教育の中枢の場として利用が図られるものとする。
- 長野地域居住民の社会教育のみならず，学校教育にも役立つものとする。
- 長野地域に存在する各種団体から家族・個人等の多様な利用層に利用されるものとする。
- 長野地域居住民の利用のみならず，広く県内外からの誘致を図るものとする。
- 文化・芸術や憩いのオアシス化を図るとともに，緑やオープンスペースの再生・整備を図り，昆虫，野鳥等野生生物が生息・生育可能な新たな森，野原等の創造をも加味するものとする。
- 震災時には，避難広場等にも利用できるものとする。

《施設計画にあたっての方針》
- 長野地域の芸術・文化の創造の場としての施設内容をもつものとする。とくに，隣接する県民文化会館および図書館が，各種芸術・文化の中心的な建築物になると想定されるため，これらの施設との連携を図り一体的整備を行うものとする。
- 芸術・文化の創造の場として施設配置を行うにとどまらず公園的雰囲気をもたせるものとする。
- 長野地域居住民の趣味の体得ならびに向上に役立つ施設内容とする。
- 芸術・文化鑑賞の機会の提供にとどまらず，住民自らが参加可能な施設内容とし，ひいては長野市民等のコミュニティ活動の発展を図るものとする。
- 年齢層，性別，階層，グループにかかわりなく，地域居住民および広く県民が活用可能な施設内容とする。
- 長野の風土に調和し，四季を通じて利用できる施設内容とする。
- 市街地内住民，とくに将来の長野を担う子供達の人格形成の一端として，自然に対する理解，愛護心等を養うばかりか，子供のもつ冒険心，探求心等を満足させる場を設けるものとする。
- 公園の維持・管理等を考慮した施設配置計画とする。
- 公園周囲の景観を考慮した施設配置計画とする。

《修景・植栽計画にあたっての方針》
- 景観等に変化をつけるために，地形の変化等造園的演出を図る。さらに植栽にあたっては，樹高，樹形等異なった樹種の選定を行い植栽密度等にも変化をもたせる。
- 常緑樹を中心とした「郷土の森」の育成，保全に努める。
- 早春等の利用を促進するための防風，日だまりの確保，夏季の緑陰の確保等に留意した計画とする。
- 四季の季節感をもたせるために単一植栽は避け，花木，落葉樹，常緑樹，花壇等の配植を行う。
- 植栽に際して導入する樹種は，本公園の自然環境に適合するものを選定する。
- ビスタ，アイストップ等の効果を充分考慮した計画とする。

表 6.31 基本ゾーニング区分

Aゾーン	県民文化会館および県立図書館を取り込んだゾーンで，両建築物と公園との融合を図るとともに，北側からの来園者を内部へ誘導する機能を持たせたゾーン
Bゾーン	緑，水および原っぱを基調としたゾーンで，主として文化・芸術の鑑賞等を図るとともに地域住民の自然への親しみをより一層深める働きをもたせたゾーン
Cゾーン	Bゾーンと連続し，水上劇場等の施設を中心に，「郷土の森」の創出を図るとともに，文化・芸術の鑑賞，創造，地域文化の向上等を図るゾーン
Dゾーン	南側からの来園者を受け入れるゾーンとして，サービス機能・便益機能等を持たせたゾーン

・野生生物が生息・生育可能な環境を創出する計画とする。

(6) ゾーニング

ゾーニングとは，平面計画を策定するための前段としておおまかな空間分割を行い，後続するデザインへの橋渡しをする作業であり，地割と訳される場合もあるが単なる地割ではなく，空間分割に到達する一貫の作業と考えるべきものである。

具体的な作業の流れとしては，①基本ゾーニングおよび導入施設の検討，②空間構成の検討，③サーキュレーション計画の検討，④景観構成の検討，⑤統合化の検討(コンセプトプラン)が一般的である。

「基本ゾーニングおよび導入施設の検討」は，計画方針の設定によって示された基本的な機能と各種方針を踏まえ，基本となる機能について，その機能を充足させ，それらの機能が公園利用者に混乱を起こさせないよう整理し，合理的な構造としての基本ゾーニングと，各ゾーンを構成する主要施設を検討するものである。

「空間構成の検討」は，基本ゾーン内の施設構成について，施設の利用形態の特性や，施設間の連携的利用等を勘案するとともに，敷地条件との整合性を検討しながら設定するものである。

「サーキュレーション計画の検討」は，公園に至る流入動線(以下アプローチと称す)と園内動線を検討するものである。アプローチについては敷地分析の結果を基本として検討するが，周辺居住者に対応する入口についてもこの段階で検討しておく必要がある。園内動線については，園内の主要な人の流れの誘導と管理用車輌や緊急車輌の移動を考慮して検討する必要があるが，ゾーン間や施設間の移動という機能面だけではなく，周遊することそのものが散策や景色を楽しむ行為につながることから，敷地条件との整合性を検討しながら眺望点へ導くなどの演出も含めた検討が必要である。

「景観構成の検討」は，視覚的な観点から敷地条件で得られた景観ポイント等を効果的に見せるための空間の構成や，導入施設の活動をより魅力的・快適にするための景観演出について検討するとともに，景観の阻害要因を見せなくするための検討を行う必要がある。

「コンセプトプラン」は，上記で検討された空間構成，動線計画，景観構成を統合化し，最終的なゾーニングを行うものである。なお，統合化にあたっては単に合成するのではなく，運動施設等については施設規模や方位が重要な要素となるため，他の施設との整合性を再度確認することが重要である。また，景観上の問題点等の見落しや動線形態等について再度確認を行いつつ調整していくことが重要である。以下に，長野市の「若里創造の森公園」における基本ゾーニングからコンセプトプランに至る一連の流れの概要を示す。

《基本ゾーニングおよび導入施設》

「若里創造の森公園」の基本ゾーニングについては，A～Dの4区分に整理され，その配置構成は図6.36に示すとおりである。また，各ゾーンの内容は表6.31，各ゾーンの機能別施設構成は表6.32に示すとおりである。

《空間構成》

「若里創造の森公園」では，文化・芸術が基本的な機能といえることから，文化・芸術活動を主体として，空間構成が検討されている。図6.37に示すように，さまざまな文化・芸術的活動を想定した広場を想定し，おのおのがもつ機能を十分発揮できるような施設連携とサーキュレーションで構成されている。

表 6.32 機能別施設構成

ゾーン	管理・サービス施設	便益・サービス施設	遊戯レクリエーション	教化・教育レクリエーション	修景レクリエーション
A	中央広場,（県民文化会館,図書館）	（県民文化会館,図書館）		読書広場,趣味の広場,（県民文化会館,図書館）	中央広場,趣味の広場,読書広場
B		便所,水飲み場	原っぱ,芝生広場	原っぱ,園芸広場	池,原っぱ,遊具
C		便所,水飲み場	ピクニック広場,芝生広場	思索の森,ピクニック広場,水上劇場	思索の森
D	管理棟,集合広場	便所,水飲み場,駐車場,駐輪場	わんぱく広場		集合広場

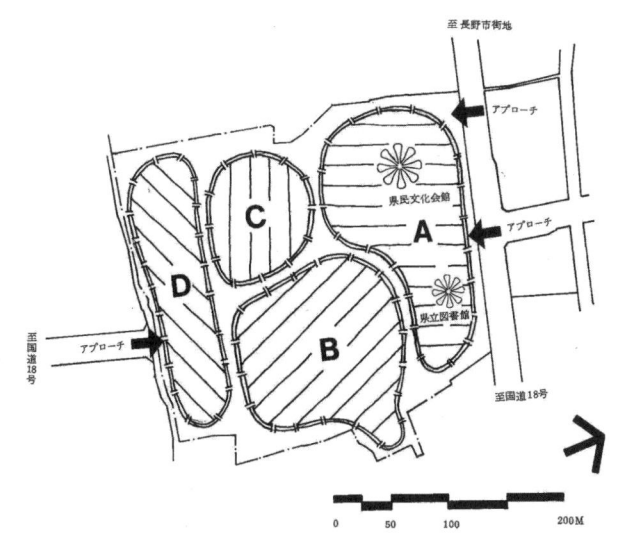

図 6.36 基本ゾーニング図

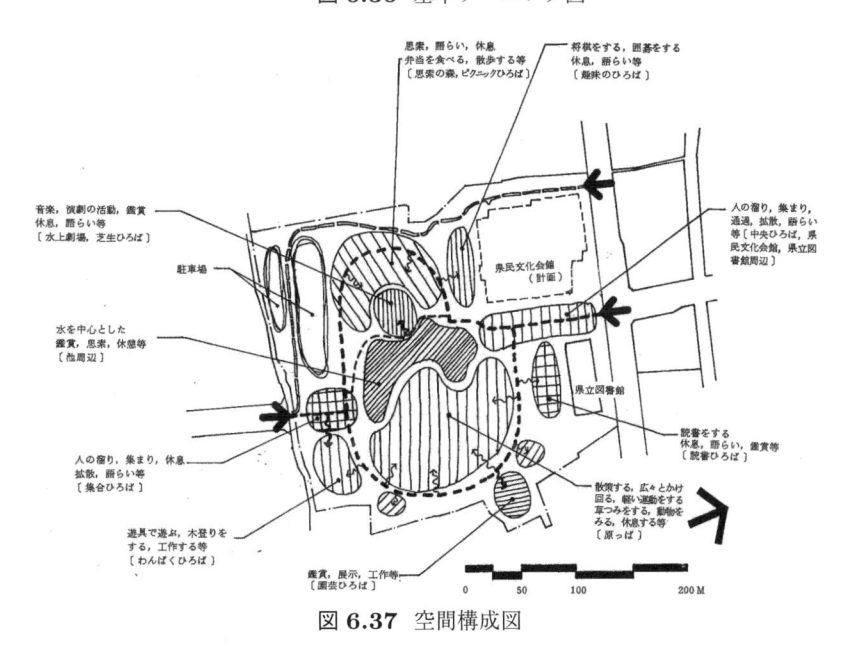

図 6.37 空間構成図

《サーキュレーション計画》

サーキュレーション計画図は図 6.38 に示すとおりである。公園に至る主要アプローチについては，敷地分析の結果に示されたように敷地の北側と南側が想定され，メイン入口は北側の道路中央1箇所と，南側の取り付け道路からの1箇所の計2箇所としている。来園者は，この2箇所の入口から園内へと導

図 6.38 サーキュレーション計画図

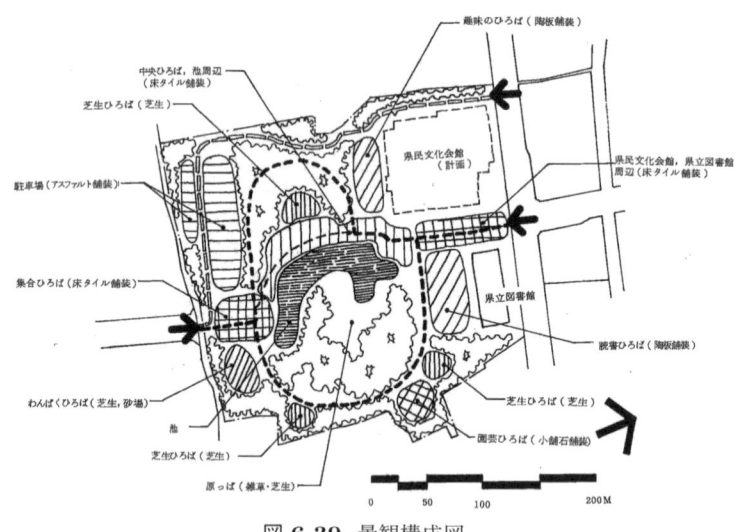

図 6.39 景観構成図

かれる計画としている。また，県民文化会館への大道具類等の搬入を考慮し，北側の道路に面して業務用の車輌の通行と兼ねた管理車輌や緊急車輌等の入口を設けている。

園内の動線は，各ゾーン，各施設を有機的に結びつけるとともに，広場的な直線を主体とした園路と滑らかな曲線を主体とした園路で構成し，変化のある雰囲気を創出している。

《景観構成》

景観構成図は図 6.39 に示すとおりであり，さまざまな文化・芸術的活動の場として多様な広場を設定しているが，おのおのの機能を発揮させ広場のもつ雰囲気を醸し出すため，さまざまな敷地面のテクスチャーと樹林による空間区分を行い，景観的特徴づけを行っている。

《コンセプトプラン》

空間構成，サーキュレーション計画，景観構成を統合化した最終的なゾーニング計画図は図 6.40 のとおりである。

(7) 施設配置計画

施設配置計画は，ゾーニング計画で検討された基本的な施設配置を技術的に裏打ちするとともに，導入施設の具体的な内容を総合的にまとめ施設配置計画図として示すことである。

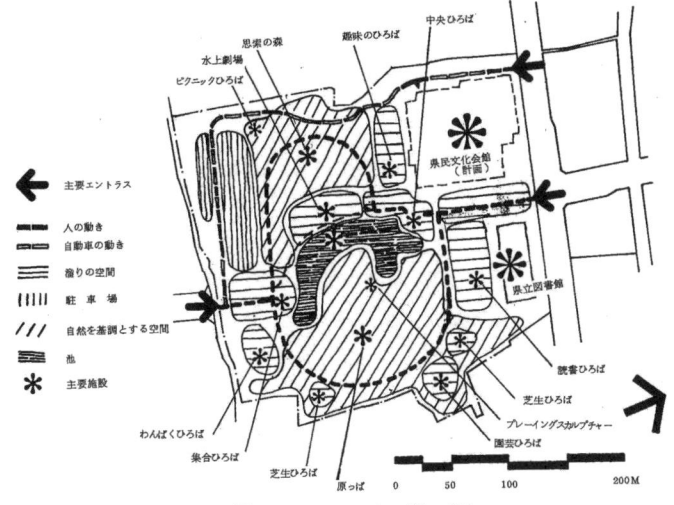

図 6.40 コンセプトプラン

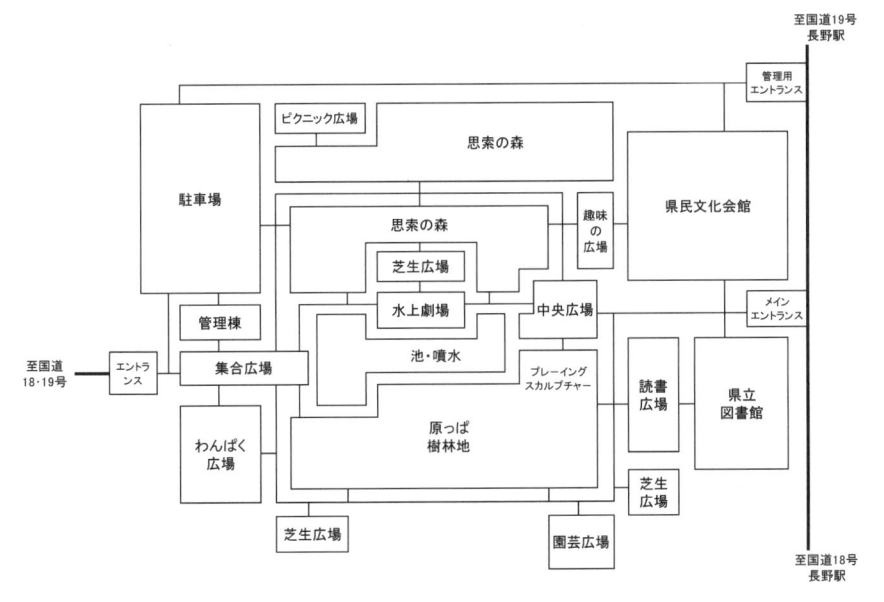

図 6.41 施設配置パターン

図 6.42 施設のイメージ図

　具体的な作業としては，計画方針において設定された内容を基本に，ゾーニングにおいて決定した敷地計画を具現化するために，個別施設の内容を設定しつつ，図 6.41，図 6.42 に示した施設配置パターン図によって各施設間での連続性や全体での調和性等を確認するとともに，施設配置計画図（一般的には基本計画図と呼ばれている．以降基本計画図と称す）を作成していくことになる．

a. 施設内容の設定

ゾーニング計画で検討された導入施設について，施設の機能，利用形態，施設規模，形状等を検討し，ゾーニングによって設定された各ゾーンに施設を配置し，ゾーン内の他施設との調整をしながら施設内容の設定と概略の施設配置を設定する。なお，ここでの検討は基本計画図作成の段階的作業であるとともに，後続作業である基本設計の与条件として提示するものであり，構造，デザイン等の詳細な検討を行うものではない。

b. 施設配置計画の策定

ゾーンごとに施設内容が設定されると，各ゾーンとの相互のつながりを図りながら公園全体としてまとめていく作業を行うことになる。この際には，施設のイメージスケッチ，類似事例の写真，断面図等を用いて表現することが必要である。なお，全体のとりまとめにあたっては，造成計画，園路計画，植栽計画，駐車場計画，供給処理施設計画等について概略の検討を行い，精度の高い施設配置計画としていくとともに，後続作業である基本設計の与条件としてとりまとめていくことが必要である。

① 造成計画

施設内容の設定で示された概略の施設配置に基づき，保存すべき区域と造成する区域を明確にし，造成する区域については切盛り土量のバランスや施設配置を考慮しつつ，地形の変更を標高線（コンタ）や法面表示等によって平面的に明示し，概略の造成土量を算定する。

また，造成の検討とあわせ，排水の検討が必要である。排水については現況の地形と施設配置をもとに排水区分を設定し，排水区分ごとに排水量の概数と排水先を検討することになる。なお，自治体によって排水基準が決められ，場合によっては敷地内に調整池を基準に基づき設ける必要があり，施設配置計画そのものに大きく影響を及ぼすことから，関係所管への確認と調整を行う必要がある。

② 園路計画

サーキュレーション計画に基づき，具体的な園路のルート，線形，幅員を設定する。

ルート設定にあたっては，車椅子利用を前提にするなどの利用形態によって縦断勾配の範囲を設定し決定する必要があり，詳細な検討は基本設計の段階での検討課題ではあるが，概略の検討は行っておく必要がある。

③ 植栽計画

既存植生を保全する区域と新たに植栽する区域を明確にし，新たに植栽する区域については，植栽の場所ごとに求められる機能や修景イメージ等に基づき植栽地のゾーニング分けを行い，ゾーニングごとに植栽形態と植栽樹種の候補種を定める。なお，修景ポイントや機能上重要なポイント等については，植栽形態のイメージスケッチや樹種構成断面図等を用いて表現することが必要である。

参考として，図 6.43 に長野市の「若里創造の森公園」における植栽計画図および図 6.44 に植栽形態のイメージスケッチの一例を示す。

④駐車場・駐輪場計画

駐車場・駐輪場については，公園内施設別の同時収容量を算出する一方で，自家用車，貸し切りバス，定期バス，自転車，徒歩等の来園手段別人数を想定するとともに，駐車場にあっては，自家用車，貸し切りバスの 1 台当り乗客数，駐車必要面積，車路面積等を加味して必要面積を算定する。しかしながら，常時最大入り込みがあるわけではないため，その一部を常設とし，多数の来園が期待されるイベント開催時等においては，臨時駐車場として利用できる多目的芝生広場等として整備することを勘案する必要がある。また，設置場所としては，駐車場・駐輪場とも周辺市街地や道路からのアプローチに適した箇所に配置することが必要である。

⑤ 供給処理施設計画

電気，給水，汚水排水，雨水排水等の供給処理施設については，基本設計段階で詳細な検討を行うこととなるが，供給方法や排水方法については地域ごとに状況も異なり，その方法によっては公園内に供給や排水のための特別の施設を設ける必要が生じ，施設費用が大きな問題となる場合があるほか，公園

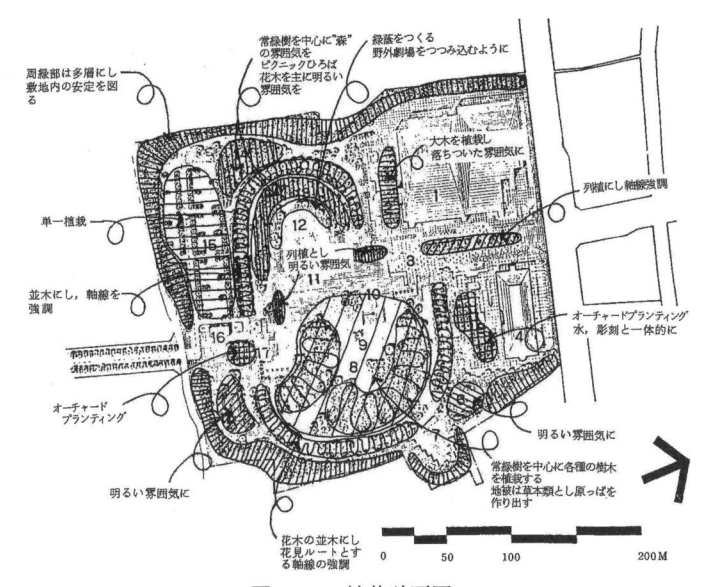

図 6.43 植栽計画図

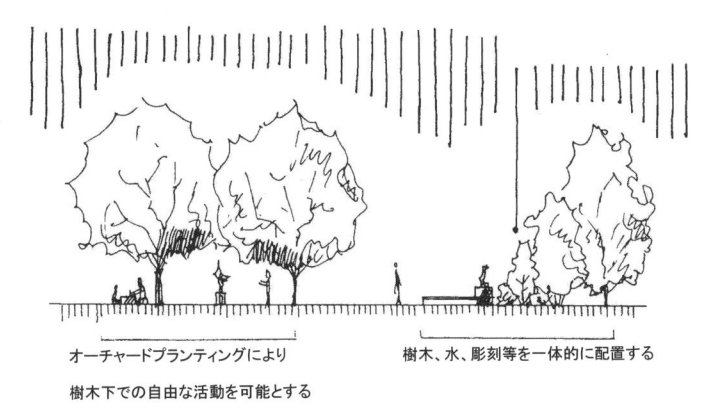

図 6.44 植栽形態のイメージ（公園周縁部）

全体の施設配置計画に影響を及ぼしかねないため，この段階で関係所管への確認と調整を行い，配管・排水等の幹線系統や供給・処理設備の概要を検討する必要がある．

⑥ 基本計画図の作成

上記までの検討結果を踏まえ，公園イメージを伝える総合的な図面として基本計画図を作成する．なお，基本計画図に基づき算定される事業費の結果如何では，当初設定されていた事業費と大きな差異が生じた場合，再度施設配置計画の見直しを行い，基本計画図の修正を行う必要がある．

参考として，図 6.45 長野市の「若里創造の森公園」における基本計画図，図 6.46 に鳥瞰図を示す．

(8) 事業費の算定

基本計画図に基づき，事業費の概算を算定し，当初与条件等で設定されていた内容と整合しているかの確認を行う．なお，事業費は，用地費，工事費，事務経費等によって構成されるが，特別な事情がない限り，工事費以外のものについては大きく変動する要素がないため，一般的には工事費の設定について検討することとなる．

また，算定した事業費に基づき，後続の設計に要する期間や建設に要する期間を勘案し，概略の事業工程計画を作成する．

(9) 維持・運営管理

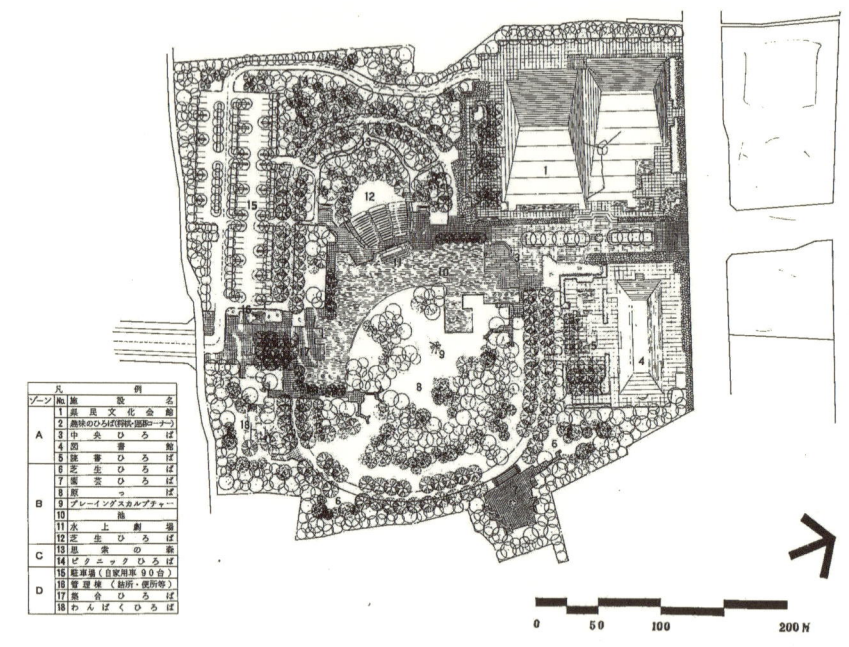

図 6.45 基本計画図

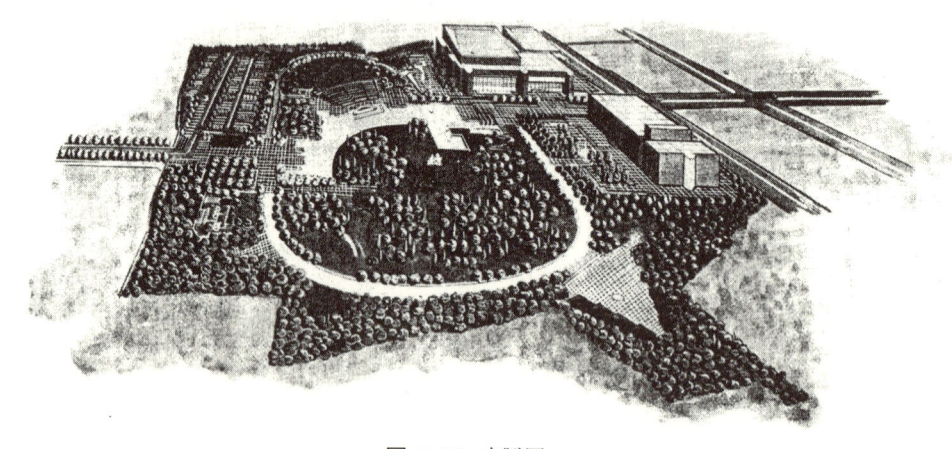

図 6.46 鳥瞰図

　維持・運営管理については，計画内容の設定の段階で検討がなされることになるが，計画が確定した段階で再度，維持・運営管理やマネジメントの方針を定めておくことが望ましい。

第7章 公園緑地の基本設計の立案

7.1 基本設計の考え方

　基本設計とは，基本計画に基づき，実施設計の指標となるべき概略設計を行うことである。すなわち，基本計画で示された計画の方針，導入施設，施設配置の考え方等に基づき，実際の敷地の状況に即して形を決め，主要な施設についての意匠を決定し，給排水・電気設備等の基盤施設や植栽等について概略の設計を行い，計画の全体像を具体的かつ実現可能な形で示すことである。

　基本設計の意義は，公園が多年度にわたって分割整備されるとき，おのずと明らかになる。公園の整備は年度ごとの予算で実施されるため，整備にかかる費用が大きくなればなるほど完成までには多年度を要し，その結果，年度ごとに分割発注される工事に対応して実施設計も分割されざるを得ない。実施設計における分割設計を可能にし，最終的に全体として整合が取れ，支障のない公園を作りあげるためには，全体の設計指標としての基本設計が不可欠であり，基本設計の意義はまさにここにあるといえる。また，公園の整備が単年度で完了するような場合においても，基本計画を工事と直結した実施設計に引き継ぐ段階の作業として，関係機関との調整や概略設計としての各種設計の検討等，限りある時間の中での実施設計の検討作業を容易にするために，基本設計の果す役割は大きい。

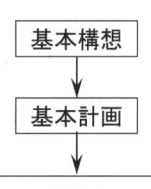

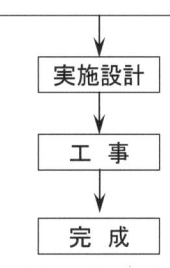

図 7.1 基本設計の役割

7.2 基本設計の手順

　基本設計の作業手順はおおむね以下のように整理できる。
① 与条件の細部検討
　与条件とは，基本構想や基本計画等の直接的な上位計画，緑の基本計画や都市計画マスタープラン，地域防災計画等の関連する上位計画，現地調査，文献調査，聞き取り調査等の各種調査結果および既往資料である。

具体的な作業としては、まず、基本計画の内容を把握するとともに、基本計画において検討された上位関連計画や公園の性格付けに変更がないか確認する。たとえば、計画地周辺における土地利用計画の変更や計画地に対する防災計画上および公園緑地系統上の位置づけに変更がないか等である。変更があった場合は、基本計画の見直しが必要となる。

基本計画段階の図面縮尺は、通常1/1000程度であるが、基本設計では1/500以上に精度を上げる必要があるため、それに応じた測量図があるかの確認も必要である。

つぎに、基本計画を念頭に置きながら現地を調査し、計画の実現に向けて問題点がないか、技術的な観点から検討を加える。とくに、大規模な造成が必要な場合には、現地の地盤調査や土質試験等の調査を行う必要がある。こうした調査は実施設計において行われる場合もあるが、調査結果が計画自体に大きく影響するおそれがある場合は、基本設計において行うことが適当である。また、雨水・汚水排水の放流先や条件の確認、給水、電気等供給施設の整備条件等についても、関係機関の担当者に直接確認し、実施設計において大きな修正や変更の必要がないようにする。

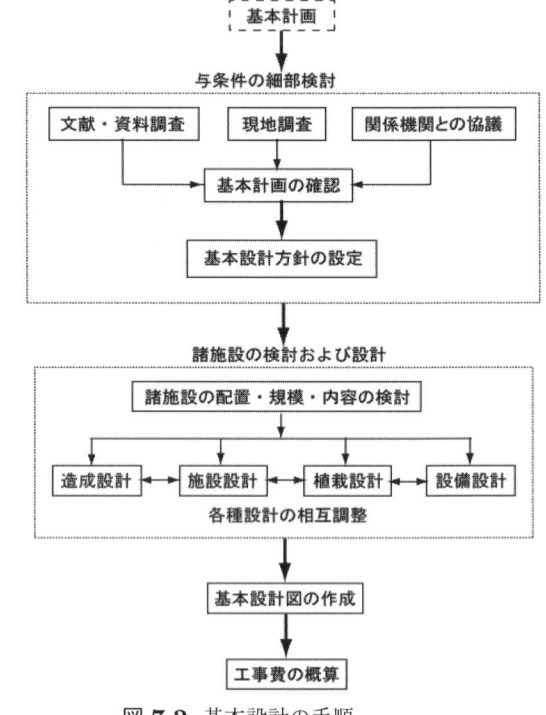

図7.2 基本設計の手順

これらの与条件の検討結果を踏まえ、計画全般にかかわる留意事項等を整理し、基本設計の方針としてまとめる。また、造成設計、施設設計、植栽設計、給排水電気設備設計のそれぞれについても、合せて基本方針を設定する。これらの基本方針はつぎの段階における諸施設の検討に一定の方向づけを与え、基本設計を効果的に進めるためのものである。

② 諸施設の検討および設定

ここでは、実施設計において決定しなければならないものを除き、諸施設の位置、規模、内容等、大部分の条件を決めることが主な作業である。すなわち、園路、広場、駐車場等の主要部分の基本的な造成計画高・仕上がり高、園路の線形、広場や駐車場の位置・形状、舗装の種類や舗装構成、そのほか、四

表7.1 基本設計の基本的な成果品の項目

基本設計の成果品の項目	内容
公園全体平面図	公園の完成した姿を表した平面図
平面図	造成設計,植栽設計,施設設計,設備設計等,基本設計の内容を表した平面図
断面図	造成設計や施設設計等の平面図に基づき,広場や園路の主要部分の断面の状況を表した図面
概略構造図	主要な施設や設備の材質,形状,構造を表現した概略の図面
鳥瞰図,主要部分の透視図	公園の全体像や主要部分を立体的に表現したもの
概算工事費	基本設計図を基に,工種ごとに主要な数量を積み上げて算定した概略の工事費
工程計画,年次計画	公園の完成に向けて技術的に合理性のある作業工程,および数年に亘る場合の年次ごとの工事の内容と概算の工事金額
基本設計説明書	設計方針,検討過程,各種施設の内容,設計図の説明,概算工事費等をわかりやすくまとめたもの

阿，ベンチ等の休養施設，便所，水のみ等の便益施設，柵，フェンス，車止め，サイン等の管理施設等，主な施設の位置，意匠，材質について決めておく必要がある。

植栽については，基本方針に基づいてエリアごとの植栽イメージを立案し，候補樹種を設定する。

また，雨水・汚水排水，給水，電気といった設備計画の諸元についても精度の高い検討を行い，設備容量や幹線経路等を決定する必要がある。

③ 基本設計図の作成

諸施設の検討および設定に基づき，施設の位置，規模，内容等を全体平面図にまとめ，造成設計，植栽設計，施設設計，給排水電気設備設計の内容を表した平面図，断面図，概略の構造図を作成する。これらの基本設計図には，実施設計への橋渡しとしての役割があり，公園の完成した姿と諸施設の概要を明確に示すことが必要である。

④ 工事費の概算

基本設計図等をもとに，工種ごとに主要数量を積み上げておおむねの工事費を算定する。ここで得られる概算は，事業実施へ向けての予算要求段階で，基礎資料として取り扱われることが多い。

⑤ 工程計画と年次計画の策定

公園の完成に向けて，具体的，かつ技術的に合理性のある作業工程を立てる。公園の完成までに複数年を要する場合には，この工程計画に基づき，年次ごとの工事内容とそれに伴う工事金額を示した年次計画を作成する。

7.3 基本設計の立案

7.3.1 関係機関との調整事項

実施設計において極力変更を生じさせないようにするためには，関係機関との協議により，あらかじめ調整が必要と思われる事項について確認を行っておくことが重要である。主な関係機関としては，国，都道府県，市町村の関係各課，エネルギー供給機関および交通関係者等があげられる。基本設計において協議が必要と思われる事項の例を以下にあげる (表 7.2)。

① 給水

水道担当機関では公園前面道路における既存の水道本管の埋設位置，管径，管種を水道台帳で確認するとともに，担当職員から，公園へ引き込むための分岐可能な口径，水圧，使用水量等について確認しておく必要がある。

表 7.2 関係機関と確認事項
公園の周辺環境の違い，あるいは公園が新設か改修かによって，調整すべき事項も異なってくる。

関係機関	確認事項
水道管理者	前面道路の水道本管の埋設位置，管径，管種，水圧，取水可能な水量，分岐可能な管径，使用材料の指定，工事指定業者の有無，負担金の有無，敷地付近に水道本管が調査時点で布設されていなくても，近い将来布設される可能性があるかどうか，ある場合はその時期の確認
下水道管理者	前面道路の下水道管の埋設位置，管径，桝の径，深さ，亀の甲(広域流域図)，合流・分流式の区別
河川・水路の管理者	排水管・排水路の流下先への接続条件
電力会社・NTT	引き込み位置，引き込み方法(架空か，地中か)，施工区分(通常は引き込み柱までの配線を電力会社，引き込み柱から敷地内を公園施工者)
東京ガス	前面道路のガス管の埋設位置，管径
道路管理者	出入口の位置，歩道の切り下げ，道路占用
警察署	出入口の位置，駐車場規模
文化財担当課	埋蔵文化財区域，埋蔵文化財保護にかかわる規制

② 排水

公園内からの排水の流下先は公共下水道か，河川・水路であり，流下先に応じてそれぞれの管理者と協議し，流下先の状況や接続条件を確認する必要がある。状況によっては，調整池の計画が必要になる。

③ 電気

電気の引き込み位置は，電力会社との協議の上で決定する。電力会社は一敷地一引き込みを原則としているが，公園が公道を挟んで分割されている場合や，敷地の規模，形状，地形等により一引き込みによる配線が技術的，経済的に困難な場合は複数の引き込みについて協議する必要がある。

④ 駐車場の出入口

駐車場につながる出入口の位置の決定については，設置場所しだいでは交通渋滞や事故につながるおそれがあるため，所轄の警察署と協議し，問題のないようにする必要がある。

⑤ 埋蔵文化財

公園が埋蔵文化財区域にあたる場合は，教育委員会の文化財担当課などの関係機関に相談し，公園整備における制限や，制限を受けるエリアの確認を行う必要がある。整備に先立って埋蔵文化財の調査を必要とする場合は，公園の事業計画にも影響が出てくる。

7.3.2 施設設計

施設設計の目的は，基本構想，基本計画という一連の計画を通じて設定した公園全体の整備方針やイメージを基本にしながら，現地に即して具体的に規模や形状，位置を設定するとともに，主要な構造や材料についても検討を行い，公園が全体として機能的，デザイン的および景観的に調和の取れたものになるようにすることである。

施設設計の対象となる公園施設の種類は，おおむね都市公園法および都市公園法施行令で示されている以下の種類に大別することができる。すなわち，園路・広場，修景施設，休養施設，遊戯施設，運動施設，教養施設，便益施設，管理施設および展望台・集会所・備蓄倉庫その他災害応急対策に必要な施設とされている。ここでは，これらのうち，公園種別に関係なく一般的に設置されることの多い施設として修景施設，休養施設，遊戯施設，運動施設，便益施設，管理施設について，基本設計における要点をまとめた。なお，園路・広場については，園路広場設計として後述する。

① 修景施設

修景施設には，植栽にかかわるものの他，噴水・池等の水施設，築山，彫像，石組等がある。植栽については植栽設計で述べるため，ここでは水施設の設計に当っての基本的な留意事項を述べる。

- 水施設の利用形態は，自然型，鑑賞型，利用型の3つに大別される。これらの水施設は，建設費用だけでなく維持管理に多額の費用がかかるので，基本設計段階において将来管理者と十分に協議し，水施設の規模，内容等について検討する必要がある。
- 水，土，植物による自然型の水辺空間は多様な生物の生息空間になる。計画に当っては，どのような生物の生息空間にするかを明確にした上で水源，水質，護岸の構造，素材，配置等，生物の生息に影響のある条件を充分検討することが重要である。
- 鑑賞型は，池，噴水，壁泉等，やすらぎやうるおいのある空間を作ることを目的とする。それぞれの場所にふさわしい水のデザインを形状，規模，費用などの観点から検討する必要がある。
- 利用型は，流れやジャブジャブ池など人が直接水に触れることによって喜びや楽しみを得られるようにすることを目的とする。したがって，安全であることがとくに重要であり，幼児が誤って落ちたり，飲んだりしても大丈夫なように，水深や水質には十分配慮する必要がある。
- 水源は，湧水，井水，用水，雨水などの自然水の場合と，水道水や下水処理水を活用するタイプに分けられる。自然水の場合は，その水量，水質，水利権の有無(農業用水を利用する場合)等を確認するとともに，水道水の場合は，利用可能な水量，水圧等を確認することが大切である。
- 避難地に指定されている公園では，災害時に，貯水槽，池，井水等を生活用水や防火用水として利

用できるように，設備や構造を工夫しておく必要がある。
- 水質浄化の方法には，砂ろ過等の物理的処理法，微生物や水生植物を利用した生物的処理法，オゾン等を使った科学的処理法がある。水源の水質，水施設の規模，目標水質等を検討して，水質浄化の方法を決定する。
- 漏水は発見が困難であり，また漏水すると水道代もかさむので，土圧，水圧，積載荷重，地震等に対して十分な強度をもつように設計する。

② 休養施設

休養施設として公園に設置される主なものは，休憩所，ベンチ，野外卓などである。設計に際しては，歩行者動線，利用形態を十分検討し，安全性に考慮したものとする。設計における基本的な考え方を以下に示す。

- 高齢者や障害者等にとっては，休養施設は利用頻度が高く重要な施設であるので，施設へのアクセスや施設の構造において障壁がないように注意を払う必要がある。
- 休憩所は，休憩機能の他に避難機能や添景物としての役割等をもっており，その程度によって，パーゴラ，シェルター，四阿等の種類がある。
- 休憩所はビューポイントに設置する場合や施設自体がランドマークになる場合もあるので，配置に当っては，設置場所からの景観や周りからの見え方など，景観に配慮する必要がある。
- ベンチ，野外卓には休憩，観覧，飲食等さまざまな利用目的があるので，目的にかなった数量，配置，構造を検討する。
- ベンチは，動線や人が溜まる空間の妨げにならないように配置する。また，日当りや風当り等，自然環境にも配慮して利用しやすい施設とする。
- ベンチはその空間のイメージに合う意匠とする。また，座ったときに冷たくない，汚れがつきにくい等，使いやすい意匠とする。

③ 遊戯施設

遊戯施設を計画するに当っては，子供たちにどのような遊戯施設が必要とされているのか，計画地周辺にどのような遊戯施設が配置されているのかを十分調査し，導入する遊戯施設を決定する。遊戯施設は誰でも安全に遊べるように構造から配置にいたるまでしっかりと検討し，安全性に考慮した設計とする。遊戯施設を計画するに当ってはつぎのような点に配慮する必要がある。

- 遊戯施設の計画は，幼児と児童とでは運動能力や危険回避能力に大きな差があるため，子どもの年齢に応じた行動や身体モジュールに配慮して行う。
- 幼児と児童の双方が共用できる遊戯施設もあるが，一方の年齢層の利用には適さない遊戯施設もあり，能力に適さない遊戯施設の利用による事故や衝突事故を避けるため，幼児用と児童用遊戯施設の混在は避け，できればエリア分けする。
- 遊戯施設の配置は，安全性の確保の観点から，利用動線の交差を避け，個々の遊戯施設の安全領域を確保し，人気の高い遊戯施設については，過剰利用による事故を防ぐため，過密にならない範囲で複数の配置などについても検討する。

④ 運動施設

公園の種別によって導入する運動施設の種類，規模，内容等はさまざまである。基本設計では，基本計画における運動施設の配置方針を確認し，その上で公園全体での他の施設とのバランスを考慮して，適切な配置，規模，内容を検討する。個別の運動施設についての設計上の検討事項はここでは触れず，運動施設全般に当てはまる基本的な留意事項を以下に述べる。

- 都市公園法における運動施設率や許容建築面積を確認し，適正な規模で計画する。
- 競技目的の施設か，一般的な公園利用者の利用に供する施設か，多目的に利用できる施設か等，利用目的を明確にし，整備水準を決定する。
- 有料施設か無料施設かによって，施設内容だけでなく管理運営のあり方も大きく変るため，将来

- 管理者と管理運営計画についてしっかりと協議する必要がある。
- 規模や内容の充実した運動施設では大きな競技会等の実施が可能になり，その結果，競技会等の開催時には多数の人々が一時に集合・離散する。短時間における公園へのアクセスの集中は，周辺に影響を及ぼすため，道路，駐車場，その他の交通機関や誘導サイン等について検討が必要である。
- 大きな競技会の開催時には，一般の公園利用者に加え，競技に参加する人と観客の動線が複雑に交差する。したがって，公園全体の計画を作成するにあたっては，運動施設相互の関係はもちろん，施設周辺の広場や駐車場等との間に余裕と流動性のある動線が求められる。
- 運動施設やそれに付属する工作物等は，公園施設としては比較的規模も大きく，存在感の強い構造物となることが多い。公園の開放的な空間の分断や景観の妨げにならないように，運動施設の配置やデザインの検討が必要である。
- 周辺への騒音，夜間照明施設を設置する場合の配光，駐車場の規模，ゲーム中のボールの飛び出し，砂埃等，公園の周辺環境への影響を最小限にするための配慮が必要である。
- テニスコート，野球場，陸上競技場等の夜間照明については，利用目的，利用状況，管理等を十分考慮し，JISに定められた照度が得られるように計画する。
- 災害時の避難場所に指定されている場合には，緊急時における施設の開放等，管理上の問題についても対策が必要である。

⑤ 便益施設

とくに，公園施設で取り扱う頻度の高い施設として，水飲場・手洗場，便所，駐車場について，計画における留意事項を以下に述べる。

《水飲場・手洗場》
- 設置場所は，利用の観点からベンチや休憩所の周辺，運動施設の近く等が適当である。
- 砂場の近くに手洗場を設けることは，遊ぶのに便利であるとともに，砂場で遊んだ後に手洗いができるので衛生上からも都合がよい。
- 高齢者や障害者への配慮が必要である。とくに車イスでの利用に対応した構造にする必要があるとともに，そこへたどり着くまでのアプローチにも障壁がないことが必要である。
- 清潔で利用しやすいように，水飲場や手洗場の周囲はブロックやアスファルト等の舗装にすることが望ましい。

《便所》
- 公園の便所は，安全で，清潔で，使いやすい施設として計画する。
- 便所における安全確保や目的外使用の防止のために，便所は人目につきやすい場所等，防犯上問題のない場所に設置する。
- 駐車場脇，主要な広場，車イスで通行可能な園路沿い等の便所は，高齢者，障害者，妊婦，乳幼児連れ等の利用も多いため，これらの人々が利用しやすい構造とする。
- 従来の障害者用の便所は，その広さや密室になりやすい構造から，いたずら等がされやすく，また目的外使用の場所となることが指摘されている。このような問題を解決するために，障害者用便所は障害者専用ではなく，障害者の優先利用を前提にだれもが利用できるトイレにすることが望ましい。
- 公園の利用者数を想定し，適正な配置および各棟の規模(穴数)を設定する。

《駐車場》
- 駐車場は，公園管理者との協議により設置するか否か，有料か無料かを決定する。
- 必要台数は，公園の種別，性格や規模，利用者の交通手段，公園利用者数の予測等を踏まえて検討する。利用者の多い土日を基準に設定すると平日はガラガラの状況になりやすいので，自由に利用できる舗装広場等との兼用とする等，弾力的に計画する。
- 1箇所に集中させず，運動施設等利用者の多い施設の近くに分散させることが望ましい。

- 歩行者動線と車両動線の交差を最小限にするために，駐車場はできるだけ入口近くに設置する。
- 運転手が車イス使用者である場合，3.5m 以上の駐車スペースの幅が必要である。また，車イスに乗降する必要のない障害者の駐車スペースは一般用と同じ 2.5m 程度の幅でよい。車イスドライバー専用駐車スペースは，以下の表の数値以上を確保するとともに，車イスの必要のない障害者優先の駐車スペースも必要に応じて車イスドライバー専用の駐車スペースに連続して設ける (**表7.3**)。

表 7.3 車イスドライバー専用駐車スペース [1]

駐車場の規模(台)	必要数
0〜50	1
51〜100	2
101〜150	3
151〜200	4
201〜300	5

⑥ 管理施設

公園施設として設置される主な管理施設は，フェンス・柵，車止め，照明灯，サイン等である。以下，これらの施設についての設計上の留意事項を述べる。

《フェンス・柵》
- フェンスや柵の主な目的は，境界明示，進入禁止，転落防止，防護等である。設計に当っては，設置の目的を考え，必要な構造を決定する。
- 縦格子柵は足がかかりにくく，人が乗りこえにくいという特徴があり，金網柵は，網目の大きさが選択でき，ボール等の通り抜けを防ぐには都合が良いが，足をかけて乗りこえやすいという特徴がある。
- 転落防止のための安全柵は，高さ 1.1m 以上の堅牢で耐久性のあるものとする。
- 縦格子の間隔は，幼児の通り抜けを防止するために，内法で 11cm 以下とすることがのぞましい。

《車止め》
- 車止めは，自動車やオートバイの進入を防止するために設置する。
- 車止めには固定式と可動式があり，管理用車両の出入口や駐車場出入口では可動式の車止めとする。
- 主要な出入口に設置する車止めは，車イスの通行を考慮して配置を検討する。
- 出入口が車道に直接接するところでは，子供の飛び出し防止に役立つように車止めを設置する。

《照明灯》
- 公園照明には，園路や広場等の夜間利用や防犯対策としての明視照明と，花壇，樹木，建物等に対する修景照明がある。
- 夜間利用が想定される場合には，それぞれの場所の特性にあわせて一定の照度を確保する必要がある。照度は通常 JIS の基準を参考にする。
- 住宅地に隣接する公園では，夜間の明るさが近隣住民への迷惑になりかねないので，設置位置や配光に十分注意する。
- 避難地に指定されている公園では，非常時に入口の場所を示せるように太陽光や風力等の自然エネルギーを用いた照明システムの設置等，個々の公園計画に合せて適切な照明のあり方を検討する。

《サイン》
- サインは来園者に必要な情報を的確に伝えることによって，利便性や安全性の向上を高めるために設置する。
- 公園のサインには，園名板，案内板，施設名板，指導標，解説板，注意板，樹名板等，目的に応じてさまざまな機能のサインがある。

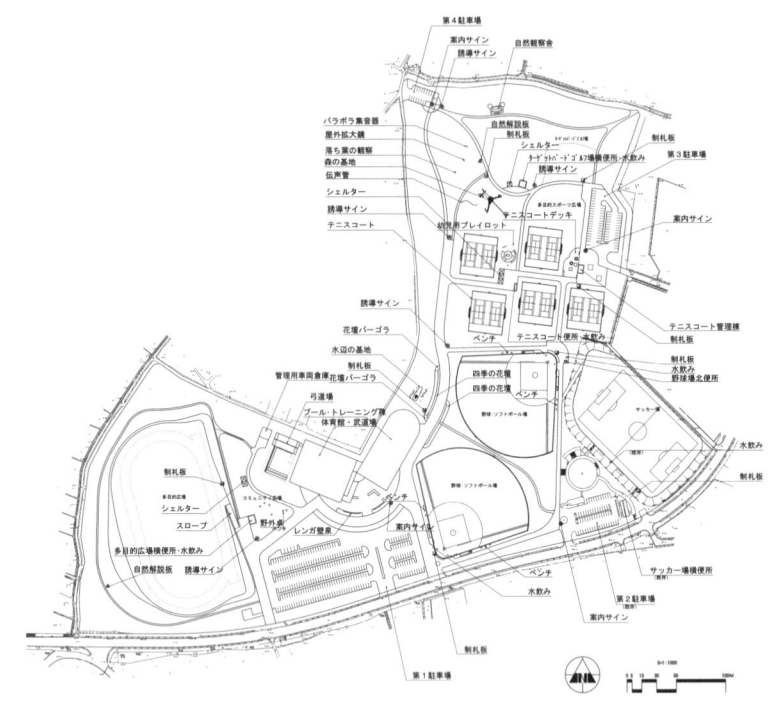

図 7.3 施設平面図
施設平面図では，主に園路，広場，各施設の配置を図示する。

- 設置に当っては，利用者にわかりやすいように，配置，形態，色彩等に配慮し，高齢者や身障者の利用に対しても工夫を行う必要がある。
- 表示板の素材や印刷方式はさまざまであり，設置場所，維持管理，コストなどの諸条件を考慮して，最適な素材，印刷方式を選択することが大切である。
- サインは公園の各所で繰り返し目にする施設であり，したがって公園のイメージや周囲の景観と調和することが求められる。

7.3.3 植栽設計

　植栽は，公園の全体的な景観や個々の空間の印象を左右するきわめて重要な要素である。基本設計における植栽設計は，基本計画で設定した公園全体の施設配置や景観イメージを基に，公園の立地環境に配慮しながら，それぞれの植栽空間に求められる機能やイメージする空間づくりに適した植栽の方向性を明らかにするものである。

　植栽設計の概要を以下に示す。

① 立地環境の確認

　植栽設計にあたって，まず公園の立地環境について把握する必要がある。

《計画地の自然環境》
- 気温や雨量などの気象条件を把握する。
- 定常的な風向きや，風当りの強い場所かどうか，潮風の影響等を確認する。
- 日当りのよい場所，日陰になりやすい場所を確認する。
- 土質データーがない場合は，以前の土地利用状況，地形，土の色，雨水の浸透具合等から土壌の状況を把握する。
- 既存樹がある場合は，樹木の生育状況から良好な植栽基盤か，改良が必要かどうかを確認する。

《周辺環境》

- 住宅等が接しているところでは日照を妨げないかどうか確認する。
- 周辺の道路等からの騒音や景観を妨げている要素を確認する。
- 周辺の良好な景観を構成している緑等との関係や，地域の特性を出している樹種等を確認する。
- 周辺における生物の生息空間を把握する。
- 鳥類や昆虫類等の移動空間としての緑のネットワークが存在しているかどうかを把握する。

② 植栽方針の設定

空間のイメージを左右する大きな要素は植栽である。個々の空間にはそれぞれの個性があるが，全体として見たとき，調和の取れた公園として感じられるようにするには，公園全体の植栽方針が明確でなければならない。植栽方針を立てるにあたっては，主に次の視点が重要である。

《既存植生の保全，活用》

敷地内に既存の植生が存在する場合，その自然生態的価値，歴史的価値，景観的価値等について評価し，保全，移植，やむを得ない場合は限定的な伐採等，対応を明確にする必要がある。

《空間イメージ》

植物は時間の経過とともに変化するものである。このため，植栽設計に当っては，時間的側面を重視し，目標とする空間的なイメージをしっかりともつことが大切である。そこに昔からあったかのような自然な空間とするのか，広々としたおおらかな空間とするのか，ビスタを通す象徴的な空間とするのか等，空間のイメージを整理する必要がある。

《周辺環境との調和》

周辺の景観との調和や生物の生息環境の維持・改善のため等，公園と周辺の環境とのかかわりの視点で，公園内の緑をどのように保全し，あるいは作り上げていくのかについて，方針を明確にする必要がある。

③ 植栽ゾーニング

植栽設計においても施設配置と同様に植栽の目的や機能を整理して植栽のゾーニングを行うことが大切である。ゾーニングにより，それぞれのゾーンに求められる植栽のイメージが明確になり，的確な植栽設計や維持管理計画につなげることが可能になる。また，植栽のゾーニングにより，公園の全体像も把握しやすくなる。

植栽の機能としては次のようなものがあげられる。
- 景観を形作る機能
- 騒音等の緩和機能
- 防風等の気象条件や日照の調節機能
- 防塵機能
- 防火機能
- 遮蔽機能
- 法面の保護機能
- 生物の生息空間等一連の環境保全機能
- ランドマーク等の誘導機能
- 四季の変化や安らぎ等の情緒的・心理的効果を生み出す機能等

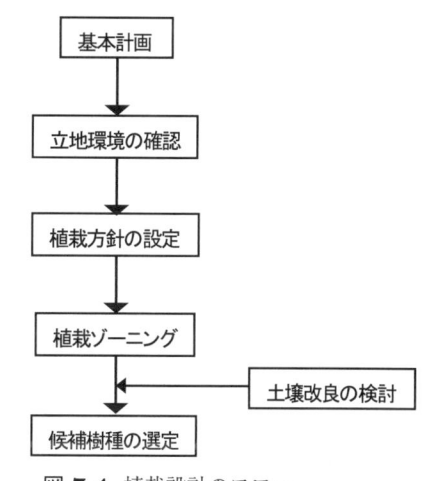

図 7.4 植栽設計のフロー

④ 植栽基盤の造成

植栽した植物が良好に生育するためには，その活着，生育の基盤となる土壌が植物の生育に適していなければならない。基本設計では，土質試験データがある場合はそのデータにより，ない場合は現地調査で既存樹の生育状況や土壌の状況を把握し，土壌改良が必要かどうかを判断する。

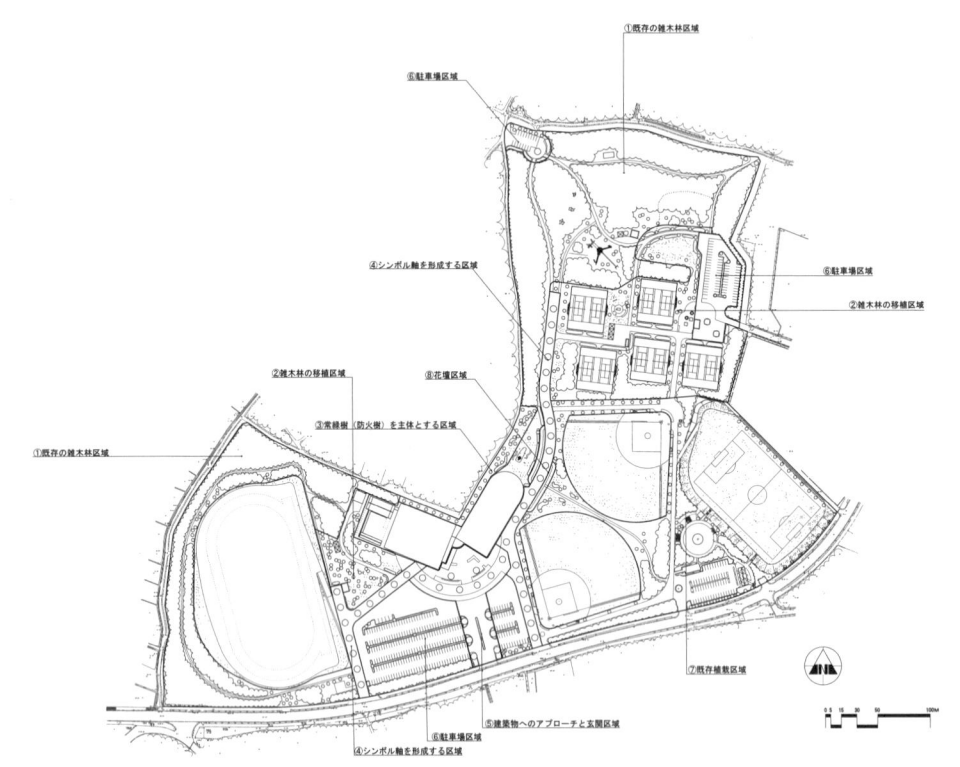

植栽区域		針葉高木	常緑高木	落葉高木	低木類	地被類
①既存の雑木林区域	既存	スギ、ヒノキ、マツ等	シラカシ等	アカシデ、エゴノキ、コナラ クリ、ヤマザクラ等	ヤマウルシ、ガマズミ アカフジ、ヒサカキ等	アズマネザサ、ヤマノイモ等
	補植				ヤマツツジ、ムラサキシキブ等	ジャノヒゲ、シュンラン等
②雑木林の移植区域	移植			ヤマザクラ、アカシデ エゴノキ、コナラ等	ヤマツツジ、ガマズミ	
	補植				オオムラサキツツジ、ジンチョウゲ キンシバイ、コデマリ、タニウツギ ユキヤナギ等	
③常緑樹（防火樹）を主体とする区域	新植		シラカシ、キンモクセイ モチノキ等	イロハモミジ、ヤマザクラ等	アオキ、ヒサカキ等	
④シンボル軸を形成する区域	新植			イチョウ、ユリノキ、トウカエデ ナンキンハゼ エンジュ（町の木）等		サネカズラ、スイカズラ、ヘデラ ツルウメモドキ、ツルマサキ等
⑤建築物へのアプローチと玄関区域	新植			イチョウ、ユリノキ、トウカエデ ナンキンハゼ エンジュ（町の木）等		サネカズラ、スイカズラ、ヘデラ ツルウメモドキ、ツルマサキ等
⑥駐車場区域	新植			オオシマザクラ、サトザクラ ハナミズキ、サルスベリ等	アベリア、オオムラサキツツジ クチナシ、ベニバナシャリンバイ ジンチョウゲ等	
⑦既存植栽区域	既存		アラカシ、キンモクセイ	イロハモミジ、ヤマザクラ等	クチナシ、カンツバキ、アジサイ ヤマブキ等	既存の芝再利用
⑧花壇区域		＜花壇用草花＞ 春咲き‥‥アジュガ、アルケミラ、アルメリア、ガザニア、キンケイキク、フランスギク等 夏咲き‥‥アガパンサス、アカンサス、ハーブ、ヒメヒマワリ（町の花、ただし冬枯）等 秋咲き‥‥カラー、シュッコンアスター、スイカズラ等 冬咲き‥‥エリカ、ユーリオプスデージー等				
各区域共通		芝…改良日本芝、コウライシバ、ノシバ、既存区域現況芝				

図 7.5 植栽平面図
植栽平面図では，ゾーンや区域ごとに植栽の候補樹種を示す。

　植栽地の地盤が，植物が正常に生育する土層であるためにはつぎのような条件が満たされなければならない。

《物理的条件》
・透水性が良好であり，かつ下層との境界等で水が停滞しないこと。
・硬度が適当であること。
・適度な保水性があること。
・植物の種類，大きさに対して，必要な有効土層厚および広がりがあること。

《化学的条件》
・根茎の伸長に障害を及ぼす有害物質を含まないこと。

- 土壌反応(pH)が適当であること。
- 生長に必要な養分を含んでいること。

⑤ 候補樹種の選定

目標とする空間イメージと植栽の機能を表現するのにふさわしい樹種を選定する。植物の性質，特徴，成長速度，環境圧に対する適応能力等，植物の特性を生かすことが大切である。また，植物の地域的流通性，経済性，維持管理の難易も考慮する必要がある。

7.3.4 園路広場設計

園路や広場は公園における基本的な施設として，日常的には散策，休憩，軽い運動，遊戯，集会，展望等多様な利用がなされ，災害時の避難地となるときは，避難路や避難広場として非日常的な利用がなされる施設である。また，園路や広場は，公園の骨格的な部分を構成する施設であり，その規模や配置は，公園の性格，規模，敷地の環境等を総合的に勘案して設定される必要がある。

以下，園路設計と広場設計について留意すべき事項を述べる。

① 園路設計

園路設計は，歩行者，自転車，管理用車両の通行する園路を対象とするものである。園路設計にあたっては，ユニバーサルデザインの理念に基づき，健常者のみならず，高齢者や障害者等が支障なく，快適かつ安全に利用できるようにするとともに，周辺の自然や景観にも配慮し，定められた動線計画を基に，利用形態に即した線形や幅員，勾配とその材料や構造を設定する。

《ルートと線形の設定》

園路のルートと線形を設定する上で，留意すべき事項は以下のとおりである。

- ルートや線形は，出入口，施設，広場をスムーズに結びつけるように設定する。不必要に遠回りな園路や鋭角な交差点など，園路設定がうまくできていないところではショートカットが発生する。
- ルートや線形は，基本的に地形に応じたものとし，造成的に無理のないものであることが望ましい。
- 園路の勾配はどのくらいになるか，階段が必要になるかどうか，常に全体の地形と主要な地点の高さを念頭に置きながらルートや線形を検討する。
- 危険防止の観点から，出入口は，見通しの悪いところ，交差点の角等には設けない。
- 機能的であるだけでなく，楽しく歩ける園路にするために，地形や樹林や景観等，周囲の環境を総合的に判断して，雰囲気作りをすることも大切である。

《幅員》

公園の園路幅員の設定についての基本的考え方は次のとおりである。

- 公園の園路幅員は，管理上の条件，公園の規模とのバランス，利用目的，周辺環境との調和等，さまざまな要件を考慮して決定する。
- 一般的には，人と人，人と車イスがすれ違える1.5m以上の幅員は必要である。

《勾配》

主要動線となる園路は，高齢者や障害者等を含むすべての人の利用を前提に，緩やかな縦断勾配で計画する。その一方で，丘陵地の公園等では，自然環境を保全するという観点から，自然地形に即して比較的急な勾配や階段のある園路を設けざるを得ない場合がある。勾配設定の基本的考え方は以下のとおりである。

- 車イスの通行を想定する園路では，縦断勾配は，4％以下とする。
- 主園路に段差や階段がある場合に併設する傾斜路の縦断勾配は，8％以下とし，高さが75cmをこえる傾斜路では，高さ75cm以内ごとに，1.5m以上の水平部分を設ける。
- 公園の園路は，誰もが利用できる園路だけでなく，地形により，縦断勾配が4％以上であったり，階段があったりするような園路も設けざるを得ない場合がある。造成して緩やかな勾配の園路を

設けるのか，高齢者や障害者には利用しづらくてもなるべく環境をいじらないようにするのか，それぞれの公園の利用目的や環境条件の中で，何を優先すべきかを考える必要がある。

《断面構造》

公園内の園路の断面構造は，通常は，歩行者用と管理車両対応の使い分けで十分であるが入口から駐車場までの区間では，まれにN3（旧・L）交通程度の強度が必要になる場合もある。通常，園路の舗装断面構造の検討では，以下の参考資料による場合が多い。

- アスファルト舗装要綱
- 簡易舗装要綱
- セメントコンクリート舗装要綱
- インターロッキングブロック舗装設計施工要領

《舗装材料》

舗装材料はさまざまである。耐久性，美観性，経済性，機能性等を総合的に勘案して決定する。イニシャルコストだけでなく，ランニングコストも考慮する必要がある。

② 広場設計

広場での行動には，休憩，軽い運動，遊戯，集会，展望等，多様な行動が含まれる。したがって，利用内容や利用者を明確にした上で，その機能を十分に発揮できるように計画する必要がある。また，高齢者や障害者等を含めて多くの人々が，快適かつ安全に利用できるように，広さ，形状，配置，舗装，景観等，さまざまな観点から検討することが求められる。以下，設計における基本的な留意事項を整理する。

- 日常的な広場の利用だけでなく，お祭り等の季節的な利用を考慮して広場の規模，広場における個々の施設の配置，舗装等を検討する。
- 大震火災時に避難地として利用される場合には，平常時にはみられない利用者の集中が予測される。したがって，こうした際の多様な利用形態も想定した検討が必要である。
- 出入口や園路との関係，隣接する民家との距離，他の広場や施設との利用関係等，周囲との関係を十分に考慮して計画する必要がある。
- 広場の舗装は，ダスト舗装やクレイ舗装のような土系の舗装の他に，レンガブロックや石張りなどの硬質の舗装や，芝生，草地までさまざまである。地形，利用形態，維持管理を充分考慮して決定することが重要である。

表 7.4 園路の機能と幅員 [2]

取扱い	幅員	参考
広場的な取扱い	15m以上	車道 ①1車線3m以上，2車線5.5m以上の幅員
来園者とトラック2台がすれ違いできる	10～12m	②曲線半径は30km/hで60m，一般に40km/hで最小80m
来園者とトラック1台がすれ違いできる	5～6m	③縦断勾配9%以下，最大11%，横断勾配はアスコンまたはコンクリート舗装1.5～2%，その他は3～5%以下
		「道路構造令」を参考に作成
管理用トラックが入る	3m以上	自転車道
2人歩き	1.5～2m	①1車線1m
1人歩き	0.8～1m	②曲線半径は10m以上
並木ベルト	2m以上	③縦断勾配5%以下
小潅木ベルト	0.9m以上	「自転車道等の設計基準解説」((社)日本道路協会)を参考に作成
街路並木の植込み	長さ2m 幅0.6m以上 標準1.5m	歩道 ①みんなが利用できる園路の縦断勾配は4%以下とする。ただし，やむをえない場合一部を傾斜路(縦断勾配8%以下)を含むものと ②横断勾配は水勾配程度とし，可能な限り水平にする。 「みんなのための公園づくり ユニバーサルデザイン手法による設計指針」((社)日本公園緑地協会)を参考に作成

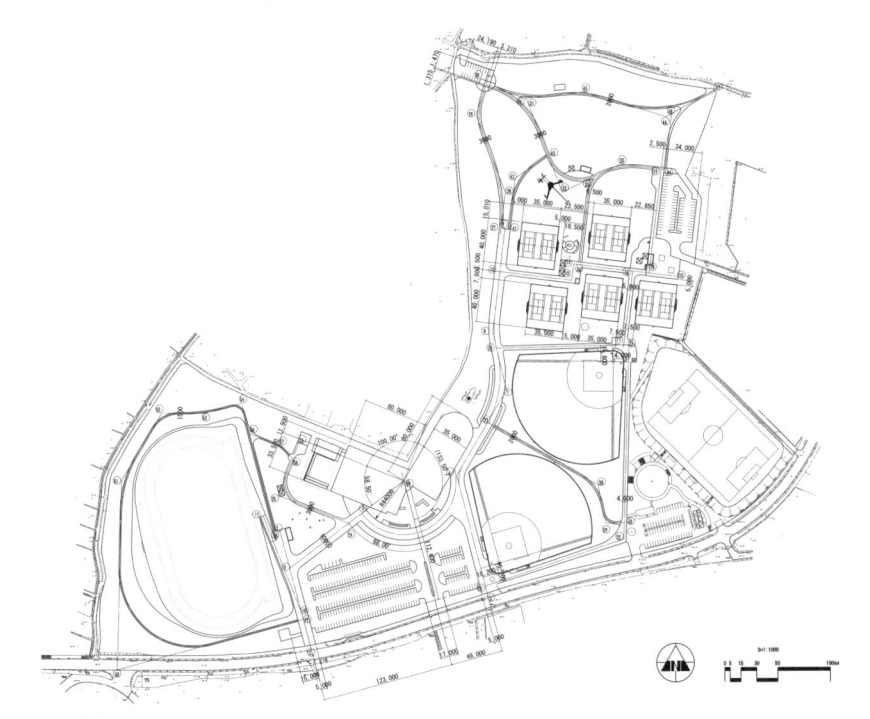

図 7.6 割付平面図
基本設計の割付図では，主要な園路や施設について，座標やオフセットで基本的な部分を割付することによって，精度の高い検討を行うとともに，実施設計で配置が再現できるようにする。

7.3.5 造成設計

造成設計では，自然地形を十分考慮した上，植生，地質，土量バランス，排水，公園施設との整合，周辺敷地との取り合い等を総合的に検討して，造成地盤高を決定する。切土や盛土により法面が生じる場合は，景観等に配慮してその処理方法を設定するとともに，擁壁等が必要な時は，その概略構造を定める。

① 現況地形の把握と施設配置計画の確認

公園を新設する場合，多かれ少なかれ造成は不可欠である。造成設計に当ってまず行うことは，現況地形を調査し，そこに基本計画で設定した施設配置計画を当てはめ，どのような造成が必要になるか，問題点は何かを把握することである。確認すべき主要な項目は次のとおりである。

《地形》
・ 現況の地形の状況 (勾配，尾根筋，谷筋，沢，崖等)，地形の向き (北斜面，南斜面等) を把握し，基本計画の施設配置計画が納まるかどうか，施設の配置は妥当かどうかを検討する。

《水系》
・ 河川，池，湧水，地下水位等は計画地の資源であるとともに，造成においてはその安全性に関わる重要な要素である。とくに盛土の必要な斜面などでは，水が染み出しているところはないか注意深く調査するとともに，地盤調査で地下水位等，地中の状況を確かめる必要がある。

《土質》
・ 基本計画の施設配置計画を基に，はじめて土質調査が必要となる箇所が把握される。このため基本設計では，必要な箇所について精度を上げた現地調査を行う。すなわち，建物，橋，擁壁等の構造物の安定性や，切盛土や傾斜地の地盤の安定性を把握するために必要な土質データである。

《植生》
・ 現況植生を調査し，既存林や希少な植物の生息地等については可能な限り保全するように努め，そ

のために必要があれば基本計画にさかのぼって見直しを検討する。

《動物》
・野鳥，小動物，昆虫等の生息状況についても調査し，希少な生物の生息が確認できる場合は，造成を抑制し，それらの生息地を保全する方向で基本計画の見直しを行う。

《占用物件》
・鉄塔等の占用施設がある場合は，それらの施設に影響が出ないように造成の範囲等を検討する。

《交通》
・周辺道路の幅員，勾配，舗装，交通量(工事車両出入り口)等を調査し，造成のためのトラックの出入りや重機の搬出入が可能かどうかを検討する。

《埋蔵文化財》
・埋蔵文化財区域に指定されていないかどうか，確認する。もし，埋蔵文化財区域に指定されていることが基本設計ではじめて明らかになった場合は，造成に決定的な影響が出るため，基本計画の見直しも必要になる。

② 安全性，経済性，環境への配慮

造成を検討する中で，安全性，経済性，環境への配慮という観点から留意すべき事項は次のとおりである。

《安全性》
・建築物等の建造物を，できるだけ現況地盤か切土の場所に配置できるような造成を検討する。
・大規模な切盛土によって，土砂の崩壊，すべり，沈下等が生じないようにする。
・雨水や土砂の流出が，敷地外へ悪影響を及ぼすことのないようにする。
・軟弱地盤での造成では，周辺地盤へ影響しないようにする。

《経済性》
・なるべく現況地形に合せた地盤高とする。
・残土や不足土を出さないように切盛土量のバランスを考える。

《環境への配慮》
・既存林を残すことや表土を保全することを考える。
・周辺の家屋や利用者への圧迫感に配慮する。

③ 地盤高の設定

地盤高の設定に当って，考慮すべき主な事項は以下のとおりである。
・既存林等の植生を残す場合，既存植生の位置を考慮して計画地盤高を設定する。
・雨水排水の流下方向を考慮して造成地盤高を設定する。
・歩行者に適した園路勾配や階段設定に配慮しながら広場等の地盤高を設定する。
・車椅子の通行を考慮して地盤高を設定する。
・周辺道路や民有地との取合いを考慮して地盤高を設定する。

④ 造成の方法

《表土の保全》
・計画地の表土が，造成後に良好な植栽基盤として有効活用できる場合，造成設計段階で表土の保全を検討し，ストック場所を設定しておく必要がある。
・表土は，勾配が30度以下の地形ならば技術的には保全・活用が可能であるが，経済的な工事を考えると，15度以下が望ましい(土工機械のアクセス条件のため)。

《高低差の処理》
・法面にするのか，擁壁が必要であるかを判断する。民有地境はとくに安全性を重視して設計する。

《法面》

- 勾配によっては植生等で法面保護を行う必要がある。1：2よりも急な法勾配では低木や地被による植栽となる。1：3よりも緩い法勾配では高木植栽が可能である。
- 法面保護については，侵食防止の目的だけでなく，造園的な景観に配慮した表面仕上げを検討する。
- 法高が高い場合，2割をこえると圧迫感が生じる。
- 法高5mごとに小段を設ける。

《擁壁》
- 擁壁を設置する場合，切土による設置と盛土による設置では，条件が異なるので注意が必要である。
- 盛土地盤の擁壁設置は，軟弱地盤で地盤改良が必要な土質もあるため，必要に応じて土質調査を実施する。

《盛土の安定》
- 盛土部では盛土後の地盤の安定確保が重要である。とりわけ高盛土の場合，建物や工作物を盛土後に設置する場合，あるいは盛土下に民家がある場合等は注意が必要である。通常，盛土は1～2年で7～8割の圧密沈下が生じるので，単年度で盛土と上物工事を行うことは避けて，余盛りを行う等の対策が必要である。
- 谷戸部分や軟弱地盤の盛土部分では，原則として土質調査を行い，盛土の安定計算を行う必要がある。土質調査は，軟弱地盤の厚さ，土質条件(物理試験，力学試験による)の把握を実施し，圧密沈下量，盛土斜面の安定計算(円弧滑り)，構造物の基礎地盤反力設定を行う。

⑤ 概算の切盛土量算出

　土量の算出方法には，点高法(柱状法ともいう)と平均断面法があり，設計レベル，敷地の特性に応じて選定する。基本設計の概算土量は，点高法による場合が多い。

《点高法》
　この算出方法は，大規模な敷地の土量の算出に用いる。

《平均断面法》
　この算出方法は，比較的規模の小さな公園や緑道等の線的な敷地の土量算出に用いる。

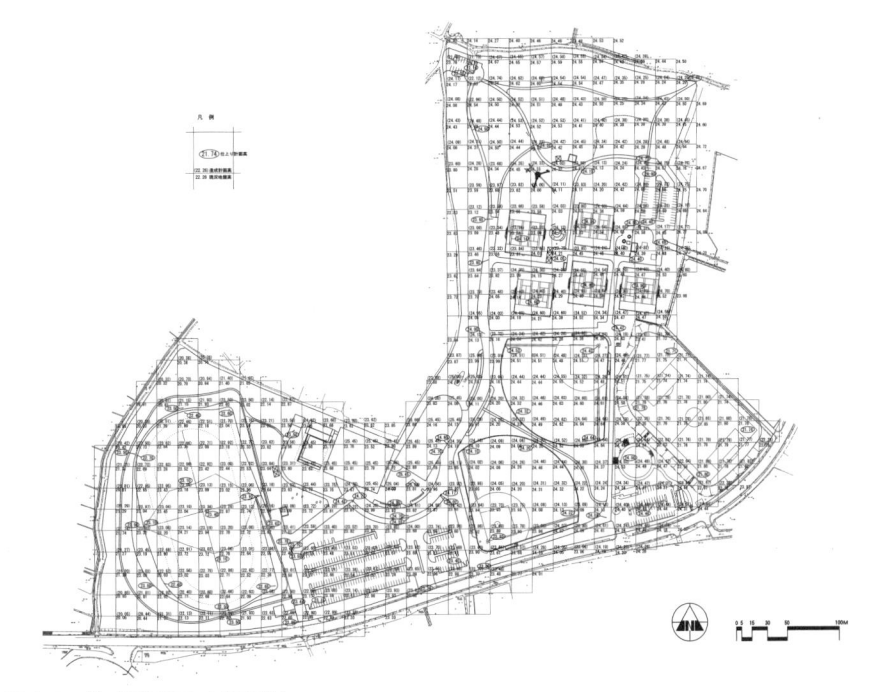

図7.7 造成平面図（点高法）
　規模の大きな公園の造成土量の算出では，点高法を用いることが多い。

7.3.6 電気設備，給水設備，排水設備設計

電気設備，給水設備，排水設備の基本設計の目的は，公園内においてそれぞれの設備が効率的，機能的に本来の役割を果すことができるように，維持管理や経済性，さらには環境や景観に配慮しつつ，公園全体の設備について概略の設計を行うことである。

とくに規模の大きな公園では，しばしば多年度にわたって整備が進められることが多く，その結果実施設計も工事と同様に多年度にわたって分割して行われがちである。設備は全体として系統的につながったものであるため，たとえ部分ごとに設計を行うことになっても，全体としてみたとき整合性の取れたものでなければならない。こうしたことから，基本設計には公園全体の設備の設計指針を示すという大きな役割が課せられている。

① 電気設備

公園には電気を必要とするさまざまな施設がある。とくに夜間の施設利用や防犯のために，照明は不可欠である。基本設計では，照明設備をはじめとして，それぞれの公園内に設けられる電気設備について，実施設計の指針となる概略の設計を行う。設計のフローは以下のとおりである（図7.8）。

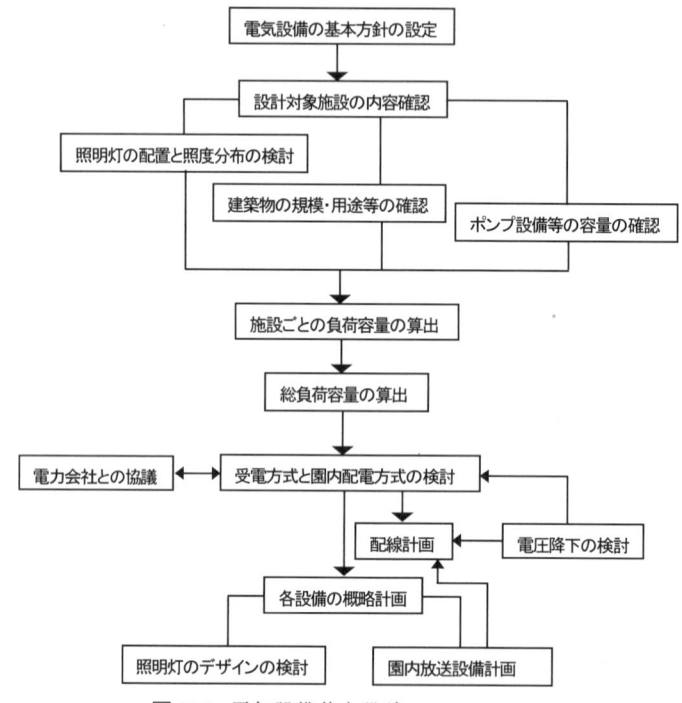

図7.8 電気設備基本設計のフロー

《基本方針の設定》

公園は地形，形状，景観，規模，用途等，まことにさまざまであり，それぞれの条件のもとで効率性，機能性，維持管理の容易性等の要件を満たす設備設計が求められる。したがって，設計を進めるに当っては，まず基本的な設計の方針を明確にする必要がある。たとえば，自然環境の保全，防犯，災害時対応としての照明のあり方等である。

《設計対象施設》

設計対象施設を確認する。公園における電気設備の主なものは以下のとおりである。
- 園路・広場：照明灯等
- 流れ・噴水：循環ポンプ，水中照明等
- 運動施設：夜間照明等

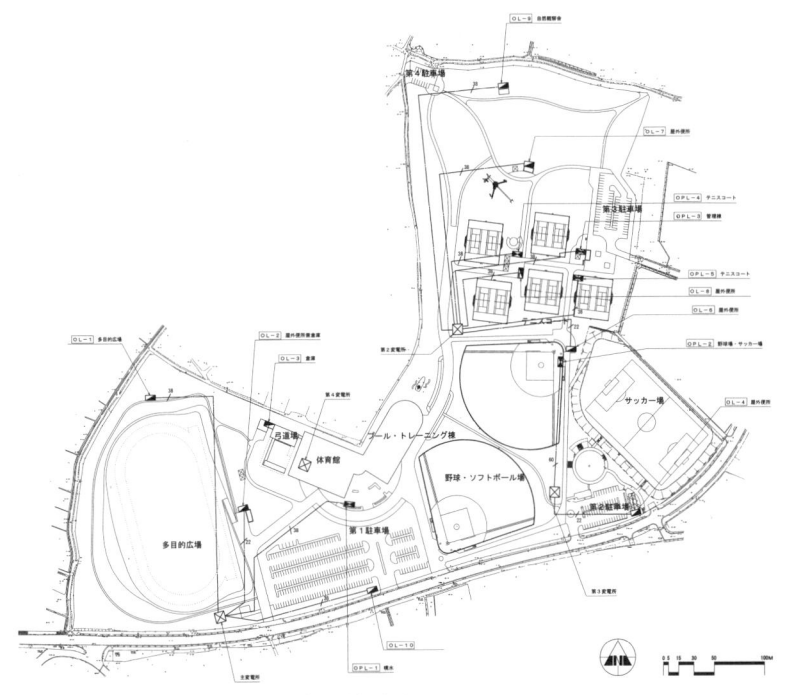

図 7.9 電気配線平面図

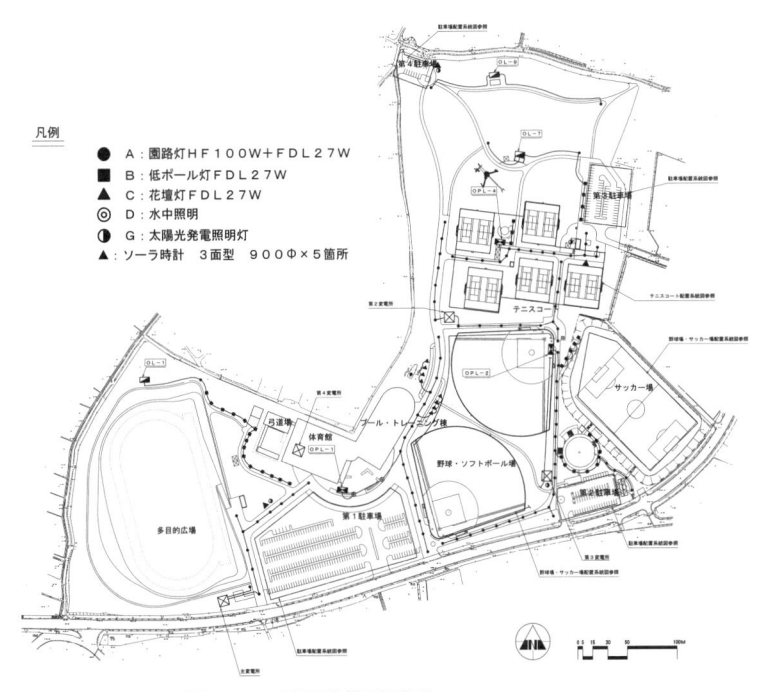

図 7.10 照明設備平面図

- 便所：室内灯等
- 管理事務所：室内灯，エアコン，電話，放送設備等

《照明灯の配置》

　照明灯は，公園の性格，利用形態等を把握し，JIS Z 9110 を参考に照明する場所や対象物に合せて照明器具と照度を決定し，配置計画を立てる。

《建築物の規模，用途の確認》

建築物の面積と用途を確認する。

《ポンプ設備等の容量の確認》

水景施設や受水槽等のポンプ容量を確認する。

《負荷容量の算出》

設計対象施設についてそれぞれの電気負荷容量を想定し，公園全体での総負荷容量を概算する。

《受電方式と園内配電方式の検討》

想定された総負荷容量が 50 kVA をこえる場合は高圧での受電となり，自家用受変電設備 (キュービクル) を通して園内の施設へ供給する。敷地が広く，電気を必要とする施設が分散している場合や，段階的整備になる場合は，効率性，機能性，経済性を考慮して適切な配電方式を検討する必要がある。

《配線計画》

配線区間ごとに電圧降下を計算し，適切なケーブルサイズを設定する。それに基づき，建築物，照明灯，ポンプ設備，放送，警報等，各施設への配線計画図を作成する。

《各設備の概略設計》

照明灯のデザイン，放送設備の配置等，主要な設備について概略の検討を行う。

② 給水設備

公園内のさまざまな水需要に対応するために，給水設備が必要である。給水設備の基本設計とは，それぞれの公園に適した給水方式と給水設備のあり方について検討し，実施設計における設計指針となるべき概略設計を行うことである。基本設計のフローは次のとおりである (図 **7.11**)。

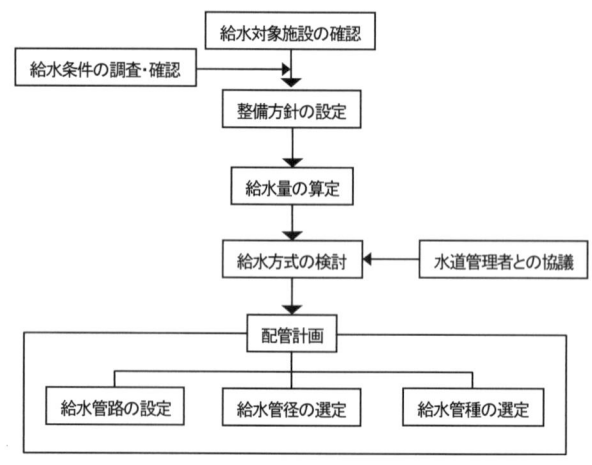

図 **7.11** 給水設備基本設計のフロー

《給水対象施設》

給水を必要とする施設を拾い出し，施設ごとに給水器具の内容や個数を整理する。一般的に公園で給水を必要とする施設はおおむね次のとおりである。

- 修景施設：池，流れ，噴水等
- 遊戯施設：徒渉池，水遊び場等
- 運動施設：プール等
- 便益施設：便所，水飲場，手洗場等
- 管理施設：散水栓，管理事務所等

《給水条件の調査・確認》

上水道からの給水が可能な場合は，水道管理者の下にある水道台帳で既存の水道本管について調査し，水道本管の埋設位置，管径，管種，水圧等の給水条件を把握する。また，上水以外に地下水の利用を検討する場合は，さく井予定地において試掘による水質や水量の調査，確認が必要であり，用水路からの

取水を検討する場合は，用水管理組合との協議が必要になる。

《給水設備の整備方針の設定》

通常，公園施設への給水は上水によるが，地下水利用が可能な場合の井水の利用や資源の有効活用として雨水や中水の利用も考えられる。給水設備の設計にあたっては，給水条件の確認に基づき，給水対象となる施設の配置，敷地条件，維持管理の容易さ，経済性等の観点からそれぞれの施設への水供給を何に求めるのか，基本的な方針を明確にする必要がある。

《給水量の算定》

給水量の算定方法はさまざまであり，定められた一定の方法があるわけではない。とくに，公園は，規模も用途もさまざまであり，季節やイベントなどによって利用者の数も大きく変動する。給水量を算出する方法としては，主に①日当りの最大使用水量($l/$日)の算定，②同時使用量(l/min)の算定等がある。日当りの最大使用水量は，給水本管からの引き込みについて水道管理者と協議する際のデータとして，また受水槽の規模の設定等において，さらには汚水排水設備の設計データとしても利用される。一方，同時使用量は給水管の管径の検討において必要なデータである。

日当りの最大使用水量の算定方法の例としては，原単位をもとに器具ごとの1日当り使用水量を算出し，それらを総合して求める方法がある。一方，同時使用量の算出方法には，器具ごとの給水負荷単位を総合して求める場合と，同時使用率を考慮した器具ごとの使用水量を合算して算出する場合等がある。

《給水方式の検討》

給水方式には，水道直結方式，受水槽方式(高置タンク方式，圧力タンク方式)等がある。

水道直結方式は，水道本管から直接水道管を引き込み，公園内の各施設へ給水する方法で，設備費が安く，停電などによる断水のおそれがないなどの長所がある反面，高所に給水できない，本管の管径により供給水量の制約を受けるなどの短所がある。

高置タンク方式は，水道直結方式によって必要な圧力が得られない場合や，井戸水などを使用するのに適した方式である。水道本管からの水を一度受水タンクへ貯水した後，各施設の最高位の水栓または器具に対する必要圧力の得られる高さに設置した高置タンクへ揚水ポンプにより揚水し，重力によって

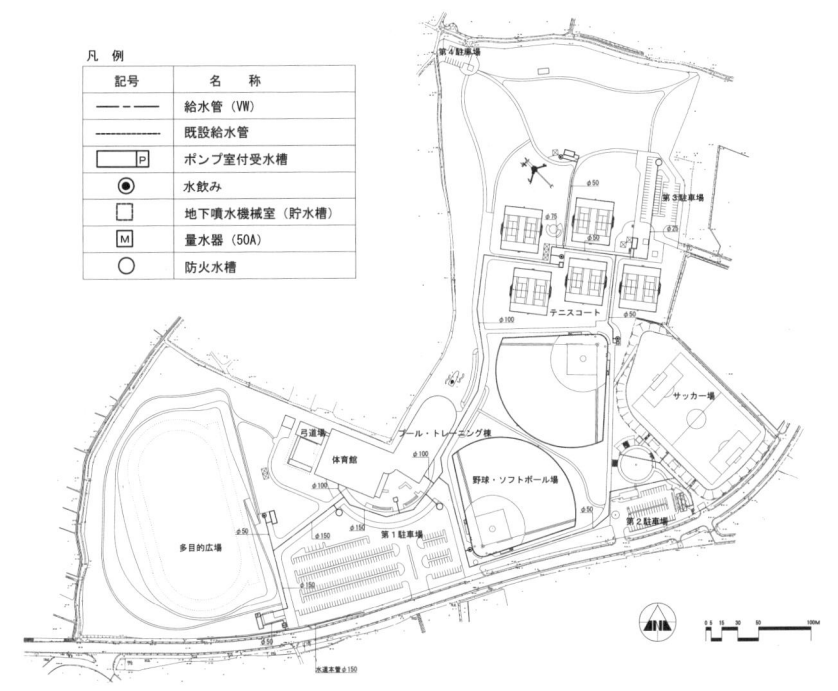

図 **7.12** 給水設備平面図

公園内の各施設へ給水する方式である。断水時や停電時でも高置タンクの容量分は供給可能であり，また水道本管の圧力にかかわりなく一定圧力で給水できるなどの長所がある反面，設備費が高くなる，タンクやポンプの維持管理に費用がかかるなどの短所がある。

　圧力タンク方式は，水道本管ないし井戸からの給水を一度受水タンクへ貯水し，給水ポンプで圧力タンクへ送り，圧力タンクで加圧した水を園内各所へ供給する方式である。水道直結方式によっては必要な水圧が得られず，かつ高置タンクが設置できない場合に用いられる。特徴としては，断水時でも受水槽分の水は給水可能であり，高い場所にタンクを置く必要がない等の長所がある。一方，非常電源がない限り停電時の給水は不可能であり，高置タンク方式より水圧の変動は大きく，水道直結方式より設備費や維持管理費は高くなる等の短所がある。

　給水方式の決定にあたっては，水道管理者との協議，公園管理者との協議等を通じて，水道本管の管径，水圧，敷地条件，予定する使用水量，設備費，ランニングコスト等を考慮の上，後々支障のないような方式を決定する必要がある。

　《配管計画》
　水道本管からの引き込み位置，引き込み管径，管種等は，水道管理者との協議により決定する。引き込み位置が決定したら，給水方式に基づいて具体的に公園内の配管の経路，管径，管種等を決め，給水設備平面図としてまとめる(図 **7.12**)。

　③　雨水排水
　雨水排水設備は直接利用者が利用したりみて楽しむ種類の施設ではないが，公園を安全かつ快適に利用するためには不可欠なものである。雨水排水設備の基本設計とは，それぞれの公園に求められる雨水排水のあり方について検討し，実施設計における設計指針となるべき概略設計を行うことである。基本設計のフローは次のとおりである(図 **7.13**)。

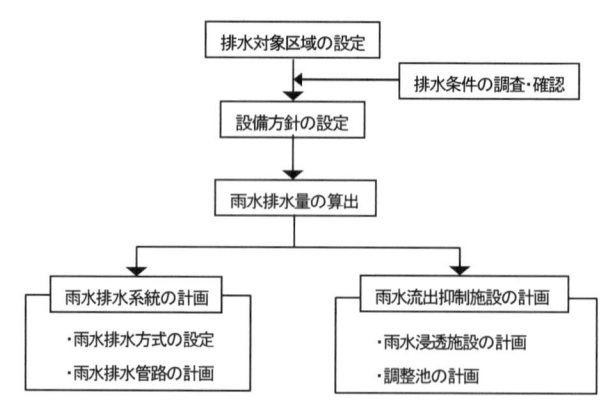

図 **7.13**　雨水排水設備基本設計のフロー

《排水対象区域の設定》
　公園を含む一帯の地形によっては公園敷地へ隣接地の雨水が流入する場合がある。雨水排水計画を立てるにあたっては，まず現地調査や地形図等から排水対象区域を設定する必要がある。

《排水条件の調査・確認》
　つぎに，排水条件を確認する。具体的には次の項目の調査・確認が必要である。
　・放流先，放流許容量，接続条件
　公園周辺に放流先となる公共下水道(雨水本管)がある場合，下水道管理者に埋設位置，管径，管種，管底高等，接続先の状況を確認する。公園周辺に公共下水道がなく，河川や用水路等へ放流せざるを得ない場合，放流先の河川や用水路の管理者と協議し，許容放流量や放流に対する条件を確認する必要がある。
　・降雨強度，流出係数

雨水排水量を算出する場合の計算方式は，合理式による場合が一般的である．合理式に必要な降雨強度の定数は地域によって異なるため，それぞれの地域でどのような定数を用いているかを把握する必要がある．

また，排水対象区域の地表条件によって流出係数が異なるため，土地利用計画に基づいて排水対象区域の平均的な流出係数を算定する必要がある．

・流出抑制施設

河川の洪水防止など治水対策として，公園内に雨水流出抑制のための施設を設置する場合がある．広場や駐車場などに雨水を一時的に貯留できるようにする場合，地下浸透施設を設ける場合，調整池の設置が求められる場合等がある．こうした施設の設置は公園の土地利用や利用形態に大きく影響するため，河川管理者や下水道管理者にヒアリングし，必要な条件を確認する必要がある．

《雨水排水設備の整備方針の設定》

公園敷地内における安全性や利用の快適性の確保，自然環境の保全や流下先への影響への配慮等の観点に立ち，できるだけ自然の水循環に近い形での雨水処理を行うことが大切である．基本設計では，排水条件の調査・確認に基づき，敷地条件に適した機能的な排水処理と地下浸透やオンサイト貯留などの流出抑制施設の調和を，それぞれの公園に適した方法で実現するための方針を明確にする．

《雨水排水量の算出》

計画雨水排水量の算出は，地域の排水計画算定式を用いるが，定めのない場合は，一般に次の合理式を用いる．

$$Q = 1/360 \cdot c \cdot i \cdot A \qquad (i = a/t + b)$$

ここに，Q：雨水流出量 (l/s)，i：降雨強度 (mm/h)，t：降雨継続時間 (分)，c：流出係数，A：排水面積 (ha)，a, b：各地域に特有な定数．

《雨水排水方式の設定》

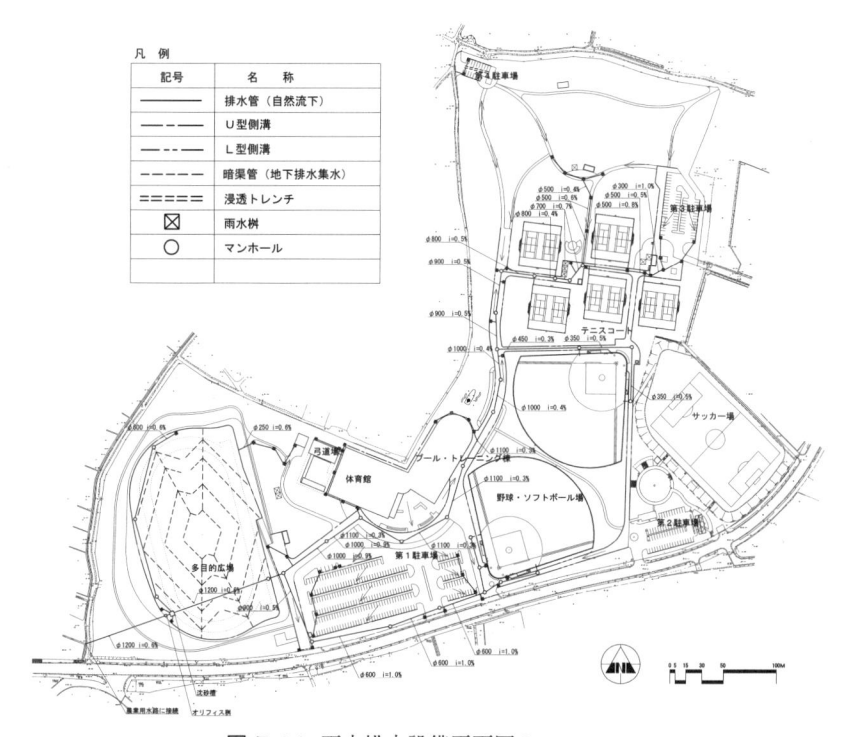

図 7.14 雨水排水設備平面図のフロー

公園敷地から敷地外への放流位置を定め，上流から無理なく雨水を流せるように利用形態(施設配置，植栽地，造成等)を考慮して雨水の排水系統を設定し，表面排水，開渠，暗渠等の排水方式を選定する。また，各排水系統が受けもつ排水区を設定するために区画割りをする。

《雨水排水管路の計画》
　実施設計における雨水排水設計の指針として，基本設計では敷地内の幹線となる雨水排水管路について，位置，管径を設定する。

《雨水浸透施設の計画》
　雨水浸透施設は，地域の保水機能維持，向上に寄与するだけでなく，公園敷地外への流出量を減少させる効果をもつ施設である。土質，地下水位等の条件に左右されるものの，降雨後の排水時間の短縮にも役立ち，施設利用の面からも有効である。代表的な工法としては，浸透トレンチ，浸透桝，浸透側溝，透水性舗装などがあり，敷地条件や土地利用形態等から適切な工法を選定する。

《調整池》
　調整池の設置が必要と判断される場合，調整池容量を算出し，地形や施設配置との調整を図りながら設置位置を決め，調整池の形状を検討し，平面図上にレイアウトする。基本設計でとくに留意すべき点は，周辺の景観との調和や公園施設しての活用を考慮した形状や配置であり，単なる土木構造物で終らせないようにすることである。

④　汚水排水
　便所，水飲み，建物内からの汚水や雑排水，水循環設備からの逆洗浄水等，公園の施設からは汚水が発生する。これらの汚水を公園敷地外の下水道施設へ排水するために，汚水排水設備が必要になる。基本設計では，汚水排水について実施設計の指針となるべき概略設計を行う。基本設計のフローは次のとおりである。

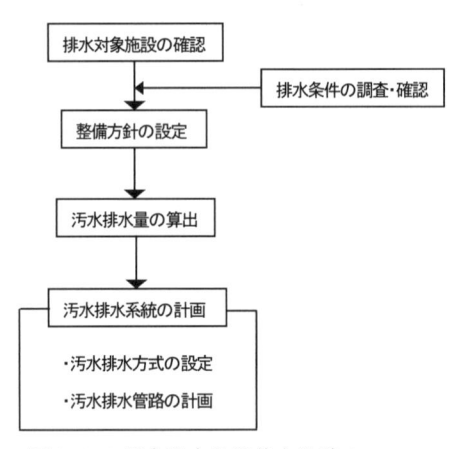

図 7.15　汚水排水設備基本設計のフロー

《排水対象施設》
　汚水や雑排水を排出する公園施設には次のようなものがあげられる。
・修景施設：池，流れ等の水循環設備
・遊戯施設：徒渉池，水遊び場等の水循環設備
・運動施設：プール等の水循環設備
・便益施設：便所，水飲場，手洗場等　　管理施設：管理事務所等

《排水条件の調査・確認》
　排水条件としてつぎの項目の調査・確認が必要である。
・放流先，接続条件，放流水質基準等

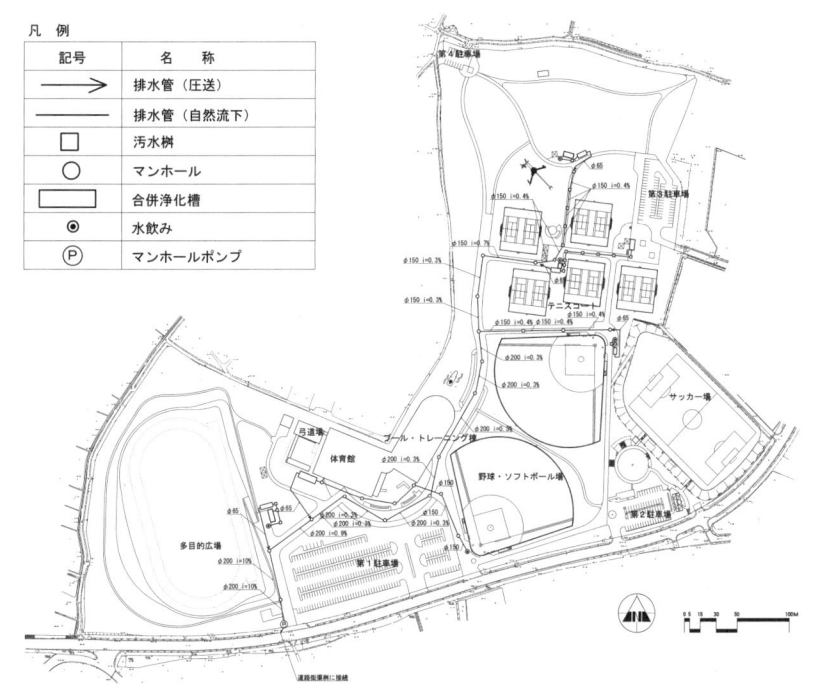

図 7.16 汚水排水設備平面図

　公園内で発生する汚水は，公園区域が公共下水道の処理区域に入っている場合は公共下水道に流すことができるが，入っていない場合はそのまま敷地外へ流すことはできず，浄化槽を設置して基準値以下の水質まで浄化して河川や水路へ放流することになる。したがって，汚水排水の計画にあたっては，放流先が公共下水道になるのか，そうでないのかを確認し，公共下水道の場合は，下水道管の埋設位置，管径，管種，管底の深さ，合流式か分流式かを確認する。一方，浄化槽を設置する場合は，放流先および放流水質基準等を確認する必要がある。

《整備方針の設定》

　汚水排水設備は，公共下水道の処理区域か否かで放流先が異なり，設備内容も影響を受けるが，公園の規模，地形，施設内容，施設の配置等によっても大きく異なる。基本設計では，排水条件の調査・確認に基づき，敷地条件に適した効率的，かつ経済的な排水処理を実現するための方針を明確にする。

《汚水排水量の算出》

　汚水排水量は，排水源となる便所，管理事務所，水飲み等への給水量を基本として算出する。

《汚水排水方式の設定》

　公園敷地周辺の排水系統から放流位置を設定し，公園の地形，施設配置等を考慮して合理的な汚水排水系統を計画する。

《汚水排水管路の計画》

　実施設計において汚水排水設計の指針とするために，基本設計では敷地内の汚水排水管路について，位置，勾配，管種，管径を設定する。検討にあたっては，マニング公式による流量表を用いる場合が一般的である。

第8章　公園緑地の実施設計の立案

8.1　実施設計の考え方と手順

　実施設計は基本設計の立案内容に沿って，実際に施工するための情報伝達と施工のための手引き図書を作る作業である。このため，計画からの意図を実際の現地の状況に合せて，間違いなく具現化していくことが，まず第一に求められる。

　つぎに，施工に際しての安全性，経済性，環境への影響，工期，施工性，品質管理の方法，今後の管理の条件などに配慮していくことが求められる。

　また，最近の施工および管理運営に求められてきている課題に対応するものとして，測量，試掘などで把握できない現地条件下での設計，自然環境そのものへの施工のための設計，自然現象などとの関係に配慮した自在性の求められる設計，地域素材を活かした設計，地域住民などの参加を考慮した設計など，多様性を増してきている。

　設計の手順は住区基幹公園 (街区公園〜地区公園) の標準的なものを示しており，実際の設計に当っては，公園の種別や敷地の特性に合せて進め，設計図書を作成する。設計の各段階ではフィードバックが考えられ，慎重にすすめるものとする。

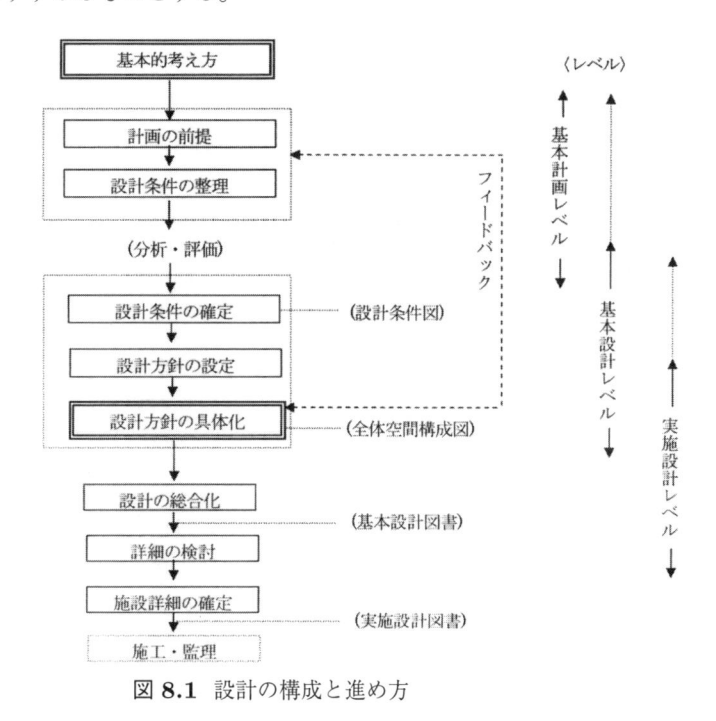

図 8.1　設計の構成と進め方

8.1.1　設計から施工・管理への前提条件

　要求レベル，施工レベルと管理レベルを把握した上での設計がよい結果を生む。要求レベルとは，計画，設計の求める緻密な表現や精度，芸術性の難易度のことであり，この要求に応えられる施工レベルや

維持できる管理レベルがあってこそ，難易度の高い設計が生きてくるが，施工レベルおよび管理レベルが充分でなければ，いくら要求レベルが高くても意味がないということである．実施設計図書は施工レベルが高ければ，それほど指示事項を細かく表現しなくても，自由度を多くした方がよい作品ができる．

設計と施工の関係を考慮して，事前に施工のレベルを設定することができれば，設定することが，よいものづくりにつながる．しかし，特殊な施設でない限り，現在の施工発注方式では，この方法は採れないのが現状である．この場合，低いレベルに合せる方が無難であるということで，指示事項を細かく表現する設計になる．

管理レベルについても，事前に管理レベルを設定することで，材料の選定や施設形態が変化する．たとえば，こまめに防腐処理を施してくれる管理状況下では，木材を床材などに使えるが，そうでない場合は，コンクリートを用いざるを得ないことになり，落ち葉掃除をほとんどしてくれない公園では排水の目詰まりを防ぐため，巨大な集水桝やU型溝か必要になる．この設定を誤ると，水浸しの園地や見栄えの悪い園路側溝などが出現してしまうことになる．

8.1.2 計画意図の具現化

造園事業の特徴は，土木工事，建築工事，植栽工事，設備工事等があり，多様で幅の広い内容をもっている．コスト配分は整備水準を決定する一種の意思決定事項である．適正な投資と成果物の関係は事業計画の中で常に問題視される．実施設計では全体の事業費と個々の事業費を把握し，設計方針に沿ったコスト配分をすることになる．コスト調整を調整しやすい植栽事業費で行う事がある，これらの安易な調整は将来に課題を残すことになる．

- 企画レベルのコストは，全体の事業費の中で造園事業費の占める割合と事業の採算性のバランスが事業費決定の判断基準になる．
- 基本計画レベルでは，全体事業費と各施設事業費間のコスト配分が主要課題となり，概略事業費を算出しバランス調整の判断基準にする．
- 実施設計レベルでは，出来あがった図面から積算し，見積を行って工事費を決定する．それを基準にして入札にかけ，施工者を決定する．

コスト配分と事業費のチェックにはさまざまな段階があり，これらを合理的に処理することにより，より効果的な事業を展開することができる．コストにはイニシャルコストとランニングコストがある．たとえイニシャルコストが高くてもランニングコストが低くメンテナンスが容易である場合には事業投資は合理的であるといえる．コストはトータルコストで判断すべきである．

8.1.3 現地の状況による設計

実施設計作業（萩原近隣公園・都市再生機構（前・都市基盤整備公団））の事例を示し，現地の状況を踏まえた実施設計過程を示す．

（1）まちづくりコンセプトとの整合を図る
　① ウェルネスは，大きな池と自然林に囲まれた地区公園の静的なウェルネス空間に対して，近隣公園は健康スポーツの推進により積極的なウェルネス空間として整備する．
- コートスポーツの場，トリム計画として実現した．
　② 五感体感は，平坦部のウェルネスのエリア，尾根と谷戸の環境教育エリアをつなぐ五感体感をテーマとする．五感を刺激し，心の健康をつくる．はだしの広場，テーマ植栽（香り）として実現する．
　③ 環境教育は，小学生，市民の環境教育活動の場として整備する．活動の素材，テーマ，フィールドを提供する．環境への興味をもたせ積極的な活動を促すための仕掛けづくりを行う．
- テーマ植栽は，香り，薬用，染色材料としての植物と説明板を作成する．
- 観察の森は，谷戸から続く斜面林，鳥の集まる実のなる木を捕植する．工作の材料，葉，枝，木の実を集めるフィールドとする．虫，野草の観察の場として活用する．

- 花の谷や園路沿いの草花，奥は谷へと続く草地。四阿からの視線，敷地外の谷戸の環境へのつながりをもたせる設計とする。

(2) 実施設計条件を整理する

① 実施設計は2期工事に分割する。実施設計段階で谷戸への階段設置が取りやめになった。西側に隣接する計画道路については，道路実施設計が本設計工期内に完成しないため，本設計では基本設計の計画高を基にして行う。展望観察舎，トイレ等については小学校のヒアリングや，まちづくりコンセプトの中での位置づけを確認しながら実施設計を進めることとする。

② 実施設計を進めるにあたり，計画地の条件としてとくに留意すべき項目を確認した。
- 風の影響は，冬の季節風がとくに強く北西側は斜面で風を受けるため，植栽樹種や工法を充分検討する。
- 土壌条件は，計画地は谷戸の盛土造成地であり，土壌条件が悪く基盤整備に多くのコストが必要になる。先例の植物の生育状況を参考にし，緑化手法を決めることとする。
- ほとんどが造成地であめため既存林は少ない。環境圧が強く土条件が悪い，計画地内の既存林は極力保全することとする。
- 隣接する小学校のデザインとの調和については，小学校の裏山的な位置関係にあり，小学校や歩専道のデザインと調和した楽しい空間となるようにする。

③ 造成設計は，道路整備との取り合いがあり，一期工事では，西側に隣接する道路が未整備であるため道路の基本設計に基づき，現況道路と電柱に影響がない部分まで完成形に近づけた造成を行う。
　　多目的広場部分の盛土造成は二期工事の切土受け入れ先として残した。尾根の盛土部分は圧密沈下を待つため，土工事のみ行い盛土上の舗装と一部施設は二期工事とする。二期工事では，西側道路沿いの切土工事を行い，残土は多目的広場の盛土として利用する。不足土量は搬入する。舗装，施設，残りの設備工事，植栽工事，トイレ，展望・観察舎の建築工事を行う。
　　多目的広場予定地に仮置きされた黒土については植栽客土，芝目地として利用する。

④ 展望広場設計は，強い北西風の影響を受ける尾根上の広場であるため，新植の樹木の成長が非常に遅いことが想定される。このため広場予定地内の既存林は貴重な景観要素となり，これを活かした構成を検討する。小さな広場であるため広場の利用を限定しないよう広場ベンチの立ち上がりをできる限り少なくする。
　　構成は，ベースとなる芝生の黄緑とコンクリートの白のコントラスト，アクセントとなる既存林，周囲を馬蹄形に囲うロングベンチとする。
- ロングベンチは以下を満たした構造物として設計する。広場の周囲が急斜面で転落防止の工夫をする。階段や斜路を登ってくる利用者のための休憩施設を設置する。下から見上げた景観を特徴づける。広場は適度な囲われ感を形成する。各種施設はメンテナンスフリーとする。重量感のある脚部に厚手の石板の座部が乗った安定感のあるデザインとする。仕上げは安価な機械ビシャン仕上げ，座面のみ本御影仕上げとする。転落防止を兼ねるため，幼児が簡単にまたげない幅50cm程度とする。
- 舗装は以下を満たしたものとする。展望広場の象徴として方向性をもったパターンとし，目盛り状に東西南北の方位標示を設置する。中心部に地形を表記した方位盤を設置する。自然と人工的要素のかみ合った形状とする。素材は芝生とのコントラストをだすために白色コンクリート舗装とする。周辺の円形部分はコンクリートの骨材洗出し仕上げとする。

8.1.4　施工条件の優先順位づけ

　段階整備の考え方は，一般的に，用地取得計画，開園予定，利用者への配慮，整備費配分を検討し無駄のない工事手順を検討し全体の施工スケジュールを決定する。
- 現場工事にあたり大型車両が進入する仮設道路の検討が必要になる。ルートの決定に当って周辺

住宅地等への影響，無駄のない工事手順を十分に検討し効率のよいルートを決定する。
- 造成工事で現況林があり樹木移植工事がある場合は，樹木移植適期があるため，造成工事は施工時期の調整が必要になる。
- 給水，排水，汚水，電気設備は先行整備することになる。インフラ整備は手戻りのないように事前に十分に調査検討する必要がある。
- 予定工事費の配分により工区分けを行うが，整備期間が長引くと資材の高騰などの影響を受け工事費アップにもつながるため無駄のない施工スケジュールを決定する。

8.2 実施設計の立案

実施設計の立案は，上位計画(基本構想・基本計画・基本設計)を受け造園工事に使用する設計図書の作成と工事費を算出することである。
以下に，「萩原近隣公園」における実施設計作業を通しての設計作業を参考として示す。

《萩原近隣公園設計条件》
- 公園面積—約 2.16 ha ・種別—近隣公園
- 近隣公園の設計条件
  北側—ニュータウンの北端に位置する。
  南側—都市計画道路をはさみ小学校・20 m 歩行者専用道路が計画されている。
  東側—歩行者専用道路をはさみ研究所に隣接している。
  西側—道路をはさみ集合住宅地と下水道施設に隣接している。
- 萩原近隣公園設計方針
  小学校との一体利用施設としてミックスコミュティーのシンボルにする。
  谷戸を活かし地域の田園・自然をニュータウンへの貫入口となる公園にする。
  平坦地を活かした多様なスポーツ活動の場とする。

8.2.1 実施設計図の作成

基本設計にまとめられた計画を，具体化するための過程が実施設計である。設計は形状や品質，工事方法などを，図面および仕様書にまとめることである。造園工事の場合，設計書(工費別数量内訳書)を作成し予定価格の基礎を作成する。この工費別数量内訳書を含めて設計図書としている。

図面は，工事内容を的確に直視的に表したもので，工事の基本となる。したがって，図面は表現上の約束をもつものであり，施工者が充分に読みとれるものであることが重要になる。設計の段階ですべての細部にわたり表現することは困難であり，施工段階で部分詳細図・施工図・原寸図などをつくりカバーされる。これらを除いた図面類が設計図書を構成する。

《実施設計図書》
(1) 案内図は 1/1,000～1/10,000 で，周辺を含めた平面上に，工事の施工範囲を示す。大規模公園の場合は年次割計画に基づいて施工区域は公園内の位置も明記する。
(2) 現況図は 1/200～1/500 で，工事前の測量図である。既存樹木，支障物，周辺部との取り付け現況などを記入する。撤去物や移植樹木などが判別できるものとする。
(3) 配置図の縮尺は 1/200～1/500 で，公園施設の位置関係をおとした図面であり，地形も示す。現場での施設位置割り出しに使用するので，基準点を明確に表示する。
(4) 平面図の縮尺は 1/200～1/500 で，工事の総括となる図面であり，施工内容を明確に示すものである。一般的に，施設平面図，植栽平面図，造成平面図，給排水平面図，電気平面図などがある。
(5) 造成断面図の縮尺は 1/200～1/500 で，園地造成のための縦断面図と横断面図がある。測点，単距

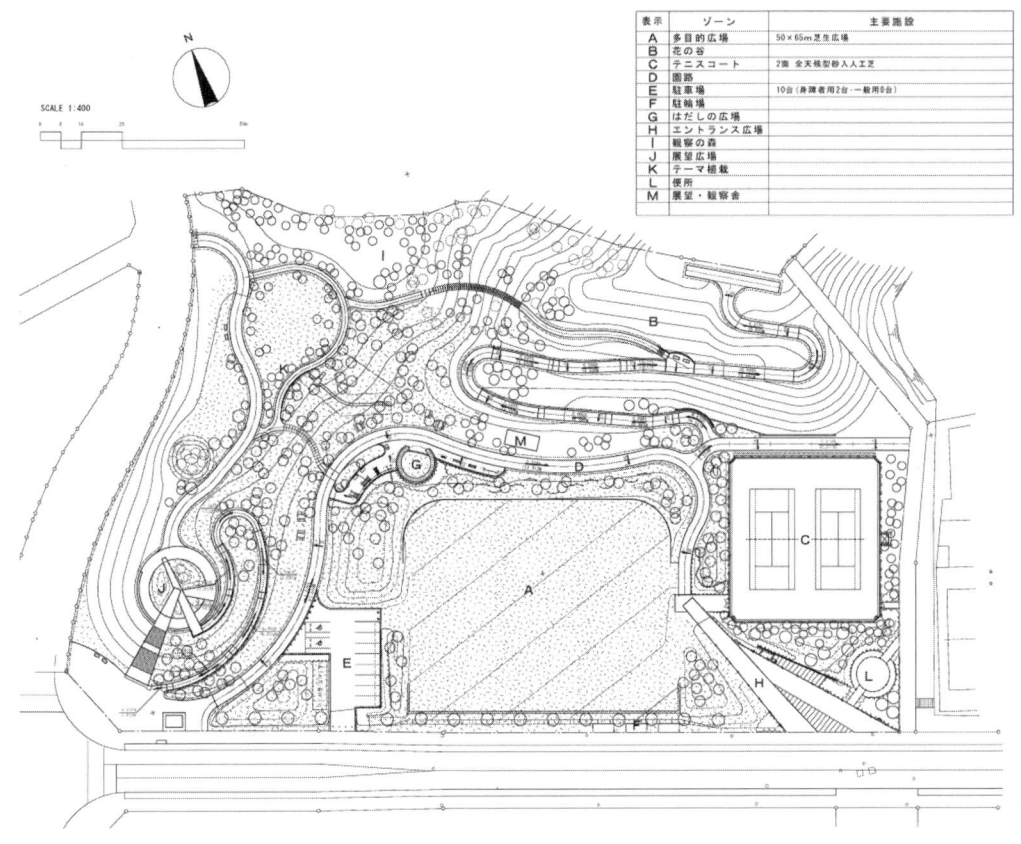

表示	ゾーン	主要施設
A	多目的広場	50×65m芝生広場
B	花の谷	
C	テニスコート	2面 全天候型砂入人工芝
D	園路	
E	駐車場	10台(身障者用2台・一般用8台)
F	駐輪場	
G	はだしの広場	
H	エントランス広場	
I	観察の森	
J	展望広場	
K	テーマ植栽	
L	便所	
M	展望・観察舎	

図 8.2 実施設計平面図

離,追加距離,現地盤高,計画地盤高,切土高,盛土高を記入する。基準線をもとに断面図をかく。
(6) 構造図の縮尺は 1/10～1/50 で,正面図,側面図,平面図,断面図,寸法,構造材および仕上げ,図面記入仕様などを書く。必要により,展開図,組立図,伏図,仕上げ表,詳細などを書く。
(7) 植栽図の縮尺は 1/200～1/500 で,一般的に高・中木図と潅木・地被図に分ける。樹種別,高木・中木の位置関係などを示し,形状寸法・単位数量表として表す。
(8) 仕様書は,設計図書を構成する一つである。図面とともに設計意図を施工者に伝え,法的に権利や義務の約束を結び,予定した工事の出来形,品質を確保し完成するに必要な契約関係図書である。工事共通仕様書とその工事のみに適用される特記仕様書の 2 種類がある。
・ 工事共通仕様書は,学会,国や地方公共団体で定めたものがある。
・ 特記仕様書は,造園工事は多様性があり,現場ごとの特殊な条件があり,その特殊性や地域性を具体的に規定し,契約条項とするものである。一般的に,図面および特記仕様書は標準仕様書に優先するとされている。工事の施工にあたっては,監督員の指示,材料・施工方法等の承諾,設計協議が重要になる。
(9) 設計書 (工種別数量内訳書) は,工種別数量内訳書として特記仕様書に含まれる。工事費算出の基礎になり,使用材料の形状寸法,単価,数量,金額,現場施工の歩掛により工事の所要人数を工種別に算出する。

8.2.2 造成設計

公園は水や緑とオープンスペースを中心として構成される空間であり,その基礎である自然地形 (丘陵,台地,低地,谷津田,尾根,斜面等) は均質ではなく多様な空間単位から成り立っている。大地には

先人の歴史が刻まれ，地域の風景をつくっている。公園空間の基盤としての土(土壌)はきわめて重要な存在である。敷地造成にあたって大きく敷地的特質を読取り，保全・創出の観点より，景観的構成を検討した。土壌環境の保全・創出に視点をおき，大地の生命空間の保全・再生を優先する。

① 造成設計方針

尾根地形のニュータウン地区内への連続性を形成する(公園のランドフォーム+小学校のアーキフォーム)。

- まとまった平坦地が確保できるのは当公園のみとなっており，地区内のコートスポーツ施設として平坦地を確保する。
- 地区全体の造成により，発生土が余っている状況にあり，切り盛りのバランスをとる。
- 自然地形の残る部分については自然地形を生かした計画とする。
- バリアフリーを考慮し，主な動線となる南側道路と多目的広場とテニスコートは同じレベルにする。
- 谷戸部は自然観察のフィールドとして整備するためラウンディングを施し周辺地形とのなじみをもたせる。
- 道路整備との取り合いは，一期工事では，西側に隣接する道路が未整備であるため，一期工事では道路の基本設計に基づき，現況道路と電柱に影響がない部分まで完成形に近づけた造成を行う。多目的広場部分の盛土造成は二期工事の切土受け入れ先として残す。尾根の盛土部分は圧密沈下を待つため，土工事のみを行い盛土上の舗装と一部施設は二期工事とする。
- 二期工事では，西側道路沿いの切土工事を行い，残土は多目的広場の盛土として利用する。不足土量は搬入する。・仮置き表土の利用，多目的広場予定地に仮置きされた黒土については植栽客土，芝目地として利用する。

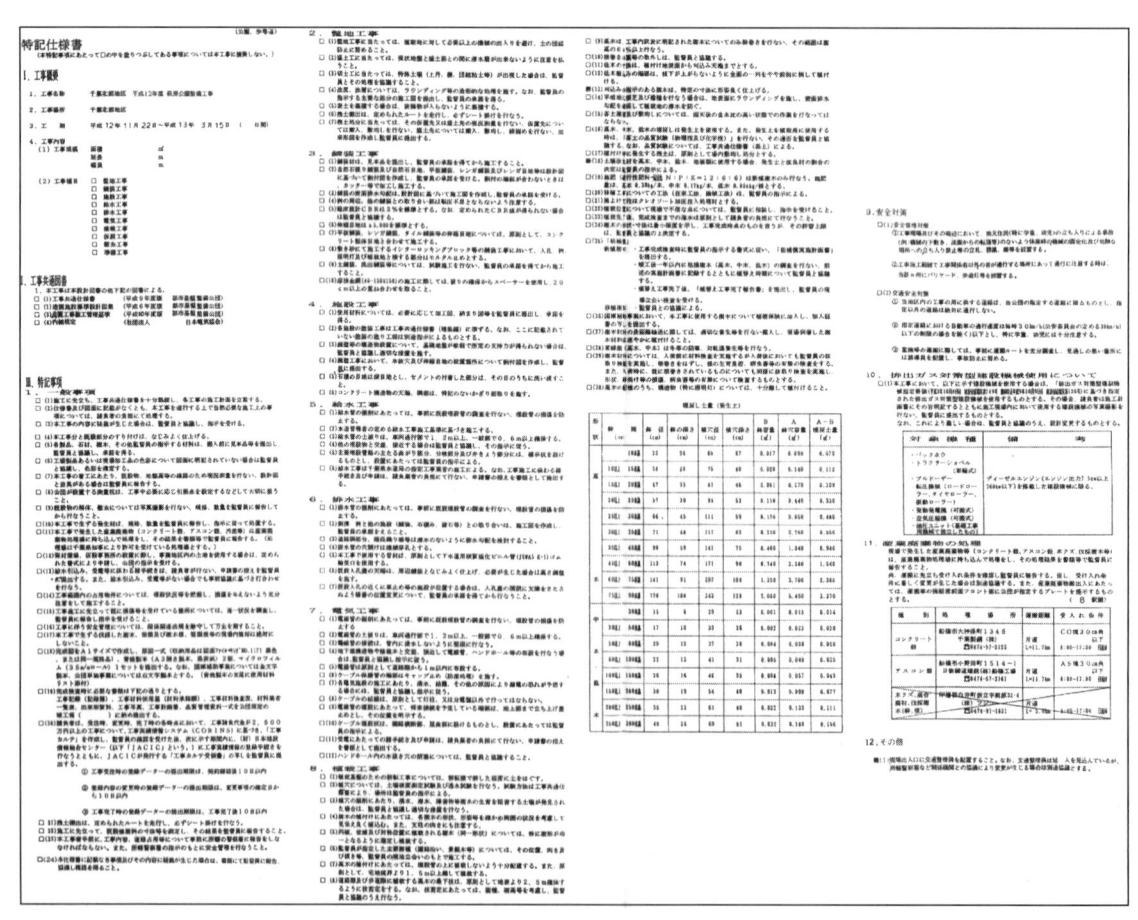

図 8.3 特記仕様書

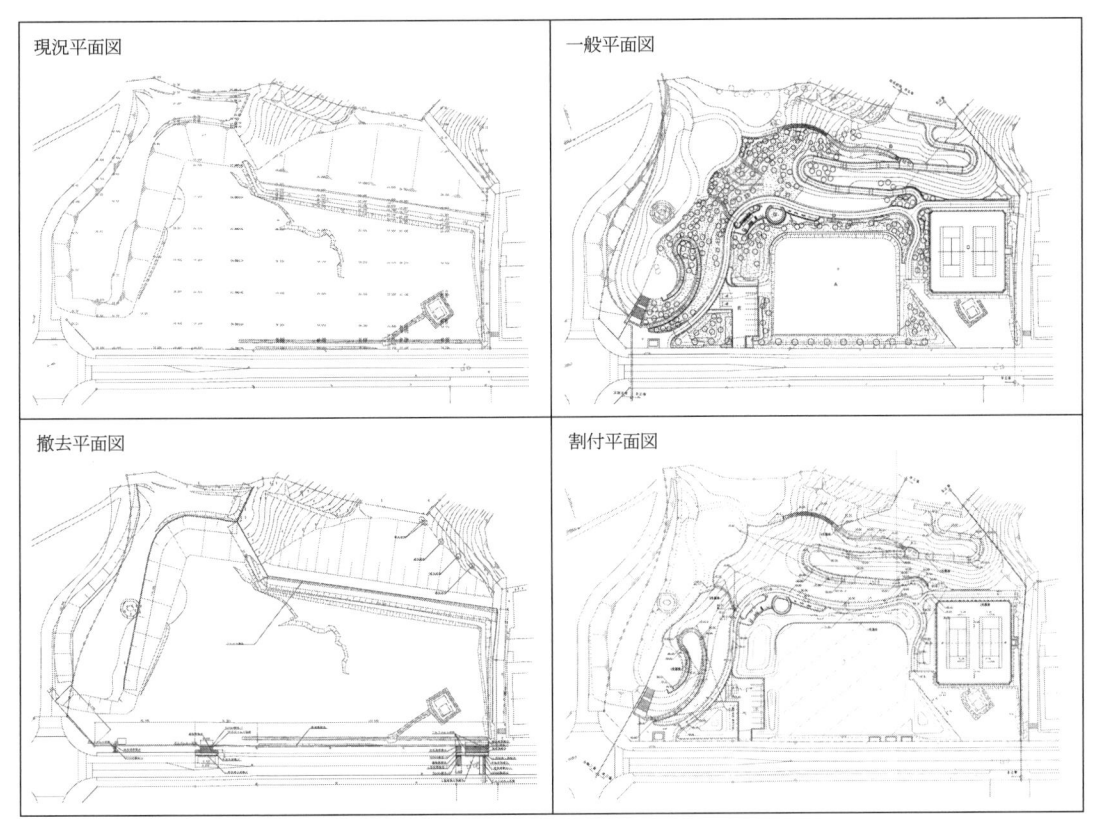

図 8.4 現況平面図 (左上)/一般平面図 (右上)/撤去平面図 (左下)/割付平面図 (右下)

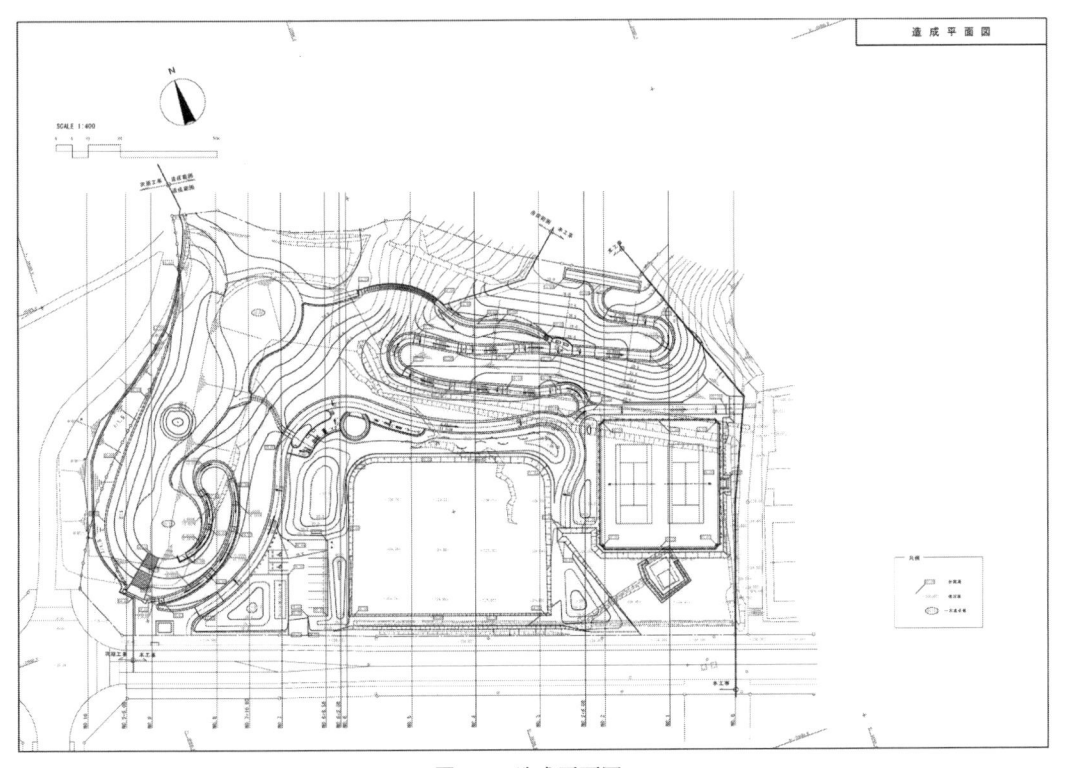

図 8.5 造成平面図

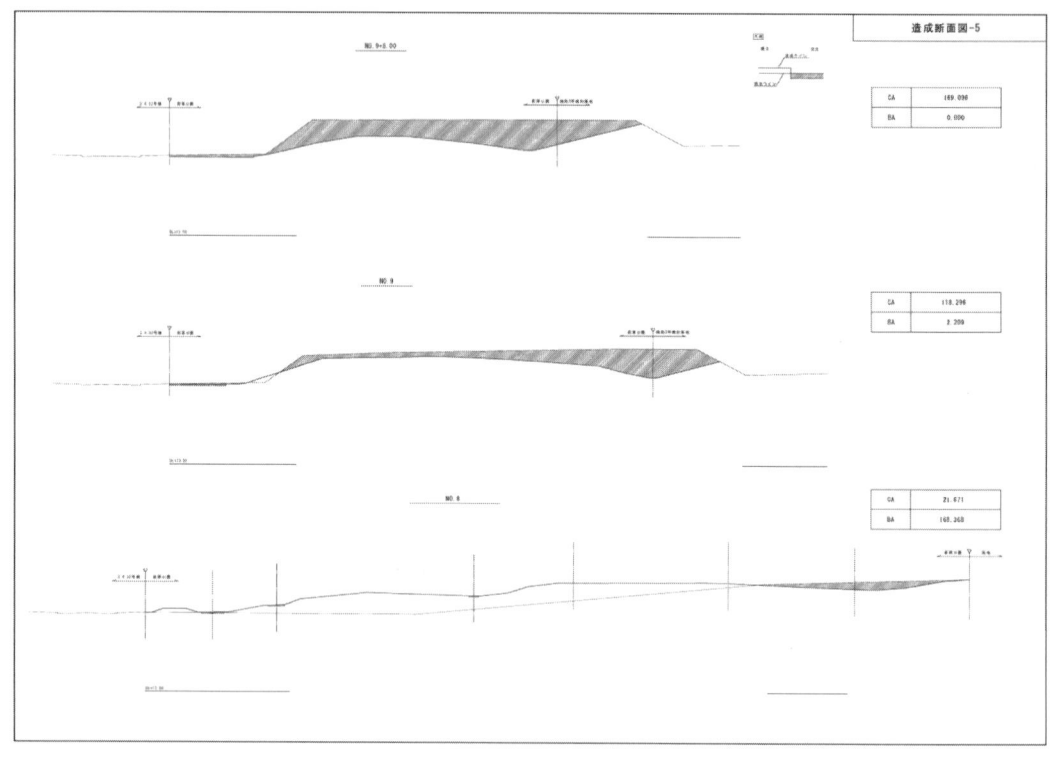

図 8.6 造成断面図

8.2.3 施設設計

施設設計の手順は，計画段階において設定した設計条件をもとに，施設設計に関する調査と全体計画との相互調整を行い，導入施設および施設の規模・配置を決定する。具体的な施設設計においては，形態等に関する技術的な検討と設計段階からの積極的な管理運営面からの検討を行う必要がある。

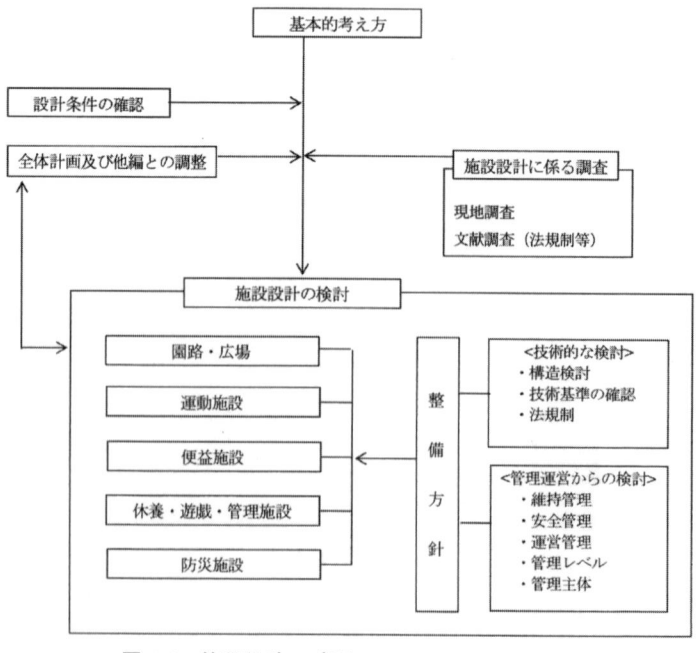

図 8.7 施設設計の手順

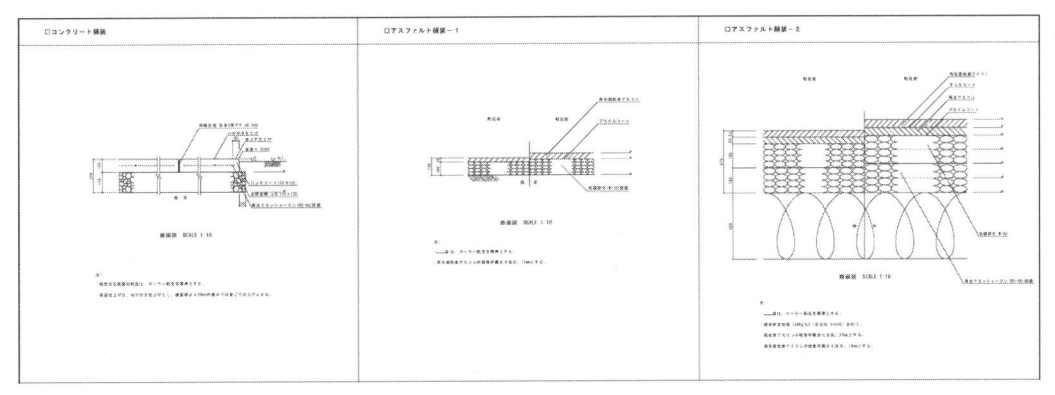

図 8.8 舗装詳細図

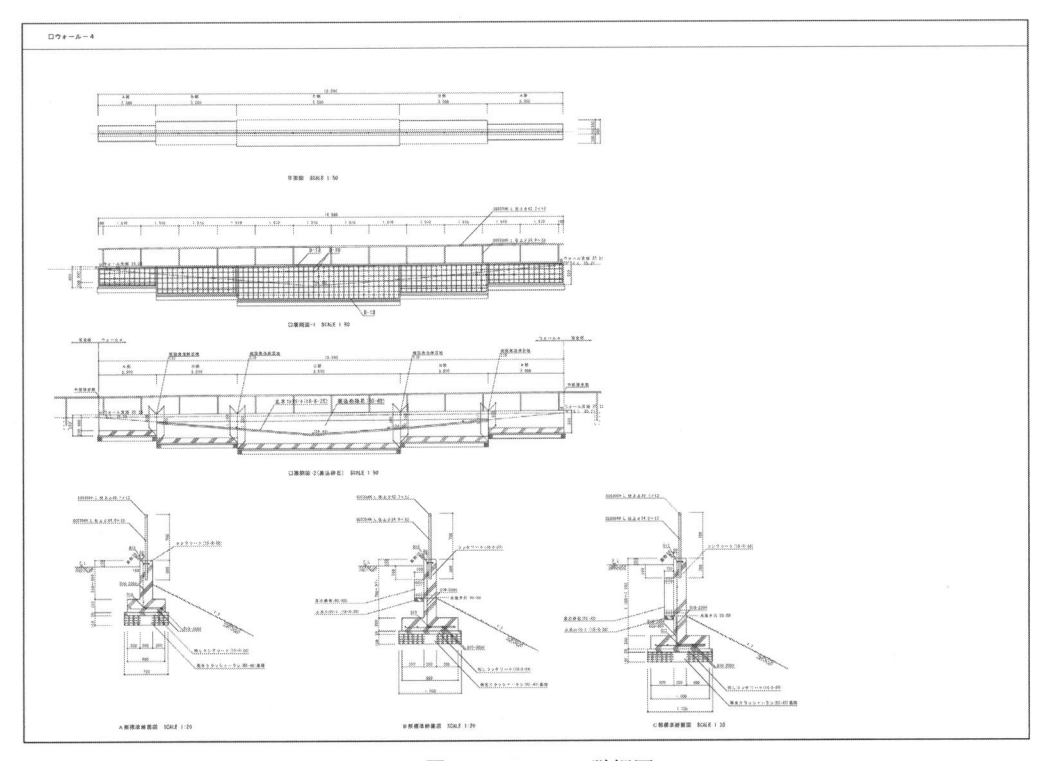

図 8.9 ウォール詳細図

8.2.4 植栽設計
① 全体整備方針
- 植栽設計は，造園空間の根幹を成す，生き物としての植物を扱い，とりわけ環境との共生・環境資産としての活用・植物の特性を考慮し潤いのある花と緑のある豊かなまちづくりを目指す。
- 現況の谷戸地形や尾根地形の復元に合せた郷土の森の再現を目的とする。そのための基本樹種は地域の落葉紅葉樹林の構成種を基本にした。また，公園敷地外の既存林と一体となった環境教育のフィールドとしての活用を目指す。

② 植栽ゾーンごとの方針
- 現況保全エリアは，1 000 m^2 程度の自然地形・雑木林が残っており新植し保全する。
- 斜面植栽地は，公園全体植栽の骨格となり，将来の自然観察フィールドに育成する。
- テーマ植栽は，環境教育施設として環境との関りについて学ぶために，染料となる植物，薬用植

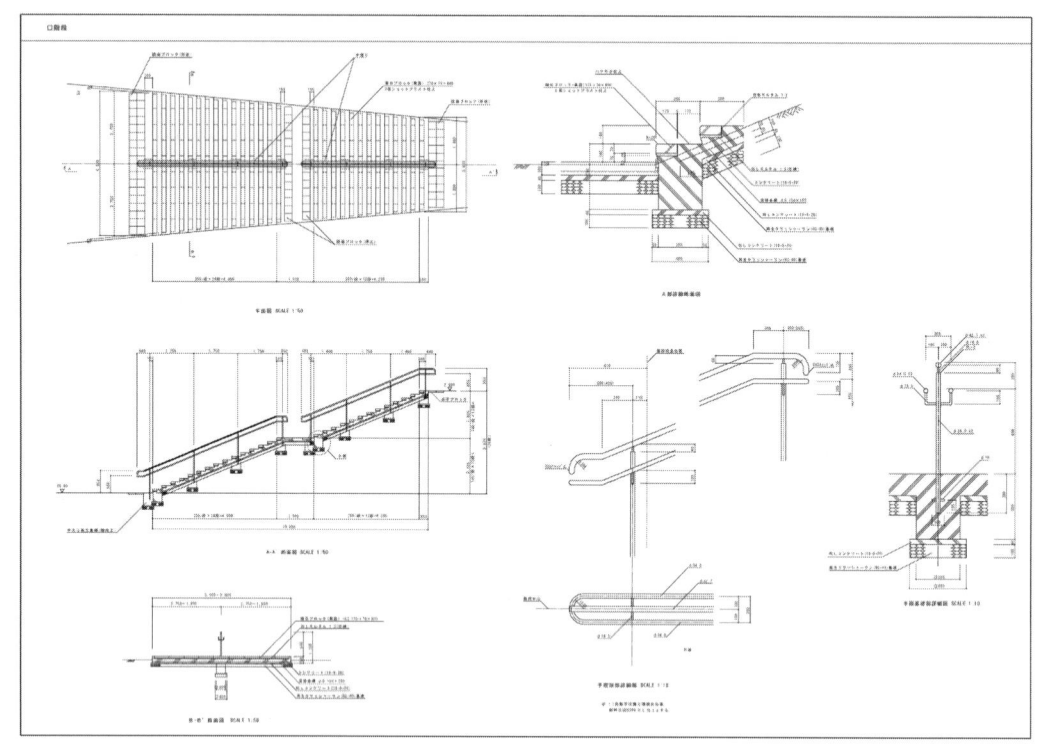

148 / 第8章 公園緑地の実施設計の立案

図 8.10 階段詳細図

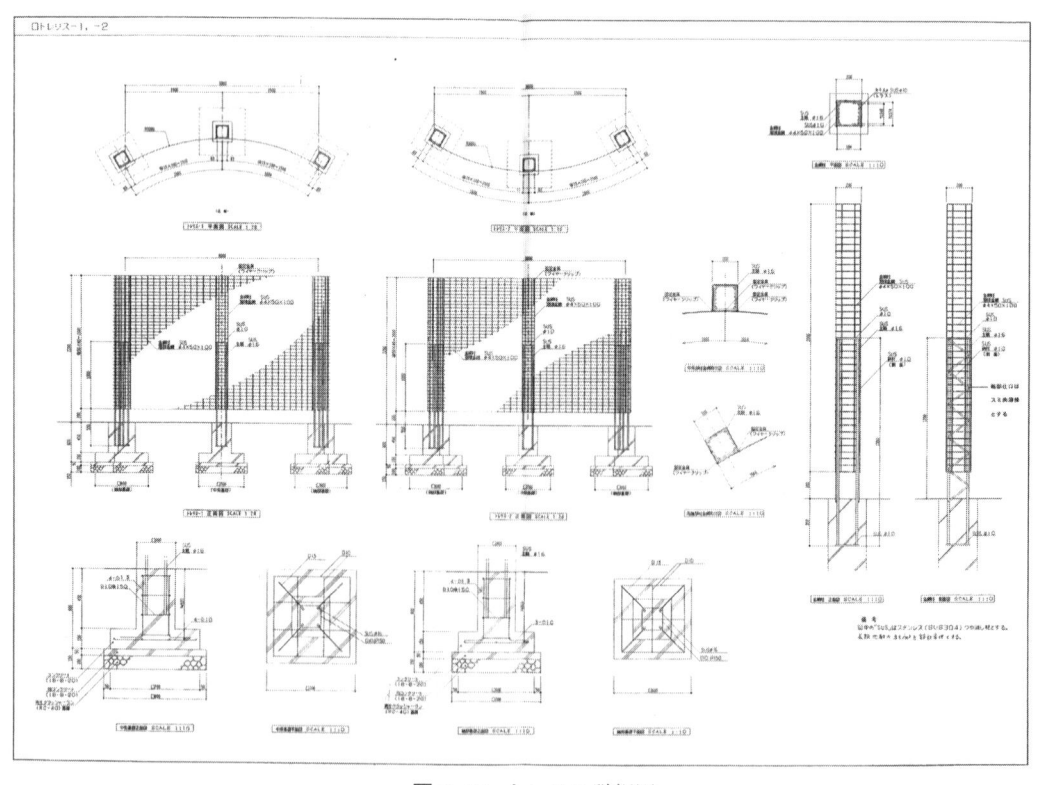

図 8.11 トレリス詳細図

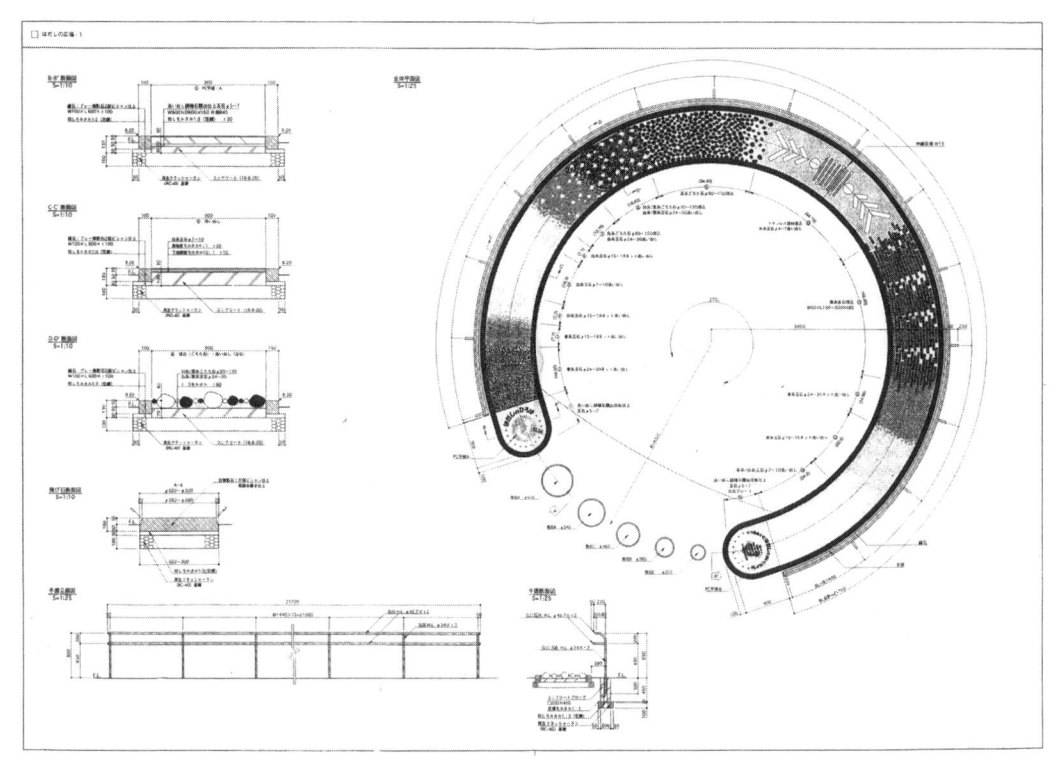

図 8.12 はだしの広場詳細図

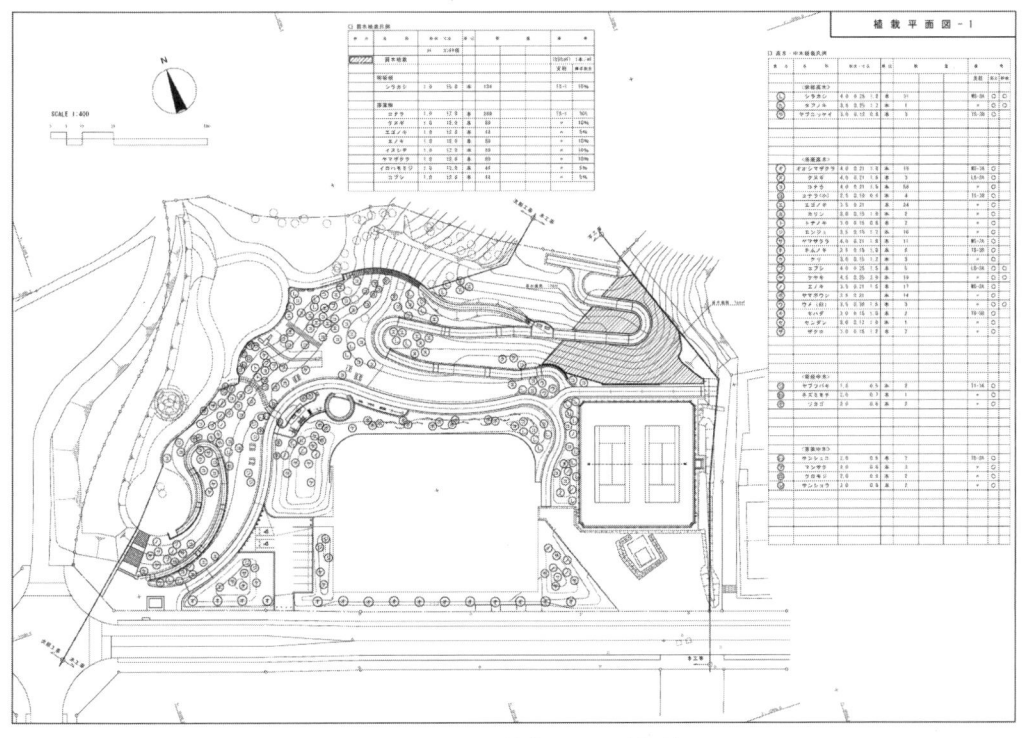

図 8.13 植栽平面図（高木）

物，香りの植物を植える。
- 展望広場植栽は，星の観察，街の俯瞰のため高木植栽は行わない。
- エントランス広場は，歩行者専用道路からのエントランスとしての広がりを演出する。
- 斜面林貫入植栽は，谷戸から歩行者専用道路へ緑の?がりをつくる雑木林を植栽する。
- こどもの森植栽は，小供の遊び場としての芝生＋緑陰樹と，植物に興味をもつキッカケとなる実のなる木を植栽する。

8.2.5 供給処理施設計画

　設備設計(電機設備・給水設備・雨水排水設備・汚水排水設備)は，その計画対象およびその内容によって多岐に渡り，専門技術や法規・基準が伴う。したがって，運用にあたっては，空間の特性・条件を十分に考慮し，造園空間の構成施設および多岐に渡る設備項目相互の調整を行いながら運用を図る。

　萩原公園を構成する施設・地形・植栽・水空間等との関連性を配慮し，各ステージでの調整を十分に行った。設備設計は，その機能を十分に発揮し，環境・景観へ与える影響を配慮する。

　設備は常に完全な状態で管理されなければならないため，以下の方針で設計する。

① 空間の目的に適合した安全性・信頼性の高い設備とする。
② 設備自体は，効率は高く，合理的・機能的であることを前提にする。設備機器および構造が，周辺景観に調和したものとする。
③ 維持管理を十分に考慮して耐久性・保守管理性のしやすさ，経常経費(ランニングコスト)に配慮する。

(1) 給水設備設計

　給水設備設計の基本方針は，水源は上水とする。トイレの洗浄はフラッシュバルブとする。乾燥時の潅水のため，芝生地に散水栓を設ける。引込は南側の道路に敷設してある本管より行い，直結方式で配水する。トイレおよび，水飲兼手洗い，散水栓の給水必要量を把握し，給水引込管径および配管ルート，配管径を設定する。

　散水量は，その対象面積を多目的広場およびこどもの森(芝生部分)とし，散水強度を $1.0\,\mathrm{mm/m^2}$，最大でも全体を2日に1度行うとして計算した。

　身障者便所および水飲み，散水栓は，その使用頻度が少ないので計算から除外した。

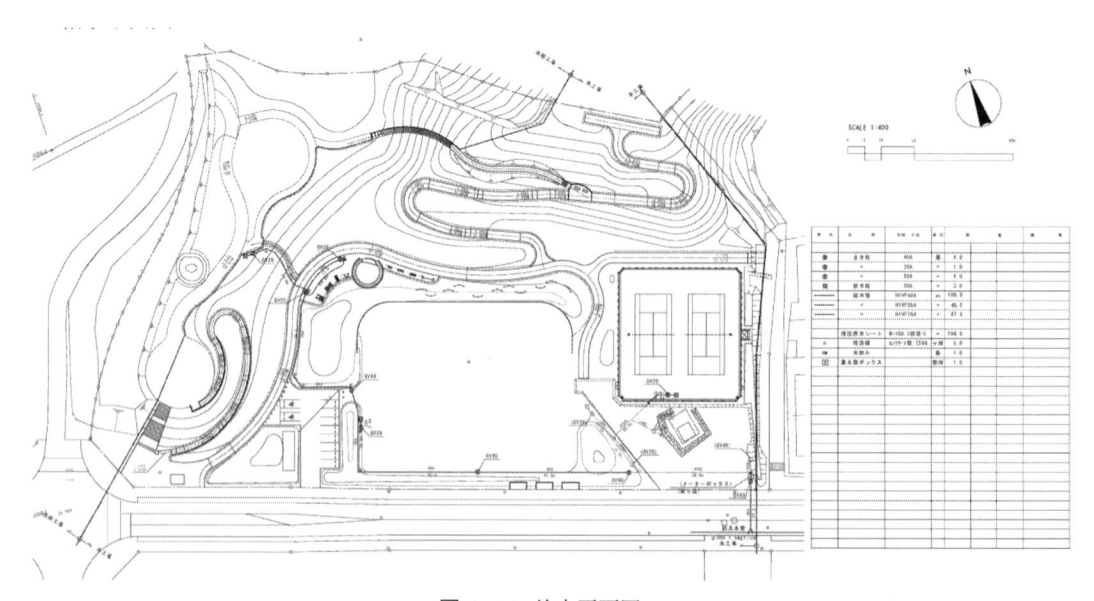

図 8.14　給水平面図

公園の場合，上記で算出した日給水量の合計が年間を通じて，日最大給水量として考える。

器具の所要量，使用回数，使用時間は，建築設備設計容量 (建設大臣官房庁営繕部監修) を基に算出している。

(2) 雨水排水設備設計

雨水排水設計は，敷地における安全で快適な利用や，環境保全への配慮，空間構成要素としての排水施設，植栽等の適切な維持・保全に必要な排水施設の整備を目的とし，できるだけ自然の水循環に近い形で水系の保護を図る。

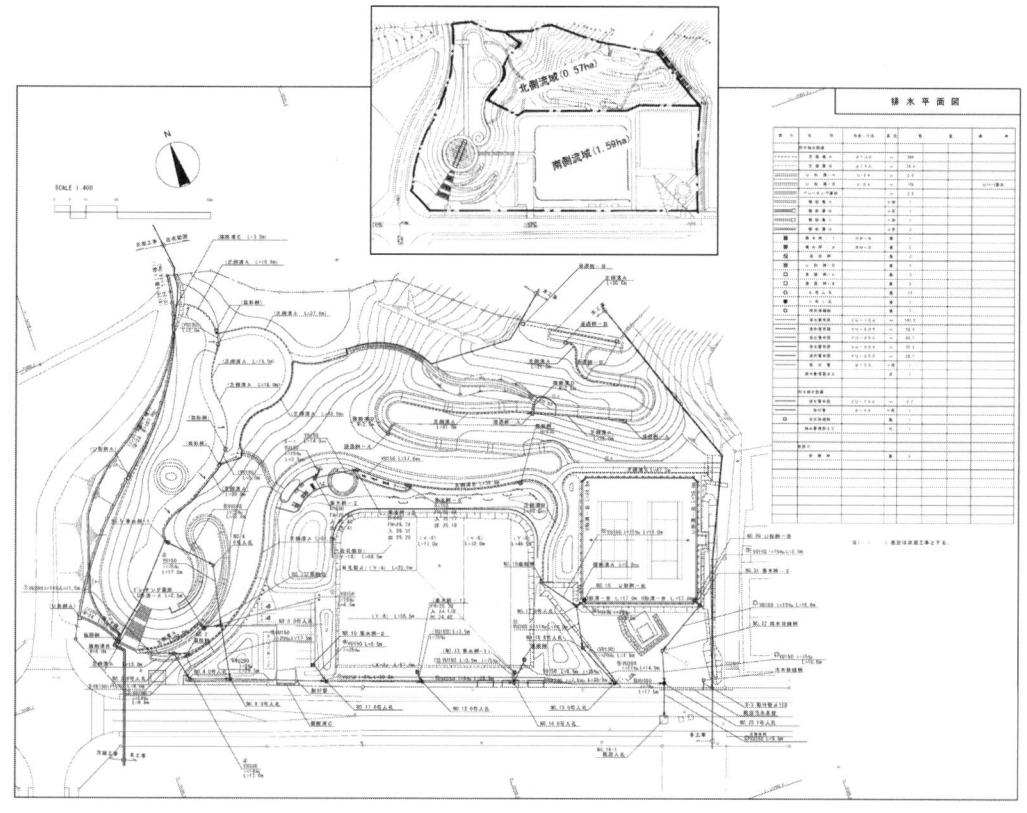

図 8.15 雨水排水平面図

公園区域 (約 2.16 ha) は，排水区域として，南側流域 (1.59 ha) と，北側流域 (0.57 ha) に区分され，南側流域については，公園に隣接する都計道の雨水本管に排水し，既存の谷戸を排水先とする北側流域については，既存の谷戸に排水路が未整備であり，北側流域の土地利用が，流出係数の低い，樹林地および法面であるため，浸透施設を設置して対応を図るものとする。

排水施設で L 型側溝や集水桝は，排水機能に加えて造園空間に与える景観的影響についても十分に検討し，景観への調和に十分配慮した構造とする。

(3) 電気設備設計

電気設備設計基本方針は，近隣公園としての利用に際し，安全な照度を確保する。外灯設備，建築施設の電気設備，屋外コンセント盤 (イベント用) を設計する。

外灯設備おける，公園の照度の設定は，小学校に隣接することからも「平均的な市街地に位置し，夜間の利用頻度の少ない公園」と位置づけ，平均照度は 1 lx を目標とする。主園路は，最低 1 lx を確保する。

灯具および光源の設定は，灯具は住宅地であるため，光源を抑えた下向き主体で，また，いたずら等による破損防止と，維持管理費の軽減のため，強化ガラス製グローブの灯具とする。光源は，水銀灯 (HF) の 200 W とする。

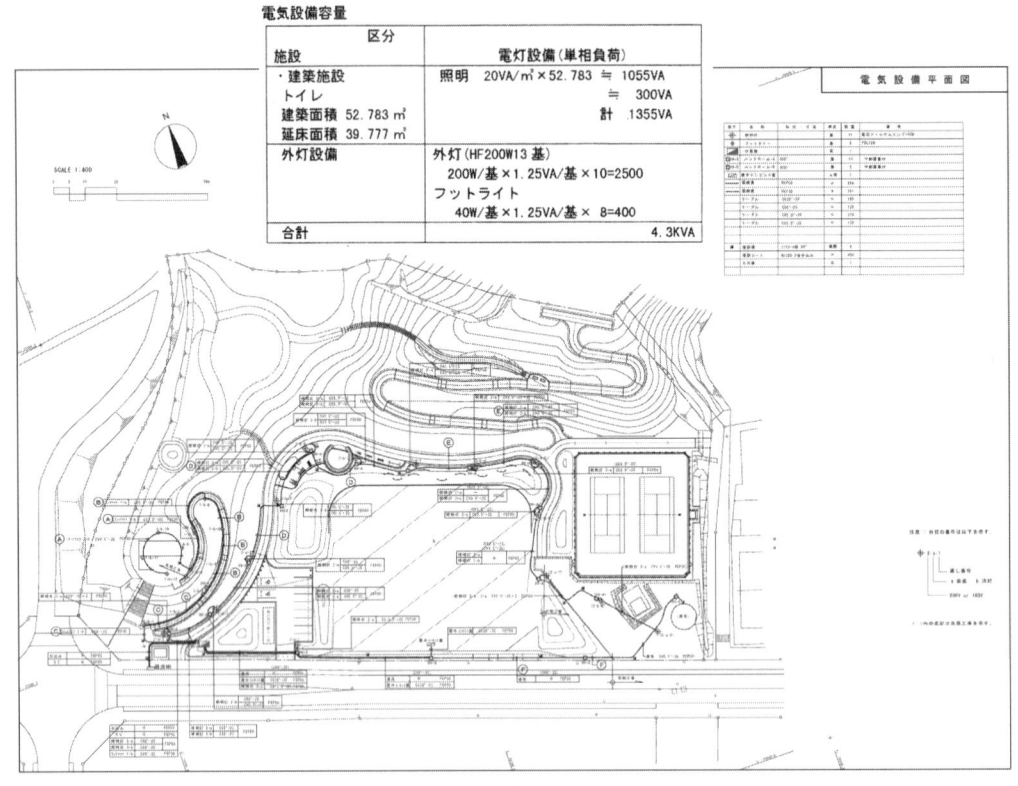

図 8.16 電気平面図 (高木)

供給計画は，公園内に，引込開閉器板 (WHM 付) を設置し，隣接歩道に設置されている東電地中管路により，低圧 $1\phi3\,\mathrm{W}(200/100\,\mathrm{V})$ で引込み，契約種別は，重量電灯 C となる。

8.3 CAD による実施設計

8.3.1 公園設計等の電子成果品の構成

ここで実施設計の対象とするオープンスペースは，行政が計画し建設して管理をする公共施設としての公園緑地と寺社やビルの公開空地などがあり，公共と民間とでは設計の内容や管理の仕組みなどが異なっている。

公園緑地をはじめとする公共事業を統括する国土交通省では，公共施設の効率的な計画・設計から施工，維持・管理にいたる空間形成のライフサイクル全般にわたる各種情報を電子化し，事業者である行政，設計施工を担当する企業，その空間を維持管理し利活用する行政と市民が，技術情報や維持管理更には利活用にかかわる情報を，電子データとしてネットワークを介して交換し共有し，より効果的な公園空間の活用を果してゆくことを目標として，「公共事業支援統合情報システム：CALS/EC」の構築が進められている。

CALS/EC は，調達から事業のライフサイクル全般を支援する仕組みであり，その公共事業への適用のメリットは以下のように考えられている。

① 確実かつ迅速な調達と取引が可能となり，事業の受・発注手続きが透明となる。
② 時間と場所の制約を受けない情報の交換が可能となる。
③ 情報の共有による事務処理のスピードアップを図ることができる。
④ 情報の連携による事業執行の円滑化を図ることができる。
⑤ 事業のライフサイクルを支援することができる。

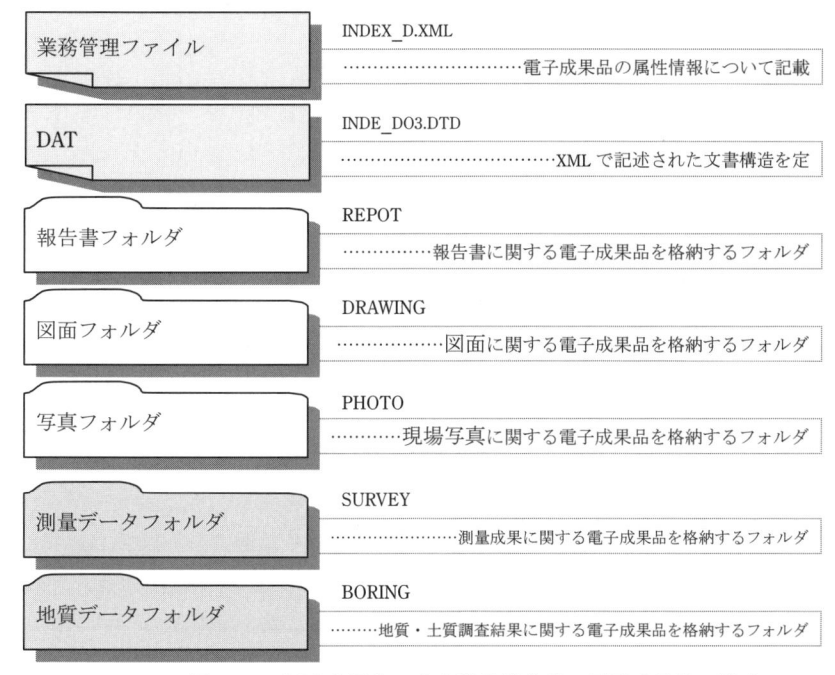

フォルダ/ファイル	ファイル名	説明
業務管理ファイル	INDEX_D.XML	電子成果品の属性情報について記載
DAT	INDE_D03.DTD	XMLで記述された文書構造を定
報告書フォルダ	REPOT	報告書に関する電子成果品を格納するフォルダ
図面フォルダ	DRAWING	図面に関する電子成果品を格納するフォルダ
写真フォルダ	PHOTO	現場写真に関する電子成果品を格納するフォルダ
測量データフォルダ	SURVEY	測量成果に関する電子成果品を格納するフォルダ
地質データフォルダ	BORING	地質・土質調査結果に関する電子成果品を格納するフォルダ

図 8.17 国土交通省の土木設計業務等の電子成果品の構成

公園の実施設計の作業は，設計成果のアウトプットとして施工の手引きとなる各種図書を作成する事であるが，それらの作業もCALSの仕組みの一環としてCADソフトやワープロソフト，表計算ソフトなどさまざまな電子データ作成ソフトを活用して，情報の基礎となる成果図書を作成することが必須となってきている(図8.17)。

8.3.2 電子データを活用した設計から管理までのフロー

ランドスケープが目標とする空間は，植物などの生きている自然要素により構成されるため，施工完了時点が完成ではなくそれ以降の維持管理作業の積み重ねにより，目標とする空間を形成してゆくことが必須条件となる特性をもっている。

電子成果品のうち，図面フォルダは設計段階から工事段階および管理段階にいたる公園ライフサイクル全般の，ベース図面として活用される重要なデータとなる。

設計段階では，上位計画の基本設計および地質成果や測量成果に基づいて，具体的な工事の内容を指示する実施設計図面や数量調書・報告書を作成する。

施工段階では，実施設計図に基づいて現場において発生するさまざまな変更果を取り込んで修正し，出来形を記録した竣工図と施設調書を作成する。

公園の開園後の維持管理の段階では，竣工図や施設調書に基づいて，管理図面と管理調書を作成する。それを基として管理対象となる公園の空間特性を把握した上で管理計画を作成し，具体的な実施計画を作成し現場での管理作業や管理調査を実施し，おのおのの作業段階で発生する変更情報を最新の内容に更新する。また，改修や補修などの変更を行った時にもる変更情報を最新の内容に更新し，空間のライフサイクル形成の最新のデータとする(図8.18)。

CADで作成した図面を活用した情報伝達は，設計や施工・管理などの段階に合せた情報の編集が容易に行うことができるなど，施設のライフサイクル管理に効果的なものである。

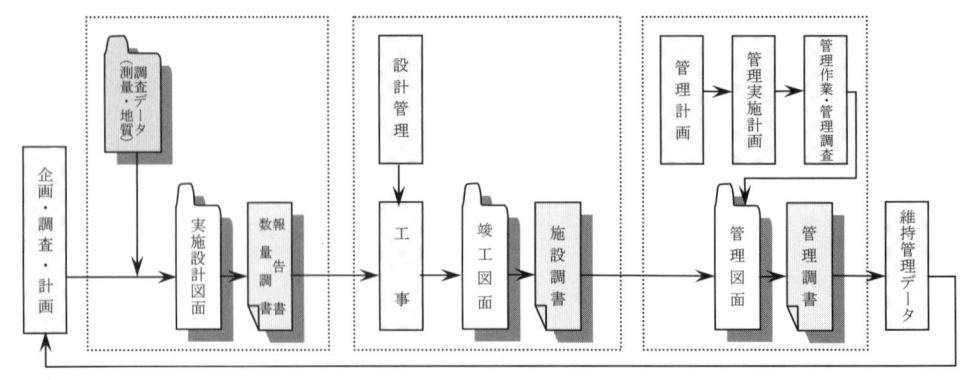

図 8.18 設計段階から工事段階・管理段階までのフロー

8.3.3 CADによる図面作成の基本事項

公園・緑地は，供用開始後にも人が手を加えて行う空間管理や植栽された植物の成長などにより進化を続け，そのライフサイクルは永久に継続するといえる。CADにより作成された図面情報は，設計から管理までのライフサイクル管理には効果的なツールではあるものの，誰でもが半永久的に閲覧・編集できる必要があり，特定のソフトや特定個人の著作権の存在するデータや仕様によってのみ保管されるものであってはならない。

コンピュータは，ハードウエアであるマシンとそれを動かすソフトの組み合せにより作動し，ソフトウェアは，コンピュータそのものを動作するやWindowsやMacなどのオペレーションソフトと，文書や図面を作成するなどの具体的な作業目的を効率的に行うアプリケーションソフトとに分類される。

図面を作成する設計者は，使用する目的や業務の内容および使用者の使い勝手などによってオペレーションソフトを選定し，それに準拠したアプリケーションソフトを採用している。それら数多くのソフト間では，比較的容易な設定で相互の互換性を確保できるものと，基本構造が大きく異なり互換性を確保しにくいものとがあり，採用するソフトは互換性が確保できるものが条件となる。

CALS/ECでは，ソフト相互のデータの互換性を円滑に確保するため，二次元CAD交換標準フォーマット仕様をSXF*に設定している。

SXFには，国際標準であるISO規約に則ったP21形式と，CADデータ交換のための簡易な形式のSFC形式とがあり，国土交通省などではP21形式を対象としている。

SXFの開発レベルは，レベル1〜4までの段階分けになっており，現在実用化されているものはレベル1，2までとなっている（表8.1）。

表 8.1 SFXの開発レベル

レベル1	画面(紙)上で，図面表示が正確に再現できる。
レベル2	2次元CAD製図データの要求を満たし，再利用時における使い勝手が確保されている。
レベル3	レベル4の仕様策定過程で必要とされる幾何部分の仕様。
レベル4	GIS，統合DBとの連携など，CAD関連ソフト間のデータ交換基盤の提供。

現在多くのCADソフトではSXFへの対応が進められており，SXF(P21)形式をサポートしたCADソフトの検定が実施されて，検定合格ソフトが出ている。

---

* Scadec data eXchange Format の略。財団法人日本建設情報総合センターの主催する官民コンソーシアム (SCADEC) で定めたCADデータの中間フォーマット。

8.3.4 CAD 製図基準について

従来の紙による設計情報は，情報伝達の手段や伝達時間，保管など不便な点があったものの，紙に書かれた図面を読めば内容が理解できるように，伝達の手段が単純なため細かい約束事を必要としない方式であった。そのため，設計図作成の際に準拠する基準は，紙に書かれる線，記号，文字，数字や尺度，表現方法などを規定した内容となっていた。

CAD データによる設計情報は，図面としてアウトプットしない生データの状態では，現場におけるものづくりの情報伝達の手段として使うことができないものである。データを紙情報として活用するためには，CAD の特性を踏まえ CAD 図面に表現される情報を実用レベルで円滑かつ正確に交換するための，基本ルールを定めた基準が必要となる。

国土交通省は，国土交通省が実施する公共事業を対象として，CAD データで納品する場合のデータの管理項目 (ファイル名，レイヤー名等) フォルダの構成，ファイル形式等の標準仕様を定めた，「CAD 製図基準 (案) 〈改定素案〉」を公表している。

土木学会は，鉄道事業，電気，ガス，水道などの事業者を考慮し，かつ ISO との関係もより密接な「土木 CAD 製図基準 (案)」を公表している。

「CAD 製図基準 (案)」に基づいて作成された設計データの電子納品は，国土交通省が実施する公共事業においては着実に実施されており，その他の地方公共団体においても国土交通省の支援のもとに採用を実施する自治体が増加している。

8.3.5 CAD 製図基準の基本事項

CAD による設計は，設計作業にとりかかる前にさまざまな設定をして行うことで，作業の効率化を図ることができる。作業が進んでから設定をやり直すと，せっかく作成したデータのやり直し作業などが発生し，効率が損なわれるとともに間違いのもととなる。そのため設計にとりかかる前に，準拠する設計基準を確認し，その基準に基づいて各種の設定を行うことが必須のことである。

ここでは，データの交換を前提とした CAD 製図の基本的な事項について，土木学会の「土木 CAD 製図基準 (案)」を参考として確認する。同基準には，ここで確認すること以外にも製図上の留意点などが記述されているが，具体的な内容は同基準によることとする。

CAD 製図基準は，これら以外にも個々の発注者ごとに作成していることがあるため，作業にかかる前に準拠する設計基準の優先順位を確認し，それに基づいて作図を行うことが効率的に業務を進める上で必要と思われる。

① データファイルのフォーマット

「土木 CAD 製図基準 (案)」に従って作成する CAD データは，「CAD データ交換標準仕様 (SXF)」則って交換可能なものとする。

② ファイル名

ファイル名は，図面の種類，図面番号，改定の履歴がある程度把握できるように命名する。ここでいう1ファイルとは1図面のことを表す (図 8.19)。

③ レイヤー名と分類

レイヤー名は，責任主体，図面オブジェクト (設計対象物の種別)，作図要素を組み合せておのおのが把握できるように次の原則に従って設定する。具体的なレイヤー構成は，「土木 CAD 製図基準 (案)」等によりファイル・レイヤーの分類方法で定義されているものを使用する (図 8.20)。

④ 図面作成に使用できる機能

(1) 色：CAD 製図に用いる基本色の種類は，原則として次の 16 色とする (表 8.2)。これらの色は，コンピュータ画面に表示する色であり，用紙に図面として出力する場合は原則として黒で出力する。

(2) 線：CAD 製図に用いる線の種類は，JIS Z 8312：1999 に定義されている，以下の 15 種類の線

```
□ □ □□ □□□ □ ． 拡張子
```

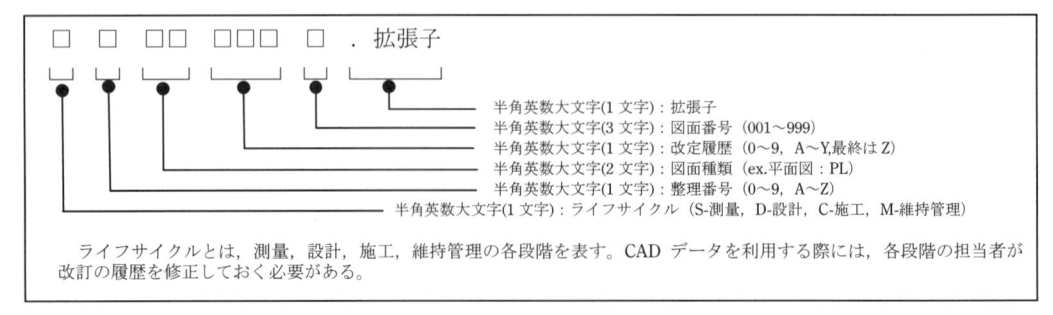

- 半角英数大文字(1文字)：拡張子
- 半角英数大文字(3文字)：図面番号 (001〜999)
- 半角英数大文字(1文字)：改定履歴 (0〜9, A〜Y,最終はZ)
- 半角英数大文字(2文字)：図面種類 (ex.平面図：PL)
- 半角英数大文字(1文字)：整理番号 (0〜9, A〜Z)
- 半角英数大文字(1文字)：ライフサイクル (S-測量, D-設計, C-施工, M-維持管理)

ライフサイクルとは，測量，設計，施工，維持管理の各段階を表す．CADデータを利用する際には，各段階の担当者が改訂の履歴を修正しておく必要がある．

図 8.19 ファイル名

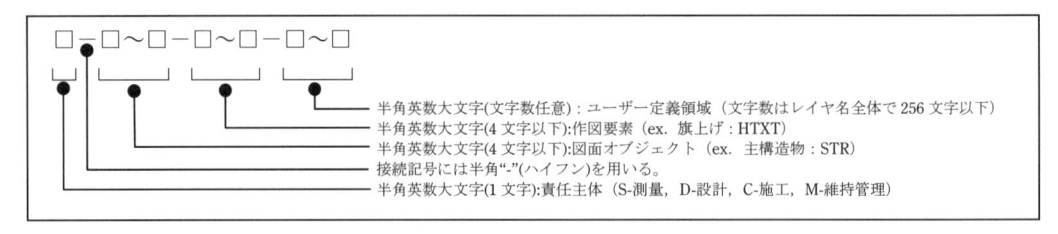

```
□-□〜-□〜-□-□〜
```

- 半角英数大文字(文字数任意)：ユーザー定義領域（文字数はレイヤ名全体で256文字以下）
- 半角英数大文字(4文字以下)：作図要素 (ex. 旗上げ：HTXT)
- 半角英数大文字(4文字以下)：図面オブジェクト (ex. 主構造物：STR)
- 接続記号には半角"-"(ハイフン)を用いる．
- 半角英数大文字(1文字)：責任主体 (S-測量, D-設計, C-施工, M-維持管理)

図 8.20 レイヤー名

表 8.2 CAD製図に用いる基本色の種類

黒	Black	黄色	Yellow	牡丹	Deeppink	明青	Lightblue
赤	Red	マゼンタ	Magenta	茶	Brown	青紫	Lavender
緑	Green	シアン	Cyan	橙	Orange	明灰	Lightgray
青	Blue	白	White	薄緑	Lightgreen	暗灰	Darkgray

とする (**表 8.3**)．図枠区を除いた図面内で使用する線の太さは，細線・太線・極太線の3種類とし，太さの比率は，細線：太線：極太線＝1：2：4を標準とする．

　線の太さは，図面の大きさや種類により 0.13, 0.18, 0.25, 0.35, 0.50, 0.70, 1.00, 1.40, 2.00 mm の中から選定する．厳密にはCADソフトや出力装置により異なるため，多少の誤差は許容の範囲とする．

表 8.3 CAD製図に用いる線の種類

番号	呼び名	番号	呼び名	番号	呼び名
1	実線	6	三点長鎖線	11	二点短鎖線
2	破線	7	点線	12	二点短鎖線
3	跳び破線	8	一点鎖線	13	二点二短鎖線
4	一点長鎖線	9	二点鎖線	14	三点短鎖線
5	二点長鎖線	10	一点短鎖線	15	三点二短鎖線

(3)　文字：CAD製図に用いる文字の種類は，JIS X 0201:1997 で規定されている文字からカタカナ用図形文字を除いた文字と JIS X 0208：1997 で規定されている文字とする．

　JISに規定されている文字であっても，総画数が非常に多いものや，一般文書で使用されることが少ない漢字は，とくに必要ない限り使用しない．

　CADソフトで使用可能な文字は，コンピュータのOS標準のもの，OSで独自に追加したもの，CADソフトが内蔵しているものなどさまざまな文字やフォントがあるため，データ交換の際に支障とならないように，特定機種やソフト固有の文字やフォントは使用しない．

　文字の高さは，2.5, 3.5, 5.0, 7.0, 10.0, 14.0, 20.0 mm の中から選択する．

　文字間隔は，隣同士の文字が重ならずはっきりと区別できる程度に離した間隔とする．

8.3.6 CAD による造園図面の作成の留意点

国土交通省の「CAD 製図基準 (案)〈改定素案〉」で対象とする工種の分類では，公園は都市施設編の都市施設設計に含まれており，対象とされている内容は平面図をはじめとして造成計画，排水計画などの基盤整備設計が主体となっている。

造園設計の対象となる工種のうち，造成設計や園路設計，給排水などの設備設計などのように，他の土木分野として設計手法が確立されているものは，その工種ごとの設計ルールに造園設計の視点を加味しつつ設計を進めることが必要である。

造園が一般土木の設計と異なる点は，土や植物などの自然素材を使って柔らかな曲線で構成する空間を設計することであり，数値によって地面を作成してゆく CAD 製図ではなかなか表現がしにくい種類の図面といえる。

造園特有の設計対象物の表現は，平面・立面によって表現する二次元の図面に加えて，設計イメージを表現したスケッチとそれを補足する特記を表記した文章の表現によらざるを得ない。

そのため造園設計においては，設計図で表現しきれない設計意図を正確に現場に製作するためには，施工現場において工事管理により補足をして設計意図を伝達することが必要な条件である。

8.4 工事費の算出

8.4.1 プロジェクトにおけるコスト管理

公園・緑地などの公共事業は，事業の企画から設計・施工および管理・運営までの各段階において，おのおのの段階ごとにそのレベルに見合った精度で費用を算出して段階ごとの事業効率をチェックし，最少の投資費用を効果的に活用して最大の効果をあげるよう，事業サイクル全体のコストの管理を行うことが必要である (図 8.21)。

8.4.2 工事費の構成

ここで対象とする工事費は，工事発注者が工事を発注する際に目安として算出する予定価格のことであり，対象となる工事を直接遂行するために必要な純工事費と，当該現場を管理するための現場管理費および受注した企業の経営に要する一般管理費などの諸経費とにより構成されている。

純工事費は，工事目的物を直接造るために必要とされる直接工事費と，工事目的物の製作には直接的には関係ないものの工事施工に共通して必要となる共通仮設費等の間接工事費とがある。

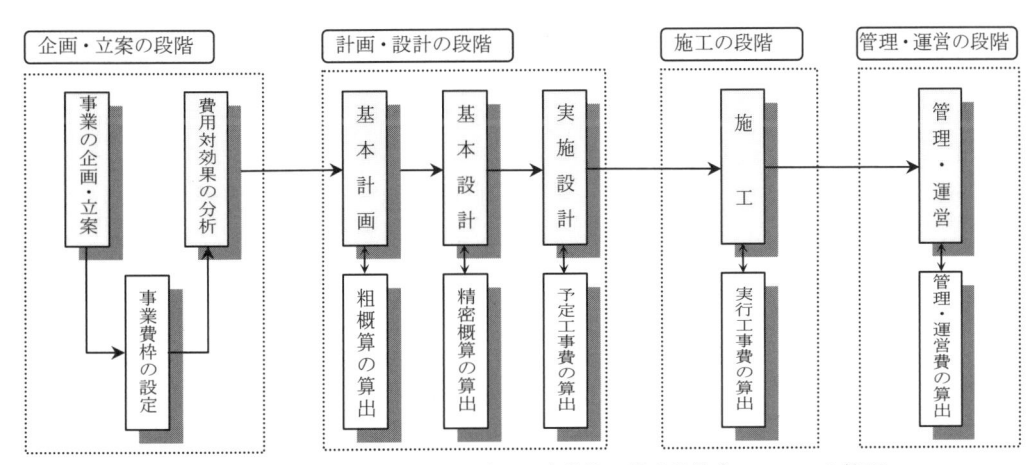

図 8.21 企画段階から設計・工事段階・管理段階までのコスト管理

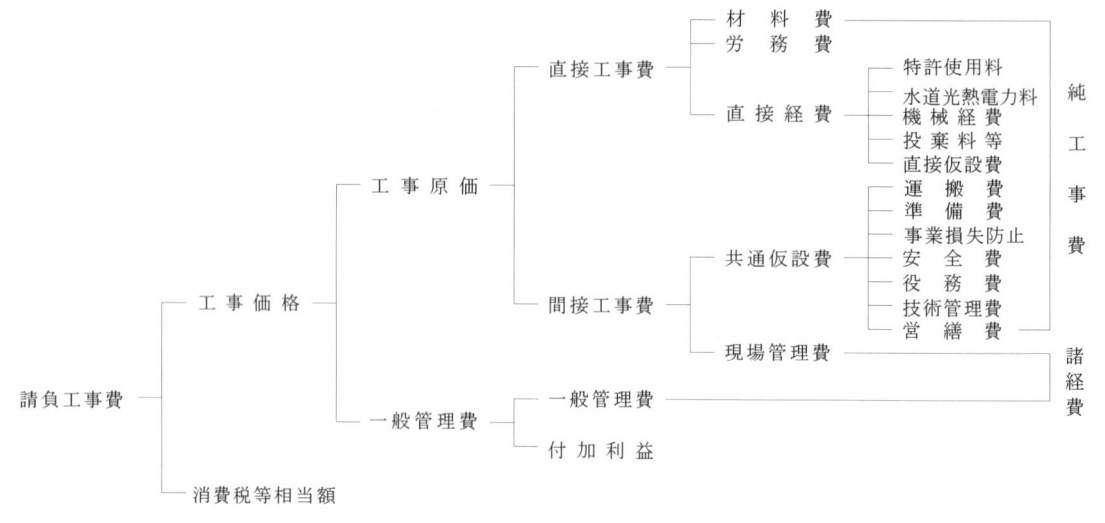

図 8.22 企画段階から設計・工事段階・管理段階までのコスト管理

　直接工事費は，工事目的物を造るための材料費と労務費，現場において使う水道光熱電力料や仮囲いなどの直接仮設費などの直接経費により構成される (図 8.22)。

8.4.3　造園設計の工事費算出の特性

　一般的な土木の工事費の算出は，対象となる現場において工事を施工する場合の施工性，安全性，経済性などを考慮しつつ，標準的な施工方法で施工されるものとして積算を行っている。

　国土交通省は，積算をする者が誰でも部門間を横断して，統一的な間違いのない積算ができることを目標として，積算者の主観にたよらない新たな土木工事積算大系を構築して，社会に対する説明責任と透明性を確保できるよう，曖昧性を排除した積算システムを構築している。

　造園が対象とする工事目的物は，コンクリート製品や遊具などの管理された工場で製作される製品と，樹木や自然石などの自然素材の組み合せによってつくられる。

　工場製品により目的物を作る部分は，一般的な土木工事と共通した内容の業務で，製品の規格に基づいて性能と経済性とのバランスを比較検討し採用する製品を選定し，所定の積算基準に基づいて積算を行えば，おおむね設計者の目的を果すことができる。

　造園の特徴的な空間づくりの部分は，設計者が目標とする設計の内容と質を確保するために，その空間に必要な樹木や自然石など自然素材を選定し，目標の景観を創造するための手間と時間のかけ具合を設定するデザイン的な要素が強い部分で，工事費の算出は造園の工事目的物の質を確保するために，設計者が行わなければならない重要な業務である。

　樹木や自然石などの自然素材は，同じ種類であっても形や色の変化により素材の個々に個性があり，それを設置する空間の目的や性格によっても選定する材料や施工歩掛りが異なってくる。

　次のような造園固有の積算部分については，複数の材料供給業者または施工技術者などから，設計の意図と目的を十分に説明した上で見積を徴収して，積算資料とすることが必要である。

　① 　設計意図により調達する材料を選択する

　　　造園材料として使用される自然素材は，大きさなどの規格以外の要素で価格が変動するものが少なくない。樹木は，建設物価等では樹高，目通り周，葉張りにより規格を分類し価格設定をしている。樹木は，植栽する場所とその性格によって求められる要素が変り，同じ樹種の同一規格のものであっても，樹形が優れているものは高い値段で取引されるなど造園に特徴的な材料である。樹形などの規格以外の要素により，段階別のランク分けを付加することで実情に見合った調達が

行える。
・主木の樹木

　　主木としての役割を期待される樹木は，単独で造園空間を形成する重要な位置に植栽されるもので，樹形や主幹の本数や形状，枝つきの密度など，設計イメージを表現できるものが選定される必要がある。本来は設計者のイメージする意図に基づいて，施工にかかる以前に具体的な樹木が特定されていることが望ましい。(ex.Aランク)

・緑景環を形成する樹木

　　公園の緑空間を形成する目的で植栽する樹木は，健康な樹形であれば主木ほど樹形などの要素にこだわらなくてもよい。現在の樹木の規格の分類に該当する。(ex.Bランク)

・緑量を確保する樹木

　　緑量を確保することを目的として植栽する樹木は，多くの樹木をまとまった形で植栽するため単体での樹形をあまり考慮する必要がなく，極端なことをいえば樹木の片側の枝葉の付きが悪い樹木でも植栽が可能である。(ex.Cランク)

② 設計意図により施工技術者や歩掛りなどを設定

　　造園が対象とする工事目的物は，工場製品により設定した強度や性能を満足するものを造るのみではなく，石材などの自然素材を組み合せて設計者が求める空間イメージを現場でつくり上げる内容も併せもっている。

　　設計者の設計意図が，特別な石組みなどの手間のかかった質の高い空間イメージを求める場合には，標準的な施工技術者や歩掛りでは対応しきれないケースが考えられる。このようなケースでは，設計者が設計管理を行うとともに，その意図を現場で具体的な形として表現できるような技術をもった施工技術者と十分な歩掛りを工事費の算出に盛り込んでおくことが必要である。

第 9 章　造園植栽の計画からデザインまで——必然からなる計画・設計——

9.1　はじめに

　植栽計画から設計にいたる技術解説は本書の第6章，第7章，第8章で述べられているが，ここでは，とくに，植栽の計画から設計をまとめるに当って，事前に認識しておくべきことがらや，進め方，当てはめる技術などの要点を一連の流れとして取りまとめた。なお，本書では紙幅の関係で，写真や図版はほとんど入れていないので，その確認には「造園植栽術」[1)]をひもといていただきたい。造園の本質は，人類のために限りある地球上の自然資源を衰退させることなく持続的に使いつづけるための賢い土地利用 (wise use) を提案し，実行することである。その具体化に当っては，周辺地域の土地の様相を読込み，目的とする土地利用との整合をはかり，美しい風景としてデザインすることで，これを進める際に必要な情報が，その土地のもつ自然の資源 (potential) である。とくに，土地の改変を伴うグランドデザインや植栽のための，気象，地形，水素，土壌，植生などの情報の収集は不可欠である。造園植栽はそれらの科学情報をもとに，観賞に値する芸術的な景観づくりの視点を加えて計画・デザインを行っていく。この過程にみられるように，客観的な科学情報を下敷きにして進められる造園の計画やデザインは，必然性が計画や設計に強く反映される特徴をもつ。

9.2　造園植栽

　植栽は，草木を植えることである。その目的は
① 生産を目的にしたもの——「衣」かかわる綿，麻，桑など「食」にかかわる野菜，根菜，穀物など「住」にかかわる植林など
② 土地の保全を目的にしたもの——「防風」「砂防」「水源がん義」「土砂流失防止」などのための植栽
③ 生態系保全を目的にしたもの——自然環境の復元や再生」などのために植栽

などがある。
　一方，ここでのべる造園植栽は，美性を重視した植栽によって，人の気持ちを和らげたり感動を与え精神を快適にすることを主目的とする。ここでは造園植栽に取組むに当っての基本的な考え方や，手順，技術の当てはめ方などの要点についてのべる。

9.3　造園植栽の類型

　日本のこれまでの造園のかかわってきた範疇は，植栽の目的，植栽地の規模，土地改変度の大小という視点から区分するとおおむね以下の三つに分けられる。
（1）個人庭園
　日本の庭園を代表する大名庭園から草花を多用した昨今の住宅庭園，建物周辺や屋上の緑化までを含み，その傾向は
・囲い込まれた敷地の中で完結する

- 人力か小型の機械によるによる軽微な造成が中心
- 一般に観賞面が最優先され，年間を通して観賞の効果を期待され，必然的に観賞価値の高い外来種や改良種のすべてが対象となるため，少数多種の植栽材料で構成される傾向が強くなる

（2）土木造成を伴う修景緑化

大がかりな埋立地緑化や道路緑化，公園や緑地，街路樹などの公共緑化，住宅団地，大型の都市開発などに伴う緑化で，その傾向は

- 敷地が広範にわたり，周辺の土地との関係が複雑にからむ
- 大型の土木機械類による広範な土地の改変を伴う
- 緑の基盤を構成するための大量な植栽材料を必要とし，外来種，改良種を問わず土壌や微気象の安定しない土地でも丈夫に生育する緑化樹種と呼ばれる強健な植物が導入される

（3）自然環境の保全や創出にかかわる緑化

生物の多様性の維持や回復など，地球の自然環境の改善にかかわるもので，その傾向は

- 対象地は広大で，自然性の高い地域やその他の土地に隣接することが多く，土地利用も敷地の形状も複雑に入り組むことが多い
- 現地形や自然地形を重視するため，人力や小型機械を用いての繊細な地形改変が求められる
- 在来の植物や地域固有の遺伝子をもつ植栽材料を用いて，自然の摂理に沿った植栽が原則となる

とくに，2002年3月に新生物多様性国家戦略が閣議決定されて以来，野生の植物や動物の保全の重要性が認識され始め，植物の移動によって景観づくりを行う造園の植栽についても，国内外から持ち込まれる外来の植物や人為的に改良した植物の取扱いが課題となっている

以上のように造園の植栽に当っては，植栽の目的や規模などに大きな差異のあることを認識した上で具体の計画・デザインを進めることが肝要である。

9.4 造園家の守るべきこととその役割

植物に依存して生きている人間にとって，衣食住の充実を暗示してくれる健全な緑に囲まれて暮らすことが快適の原点である。身のまわりの植物の生き生きとしている様が生きる本能を刺激し，気もちを安定させ，元気づけ，感動を与えてくれるのである。心の和む植物景観の条件は，植物が生き生きしていることが大前提なのである。造園家が，その前提となる適地適栽を実践してこそ，「医者は病人を治すが造園家は病人をつくらない環境をつくる（北村徳太郎）」と胸を張れるのである。とくに近年は，地球規模での自然環境の劣化とそれにかかわる異変が多発している。一般的に云えば，造園植栽は地球環境の改善にとってプラスの行為と認識されやすいが，植栽の適否を誤るとかえってマイナスの行為に加担することにもなりかねない。少なくとも，土木造成を伴う大規模緑化や自然環境の保全や創出にかかわる緑化など，自然環境に大きな影響を与える造園植栽を遂行するにあたっては，単に好き嫌いの範囲をこえて，造園家として最低限守らなければならない一線を認識することが大切である。造園植栽における道徳というようなものである。

9.4.1 「造園植栽憲章」制定の必要性

憲章は，重要なおきてである。とくに，近年は地球規模で，温暖化や自然の生態系の異変が顕在化してきている。1992年にリオデジャネイロで開かれた地球サミットで採択された「持続的な開発」は，人の干渉が地球の資源を劣化させない範囲にとどめることを世界中の人々が申し合せた原則である。地球温暖化の抑制，生物多様性の回復，省エネルギーの徹底，物質循環の励行などはその具体の行動内容である。植物は，これらの内容にきわめて関係の深い素材であり，植栽はその具体の行動に大きく貢献する。造園植栽にかかわる人それぞれが，各自の造園植栽憲章のようなものを意識する時代になってきて

いるのである。

（1）地球温暖化の抑制

　緑量の拡大は CO_2 の削減に貢献する。緑地の面積を増やすことは勿論だが，一本一本の樹を大きく育てることを心がける。とくに，都心では，蓄熱しやすいコンクリートの建物の周辺や隙間への植栽によってビルの谷間を緑の風道にして，副射熱を低下，分散させる配置が効果的である。また，公共の街路樹や公園などの植栽は，都市域の緑量増加の中核として期待されるが，狭いスペースに無理に大樹を植えたり，過剰な密度の植栽がされれば，無駄な剪定や裏弱樹の伐採などの無駄なエネルギーの消費を伴う上に，緑量も減少してしまう。空間に応じた適切な配置と，これを適度な大きさに美しく保つ剪定が必要である。

（2）生物多様性の回復

　自然と共生する社会の実現を掲げた生物多様性国家戦略の目標をごくわかりやすくいえば在来の植物が在るべきところに在り，在来の動物が居るべきところに居るという，環境もとりもどすことである。戦略の具体の目標は

① 種や生態系の保全：長い歴史の中で育まれた地域に固有の動植物や生態系などの生物多様性を，地域の空間特性に応じて適切に保全すること。

② 絶滅の防止と回復：とくに，わが国に生息・生育する種に絶滅の恐れが新たに生じないようにすると同時に，現に絶滅の危機に瀕した種の回復を図ること。

③ 持続可能な利用：将来世代のニーズにも応えられるよう，生物多様性の減少をもたらさない持続可能な方法により，国土の利用や自然資源の利用を行うこと。

の3点が掲げられている。

　植栽に関しては，自然の秩序に倣った植物の配植を前提とした多様な植物構成が，多くの野生動物の生息地の確保につながることを念頭に置くことが肝要である。植栽に使用する種については，できるだけその土地に自生している種を用い，植栽材料は，その土地の遺伝子をもつ個体から繁殖したものを用いることで，より地域の固有性を保たれるるさらに，個体の多様性を高める意味からは趣旨からから繁殖したものが望ましく，配植も，自然の植生にならった構成を原則とする。

（3）省エネルギーの徹底

　適地適栽は，植物の健康が保証されるので，植栽後管理の手がかからず，結果的エネルギーを消費しないで済む。その土地の自生種や地元で育てられた植物は，土地の環に適し，病虫害の影響を受けにくい。その土地で生産したものを，その土地で用いる地産地消は運搬の労力や燃費の節約につながり，反対に，その土地の条件になじまない外来種や環境の異なる土地で育てられた植栽材料を用いたり，手間のかかる刈込や剪定，薬剤散布などを前提とするデザインは，人力，機械力，電力などのエネルギーの消費が大きくなる。

（4）物質循環の実践

　木々の葉が大地に落ち，ふたたび養分として役立つ「落葉帰根」のいわれのように，発芽〜生長〜枯死して土に還元する植物は，物質循環のモデルである。もともと庭づくりは，その素材の大半を野山にある植物や石等の自然物でつくられる。そして，管理の際に発生する剪定枝や枯死した庭木等の有機物は土に戻され，庭石や敷石は何回も使いまわしされる。時には，不用になった古瓦や石臼なども巧みに取り込み，景趣に歴史を加えて深みを増す。このように，伝統的な日本庭園は，物質循環の見本なのだが，近年では，コンクリートやプラスチックなどの二次製品が多用されていた公共造園にも，自然素材や廃棄物の再生などのリユース（再利用）やリサイクル（再生利用）の考え方が重視されはじめた。移植樹の活用，舗装材や石垣材料のの再利用，落葉落枝や倒伐樹の堆肥化やチップ化によるマルチ材や舗装材としての利用，伐採木のベンチや階段，切枝を用いた人止め柵や編冊としの利用などである。再生材によるコンクリートやプラスチックなどの二次製品も，砕石は杭，板，柱などに再加工して使うことは，今や一般的になってきている。

(5) 既存の大樹や群落の保護と継承

　人が自然に手を加えてつくり上げてきた生活空間の中で，世代をこえて生きつづけてきた大樹や植物の群落は，その土地固有の風景やシンボルとして，物心両面から我々に多大な恩恵を与えてくれている。大樹は，長く生きつづけた分だけ個体としての固有性が高く，また，その土地に土着した植物群落は，植物単体の価値だけではなく，多くのバクテリアや土壌動物を含む表土と一体となって成立している，生態的な固有性に意味がある。

　既存樹の保存は，移植によっても果せるが，樹木の個体を活かすことはできても，土地や周辺環境および土地の人々との関係性は受け継がれない。移植はあくまでも最後の手段としてとらえることである。

　このように，造園の植栽は，美しい風景によって人の心を和ませることを重視するが，以上の5項のはその前段で守るべきものとして認識しておく。

9.4.2 科学と芸術の橋渡し役

　造園家は科学と芸術の橋渡し役である，といったのはアメリカの女性造園家ブレンダ・コルビンである[2]。芸術性の高い風景画は，みる人に感動と安らぎを与える。庭園の風景は，生きている植物や自然素材を主体として構築するので，時間とともに変化し続ける絵画ともいえる。実際にも，庭園を画廊に見たて，回避路に沿って一つ一つの絵画をみるようにつくるピクチャレスクガーデンという築庭手法もある。絵の具に替えて，生きている植物によって絵のような風景をつくるのである。そのためには美しい風景を想像する芸術的センスと，生きている植物を扱う科学的な素養が同時に求められる。造園家は科学と芸術の橋渡し役といわれる所以である。

（1）科学面——science——

　生きている大地に，気もちのよい風景を広げていくには，まず，土地を読み風土を知ることが先決である。また，土地の資質が植物の分布に反映される植生図の意味や植物の選択，配置，管理にかかわる植物の生理的反応の原則などの理解も不可欠で，さらに，野生生物と植生との関わりを知るためには，自然の生態系のしくみを知っておかなくてはならない。造園の特色である草や樹の植栽やその管理は，生命のある植物を新たな土地に根づかせこれを健全に植栽することで，そのためには多くの実例の積み重ねを基礎にした技術のあてはめが必要になる。

（2）芸術面——art——

　快適な生活環境づくりを担う造園家にとって，美しい風景を見分け，新たに思い描くための感性をもつことは必須のことである。とくに植栽によって美しい風景をつくるためには，植物の形態，色，香りなどの美性，植物の季節，年月，時刻，気象などによって変化する植物やそれに依存する動物との関係などについては，常日ごろから意識的に関心をもつことが大切である。造園家は，以上の二つの側面を整合させて，人々が暮らしやすい空間をつくり出す役割を担う。

9.5 造園植栽計画

　造園の植栽計画は，植物によって快適な生活空間を創出するために何処に，誰のために，どのような植物を，何時までに，どのように」するのかを決めることである。

9.5.1 公共用と私用の緑化を区別する

　植栽の目的が公共用と私用とではその対応が異なる。市民の税金によって賄われる公園や緑地，公共公益施設，道路や河川などの公共のための植栽は，その成果が，良質な社会資本（インフラストラクチャー）として蓄積されるのが原則である。その内容に合理性をもち，市民の過半の同意が得られるものである。当然経済面の配慮は不可欠で，樹種や規格や管理水準についても，規定の整備費や管理費の範囲内で効

果的におさめるような提案でなくてはならない。

　これに対して私用の植栽は，個人または組織がさまざまな目的に応じて自己の投資で行うものである。個人庭園，民間住宅団地，工場，商業施設，リゾート施設などである。そこでは，植栽の目標や整備の内容がそれぞれに異なるので，それらの条件に対しての多くの選択肢の中から目的に応じた最適解を検討することになる。とはいえ，私用の植栽の集合が，その地域の生活環境や景観に影響することになるため，近隣や周辺に対しても，良質なみどりを提供するような配慮が必要なことはいうまでもない。

9.5.2　植栽地の資質を知り植栽種を選ぶ

　環境の時代を迎えて造園の植栽も，自然環境の復元や創出にまでその対象が広がった。その際に意識しておくことは，植物を新たな土地にもち込む植栽の行為が，新たに持ち込んだ種がその土地固有の種との交雑によってその土地の自然の植生にどのような影響を与えるかを想像することである。それが，元からその土地に成立していた自然の植生が破壊され，新たに人工的につくり出された都会などの場合はさほど問題にはならないが，野生動物の生息地でもある樹林や草原や湿地などの自然性の高い地域では，他の地域から別の種や遺伝子の異なる個体をもち込むことにより，その土地固有の生態系の攪乱につながる恐れがきわめて大きい。このようなケースでは，植栽がその土地の自然の生態系や景観に与える影響への配慮がとくに重要になる。具体的には，外来種や改良種の植栽は原則的に行わないことなどである。その際，その土地の資質の見極めには，事前の科学的な調査が不可欠であり，その結論が出るまでは手をつけない心構えが必要である。またこのことは景観についてもいえることで，地域固有の植物景観の中に他の地域の植物をもち込むことが，その土地らしい景観の破壊につながり，景観が画一化されることになる。

　以上のように，植物種のもち込みに対しては，地域の自然環境との整合が要点となる。自然環境の単位を決める上では，自然環境圏域―Bio region(バイオリジョン)の考え方が参考になる。地域の環境は，地形，水系，気象などの要因の組み合せによって異なる。これに人や生物が複雑に絡み合って，その地域固有の環境を形成している。たとえば，山から海に至る河川の流域，海流や潮風の影響を受ける島嶼，特殊な地形や気象条件下で成立している湿地や山岳地などで，これらの自然環境に支配された一体的な環境圏域が，バイオリジョンである。そして，そこでの植物の種類や配置は，自然の法則によっておのずから定まってくるので，その圏域ごとの植物の配置も必然的に絞られてくる。

9.5.3　多岐の目的を見極める

　造園植栽の目的が，これまでの公園緑地や施設周り，庭園などの修景を主目的にしたものに加え，ヒートアイランド対策や，保水，保温や断熱の効果をもつ屋上緑化，野生動物の生息地を保全創出するビオトープに関する植栽，百年先まで見据えた地域の森づくりなど，その内容はきわめて多様化してきている。そのため，植栽の役割も，観賞，環境改善，生態系保全などの機能を複合的にもつものが求められている。これからの植栽を適切に行うためには，目標とするみどりづくにに必要な機能の濃淡を見きわめて総合的に判断していかなくてはならない。

9.5.4　目標景観を時系列で表す

　常に変化する植物を用いる植栽には，完成という概念はない。施工上は，植栽工事が終了した時点をいうが，本来は完工である。植栽された植物はその土地に馴染むためのリハビリテーションがスタートした時点であり，その後もすべての植物の栄枯盛衰はバラバラな状態が続くため，完成という時点を決めることには無理がある。まして，すべてを若木や苗木を用いた森づくりのようなケースでは，完成をいうこと自体に意味がない。この点をわかりやすくするためには，あらかじめ植栽景観の変化を予測し，その目標景観を，短期，中期，長期を見据えた時系列で示しておくことである。

9.5.5 管理水準を把握する

日本三景の松島，天橋立，安芸の宮島をはじめ全国各地にみられる自然のみどりや里山の雑木林，竹林などのみどり，街のみどりを構成する公園や緑地，街路樹や庭園のみどりなどは，それぞれに質の異なる風景で，これらに優劣をつけるものではない。一方このみどりを，管理という視点から整理してみると，①入手のかかっていない自然のみどり，②下刈や間引きなどのおおらかな管理による里山的なみどり，③除草，剪定，刈込，病害虫防除などの繊密な管理によって維持されているまち的なみどり，というように，管理の項目と手間のかけ方に大きな違いがある。また，一つの公園や里山のみどりの中にも，自然の高いみどりがあったり，山や里の中にも刈込垣や芝生地や花壇などのように，常に入手をかけつづける場がある。これらのことは，計画・設計の段階から十分に意識しておくことが重要で，とくに，植栽景観は，植栽後の管理内容や技術の適，不適によって，質の異なるものに変貌してしまう。そのため，造園の植栽を決めるにあたっては，その後の管理水準を十分に把握しておくと同時に将来，目標景観との乖離が生じないように，管理者への引継ぎを的確に行うことが重要である。

9.5.6 設計条件によって絞り込む

9.5.1～9.5.5の条件を整理すれば，おのずから植栽計画の枠組みが見えてくる。最終段階は，設計に進むための，経費の配分，施工の時期などの前提条件を確認した上で，具体的な植栽デザインの検討に移る。

9.6 植栽デザインの基本

植栽のデザインは，芸術と科学の橋渡しの具体を決める行為といえる。まず科学的にその土地の資質を把握し，植物の種類や規格を決め，多彩な植物の美的な組み合せを考え適る。

9.6.1 植生図から土地を読む

生命体である植物を扱う以上，植物と土地との相性を知っておく必要がある。その指標となるのが植生図である。植生は一定の区域に集まって生育している植物の群落をいう。それらの群落は，地形，土壌や気象や生物，人のかかわり方，程度などによって，自ずから特定の種で構成される。それらの群落を図に示した植生図には人の影響を受けで成立する潜在自然植生図と，人の影響を受けつつ成立している植生を含めた現存植生図とがある。土地の資質は，おおむねこの二つの植生図から読み取ることができる。植生図は，その考え方において世界に共通するものであり，植栽デザインの客観性を示すのに不可欠のものといってよい。

9.6.2 配植は自然にならう——Design with Nature(デザインウィズネイチャー)

配植デザインは，一つとして同じ条件の無い自然環境の中に，すべてに異なる生命体である植物の，種類と規格と位置を決めることである。植物が健全な状態で継続的に生育することを前提とする造園の植栽を目指すには自然の摂理にならうのが近道である。そのためには，植生図と植生を構成する植物が示されている組成表を参考にし，これに現地での調査結果を合せて判断する。無限の組合せの中から，間違いの無い一つの組合せに絞り込む配植技術の向上には，常日ごろからの植物やその組合せなどの観察と経験の積み重ねが不可欠である。

9.6.3 植栽技術は植生の代償度の理解から

ひとくちに植生といっても，地球上には土地ごとに異なる植生が成立している。それらの植生は，人が手を加える以前は，気候や土壌や野生生物などの自然の要因のみの影響に応じて成立していた。それらの植生を自然植生と呼ぶ。しかしその後の人類の繁栄によって，土地は人の生活に都合の良い形状に変更され，植生も人為による土地の改変と植物の管理により，新たな植生に変えられる。木材生産のための植林，薪炭林，牧草地，田や畑，公園や庭園のみどり，市街地のみどりなどである。これらの人為的に代替えされた植生を代償植生と呼ぶ。元からの土地に別の植物をもちこむ植栽は，代償植生を創出しているともいえる。人のかかわりによって成り立っている代償植生は，人の手が離れた時点から，その土地の安定した植物群落に向かって変化し始める。その植生の移り変わりを植生の遷移と呼ぶ。その際，新たに植栽する植物とその土地の資質に大きな差がある場合を，代償度が大きいと表現する。たとえば，寒冷地に南方の植物を植える，痩せ地に肥沃池を好む野菜をつくる，乾燥地に水を欲しがる果樹を植えるなど，環境の異なる状況で植物をそのまま放置しておくと植栽植物のストレスが大き過ぎて，植物は衰弱し，枯死に至ることもある。管理は，そのギャップを少なくするための手段である。すなわち，それぞれに霜除けやビニールハウス，温室などで保温，堆肥や肥料のすきこみなどで養分補給，マルチングや散水などで水分補給を継続することで対応する。しかし，その土地の自然に合せてつくられる田畑や植林，公園や緑地などの植栽の基本は，できる限り代償度を小さくするために，その土地の資質に合った植物を構成する，適地適栽を守ることである。さまざまな風景の創出を求められる造園植栽の場合もその基本原則は変らないが，代償度の大きい植栽を含む観賞主体の庭園から，代償度をできるだけ小さくすることをめざす自然環境の復元まで，幅広い分野を対象とするだけに，その組合せは複雑，多岐になる。目標に応じ，そこでの植栽の代償度を想定した上で適地適栽と適切な管理をどう組み合せるかの追求こそ造園植栽の技術の根幹である。

9.6.4 図と地を認識する

植物の風景画では，仮にバラを主題とすればこれを中心に描き，背景はバラを引き立てるように緑色にする。この場合のバラは「図」であり，背景の緑は「地」である。絵や写真は時を経てもこれが変ることは無いが，生きている植物の風景は時とともに変化し続け，止まることは無い。バラが散り，背景のアジサイが咲く季節にはアジサイが図となり，バラは地となって新たな風景が広がる。この，見た印象を変える芽吹き，開葉，落葉，開花，結実などの季節的な過程を，植物季節(フェノロジー)とよぶ。四季の明瞭な日本では，一年間の植物の変化が地と図を劇的に入れ替らせ，それがわれわれに季節感を感じさせている。しかし，植物によっては四季の変化に大小があり，必ずしも図と地が劇的に入れ替る種ばかりではない。常緑樹のシイノキ，カシ類，モチノキ，モッコクなどは，庭園の植栽の背景に年間を通して地として用いられることが多く，反対に，ソテツ，ヤシ類，タケ，ユッカやしだれ物下垂物などの特殊な樹形をもつものや，玉散らし，玉物，トピアリーなどの仕立て物などは，常に図となって人の目を引く。年間を通して魅力的な植物景観をつくるには，このような個別の植物季節による，植物ごとの図と地の季節の把握が欠かせない。配植のデザインは，植物それぞれの図と地の魅力が相互に程よく発揮されるように組み合せて，総体的に魅力ある植物景観をつくることが要点である。

9.7 植栽材料

植栽材料は造園の業態に合せて扱いやすいように，種類や形態などによって分類されている。現在，一般の市場に流通している庭木や修景用の緑化木の種類は，形姿に優れ，移植しやすく，丈夫で，手のかからないものが選ばれている。しかし，造園に用いる植物の種類は，造園の対象の広がりに比例して増

え，極論すればすべての植物が造園材料になり得る．とくに，自然植生の復元，野生動物の生息地の創出，自然草地の屋上緑化，内外の多彩な山野草や地被類をふんだんに駆使した庭園や緑地などに用いる植物の種類は，これまでの植木や緑化木で扱う範囲をはるかにこえる．そのため，種類の選定に当っては，これまでの狭い概念にとらわれず，広い視野から目的に合った種を厳選していかなくてはならない．

9.7.1 種　　類

いま，日本に自生している植物だけでも，コケ類等を含めると約8800種類にのぼるといわれている．庭に用いる植物は，自生種に加えて外国産の植物や園芸種を含むので，さらに対象種が広がる．ちなみに，英国王立園芸協会出版の「ガーデンプランツ A to Z」[3]に紹介されている植物は1万5000種に及ぶ．植栽に際しては，まずそれらの中から植物の種類を絞り込むことから始まる．

（1）造園植物の呼称を理解する

造園のかかわる空間が多様化するのに伴って，植物の種類の取扱いが重要な課題となってきている．とくに自然環境に調和した植栽を行うためには，種間の交雑などによる自然の植生の撹乱を引き起こさないような種類の特定が求められる．種類の特定のためにはまず，誰にも共通な種の呼称を決めておくことが不可欠である．しかし，現在造園で用いられている植物の呼称については，同種異称，異種同称，改良種や外来種の呼称の不統一，個体名と総称名や正名と地方名の混同など，さまざまな問題が生じているのが実状である．植物分類学における植物名と，造園植物の呼称との関係は図9.1のように整理される．図にみるように，植物の呼称にはさまざまな見方とレベルの相違があることがわかる．しかもそれらの相違は，おのおのの分野で統一されているのではなく，それぞれの分野の目的に応じて，ある場合は非常に細かく，ある場合は大雑把に使い分けられている．このように，植物の名称は，きわめて混乱しやすい状況にあることをまず理解しておくことが必要である．その上で，植栽デザインに必要な種の特定をすることになる．現在流通市場では一般的に，正名（標準和名）が用いられているが，正名を確定する機関も体制も確立されていない現状では，正名に加えて，もっとも確実に種を確定できる学名の付記をするのが理想的であるが，学名の使用が一般化されていない日本の現状では，間違えやすい種や個体に対して，種の特定を示す内容の付記が現実的な手段となる．

（2）植物の植栽適地を知る

とくに自然性の高いみどりの保全や創出を目指す植栽計画を行うためには植生図による植物の生態的な住み分けの理解が欠かせない．具体的な植物の種類や組み合せも，土地の性質や気候，人為の程度などによって異なるさまざまな植生の構成種が記載されている組成表を参考にする．また，在来の植物を用いる場合はもちろんだが，一般の造園植栽においても，外来種はその自生地の植生を，また改良種はその原種の自生地を植生図と組成表によって確かめることによって，おおむねその植物の土地に対する適性が判断できる．ついで，外来種，改良種の多くを含む植栽材料を駆使する植栽デザインの段階では，植物の生育にもっとも大きな影響をもつ気温の差による植物の適性を知っておく必要がある．植栽の適温帯を生育地の最低気温から判断した日本クライメートゾーンマップ（「樹木アートブック」[5]）は，日本の各地域ごとの気温の記録から，年最低気温の平均値をもとに，植物の生育にとっての適性温度帯を定めたものであり，アメリカ合衆国やヨーロッパ，オーストラリアで作成されているマップと連動して用いることができる．

（3）絵の具の数は多いほど良い

小学校の低学年では，12色程度のクレヨンでも満足していても，経験を重ねるに従って24色やそれ以上の色が欲しくなってくる．植物景観を絵にたとえれば，クレヨンや絵の具は植物に当る．良い絵を描くのであれば，絵の具の数は多いほど良い道理である．造園に用いる植物は，理論的には地球上に生育するすべての植物が対象となる．とくに昨今はこれまでの庭や公園などで用いる植木や緑化木などに加え，英国風庭園や生物多様性重視が当たり前のこととなったことが反映され，自然地の復元や創出に用いる植栽材料として，種類は勿論のこと，地域固有の遺伝子をもつ個体を求められることも多くなっ

9.7 植栽材料

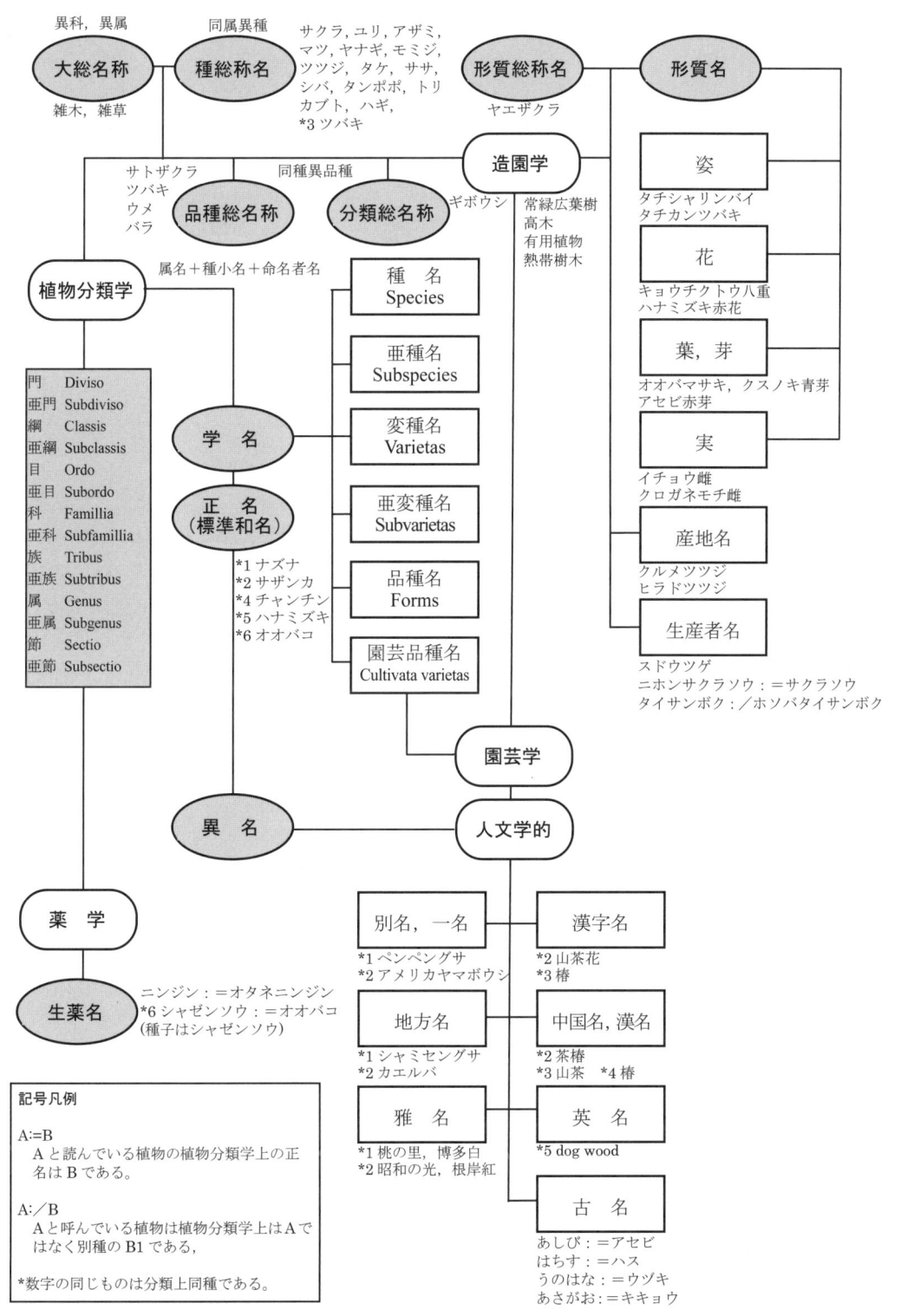

図 9.1 植物分類学の植物名と造園植物の呼称との関係（文献4)を参考に作成）

（4）植栽材料は消去法で絞り込む

理屈上では，植物のすべてが造園の植栽材料になり得るが，現実に用いる種類は幾つかの条件によって，おのづから一定の種類に絞り込まれる。その条件の第一は美性である。植物季節に観賞価値の高い

ものでは，早春のウメ，ジンチョウゲ，サクラに始まって，レンギョウ，ユキヤナギ，モクレン，ツツジ，カナメモチの芽出し，アジサイ，クチナシ，夏のサルスベリ，秋のハギ，キンモクセイ，モミジの紅葉，イチウの黄葉，ザクロやウメモドキの実などがこれにあたる。また樹形の鑑賞を種とする種類として，マツ，モッコク，モミジ，ヒマラヤスギ，メタセコイアや各種のコニファー類などがある。第二は扱い易さである。植栽樹木の扱いやすさの主な項目は耐移植，耐剪定，萌芽力，病害虫への抵抗性，環境への順応性などであり，これらを出きるだけ多く備えたものが扱いやすい。庭木や緑化木はこれらの要素を兼ね備えたものが主体となる。しかし昨今急激に増えてきた，郷土種による森づくりや野生生物の生息環境の復元，都市環境改善の一環としての屋上緑化，外来種・改良種を駆使した庭園などの中には，移植に適さないものも少なくない。それらの種に対しては，根茎を傷めずに移植出きるコンテナ栽培による育苗などにより扱い易さの向上をはかるなどの対応がなされている。

(5) すべての要求を満足させる種はない

植物も人と同じに，それぞれに個性をもっている。植物の個性は，その姿や植物季節による変化などである。花や新芽，果実や紅葉などは，人目を引きやすいが一年のうちの限られた期間である。一方，樹姿や葉の面白さを観賞するものには，年間を通して変化が少ないものが多い。

ウメやサクラのように，花は美しいが期間が短かったり，害虫がつきやすいもの，ハマヒサカキのように，葉は美しいが花の匂いが良くないもの，ハゼノキのように，紅葉が綺麗なのにかぶれやすいものなど，それぞれに一長一短があり，一種類の植物で，すべてを満足させるものは無いと思ったほうが良い。

9.7.2 形　　態

木本と草本，高木と低木，針葉樹と広葉樹，常緑樹と落葉樹，多年草と一年草などは，共通した特徴を表す植物の形態によって区分したものである。これらの区分は，造園植栽を考える上できわめて便利であり，国土交通省の定める「公共用緑化樹木等品質寸法規格基準(案)」[6]も，この区分によっている。しかしこれらの区分はあくまでも利用上の目安であり，必ずしもこの区分に当てはまらないものが出てくる。木本状草本，小高木，大低木，半常緑，半落葉などはこの区分の隙間を補う表現である。

(1) 樹形

① 自然樹形

樹形は種類ごとにも異なるし，個体によっても差異がある。しかし一本の樹木を，広い空間で独立木として育てると，種類ごとにおおむね類似の樹形となる。遠くからみても樹種の見当が付くのは，その樹種のもつ遺伝子的な特徴が樹姿に現れるからである。一般に自然樹形と言えばこのような独立型の樹形を指す。しかし，本来の自然界における樹木は，複数の樹木が群落となって成立している。そのため，個々の樹木の形は，群落内の樹木どうしの力関係でいろいろの形に変化し，一定ではない。それが本来の自然樹形とする見方もあるが，独立型で生産される植木を用いる造園の場合は，独立型の樹形を自然樹形とするのが現実的である。

② 仕立て樹形

造園植栽で植栽材料として生産されている樹木には，その樹種本来の自然樹形と，これに剪定や刈込みの手を加えて樹の姿を人為的にコントロールした仕立て樹形とがある。樹木を仕立てる際の樹形の目標は，おおむね二つのタイプに分けられる。一つは盆栽の手法に代表される，自然樹形を保ちながら全体をコンパクトにまとめる矯正型自然樹形と，玉散らし，ズンド，ローソクなどと呼ばれる本来の樹形とはかけ離れた人工的な形姿に仕立てる人工樹形に分けられる。刈り込み樹形や動物などの形に刈り込むトピアリーもこのタイプに含まれる。この仕立ての技術の中でも，とくに矯正型自然樹形づくりのための勢定の技術は樹芸という言葉に表され，日本の伝統的な植木職人の技として世界に評価されてきた。

(2) 規格

生命体である植物には一つとして同じ規格は無く，これを規格化すること自体に無理がある。その無理を承知で，あえて植物の規格を決めるのは，施主，設計者，生産者，施工者が，植栽材料に対しての

情報を共有するためである．植栽時の樹姿の特定や，植栽費の積算のために欠かせない植栽材料の規格は，形を規定する形状規格と，高さや太さや葉張などの寸法を規定する寸法規格，植物体の質を規定する品質規格からなる．

① 形状規格

植栽材料の形にかかわる規格で，株立，単幹，双幹，玉物などのように定性的な表現で規定する．また，下枝の側，四方に枝の張った，自然の樹形の，などの表現も用いられる．

② 寸法規格

植栽材料の寸法にかかわる規格で，樹高(草丈)，枝張(葉張)，幹周，芝付周などの寸法を定量的に数値で示す．また，草本類などでは，3芽立ち，5芽立ちなどのように表したり，6cmポットなどのように栽培する容器の寸法で表すことが多い．

③ 品質規格

植栽材料の品質にかかわる規格で，樹形，枝葉の配分や密度，根茎の発達などの品質を規定するものである．枝葉の様子に関しては節間が詰まり，葉が繊密な，根茎については細根の発達した，などの表現で定性的に示される．さらに，種や個体の性質に重点を置く場合は，○○地域産，露地栽培品，気候への馴化などを指定することもある．

以上が植栽材料の形態を規定する規格の内容であるが，先に述べたように，規格化の難しい植栽材料の規格は，あくまでも目標とする植物材料の規格を大きく逸脱しないための目安と考えるのが現実的である．植物を，規格でがんじがらめに画一化してしまうのではなく，植物のもつ個別の魅力を引き出すためには，規格は緩やかなくくりと，これに特記仕様としてそれぞれの植栽材料に付記するようにすれば，目的にかなう植栽材料が確実に入手できる．

9.7.3 配　植

植栽は，プロジェクトによって異なり，その目標は一つとして同じものはない．自然の風景を忠実に模写しようとするものから，植物の構成をごく単純にしたり，人為的な配列にしたりするものまで多彩である．しかし植物という生命体を扱う以上その組み合せは，植物同士の健全性保つことが大前提である．そのためには，自然界の植物の構成をモデルにするのが近道である．

(1) 樹林の縁に倣う

自然の森から，人の手の入った林縁への移り変りの部分には多くの植物が生育し，そこを訪れる野生の動物も多彩である．そして自然の風景を手本とする庭園の植栽は，この樹林の緑から外周に広がる草地への移行帯の植物構成が参考にされていることがわかる．図9.2は，関東地方の二次林から外周の開放地にかけての標準的な模式図である．主な構成は樹林と林縁と草地とからなり，これを生態学的に表現すれば，高木類と樹下の植物群からなる高木樹林，林縁部の，中木類や低木類やつる植物を主体としたマント群落，さらにマント群落から開放地にかけては，宿根性の草本類を中心とする植物からなる「スソ(ソデ)群落」が一連に成立している．庭園の植栽も自然の植物群落の配列の秩序にならって組み立てることで，生理的にも景観的にも安定したものとなる．

① 自然風景の保全再編型

庭園は，一定の敷地の中に目標とする風景を修める．当然，広い空間と狭い空間とではデザインのまとめ方が変ってくる．英国の風景式庭園は，自然の森や牧場や湖などを広大な敷地の中に裏寸大のスケールで表現する庭園様式である．狭い日本の限られた敷地の中で実現するには，敷地周辺に広がる山並みの風景や，自然の樹木の風景を背景として取りこむ日本庭園の伝統的な技法である「借景」の手法を取る．周囲の山並を借景にした京都の社寺の庭園や，山麓に位置する別荘地の庭などはこのタイプである．

② 自然風景の縮景型

縮景式庭園の様式は，屋敷の庭園などに自然の風景を原寸大で再現するのではなく，自然の風景を構成している地形や樹木や池泉などを，盆景のように全体的にバランスを保ちながらコンパクトにまとめ

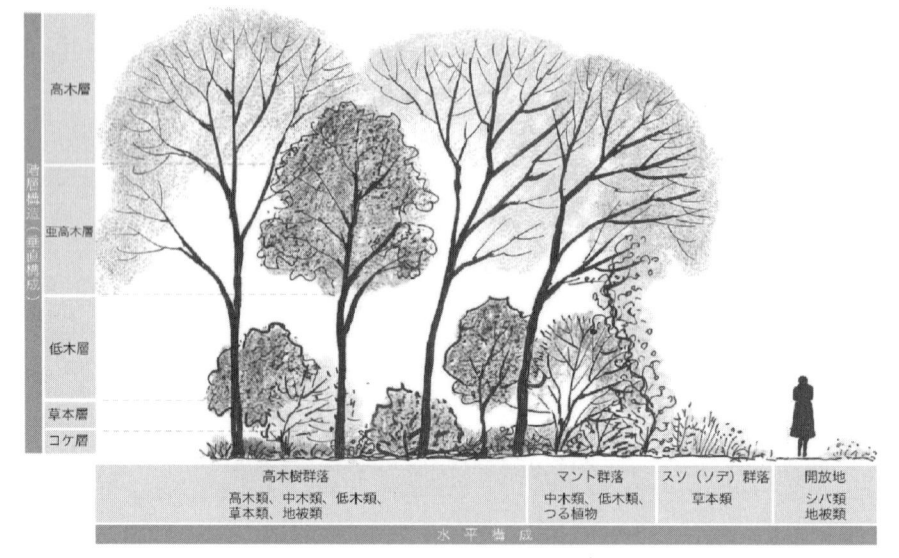

図 9.2 二次林から外周の解放地にかけての標準的模式図 [4]

ることにより，広大な風景を感じさせる，伝統的な日本庭園の手法である。その際の植栽のポイントは，自然樹形をコンパクトに維持する，剪定の技術である。二つの図は，いずれも樹林の林縁部に倣って構成されているが，図9.3は，高木類と中木類，低木類，つる植物，草本類をできるだけ自然に忠実に構成し，剪定も，できるだけ自然樹形を保ちながら全体のバランスを保ってつくられる庭である。これに対して図9.4は，高木類も中木，低木類も極く小さくまとめ，マント群落に当る外周の生垣も整形に刈り込み，つる植物はトレリスに絡ませるなど，自然の構成は守りつつも，人為のデザインを強めた庭である。

（2）陰と陽

「国境の長いトンネルを抜けるとそこは雪国であった。」川端康成の小説「雪国」の冒頭の一節である。暗いトンネルから白一色の雪景色へのドラマチックな場面の展開である。植物の魅力を効果的に見せるには，このような明と暗，陰と陽を意図的につくることが重要である。暗い常緑の樹叢や大きな緑陰樹や藤棚の前面に広がる明るい芝生や花畑，暗い山影から湧出した水が木もれ陽の樹間を下り広く明るい池に満ちる，などの情景は，陰と陽の場面を効果的に対比させる，庭づくりの常套手法である。明るく開放的な雰囲気の庭づくりには，濃い周辺の緑の樹叢がこれを際立ててくれるし，樹々に覆われた林内の散策路は，陽の差しこむ小さな草地があることによって，相対的に魅力が増す。このような目で改め

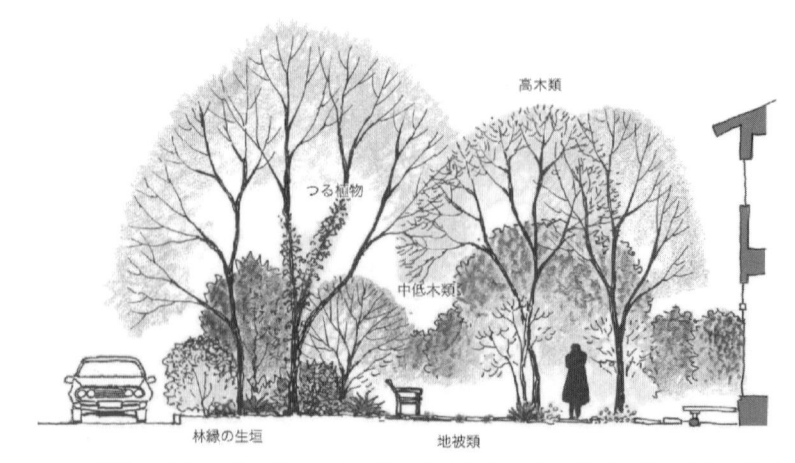

図 9.3 高木類と中木類，低木類，つる植物，草本類をできるだけ自然に忠実に構成した庭 [4]

図 9.4 自然の構成は守りつつも，人為のデザインを強めた庭 [4]

て庭や公園の植栽をみると，良い庭には陰と陽の巧みな演出がみられるはずである。

(3) 近景と中景と遠景

　数十種類の樹木を混ぜ合せて一体的に刈り込んだ大刈り込み，越しにみる庭園とそれに続く山並み。京都の名園として評価される修学院離宮の特徴は，近景の刈り込み，中景の庭園，遠景の山並みを，大きなスケールで構築している点である。山並みに囲まれた京都の庭園には，遠くの樹叢や山の風景を借景として取り込む手法がよく使われ，日本庭園の伝統的な手法として知られている。近景と遠景を意図的に組み合せることにより，視覚的に奥行き感を出すことに加え，意識的に近景のみどりの認識が，中景から，遠景のみどりへと及んで，景観に深みが加わる。この手法は大庭園に限らず，門から玄関までの奥行きを出すために，「門冠りの松を近景として植栽する，縁先きに植栽したウメを通して庭を眺める，なども同じ効果を狙ったものである。

(4) 空間を埋めずに空間に合せる

　植木の苗圃は，植え溜めと呼ばれる。そこでは植木の生育に必要な最小限度の空間を確保し，無駄な空間はつくらない。一方造園の植栽は，それらの植木が健全に，魅力的に見えるための必要な空間を確保して配置して，庭木による景観をつくる。しかし，日本の狭い国土の中では，いきおい植栽地の空間が制限される。その結果，樹間がが狭くなり，陰陽のメリハリがない植え溜め的な景観ができやすくなる。庭木も街路樹も，ゆったりとした空間にのびのびと枝を広げてこそ，その木本来の魅力が発揮される。植物の陰陽のコントラストは，植栽当初から植栽地の空間を意識して配置することが重要である。配植の技術は，樹木そのものの魅力が評価される植木を，植物と空間とのバランスの美しさで評価される庭木とする技といってもよい。くれぐれも植え溜めのような植栽景観をつくらないことである。

(5) 人為景観から自然景観へ

　町に暮らす人にとって，山の旅の醍醐味は，普段触れることの少ない里のみどりや自然のみどりを体感できることである。厳然とした天然自然の山を後に，里山に下って来るに従い，雑木林や竹林，杉，桧の植林，田や畑など，人の手が入った馴染みのみどりに変り，バスの車窓から並木や花鉢の置かれた風景が見え始め，道と建物が支配する見慣れた駅前の町並みに至る。人はこのように，自然から人工的な風景に至るまでのさまざまなみどりの風景に心を動かされるが，その条件は，植物が在るべきところに健全に生育していることである。サクラを例にとれば，山野に自生するヤマザクラは山に，果実を収穫するサクランボは里に，観賞のために作られたヤエザクラやシダレザクラは町のたたずまいに似合う。菜種油を採るためのナノハナ，水田の緑肥として播種するレンゲは，野辺にあってこそ魅力的なのである。やはり野に置けレンゲ草，である。

9.8 植栽管理

　長い年月を経てその土地の地形や気象に馴染んだ植物の織りなす風景は人に感動を与える。多くの庭園や公園の植物景観は，このような自然の風景をモデルやヒントにしてつくられることが多い。しかし，新たな植栽によって忠実に再現した風景も，植栽した直後はいかにもよそよそしく，モデルとした風景とはほど遠い。その最大の要因は，植物のその土地への馴染みの薄さである。根を切断し，他の土地から持ち込んだ植物がその土地の環境に馴染み，根を下ろし，元のように枝葉を広げるまでには長い年月を必要とする。比較的回復の早い低木類でおおむね3年，中木類で5年，高木類では7年以上かかるといわれる。そう考えれば，植栽の完了時は植物景観の骨格づくりが概成した時であり，その直後から目標景観に近づける植物管理が始まる。植物景観に完成はない，といわれるのはこのためである。そのため，植栽は，その後の管理次第で，良くもなり，悪くもなる。「管理は芸術／Maintenance is Art／メンテナンス・イズ・アート)」の言葉は，植栽の本質を言い当てている。とはいえ管理が万能と考えるのも危険である。植栽による景観づくりは，生命をもつ植物を用いるために，自然の力を味方につけなくては成り立たない。植木職人のいう半づくり半育ては，人がつくったり育てたりするのは半分だけで，あとは自然に任せなさい，ということで，何から何までを人の力でねじ伏せるやり方の愚を戒めた言葉である。

9.8.1　管理は三段階で考える

　植栽した樹木を，目標とする形姿に修めるまでの管理には，養生管理，育成管理，抑制管理の三つ段階がある。

（1）養生管理

　植栽時に根を切られたり，環境の異なる地域からもちこまれ，まだひとり立ちのできない植物が，植栽初期に遭遇する強風，乾燥，低温，栄養不足などのストレスに対して風除け支柱，幹巻，防寒ネット，保温・防寒マルチ，灌水（かんすい），施肥，除草などの手をかけ自立機能を回復させる管理である。養生期間は，植物の種類や規格また，その土地の環境や，植物の適性などによってまちまちであるが，もっとも時間のかかる高木類の成木の場合で，3～5年程度，低木類では2年，草本類でも丸1年程度を目安にする。

（2）育成管理

　新たな土地に根を下ろし，本格的に生長し始める以降の管理をいう。植栽時点の植物は，将来の目標とする植物の形状に対して，寸法的にも，品質的にも満足のできる状況になっていない。その後の生長によって，長い時間をかけて樹高や枝張りや枝葉の密度などが増し，その種や固体ごとの固有の形姿を表すようになる。この期間は，植物を健全に保ち，充実した個体に育成することに専念する生長優先の管理期間である。

（3）抑制管理

　生長した植物が，目標の高さ，枝張り，緑量に達した時点からは，個々の植物や植物群をそれ以上大きくせずに，植物の枝葉の剪定や刈り込みなどによって，植物を一定の大きさに保ちながら，総体的に「景趣を増してゆく管理」に切り替える。その際の剪定は，花や果実の量や美しさを増す，幹の太さにバランスさせる，樹木どうしを馴染ませるなどに配慮する。樹木の充実，樹群の風趣を高めるための抑制管理の段階に入る。

　以上が，樹木の活着から成熟に至るまでの植物管理の流れである。図9.5は，ごく単純に思える街路樹の剪定管理の要点を示したものであるが，一連の街路樹の中にも，養生，育成，抑制の各段階が混在していることがわかる。まして，数多くの植物から成り立っている庭園や公園などでは，各段階の植物管理が複合的に組み合さっている。それらの管理を間違いなく進めていくための体制なくしては，植物

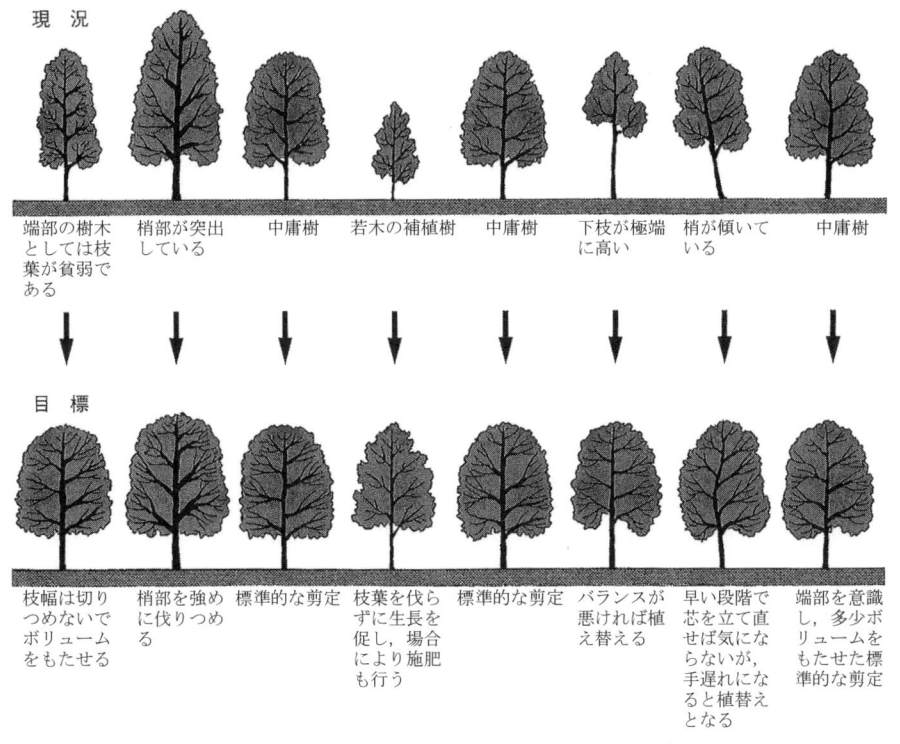

図 9.5 統一性を重視する街路樹剪定[7]

景観の充実は望めない。

9.8.2 管理マニュアルの扱い方

　物事を順序良く，効率的に進めてゆくためには，取扱いの手引きとなるマニュアルがあると便利である。自治体の管理する，公園や街路樹などの公共緑化，民間にあっても大規模な庭園や緑地の管理に関しては，その水準や分量を把握して，管理の内容や費用算定を行うための基礎資料として，無くてはならないものである。しかし，この便利なマニュアルも，使い方を間違えるとかえってマイナスになる。もっとも多いケースは，マニュアルのひとり歩きである。本来，植物の管理マニュアルは，一つとして同じもののない生きている植物の取扱いを，活字や数字で表すことには限界があることを承知でつくられている。そこに示されている内容は，あくまでも原則であり，具体の対応については，その場の状況に即して責任者が判断するという前提にして用いることが重要である。

9.8.3 植栽トータルコーディネイターの必要性

　マニュアルの有無にかかわらず，植栽に関するすべての判断は，植栽の目標景観を理解し，植物やその管理に造詣の深い責任者が全体を統括するシステムが不可欠である。その際の責任者の立場は，植栽トータルコーディネイターというようなもので，具体的には，欧米の庭園や植物園などのキュレーター*(curator) やゴルフ場におけるグリーンキーパーなどがこれに当る。そして，責任者から指示された具体の作業は，欧米ではガーデナーが，日本では庭師がこれを現場で遂行する。すなわち植物の管理マニュアルは，植物全体の管理指導者や直接手を下す現場の技術者が適切に補完しあってこそ，その効果が発揮される。マニュアルの項目や数字をかたくなに守るあまり，無用な刈込や剪定や薬剤の散布などを繰り返す愚は避けなくてはならない。このことは同時に，限られた管理費用を有効に使うためにも

---

* キュレーター (curator) は，日本の「学芸 (arts and sciences) 員」にあたるが，造園専門の学芸員または類似の技術資格者制度の設立が課題である。

9.9 野生生物への配慮

♪めだかの学校は……，夕焼けこやけのあかとんぼ……，ちょうちょちょうちょ……，どじょっこふなっこ……，かえるの合唱……，蛍の宿は……，秋のむし……などで知られる小学校唱歌の歌詞を並べるまでもなく，かつてはこれらの生き物が，人と自然の接点である里山を中心に生息し，人々の日常生活の中で子供の遊び相手として，また季節の情景として親しまれてきた．しかし今，それらの野生生物の多くは我々のまわりからしだいに姿を消しつつある．蛙は鳴かず，蛍も翔ばない．メダカさえも絶滅を危惧される種に仲間入りである．キリギリスやクツワムシ，ウマオイなどの秋の虫の合唱はアオマツムシなどの外来種の虫の声に替ってしまった．今このような現象は，情緒や懐古の問題ではなく，地球の自然生態系の撹乱のシグナルであるとして，危機感がもたれている．野生生物の，輸出入を禁止するワシントン条約や多様性を推進する生物多様性条約，生息地を保全創出するビオトープ戦略，生息域を外来種から守る侵略的外来種の排除などの地球規模での一連の動きは，人類の生存にかかわる自然の生態系をこれ以上撹乱しないための動向である．多くの野生動物にとって，植物は必要不可欠の存在である．野生動物の生息地を意図的につくるビオトープにおける在来の植物の植栽ばかりでなく，造園がかかわるすべての植栽に対して，常に野生動物との関連性や影響の程度を意識しておくことが大切である．農薬散布による自然の生態系の破壊を訴えた「沈黙の春」[8]の著者レイチェル・カーソンはその中で，花が咲いても蝶は舞わず，カエルも鳴かず，鳥も調わない現実が，人類の破滅につながることを訴えている．そのためには，自らが見て確かめ，肌で感じて欲しい，知ることは感じることの半分も重要でない，と．

9.10 植栽計画から現場までの一貫性を貫く

新たな場に，新たなものを生み出すようなプロジェクトでは，創出する事物に対して，そこにかかわる人たちが，同じ考え方を共有しておくことがきわめて重要になる．すなわち，理念と詳細が一致している，identity work(アイデンティティーワーク)の徹底である．とくに植栽は，他の土木や外構，建築などに比べて

- 生命体である植物は変化しつづける
- 目的とする機能が多様かつ複合的である
- 目標が定量的，定形的に示せない
- 完成という概念がない
- 管理の質や内容によって形態が変化してしまう

という点で，その目標が，きわめて曖昧になりやすいという特徴をもつ．計画から設計，施工，管理の流れの中で，当初の考え方が，かかわる人の解釈によって変化してしまうのである．その結果，植栽環境は，当初の計画の基本的な考え方とまったく似て非なるものが出来上がってしまうことが少なくない．そうしないための対策は，関係者のすべてが，同じ価値観をもって協働(コラボレーション)できる体制を整えることしかない．植栽計画から現場までの仕事の流れと，その間に合意しておくポイントは，

- 計画段階——理念や意図の提示→
- 設計段階——設計意図の伝達(設計監理・植栽材料や配植の確認)→
- 施工段階——設計意図の具体化方針と対応技術の確認
  (ウオークスルー：現場を歩いて意思を疎通させる)→
- 管理——目標景観の合意・整姿，剪定の具体の確認

(ウオークスルー：現場を歩いて意思を疎通させる) →
- 以下この流れの繰り返し

となる。

9.11 リニューアル&メンテナンス

　寿命があり，常に成長し続ける植物を，当初の意図どおりに維持するには，植物の更新が不可欠である。また時間の経過とともに，利用者の要求にも変化が起ることが多い。樹々が生い茂って，陰欝になってしまった公園を，明るく爽やかな緑陰のある場にする。つくばいや灯篭を鑑賞する庭から，草花を中心としてテラスやデッキでくつろげる庭にする。生産のための雑木林を，散策や観賞のための園地にする。というようなケースである。また，植物の生長に伴う環境の変化も改修のきっかけとなることが多い。衰弱木の入れ替えや，日照条件の変化による下草や地被類の変更などで，このような局部的な改修は，公園や庭園の植栽にはつきものである。この時点での，リニューアル&メンテナンスを進める際の要点の一つは，それまで自然と人とのかかわりの中で生き続けてきた植物を，新たな植物景観の中に最大限に生かして再編することと，それまでの植物管理の内容を，新たな植栽管理に反映させることである。リニューアル&メンテナンスを，単に改修と管理という，固定概念でとらえられやすい日本語にせず，包括的なニュアンスをもつ英語に置き換え，その二つを「&」で，一つの言葉としているのはこのためである。変化しつづける植物景観を，既存の植物を取り込みつつ，その時点での要求に合えあわせてつくり変えていくのは，庭づくりの本質である。庭の基盤となる植物を，適切なリニューアル&メンテナンスの継続によって維持していくことの重要性はそこにある。

第10章 素材と設計

10.1 素材の特性と設計

　ランドスケープを設計する際は，その土地がもつ特性など諸要素を基盤にして，都市空間や造園空間，建築群，街並みなどを設計・構築しなければならない。その範囲は，都市公園や広場，街路や庭園，河川，都市や商業モール，住環境，学校キャンパスやスポーツグラウンド，そして自然公園と多岐にわたる。

　そこで，まず肝に銘じなければならないことは，「用」と「景」である。ここでいう「用」とは実用性や機能性を指し，「景」とは景観性や美観性のことをいう。

　つまり，ランドスケープは，実用的な機能を十分に有しながら，人の感性に訴えかける景観美を兼ね備えていることが必須となってくるのである。なぜなら，この両極が快適な空間づくりには欠かせないからである。

　いかに実用性や機能性の面が優れていても，景観性や美観性が欠如している空間は，利用者にとって居心地が悪くなる。逆に，いくら景観や美観が突出していても，実用性や機能性がまったく備わっていなければ，利用しにくい空間となってしまうのである。

　この「用」と「景」の両極を支える役割を担うのが，木，水，土，石といった自然素材である。

　これらは，洋の東西を問わず古来から用いられ続け，現在および将来的にも欠かすことのできない要素といっていいだろう。

　元来，日本庭園では，池を中心にして土地の起伏を生かし築山を築いて，庭石や草木を配し四季折々に鑑賞できる景色をつくってきた。また，西洋の庭園においても，池や噴水を中心にして，花壇や石畳などを規則的でシンメトリーに施している。

　まさに，木，水，土，石は普遍的な4つの素材であるが，本項では，その中の，水，土，石の三大自然素材について解説していく。

10.1.1 水
（1）水の特性

　水は，基本的に無色透明，無味無臭の液体であり，容器や落差などによって形や動きが大きく変化する物質である。したがって，特殊な形状の中にも容易に入ることができ，コップや微小な容器に入れば小さくもなる。さらには，大きなスペースである湖や海を構成する場合もある。つまり，水は容器やスペースによって形や大きさが縦横無尽に変化するのである。

　落差の観点からすると，水は高い位置から低い位置へと移動する性質があり，自然の中でよくみられるのは川の流れや滝などで，人工的なものとしては噴水などがあげられる。

　また，水が移動する際にはエネルギーが発生するが，これを産業用に利用したのが水車や水力発電である。水車は，古来より位置エネルギーを回転運動エネルギーに転換させることなどによって，製粉，揚水，脱穀などに利用されてきた。一方，水の落下エネルギーを使って電力を発生させる水力発電は，供給に安定性があり再生可能エネルギーの筆頭とされている。

　そのほか，滝や噴水などの水しぶきがあがる空間には，レナード効果によりマイナスイオンが大量に発生することも特性の1つといえよう。

また，水には光を反射させる性質があるため，鏡のように物体を映し出したり，太陽や月などの自然光や人工光を反射させて，景観を演出する効果がある。たとえば，湖に映った逆さ富士や，夕日に染まりオレンジ色に輝く大海原，人工的なものでは噴水などをライトアップさせるイリュージョンの演出などがある。

さらに，水には1gの蒸発により，約0.58 kcalの熱を奪うという気化熱の特性があり，夏場，都市部のヒートアイランド対策として，近年，打ち水が注目されている。打ち水は，昔から行われている気化熱の特性を利用した涼をとるための夏の風物詩である。風呂の残り湯，米のとぎ汁などを利用すればエコロジーにもつながり，ビルや自動車からの排熱，アスファルト舗装や建物表面の蓄熱などで上昇した夏場の外気温を下げるのに効果がある。

なお，水はあらゆる生物に欠くことのできない物質であり，人体の約60％，魚は75％，リンゴは85％が水分である。したがって，ほとんどの生物の生命活動を維持するためには，常に水を摂取し，排泄し，循環させる必要があり，この循環がとどこおると生存の危機となるのである。

ことに人間が生活する上では，飲料用以外にも，洗濯，入浴といった生活用水が必要となってくる。そのため，人類は水辺を生活拠点として営みを続けてきており，いわゆる四大文明が，黄河，インダス河，チグリス・ユーフラテス河の流域から始まっている。

現代に至っては，水は文化のバロメーターといわれるようになり，文化的な生活になればなるほど，水の使用量も増える傾向がある。つまり，水洗トイレ，シャワー，プール，洗車といった直接使用する水量が増加するうえ，産業用，農業用の生活物質を作る際などにも大量に使われているのである。

なお，地球は，その表面の3分の2が水に覆われた青く輝く水の惑星である。なかでも，日本は，年間降水量が約1 800 mmの豊かな水を誇っている。世界各国の平均年間降水量が約1 000 mmであることからすると，他国の2倍近い水資源である。

したがって，日本の国土は，3分の2が山地で河川が急峻であるのと，その雨量の多さから，特有の緑豊かで美しい景観が形作られてきた。山紫水明の国といわれる所以は，水によるといっても過言ではないのである。

水は人類にとってもっとも身近で重要なものであり，加えてさまざまな態様を見せることから，水をモチーフとした数々の芸術作品は世界中で生み出されている。また，どのような風景の中にも，水の景を加えることによって，その空間の評価は高まるのである。

(2) 水景の種類

水のデザインは，流水，落水，湛水，湧水の4態に大別されるが，水景施設を計画する際，おのおのの特性を熟知し設計に臨む必要がある。

その4態を端的に解説すると，以下のとおりである。

① 流水

流水とは，川やせせらぎ，水路などのことであり，自然に近い生態環境を育むビオトープ，人工的な素材を使用した流れなどもこれに当る。この水景は，流れのリズムにより平面の単調さがカバーされるという特徴をもつ。

② 落水

落水は，滝のイメージである。自然に近い形態のもの，人工的なもの，規模も大小あり種類も多様である。デザインによって，壁面やアクリル板を静かに伝い流れる水もあれば，水量や姿の変る滝などもあり，立体的な空間の演出に役立つ。

③ 湛水

湛水とは，水をたたえるという意味で，池やプールがその代表的なものとなる。公園や都市空間につくられる徒渉池や人工池は，子供の水遊びの場として適し，安全な水との接点となる。古くから，池には単調さを補うため，噴水などの施設が併設されることが多い。

10.1 素材の特性と設計 / 181

写真 10.1 池

写真 10.2 滝

写真 10.3 噴水

従来のプールというと競泳用や夏場のレクリエーションなどで利用される平面的で単調，画一的なイメージが強いが，アメリカのウォーターパークの影響で，スリルやアメニティを追求したアドベンチャープールやスライダープールが登場し，立体的で躍動的，個性的なイメージへと変貌しつつある。

④　湧水

湧水とは，泉や噴水のことである。地中から絶え間なく湧きあがる泉は，単純な形態で華やかさや力強さはないが，清らかな水を象徴する。

一方，噴水は水景のもっともポピュラーなもので，基本的スタイルとしては，水を上方に噴き上げ，上がった水が，やがて落下していく際のフォルムや清涼感などを楽しむ施設といえる。伝統的なものは落差を利用し水を噴き上げていたが，現代ではモーターやポンプなどの動力によるものが多い。立体的で躍動感があり華やかである。

その種類は，天高く上がる高射噴水。古典的な彫刻噴水。ブロンズ，ステンレス，自然石，アルミ等のフォルムを伴ったモダンアートの造形噴水。軽快なリズムや美しいメロディに合せて，動き変化する音楽噴水。最新のテクノロジーを駆使したハイテク噴水などに分類される。

ちなみに，日本で最古とされる噴水は，金沢にある兼六園の噴水で，1861年に前田斉泰が金沢城内に作らせたものである。また，日本一の高さを誇る噴水は，山形県の月山湖にある「月山大噴水」で，112mまで水が吹き上がる高射噴水である。

これらの水景は，単独もしくは，組み合せることによって，その空間にさまざまな表情をつくり出すことができるのである。

(3) 水景の用途

従来の水景施設は，主に公園や庭園といった公共の場に設置されることが多かったが，近年は，民間の庭園設計や一般建築においても，水の演出が多く取り入れられるようになってきた。また，屋外ばかりでなく，屋内にも設置されるなど，さまざまな空間で水景施設を目にすることができる。

その主なスペースを列挙すると，公園，大規模商業施設，居住空間，ホテル，テーマパーク・レジャー施設，ゴルフ場，高速道路のパーキング，デパート，駅など多岐にわたり，それらを大きく分類すると以下の通りとなる。

①　公共空間

水は自然を象徴する格好の素材であるため，都市から消え去った自然の復活，自然を模倣・凝縮した人工の自然空間の創出には欠かすことができない。したがって，都市公園の多くに，水景施設が設置されている。

②　商業空間

シンボルロードやモールに延々と伸びる水路や流れ，オープンスペースやアトリウムに導入された噴水，滝，流れなど，すでに商業空間には必需品となった水景施設。ことに大規模商業施設(六本木ヒルズ，東京ミッドタウン，赤坂サカス，ビーナスフォート等)では複数種の水景施設が導入されることが多い。

③　建築空間

昔は，一般住宅の水景施設といえば，一部の富裕層の邸宅に池が施され錦鯉を泳がせるというのが，ある種ステイタスであった。しかし，近年ではマンションなどの集合住宅の庭あるいはエントランスといった共有スペースに設置されるケースも増えてきており，池ばかりでなく，噴水，滝など多様になっている。

④　レジャー空間

人々のアメニティへのニーズの高まりにより，都市部を中心にテーマパークやレジャー施設が増えている。主なものは，東京ディズニーリゾート，ユニバーサル・スタジオ・ジャパン，スパリゾートハワイアンズ，ハウステンボスなどで，そのほとんどに水景が用いられ，観賞用だけでなくアトラクション用として使用されるケースもある。

また，ゴルフ場の水景施設としては，コースの中に人工池などが設置されることが多いほか，海や池といった自然の立地を利用したコースが設計される場合もある。

⑤　その他

河川や湖沼，ダムなどの水空間に噴水を設置するケースも多く，渇きと喧騒の中に身をおく現代人に自然のダイナミズムを与え，自然とのふれあいの場を提供している。また，水質悪化の原因となるプランクトンの増殖を抑制し水質保全の役割も果す。

このように，水景は庭園から公園に，また博覧会，展示会の会場，広場や街角，さらにビルの中庭等，装飾上不可欠の要素となってきた。また，技術の進歩により，演出手法も多様化し，組み合せに新しい分野が開け，光と音と水のシンクロナイズされた演出が行われるなど，その用途はますます広がりつつある。

10.1.2　土
(1) 土の特性

すべての土台となるしっかりと安定した土，柔らかでどんな形にもつくれる土，木や草花を育む土，水を透し空気を通し微生物を生かす土，田畑として働く土，長い時間かけて雨水をろ過する土，生命の母体となる大地。

人類は，古代より，土を焼いて土器を作り生活用具として用いてきた。現在でも，生活用品から美術品に至るまで作られていて，陶芸は廃れない。建築にも使われてきたのが，屋根瓦や土壁，レンガなどである。レンガは，敷瓦，三和土などとともに，昔から造園にも使われてきた。

また，土は空中の一酸化炭素を吸収して，汚染した空気を浄化するという。とくに都市部では，地面がコンクリートやアスファルトなどの人工素材で覆われてしまっているが，土の表面積が拡大すれば，水循環を好転させ，気温変化を抑え，都市気候の緩和にもつながってくる。

さらに，土の空間は，人の心に豊かでおだやかな落ち着きをもたらしてくれる。

つまり，環境保護，自然保護，人間保護に，土はものすごく有効で，あらゆる意味で人間と深くかかわっているのである。

また，ランドスケープにとっての土は，基礎，土台，骨格となったり，盛土材料ともなり，その盛り方や切り方によって，さまざまな姿に変化する。主役になるような華やかさは少なく，背景を構成するものだが，植物の生育にも必要な物質であり，造園には不可欠な素材といえる。

(2) 空間構成上の土

土には，さまざまな側面があるが，空間構成技法としては，「支える」「覆う」「囲む」「眺める」「遊ぶ」の5つに大別することができる。

その特性を簡単に解説すると以下の通りである。

①　支える

建物や道路，敷地などを支える安定した基盤となる土であるため，安全性，健康性，経済性が求められる。なお，自然地の有限性，貴重性が叫ばれる近年，自然地保存の観点から，また，豊かな空間を構成する観点からも，設計の際には自然地形を尊重することがポイントとなる。

②　覆う

広場，ゴルフ場，テニスコート，歩面などに，グランドカバーとして土を覆うこと。土は，人工素材に比べ柔らかく衝撃が少ないため，人がその上を歩いたり走ったりするのに適している。その硬さも変化するため，メンテナンスが必要である。また，透水性があるので，植栽や芝を張ることもでき，緑化や景観の点でも優れる。さらに，地中に埋め込まれた給配水管などを隠し保護する働きもする。

③　囲む

堀，溝，谷，河川の土堤，公園の土塁など，土で囲まれた場所は数多く存在する。囲むことの効果は，隠すことや，包含すること，景観の力・特徴・形を残したり修正，強調したりするほか，囲まれた空間

を演出したり，統一感をつくり出す。その囲み方，形態，大きさによってさまざまな空間特性を発揮する。また，囲まれるということは，人間の心理に圧迫感や恐怖感を与えることになるが，土のもつ柔らかさや温もり，落ち着きにより，それらを緩和させる効果もある。

④ 眺める

築山，マウント，山岳，野筋(のすじ)，地瘤(じこぶ)，丘陵，岬，島，洲など，眺める対象としての土の造形である。信仰の対象になるほど，昔から富士山が尊ばれる理由は，やはり姿かたちの優美さゆえだろう。まさに自然が作った土の芸術品である。そんな富士山への憧憬により，模して作られた築山も各地によくみられる。築山ばかりでなく，野筋，地瘤なども人工の盛り土である。土の切り盛りで変化をつけることにより，平坦で単調な土地も，美しさや面白さが増す。また，大きさ，形，表面の状態によって印象も大きく変化する。

⑤ 遊ぶ

砂場，公園，自然傾斜地，相撲場などで土に触れて遊ぶ。つかむ，こねる，たたく，ばらまくなど，土と直に触れて楽しんだり，駆け回ったり，滑り降りたり，転がったり，ジャンプしたり，寝転んだり，思い思いの動作で土とたわむれる。遊び心を誘発するのは，地形変化に富み，傾斜のある場所である。ことに斜面は，適度なスリルが味わえ，動作の活性化，多様化をひきだすのに効果的である。

以上のように，土は，その特性上，多様な機能を果す素材である。土をデザインする際には，土の特性や土の豊かな心を十分理解，認識したうえで行う必要がある。

(3) 土の造形

日本庭園では，縮景を基本とし，山，谷，川，滝といった自然地形を凝縮して盛り込むため，狭い敷地に，池を掘り，山を築き，谷をつくってきた。

また，イギリス風景式庭園にみられるマウントやハアハアなども，西洋の代表的な土の造形といえるであろう。すなわち作庭の基礎は，土を移動し地形をつくることにほかならない。したがって，土のデザインは，「盛土」，「切土」，「むくり」，「てり」によってなされる。「むくり」とは凸形に土を盛り上げることをいい，その裾野がわずかにへこんで反った部分を「てり」と呼ぶ。

まず，「むくり」を山の形にして，頂角を鋭く裾野を広く長く築いたものを「築山」というが，古代は「仮山」と呼ばれていた。

優美な姿で，庭園の中心となり，広大な回遊式庭園ではランドマークとしたり，展望地点としてパノラミックに園内を眺めたりもする。ただし，狭いスペースには圧迫感を与えてしまうため適さない。

また，「むくり」を小丘のようにして幾重にも重ねた技法が「野筋」である。築山の明快な造形とは違い，小ぶりで細やかな表情をみせてくれる。寝殿造庭園では遣水や前栽とともに施され，それらの複合された相乗効果により豊かな表現が生み出され建築物を引き立てる。

さらに，「野筋」よりも小さな起伏を「地瘤」と呼ぶ。ちょうど，どこかにぶつけて瘤ができたような形である。丸みを帯びたふくらみで，鋭角な尖りはない。わずかなふくらみの繰り返しが，空間にリズムを醸し出すのである。

土の造形の主なものは，「築山」「野筋」「地瘤」に代表される自然な曲線の自然式のものであり，周囲の景観と調和しやすく，落ち着きがあり，比較的施工が楽におさまるが，控え目になりがちなためデザイン効果が薄らぐこともある。そのほかには，幾何学形などで作られた整形式の造形もあり，銀閣寺の向月台に使われている。人為的な線をもち，施工に難しい面がある。周囲の景観との対比を生み，きわだち卓越する反面，調和がしにくいところがある。

総じて，起伏した地形というのは，面白みがあり，そのフォルムには，軽快さ，ゆるやかさ，和らぎといった印象を，またボリューム感のあるマッスは空間に充実感を与える。さらに実際の地表面積を拡大させると同時に，視覚的な奥行きも増すのである。

また，リサイクルの観点からいえば，建設残土を利用して，築山などの「むくり」をつくれば，廃棄物の有効利用になる。そこに植栽などを施せば，緑化とともに都市風景に優しさが加えられる。硬く大きなボリューム感をもつものが多い現代建築には，その印象をやわらげるため，土のもつ柔らかく優しい表情で包含することが第一である。

結局のところ，土の造形の本質となるのは，生き物を育めることと，風景と大地を優しく結び付けてくれることといえよう。

10.1.3 石
(1) 主な石の種類や特性

石には，硬い，丈夫，重量感，安定感，生命力，永遠性といった印象があり，腐食したり，風化しにくい不変の堅牢さがある。そして歳月を経たものは，周囲の景観と馴染んで風格を増す。

また，石は，太古の昔から人間の生活と深くかかわってきており，建造物や墓石，造園などに使用され続けている。現在でも，家屋の内装に，大理石や御影石を使用することは，成功の象徴ともされている。コンクリートなどの人工の素材と違い，色，形，模様，触感など，それぞれに個性があり1つとして同じものはない。

また，岩石は地殻を構成している鉱物の集合体であり，その成因によって分類すると，火成岩，堆積岩，変成岩の3種に大別され，そのあらましは次の通りとなる。

① **火成岩**
地球内のマグマが冷却され凝固したもので，硬質で耐久力があり，風化，冷害が少ない岩石である。

② **堆積岩**
風化・浸食により細かくされた岩石や鉱物の粒子が，水中や地表に堆積してできた岩石で層状である。

③ **変成岩**
火成岩や堆積岩が熱や圧力により変質し，元の岩石とは異なる性質になった岩石のため，石質も複雑である。

以上の岩石の中で，石材として使われる主な種類と概要を列挙してみよう。

(1) 花こう岩 (火成岩)

もっとも利用されることの多い石材で，角石，板石，間知石などすべてに適している。耐久性，圧縮強さが大きく，堅質緻密で大材を得やすく，研磨すると光沢を生じる。欠点としては，耐火性が弱いことである。

(2) 閃緑岩 (火成岩)

石質は堅硬だが，一般に石目が悪く疵が多くて外観は美しくない。しかし，一部に濃緑黒色で斑紋が美しいものがあり，「黒みかげ」と呼ばれ珍重されている。国内では玉石型の原石が多く大材が得られない。

(3) 安山岩 (火成岩)

磨いても光沢が出るものは少ない。石質は堅硬で，耐久性，耐火性，圧縮強さも大きいため，土木用石材として広く用いられている。

(4) 大理石 (変成岩)

磨くと美しい光沢が出るのが特徴で，石質は緻密で堅硬だが，耐火性，耐酸性は小さく風化しやすい。そのため，主に装飾や内装材等に使われる。国内では，良質なものの産出が少なく，高級品はイタリア，カナダから輸入される。

(5) 結晶片岩 (変成岩)

石質は緻密で堅硬。明瞭な片状節理を有し剥げやすい。多くは庭石に用いられる。

(6) 蛇紋岩 (変成岩)

大理石に似て硬質で光沢が出るが風化しやすい。

(7) 凝灰岩 (堆積岩)

採石加工は容易だが，給水率が大きく風化しやすい。耐久性や強度も大きくないが，耐火性に優れる。

（2）加工石材の種類と特性

ランドスケープで使用される石材は，加工石材と自然石材とに大別される。加工石材というのは，原石を使用目的に適した形状に機械などで加工したもののことであり，自然石材は文字通り，天然のままの形状で使用されるものである。まず，加工石材は，形状や材質などにより，「間知石」「割石」「板石」「角石」「割ぐり石」「雑割石」「雑石」「小舗石」「小端積用石材」などにわかれ，その概要は以下の通りである。

「間知石」は，面が方形に近く，控えは四方落し，合端加工されたもので，控えの長さが面の最小辺の1.5倍以上あるもの。原石は花こう岩や安山岩など，強硬で耐久性のあるものが使われ，そり，亀裂，むらなどのないものが望ましいとされる。「割石」は，面が方形に近く，控えは二方落し，控えの長さが面の最小辺の1.2倍以上あるもの。原石は花こう岩や安山岩など，強硬で耐久性のあるものが使われ，そり，亀裂，むらなどのないものが望ましいとされる。「板石」は，厚さが15cm未満で，幅は厚さの3倍以上で，原石は，花こう岩や安山岩，玄武岩，硬質砂岩などが用いられる。表面の仕上げにより，のみ切板，並たたき板，上たたき板そり，ひき石と呼ばれる。そり，亀裂，むらなどのないものが望ましいとされる。「角石」は，幅が厚さの3倍未満で，ある長さを有するもの。そり，亀裂，むらなどのないものが望ましいとされる。「割ぐり石」は，花こう岩，安山岩，砂岩，凝灰岩，石灰岩，けい岩類を破砕したもので，うすっぺらなものや細長い形状のものは割ぐり石とは呼ばない。「雑割石」の形状は，おおむねくさび形で，面は四辺形，扁平や細長い形状のものは雑割石とは呼ばない。原石は，花こう岩や安山岩，玄武岩，硬質砂岩などが用いられる。「雑石」には，花こう岩や安山岩，玄武岩，硬質砂岩などが用いられ，面の形状や加工の状態はさまざまであるが，扁平や細長い形状でないもの。「小舗石」は，1辺が80～100mm程度の立方体で，原石は強硬で耐久性のある花こう岩などが使われ，舗装や縁石として用いられる。「小端積用石材」は，花こう岩や安山岩，玄武岩，硬質砂岩などが用いられ，代表的なものとして諏訪鉄平石が有名である。

一般的な加工石材の概要は以上であるが，加工することによって視覚的，触覚的テクスチャーが大きく変るのが特徴といえる。

なお，石には「敷く」，「積む」，「置く」，「並べる」，「飾る」などの幅広い用途があり，施工方法によって，さらにさまざまな表情を見せてくれる。

（3）自然石材の用途と特性

自然石材は主に日本庭園に用いられ，庭石として，あるいは1切 (約30 cm立法) 以下の大きさのものは庭石の補助材料として使用される。

まず，庭石補助材料の場合は，長径15～30 cm程度を「玉石」，15～20 cm程度を「寸なし」という。そのほかには，「ごろた」「大玉」「礫」「砂利」「砂」と呼ばれるものがある。

さて，庭石は，その形状をみて，天端 (石を据えたとき上面となるところ) をどこにするか，立てるか伏せるかを決めていくわけだが，立てて用いるものを「竪石」といい，横に寝かせて用いるものを「横石」，斜めに立てるものを「斜石」と呼ぶ。

原石の産出場所によって分類する場合は，山地や地下から産出された石を「山石」，渓流から産出されたものは「沢石」，河川から産出したものが「河石」，海浜，海中より産出したものを「浜石」と呼ぶ。

さらに，石材の形によっても呼び名が変り，角ばった石を「角石」，丸みのある石は「丸石」，天端が平らなものを「平石」，天端が2段，3段になっているものを「段石」という。

庭石には，色彩や光沢も重要なポイントとなるところで，青色系や黒系統が使われることが多く，白系や黄色系統はあまり使用されず，光沢のある青玉石や赤玉石，あるいは光沢のない黒ぼく石，筑波石

写真 10.4　主庭

写真 10.5　石組

写真 10.6　石材

が多用されている。

　硬度の点では，一般に石の品格やさびが良く出る硬度の高いものが良いとされ，重量感や安定感が必要とされる石組や配石には，1切（約30 cm立法）が75 kg程度ある花こう岩や安山岩といった硬石が多用される。

　逆に，比重の軽い，黒ぼく石（1切が50 kg）や，抗火石（1切が15 kg）といった軟石は屋上庭園に用いられたり，水分を含む黒ぼく石はロックガーデンなどに使用される。

　さらに，庭石は用途により，「景石」「組石」「飾石」「飛石」に分けられる。「景石」とは，1石から2石を庭園のポイントとして，鑑賞のために使用する。また，「組石」は，複数の大小の石を組み合せて配置させる「石組」の技法に用いられ，「飾石」は，石の形や色を鑑賞するもので1石で使用される。「飛石」とは，沢渡や畳石などとして使用され，実用と美的空間要素の2つの意味をもつのである。

　庭石の特徴は，自然の山野で長年の風化，侵食によって，石の表面がざらざらになった「野面」や，それを庭石として用いて，さらなる風化を受け，古めかしさや風格を備えた「庭さび」である。

　また，堆積岩には，「層理」と呼ばれる縞目が断面にみられ，主に火成岩には，「節理」といわれるほぼ規則的な割れ目がみられることがある。これらは，庭石に方向性や勢いをつけるのに重要であるため，作庭の際は層理や節理に配慮することを忘れてはならない。さらには，石の形，層理，色彩などがあいまって勢いが備わる石の「気勢」を，巧みに生かして配石，石組を行うことが重要である。

　なお，自然石材は，形も大きさも一つ一つ違うため扱いにくい反面，個性的な表現と味わいを醸しだすことができる。したがって，作庭者の技量によって出来栄えが左右するともいえるのである。ことに，水を用いずに，石や砂などにより山水の風景を表現する枯山水の庭園様式では，自然石材が主役となる。

　日本人は，古来から自然の磐石に神仏が宿るといったアニミズムをもっているため，石組などにより神性を表現することが多かった。立石を三つ並べて三尊石と呼び，真ん中に配したひときわ高い石を阿弥陀如来，右の石を観音菩薩，左の石を勢至菩薩に見立て「九品曼荼羅」を表す庭園もある。また，不老不死を願って，庭園の中に亀島や，鶴島を石によって表しているものもある。つまり，日本庭園では普遍的な自然石材によって，宗教，哲学，人間の理想論などを，象徴的に，あるいは具象的に表現しようとしているのである。

10.1.4　素材を活かす技能

　本項の冒頭で，空間演出には，「用」と「景」が重要であることを提示した。つまり，実用性や機能性を有しながら，景観性や美観性を兼ね備えているべきだということである。

　さらにいうなら，「技」と「心」の調和を付け加えたい。単純に技術だけを磨いても，いい空間づくりはできないからである。

　利用者に，
　　「心身の疲れが癒され，とても和んだ」
　　「深い芸術性を感じる素晴らしい空間だ」
　　「とても楽しく，壮快なひと時が過ごせ活力が湧いてきた」
　　「安全，安心な場所で，すごく居心地がいい」
　　「ぜひ，また来てみたい」

こう感じてもらうためには，設計やデザインに携わる者のセンス・感性・心の豊かさ（利用者への配慮等）といった「心」が必要となってくる。一言でいうなら，作る側の心がこもっていなければ，人の心を打ち，惹きつけることはできないのである。

　すなわち，ここでいう「技」と「心」の調和とは，まさしく「技能」のことをいうのである。

　今回，紹介した水，土，石という素材を熟知し，吟味して，選りすぐりの素材を使うことは，とても素晴らしいことである。ただし，いくら良い素材を使っても，それを扱う人間の技能がなければ，利用者にとって良い空間にはならない。

それには，水，土，石といった素材を調和させることが大切にもなってくる。それぞれの特性を活かし，あるときは対比させ，あるときは融合させることを心がけなければならない。そのへんを肝に銘じ，水，土，石といった自然素材以外にも多種多様な素材を駆使すれば，バリエーションが広がり，幾通りもの表現が可能となるであろう。

そればかりではない。「景観は地域遺伝子である」といわれるが，土地には，その地域特有の個性がある。そういった個性を潰して画一的につくりあげるだけでは，良い空間にはならない。脈々と受け継がれてきた地域の特性を活かし，できるだけその土地の素材を使用することや，周囲の景観と調和させることも重要となってくる。これらの配慮も，ひとつの技能といえよう。

したがって，設計者は，技術を極めることはもとより，センス，感性，心を磨いて，技能を培い，「用」と「景」の両立に努めなければならないのである。

10.2 環境共生型の設計

21世紀は，「環境の世紀」「緑の世紀」ともいわれている。とくに，公害発生・生物種の減滅・地球温暖化などあらゆる面で課題の中心に置かれている。ランドスケープの計画・設計においても，これらの環境側面を無視することはできず，むしろ環境といかに向き合うかが今後の大きな着眼点になるであろう。

最近は，環境共生をテーマにした事例も少なくない。たとえば，従来はスチール製の製品を使用していたものを，間伐材を活用することで地域におけるゼロ・エミッションを推進するとともに自然素材のメリットをPRする試みなどがあげられる。

環境共生型の設計は，地球環境負荷の削減が主たるテーマとなる。エネルギー，エコロジー，エミッションを軸に展開することが望まれる。つまり，図10.1に示すように，自然エネルギーを活用することにとり省エネルギーを図り，生態系を保全しつつ地域と共生できるしくみを創造し，再資源化を推進することで廃棄物を削減することである。

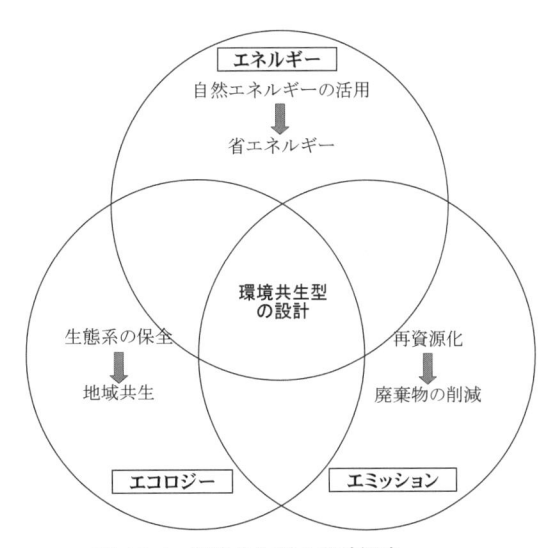

図10.1 環境共生型の設計概念

また，環境共生を考える上で重要なことは，地域におけるオンサイトシステムの構築である。つまり地域性を生かした設計が求められる。ワークショップなどを始めとする市民参加による，住民＝ユーザーが主体となってかかわれるしくみづくりの提案が，地域の環境を保全・育成し，環境共生型のみどり空間創造につながる必須条件である。

10.2.1 エネルギー

地球温暖化防止やCO_2削減，ヒートアイランドの熱源化防止など複合的な効果の期待から最近の緑化は，従来では対象としていなかった建物の屋上・壁面にまでおよび，省エネルギーへつながっている。また，雨水利用によって，植物への灌水システムへの活用やトイレ洗浄水としての利用が可能となった。さらに，太陽光発電による商用電源との系統連系により電源利用の実現や風車による発電技術も実用化されてきた。植物性発生材のバイオマス利用なども注目されてきた。

これらの，自然エネルギーを活用した技術開発は，環境共生型施設の計画に当って有効な技術であり見落すことはできない。省エネルギーにつながる例として，図10.2に屋上緑化の断熱性と省エネルギー

の関係について示す。

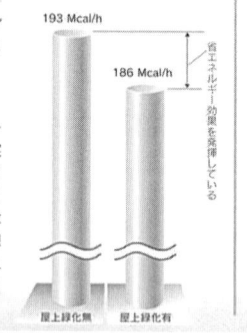

図 10.2 屋上緑化における断熱効果と省エネルギー[1)]

10.2.2 エコロジー

ランドスケープの設計で地域の生態系を理解し活用することは，10年，20年さらに50年後の将来を見据えた空間創造に当って重要なファクターである。ランドスケープが，土木・建築などの分野のように計画・設計の後施工完了時が「完成」ではなく出発点であるといわれるように，地域の生態系を保全すると同時に育成していく過程を設計の段階で組み込む必要がある。遺伝子レベルから種の扱い，表土保全など，自然環境保全の見地からはさまざまな議論がある一方で，都市においてはビオトープ創出（**写真10.7**）も重要である。

写真 10.7 多様な生き物の生育空間の創出 (ビオトープ)

その際，水辺や草地があれば，昆虫・鳥・魚が生息するという「自然もどき…」単体ではなく地域における生態系のネットワークづくりが重要である。多様な生き物が長く生息できる環境づくりに考慮したみどり空間の創造を目指すべきである。とくに都市における緑とオープンスペースは，多様な自然の再生＝エコロジー緑化技術の具現化と育成していくソフトを含んだ設計が必要である。

10.2.3 エミッション

建設副産物リサイクル広報推進会議の発足や，廃棄物の処理および清掃に関する法律の改正など，21世紀は，ゼロ・エミッションを目指さなくてはならない時代となった。ランドスケープの領域においては，公園や緑地，街路樹等の建設ならびに維持管理の各段階で，さまざまな「ゴミ」が発生する。従来は，発生物（廃棄物）はゴミとして処理し，バージン材を使用するという当り前の手法によって事業活動

写真 10.8 間伐材を再利用した木柵
自然素材で景観も良好。

写真 10.9 間伐材を再利用したペイブメント
周辺の植物と違和感がなく歩行感が優しい。

が展開されてきた。平成5年前後から社会全体がリサイクル意識の向上とともに，バージン材よりコスト高であってもリサイクル材の使用が重要であるという風潮に変化した。PL法の確立により，最終的にゴミ (廃棄物) とならない製品の製造者責任も問われるようになった。

ランドスケープの設計においては，製品の採用や工作物をデザインする際，使い捨てにならない工夫が要求される。最近よくみられる例として，地域性を生かしたものづくりをテーマに，間伐材を利用した工事看板・案内板 (サイン)・木柵・ベンチ・遊器具・ペイブメント (敷板) などがある (**写真 10.8，写真 10.9**)。また，緑地管理などの剪定作業で発生する枝を用いた木柵やモニュメントなどの利用もポピュラーな手法となった (**写真 10.10，写真 10.11**)。

ランドスケープの領域におけるミッションに関するテーマは，緑のゼロ・エミッションといえよう。発生場所での適正処理により発生物の抑制を図りつつやむなく排出されるみどりの発生材を大地に還元する。このために自然の循環システムを取り入れた「造園近自然技術」の整備を図るとともに，生き物空間に配慮した造園空間を創造し，育成していくシステムが大切である。そのために，廃棄物ではなく有機物資源としてとらえた上で，木質系特有のカスケード型利用として，リデュース (発生抑制)，リユース (再利用)，リサイクル (再生利用) を基本とした技術の展開について設計に反映させる。

再利用できる素材は設計導入し利用を図るが，活用材として使用不可能と判断した場合，最終的に細かく粉砕しチップ材として活用する。判断基準は利用目的によるが，要求される強度，加工性，形状，景観などがチェックリストにあがる。また，地域性を重視することも流通エネルギーや CO^2 の削減課題において重要である。チップ材は，利用目的によって品質基準を設け最終的に廃棄物にならないよう配慮することが重要である。平成16年には，(社) 日本造園建設業協会が，「チップ及び堆肥の特記仕様書

写真 10.10 従来の二次製品とは異なる付加価値

写真 10.11 従来は廃棄物

写真 10.12 発生材で園児がベンチ製作   写真 10.13 チップ材敷設による園路

(案)/チップ及び堆肥化のガイドライン」を策定し，みどりのゼロ・エミッションの循環システムを提案している (表 10.1)。

表 10.1 チップ材の品質基準 (日本造園建設業協会)[2]

呼 称	粒 度 (長 径)	ふるい目 (mm) 通過質量		目 的	備 考
G-30	30mm 以下 (0～30)	4.75 31.5	30% 90%	堆肥化	木片が小さく葉は原型をとどめない
G-50	50mm 以下 (0～50)	53.0	90%	法面マルチング材 マルチング材 クッション材 舗装敷材	マルチング等人に直接触れる場合は安全性・形状に配慮する
	無調整			1次処理 燃料用 減容	使用目的に応じ上記の条件に合わせ粒度調整が必要

(注)
・粒度の粗いチップ材は，使用目的により2次破砕や篩いがけなどが必要である。
・粒度の細かいチップ材は，堆肥化工程において分解が早く，バクテリアの繁殖力が強くなり，自然発酵型堆肥に適している。
・マルチング用に使用するには粒度の偏りがないことが必要である。
・細かい粒度のものは，風による飛散，雨による流失，着火がしにくくなり法面で使用する際に安定する。

　現在，再生利用 (リサイクル) は，市民権を得た手法であり，今後みどり空間における植物をはじめとする生き物を扱うランドスケープにおいて，リサイクルの成果が公園・緑地において一般市民の目の高さで理解され，啓発されることが重要であり市民から評価される。環境共生に配慮したランドスケープの役割である。　そのために，リサイクル品でも景観や機能側面からの要求事項を満たす技術開発が望まれる。一方で，ランドスケープ設計の立場からリサイクル素材の活用を拡大すると同時に，素材のもつ新たな可能性を見付け一般市民へ情報を発信すべきである。　最近の事例では，幼稚園，小学校の園児，児童が剪定枝を使って工作をする。落ち葉で腐葉土を作る。リサイクルした堆肥を花壇づくりで使う。など以前は園児，児童に触れることなく廃棄されていた素材である。幼少時期から，自然素材を自然体で使う習慣こそが，次代における環境と共生できる人づくりといえよう。環境共生型の設計は，環境教育に始まるということを視座に入れることである。

第11章 公園緑地における自然環境の計画・設計

11.1 計画・設計にあたって

　地球環境問題や里地里山，干潟など身近な自然に対する国民の急速な関心の高まりを背景に「自然と共生する社会の実現」が重要な政策課題となっている(生物多様性国家戦略2010；平成22.3閣議決定/生物多様性基本法；平成22.5制定/生物多様性条約第10回締約国会議(COP10)；平成22.10愛知県開催)。

　生物生息環境の視点から都市の緑地を見た場合，①緑地の小規模化，分断化，あるいは水辺・湿地の減少による生物生息ポテンシャルの減少，②里地・里山の荒廃，耕作放棄地など緑の質の劣化，③管理不足や生育環境の都市化等による植生の活力低下，④移入種や不用意な整備による生態系の錯乱，生物種の単一化等のさまざまな問題が生じている。

　生物種の保全やその多様性の確保の観点から，身近な都市の緑地を保全し，整備するにあたっては，これらの問題を踏まえて計画・設計を進めることが重要である。とくに効率的・効果的にこれらの緑を保全・創出するためには，道路・河川・公園などの公共空間や民有地の緑が複合的に連携した「緑のネットワーク」の形成が必要不可欠であり，都市域から自然域までを含めた「広域的なネットワーク計画」や生物多様性に配慮した「都市域のネットワーク計画(緑の基本計画等)」を作成し，全体の中での役割や位置づけを明確にして個々の緑地の整備・保全を進めることが重要である。

11.2 野生生物の生息生育環境の保全・復元——樹林地・草地等

11.2.1 生物の生息環境としての樹林地・草地の特性と課題

(1) 自然林

　自然性の高い樹林には，地域固有の野生生物が多く残され，種の保存という点からも重要であり，野生生物を将来にわたって存続させていく上でのかけがえのない環境である。現在，全国比で約18%しか残されておらず，都市域においては，小規模に分断され，孤立化していることがほとんどである。極力，保護，保全を優先するとともに，都市の「緑のネットワーク」の中で野生生物の生育生息の拠点として位置づけ，分断・孤立化を防止するとともに，隣接する敷地に緑地を形成し，規模の拡大を図るなどそのポテンシャルを最大限に活かす対策をとる必要がある。

(2) 二次林(里山林)

　二次林(里山林)は里地里山の中核をなし，生物の多様性を支える環境として，その重要性が注目されている。里地里山は，農地や畦畔，溜池，水路など多様な環境がモザイク的に存在することで，多様な生物を育んできた。しかし，薪炭林としての需要が無くなり，管理の手が入らず，野生生物の生息生育環境としての機能が大きく損なわれている。積極的に手を入れて二次林の質を維持・回復し，里山林特有の生物の保全を図ることが生物の多様性からは望ましい。

(3) 植林地

　スギ・ヒノキなどの植林地は，生物の多様性という点からみれば，貧困な部類にはいるが，手入れが行き届いた明るい植林地や広葉樹の混交した樹林は，鳥類などの重要な生息環境になりうる。現在では，荒れて放置された植林地も多く，対策が必要となっている。都市緑地においては，単一の針葉樹一斉林か

ら階層構造の発達した複層林や混交林への誘導を進めて生物の多様性を向上していくことが重要である。

（4）二次草原（草地）

シバ草原など低茎草地とススキ草原など高茎草地がある。国土レベルでは，二次草原が主体の原野の面積は，大正期と比べ約10分の1と大幅に減少している，残された二次草原は草原特有の野生生物の貴重な生息・生育空間となっている。低茎草地では，バッタやコオロギなどの昆虫類，高茎草地では，昆虫等の他にカヤネズミなどの生息環境となり，これを狙うフクロウやオオタカなどの生態系上位の生物の採餌場ともなっている。

また，低茎草地は，広がりを感じられる重要な景観要素であり，レクリエーション的価値も高い。

（5）畦畔草地

水田等を取り巻く畦畔は，生物多様性の観点からも大きな役割を果している。絶えず，草刈が行われていた畦畔には，農耕作業のサイクルに適合した多様な生物が生息していた。しかし，かつては普通にみられた種が絶滅危惧種となるなど，生物多様性保全上の配慮が重要性を増している。生物多様性保全を含む多面的な機能を高めていくことが必要である。

（6）市街地・造成地等緑地・草地

造成された緑地は，林床などが発達せず，生物の生息環境としての質が低い場合が多く，小規模で分散している。しかし，緑地の少ない都市域においては，貴重な存在であり，こうした緑地の質を高め，ネットワーク化を図り，地域全体の生育生息環境のレベルアップを図る必要がある。

11.2.2 計画・設計のプロセス

野生生物生息生育環境整備においては，通常のプロセスに加えて，つぎのような点が重要である。

a. 育成プロセスの重要性

通常の整備工事で完成するのではなく，整備後に，指標生物等の定着を確認し，試行を繰り返しながら，目標とする環境へ近づけていくプロセスが重要となる。定期的な調査を行い，それに基づく育成プログラムを展開することが重要である。

b. 材料調達システム構築の重要性

使用する材料，導入する種についても，地域の自然環境の枠組みの中で検討することが必要である。流通している材料の調達では，問題となる場合が多い。とくに，復元や創出型の場合においては，環境を構成する植物や土壌，導入種は，計画地および周辺から導入することが望ましく，調達方法等についてあらかじめ計画に組み込む必要がある。

c. 市民参画の重要性

生物の多様性に富む里山環境は，人とのかかわりの中で育まれてきたものであり，継続的な管理が必要である。一方で，炭焼きや樹林管理などの自然の中での里山活動は，充実感のあるレクリエーションとしての期待が高まってきている。都市緑地では，整備の各段階で，さまざまな協働作業を通じて，市

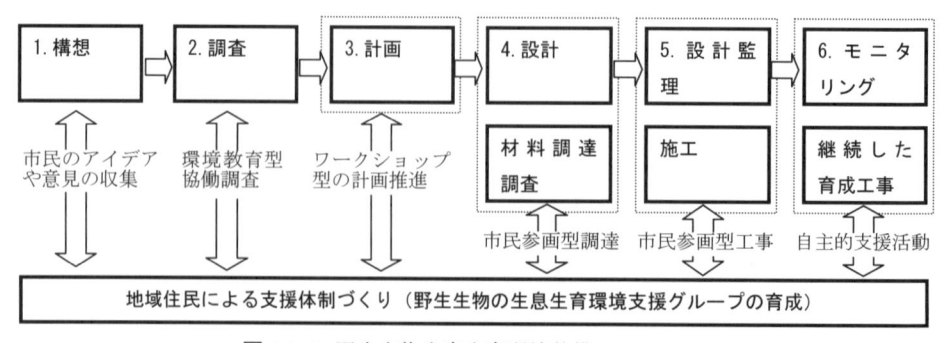

図 11.1 野生生物生息生育環境整備のフロー

11.2 野生生物の生息生育環境の保全・復元—樹林地・草地等

表 11.1 保全復元の方向性

区分	保全・復元の方向性
保護	計画地の植生・地象・水象構造，生物群集を損なわないよう，人間のかかわりを極力排除した環境を保護地として確保する。保護型の整備においては，保護地として残すべき環境の規模や質について留意する。とくに，目標となる生物種の保護に必要な規模を確保することが重要である。
保全	計画地の植生・地象・水象構造，生物群集を基本として，計画地の環境を維持もしくは，より高次の生物種が定着・飛来できるような環境の整備を行う。一定の人の利用や管理を想定しており，生息・生育環境の整備において，人の利用や管理の程度について検討する必要がある。とくに，生物の多様性への関心が高まる中で注目されている里山等の整備においては，農耕に準じた管理を前提とした保全型の整備が必要である。
復元	工事等によりやむを得ず，野生生物の生息・生育環境を，他の場所に移転する場合など現在ある自然を復元する整備である。復元の元となる環境の調査，環境を損なわない工事手法の検討が重要である。
創出	都市域の空地，公園緑地，屋上等などに新たに自然的基盤を造成し，生息生育環境を創出する。規模が小さく他の生息生育環境から孤立した整備が多いため，食物連鎖が完結する生態系を創出することは困難である。生物多様性を回復するための重要な要素である河川や残された自然林等との連携を図り，生物の移動や供給が可能となるような計画が望まれる。また，創出といっても，都市緑地の整備においては，極力計画地がもっている環境のポテンシャルを活かしたものとすることが望ましい。

表 11.2 野生生物の生息生育環境のネットワーク計画

計画要素	内容
拠点となる樹林や草地の確保	一般に生息する生物の種数は，面積が多いほど多いといわれている。拠点となる大規模な樹林地を確保することは，地域の生態系の多様性を高める上でたいへん重要である。拠点となる樹林地は，自然度が高く充実した野生生物の生育生息環境であることが望ましい。
樹林のネットワーク化	生物の移動・分散や個体群の交流にとって樹林の連続性も重要である。とくに，地上あるいは，樹上を移動する生物にとっては，天敵を避け，安全に移動には，樹林が連続していることが重要である。孤立することによって個体群の遺伝的交流がなくなると，生物の絶滅の危険性が高まり，これらの動物に依存して種子散布を行う植物にとっても連続性の確保が重要である。
重要な自然の保全	周辺と比べて生態的多様性が際だって高いホットスポットや稀少種の生息生育地については，環境も含めて重点的に保護，保全を進める必要がある。
多様な環境を組み合せる	生物は，樹林地・草地を単独で利用するものばかりでなく，樹林地から草地，水辺へと移動するものが多い。ニホンアカガエルなどのカエル類は，樹林から水辺を移動するものが多く，食物連鎖の上位にあるフクロウなどでは，樹林を生息環境とするが，採餌できる広い草地も必要である。採餌等を含めて考えると，樹林地単独で考えるのではなく，水辺や湿地等との連携を考える必要がある。

民が主体的にかかわれるような体制を築くことが望ましい。

(1) 調査

調査は，地域の固有の自然や，ポテンシャルを把握するために重要である。一方，市民が地域の自然を理解するよい機会でもある。専門家を中心に，市民との協働で行われることが望ましい。調査にあたっては，周辺における個体群の発達および衰退状況をとらえることができる主要な時期や，特殊な稀少種確認に必要な時期を考慮する必要がある。文献による調査や近隣の生物に詳しい人に対し，ヒヤリング調査を行うなどあらかじめ準備を行った上で調査時期や方法を決定する。

a. 計画地および周辺の野生生物生息生育環境調査

計画地もしくは周辺の植生分布，主要な生物種，稀少種の分布状況の概況を調査し，対象地の自然環境の状況と復元の可能性を把握する。計画地周辺にある比較的規模の大きく良好な生態系を保持している野生生物生息生育環境は，拠点として，地域の生物種の補給源として重要である。また，点在する緑地等もネットワークを形成する上で重要な要素となる。こうした情報を図面化して利用するが，最近では，地理情報システムを活用する例も増えている。都市緑地を新たに造成する場合においては，生育生

表 11.3 生物を多様にする樹林の構造

環境要素	内容
植物相	植物の生育と動物の生息については対応関係があり，目標とする生物を生育させるためには，必要な植物の存在が欠かせない。エノキとオオムラサキ，アカマツとハルゼミ，クスノキとアオスジアゲハのように，植物の生育範囲によって生物も生息範囲も限定される種も多い。
階層構成	樹林の階層構成によって，林内を利用する生物相が変る。活発に動き回って林内を利用する鳥類などは，林床の刈り払われた林内で多様な階層構成の樹林
密度	林内の樹木密度も生物の生息に影響する。暗く鬱閉された林は，林内に光が入らず，林床に生育する植物相も異なる。
林床	林床の状況によって生育する生物が異なる。落ち葉かきなどで明るく，管理された林床は，植物の生育も豊かにし，美しい春植物が増える。また，林内を利用するエナガ・コゲラなどの鳥類が増える。一方で，藪を好む生物は減少する。 樹林に生息する両生類・は虫類の多くの種は，林床で生活している。林床を覆う落葉落枝の堆積は，これらの生物の隠れ家や採食場所になる。雑木落葉落枝に隠れて生育する。 緑地内に多様な林床環境を創出することで生物の多様性も増すと考えられる。
枯損木 樹洞木 倒木	樹林内の枯損木，樹洞木，倒木は，さまざまな野生生物の採餌場所や営巣場所となっている。フクロウなど樹洞ができるような巨木，枯損木がなければ生息できない動物も多い。枯損木や倒木には，昆虫類がよく発生する他，さまざまな種の隠れ家として重要である。 二次林や人工林の場合には巨木や倒木が少なく，生物の生息環境としての質を高めるためには，巨木や倒木の確保が必要である。 都市緑地においては，景観としての美しさも望まれるため，荒れた樹林と感じさせないため，連柴柵等の公園施設として，倒木等の代替的な役割を担うなどの方法を考える必要がある。
林縁 林冠ギャップ	樹林と草地など異なった環境タイプが隣接する環境は，エッジと呼ばれ，植物の種類も多く，異なった環境を利用する生物にとって重要な環境要素である。林縁は，明るく，食物となる植物量が多く，昆虫類も多く発生し，これらを餌とするほ乳類も多い。は虫類も，体温調節のため，林縁など藪に接した日当りの良い場所を利用する。
落葉・落枝の集積地	落葉落枝の集積地は，カブトムシなどの幼虫の生息地である。林内のクヌギやコナラの樹液がしみ出す傷口は，カブトムシやクワガタムシの餌場である。
崖石積み等	生物の生息環境にとって重要な多孔質な場であり，

息環境はすでに失われている場合が多く，創出する環境のモデルを近隣の樹林地・草地もしくは，過去の文献等に求める必要がある。

(2) 計画・設計

a. 保全・復元の方向性

調査をもとに，計画地が地域における生態系ネットワークの中で担っている(または担うことができる) 機能を把握する。これは，規模や敷地の形態によって規定される場合が多い。

都市緑地における生物の生息環境の整備は，大きく分類して次のようなそれぞれの型に対応した計画・設計を行う必要がある。その上で，保全・復元の方向性を決定する。

b. 緑地ネットワーク計画

個々の緑地の保全，復元の方向性を検討するとともに，相互の関係を踏まえて緑地のネットワーク計画を策定する。ネットワークは，生物の供給源となる自然域から都市域まで連続させることが重要である。

c. 目標像の設定

都市緑地に野生生物が生息生育する環境を整備する目的は，計画地および地域の生態系を回復することと，その場所を人が利用して自然とふれあい，自然を理解することであるが，個々の整備事業における具体的な目的はさまざまで複合的である。

人の利用の観点からは，整備効果も計りやすいが，生態系の回復については，必要とされる環境の構造の検討や生態系の回復の評価が困難である。このため，具体的な種や環境を目標として設定する必要

写真 11.1 草の集積地に発生したカブトムシ

写真 11.2 フクロウが営巣していた樹洞

がある。特定の種を目標とする意味は，特定の種を指標として複雑で理解しにくい環境全体を科学的に検討する手がかりとすることである。指標となる生物は，その環境が実現できる生物の中でなるべく生態系の上位にあるものが望ましい。一方，将来的な市民による維持管理を考えた場合，わかりやすい目標を提示することも効果的な場合がある。

d. 生物を多様にする樹林の構造

都市緑地で対象とする樹林としては，二次林が主なものであり，健全で多様な樹林が生物の生息にとって望ましい。動物の生息環境には，食物供給場所，繁殖場所，隠れ場所として重要な環境要素がある。樹林では，林床，枯損木，樹洞木，倒木，林冠ギャップ，林縁などがある。

e. 草地の育成

草地は，対象地近辺に種子等の補給源があれば，造成したまま放置しても比較的短期間に形成される。しかし，造成直後の環境では，外来植物が優占した草地となり，自生種の定着は難しい。自生種の播種や植栽などを行い，野生生物の生息生育環境を実現する必要がある。特殊な場所を除いては，草地は樹林へと遷移するものであり，草地環境を維持するためには，草刈等の人為的な管理が不可欠である。草刈の頻度管理にコントロールする。

(3) 材料調達方法，生物導入方法の検討

a. 植物材料調達方法の検討

植生を復元するためには，計画地近辺の自生種を用いる必要がある。自生種による苗の流通はないため，植物材料調達のためのしくみを新たに作る必要がある。大規模な都市緑地であれば，独自の生産システムをもつことも可能であるが，小規模な都市緑地の場合は困難である。地域全体を含めたしくみをつくることが望まれる。また，自生地もしくは，近隣の表土を移植するなどして，自生種を育成する方法もある。

表 11.4 草地の管理方法

区分	内容
低茎草地	低茎草地は，都市緑地においては，多くが芝生地として維持されてきた。芝生地では，地温の変化が激しく，乾燥しやすいため，生息する生物も限定されたものとなり，生物の生息のためには，芝生のような過度の管理は不適当である。芝以外の草も含めた低茎草地として維持することで，生育する植物が増え，昆虫類の動物等も豊かになる。また，刈り取り時期を調節し，野生草花を観賞できるようにするなど景観的利用も可能である。
高茎草地	高茎草地は，多くの固有の生物の生息場所となっている。草原性の鳥類や植物の茎などに産卵する多くの昆虫類の生息環境となっている。樹木の侵入を抑え，高茎草地を維持し，緑地の景観を保全するために年1回程度の草刈りを行うことが望ましい。

写真 11.3 畦畔の草刈を行う市民

写真 11.4 市民参加による公園整備のための苗の生産

写真 11.5 苗個体

写真 11.6 自生の種子から育成した苗

b. 生物の導入方法の検討
① 自然定着

生物の導入については，地域のネットワークを介した自然定着がもっとも望ましい。地這性の生物などの自然定着を実現するためには，緑地が連続している必要がある。また，トンボなどの昆虫については，移動可能距離ごとに水辺を点在させることも効果がある。

② 移入

自然定着が難しい場合は，人為的な生物の導入も検討する。この場合は，極力，計画地の近隣や同一水系から導入することが望ましい。

③ 里親制度

改修などでは，もともと生存している生物を里親として一時的に市民に預かってもらい，生物の生息環境についての理解を得る方法もある。

(4) 継続的な調査 (モニタリング) と管理 (育成工事)
a. 樹林の育成管理

生物の生息環境の管理の中心となるのが，植生管理である。設定した目標像に対して対象地の特性に応じた維持管理計画を策定して定期的な管理を行う。現存する自然度が高い自然林については，まとまった面積を確保し，人為を加える必要性は少ない。林内を保護するための林縁部のマント群落の保全や，アオキやシュロなどの鳥類散布による種の除去などが管理の主な内容である。

二次林の管理方法として，高林管理と低林管理がある。都市緑地では，景観等の観点から高林管理が行われることが多い。

11.2 野生生物の生息生育環境の保全・復元――樹林地・草地等 / 199

表 11.5 二次林（里山林）の管理方法

管理種別	内容
高林管理	更新を行わず，間伐によって林内の密度管理を行い，林床管理を行って，林床植物の生育を確保したり，林内景観を維持する手法である。適切な光環境が維持されれば，林床植物の開花が促進され，花の美しい樹林景観を創出することが可能である。
低林管理	雑木林が薪炭林として利用されていた時代に行われていた管理で，皆伐し，切り株から萌芽更新させる。放置されていた時間が長い高齢林においては，萌芽しにくいため，苗木の植栽，実生の保護などを行うことを検討する。

写真 11.7 樹木の伐採をする市民

写真 11.8 炭焼きをする市民

写真 11.9 茅刈りを行う市民

写真 11.10 カヤネズミの巣

　人工林等を極層林への誘導する場合は，近くに種の供給源がない場合，遷移が進まず，目標とする林相への遷移が進まない場合があり，必ずしも生物の生息環境として望ましい林相とならないことが考えられる。目標とする極層林と類似の林の土壌や植物を移植するなど人為的な対策が必要な場合もある。

b. 草地の育成管理

　草地は草刈りの頻度や高さによって成立する生物相がことなる。目標とする生物相に応じた管理を行う。また，多様な生物の生育・生息環境を実現するためには，多様な草丈の草地を維持することが望ましい。

c. 管理上の留意点

　管理を行うことにより生き物に影響を与えないようにする。具体的には，一度に全面的な伐採や草刈りをせず，区画を分けて行い，草地内の昆虫類等の小動物が逃げ込むことができるようにする。また，刈り取った草などに付いてきたい生き物を草地に戻すなどの配慮が必要である。カヤネズミなどの生息環境を保全するため，「21 世紀の森と広場」などでは，刈り取り時期をずらし，一斉に刈り取らないよう

な方法で管理を行っている。

d. 管理体制について

繊細な管理作業と厳密なモニタングが必要な植生管理は，専門家が行う必要がある。しかし，技術として確立した後には，市民がこの作業を担うことができる。多数の人が管理にかかわる場合には，関係者が管理目標を共有化するとともに，管理作業の効果が理解できるようにすることが必要である。市民の技術的な指導者としては現業の職員の役割が大きい。さらに，市民が主体となって環境管理を行うような体制の検討も必要である。

e. 環境ふれあいプログラムの展開

都市緑地においては，野生生物の生育生息環境を人と自然とのふれあいや環境教育のとして積極的に活用していくことが望まれる。

ハードな整備としては，野鳥観察舎や観察壁，観察道，解説板などがある。生物と人とのふれあいを十分に実現するためには，観察対象となる生物に合せるとともに，生物の生息環境を脅かさない配慮も必要である。

こうしたハードな整備とは別に，野生生物を知るガイドツアーから育成管理等にかかわるワークショップなど体験型の環境ふれあいプログラムが効果的である。

11.3 野生生物の生息生育環境の保全・復元——水辺・湿地等

11.3.1 水辺ビオトープの特性と種類

池や小川といった水辺環境は，多様な野生生物をはぐくみ，また，魚とりや虫とり等といった自然と親しむレクリエーションの場として日本人にはなじみの深い環境である。近年は地域活動や環境学習などの取り組みとして，水辺を中心とした自然環境の保全・復元が盛んになってきている。本項では，これら，水辺・湿地等を中心として野生生物の生息生育環境(以後，「水辺ビオトープ」と称する)の保全・復元のための考慮事項について整理する。

水辺のビオトープには尾瀬や釧路湿原といった広い流域を含んだ大規模なものから，学校のトンボ池のように小規模なものまで，多種多様なものがある。ここでは，主に100 ha未満の限られた面積の緑地を念頭に話を進めることとする。

水辺ビオトープは主に魚類や水生昆虫，エビ・カニ・貝類，カエル・イモリ類，水生～湿地性植物などの生息・生育場として機能するほか，これらの生物を餌等に利用する水鳥類やヘビ類の生息場ともなっている。とくに，前者においては，水域への依存度が高く，近年の水質汚濁や水辺ビオトープの減少に伴い，保全・復元の意義が大きいと考えられる。これらの生物群については，種によって，対応する水辺ビオトープの種類が異なるため，保全・復元にあたっては，どのようなビオトープ(どのような生物群集)を求めるのかを明確にしておくことが望まれる。

11.3.2 水辺ビオトープの保全・復元にあたっての計画論

水辺ビオトープは，生物の生息環境となる物理基盤と水質によってその特性が決定づけられることから，これらの保全・復元を図ろうとする場合は，保全・復元しようとする環境の物理・化学的特性を十分把握した上で，どのような条件を確保するかを意識することが重要である。

また，ホタルやメダカなど保全・復元の目標となる生物種を設定し，それらの生物種の生息条件を満たすというアプローチ方法も多くとられている。この手法は，保全目標を明確化することにより，関係者の意識統一が図りやすく，外部への説明が容易となるなど多くの利点がある。しかし，この方法はともすると，目標生物の養殖場となってしまうケースがあり，多様な自然環境を保全するという視点から好ましくない。そのため，水辺ビオトープの保全・復元を図る場合は，対象となる「環境」と「生物種」

表 11.6 代表的な水辺ビオトープのタイプ別特徴

ビオトープタイプ		野生生物の生息・生育場としての特徴	代表的な動植物(例)
流水域	山間渓流	河床は礫・岩で構成,流速が早い。河畔林等からの落葉,餌等の供給あり。	ヤマメ,カジカ,カジカガエル,カワガラス,ムカシトンボ
	河川中流域(礫河川)	浅く流れがある瀬と,深く流れが緩やかな淵が連続。河床は礫で周囲に砂利河原をもつ。	ツルヨシ,カワラヨモギ,ウグイ,アユ,イカルチドリ,カゲロウ類
	河川下流域(砂河川)	流れは緩やかで水深大,河床は砂。河岸植生帯が発達。自然状態では河原なし。	ヨシ,コイ,カマツカ,テナガエビ,オオヨシキリ
	細流,溝	植生や流れ中の堆積物が豊富な場合が多い。出水による生物の流出が比較的少ない。	ミゾソバ,バイカモ,ホトケドジョウ,メダカ,ハグロトンボ,ゲンジホタル
止水域	池・湖	規模にもよるが全般に水深が大きく,流れがない。水域の規模により性格は異なるが,大きな湖の場合,波浪や流れを考慮。	ヨシ,ガマ,ハス類,モツゴ,タナゴ類,カモ類,クサガメ,ギンヤンマ,タイコウチ,ゲンゴロウ
	湿地・水田	浅い水深で植生が繁茂する。植生の種類や密度,堆積層の厚さで性格が変る。	ミズゴケ,カヤツリグサ類,ドジョウ,ツチガエル,アカトンボ類
感潮域・海岸	河口域	川からの淡水供給と干満により汽水域を形成。栄養分も多く稚仔魚の生育場として機能。また水面は鳥類の休息場・餌場となる。	ボラ,スズキ,マハゼ,ヤマトシジミ,カイツブリ類,潜水性カモ類,カモメ類
	干潟	干満により水没と干出を繰り返し,酸素の供給および光条件に優れる。底生動物が豊富。	トビハゼ,ヤマトオサガニ,コメツキガニ,アサリ,シギ・チドリ類
	砂浜および岩礁地	砂浜は風浪により移動する砂地に適応した特異な生物の生息域。岩礁地は固着性の底生動物やそれらを餌とする生物が利用。	ハマヒルガオ,イソギンチャク,フジツボ類,イソシギ,海浜性甲虫類(エリザハンミョウ等)
	塩沼湿地	生活サイクルの一部に汽水を必要とする種,塩分耐性を増すことで適応した種が生息。	シオクグ,ウラギク,クロベンケイガニ,ヒヌマイトトンボ

の双方を意識して,計画作りを行うことが重要である。

水辺ビオトープの保全・復元を行うにあたり,とくに,考慮しておく環境条件のパラメータと,それが生物生息・生育にどうかかわるかを示したものを**表 11.7**に示す。

11.3.3 水辺ビオトープの保全・復元にあたっての注意点

水辺ビオトープの保全・復元を行うにあたっては,水を介した野生生物の生息空間という特性を十分考慮するほかつぎの点について注意が必要である。

a. 地域に固有の自然を保全・復元する

保全・復元しようとする自然環境については,現状および過去の状況を十分調査し,その地域においてどのような生物群集が成立していたかを把握した上で,適切な保全・復元目標を設定する必要がある。現地にある生物群集や植物材料を利用し,他の地域から生物をもち込まないことが原則である。動植物は周辺からの自然供給や,埋土種子からの発芽等があるため,多くの場合は意図的な動植物の導入は不要である。しかし,自然復元などの場において,どうしても動植物をもち込まざるを得ない場合は,同じ地域のものを使用するか,最低限どこからもち込んだものかを記録しておく必要がある。また,この過程において外来種(たとえばアメリカザリガニ等)の排除等を行うかどうかについては,保全・復元目的に照らして,許容できない悪影響を及ぼすかどうかで判断することとなる。一般的には,一旦定着

表 11.7 水辺ビオトープの保全・復元を検討するにあたって考慮する環境条件

パラメータ	生物生息・生育に対する影響
流速(河床勾配)	止水域と流水域では水生生物の種類が大きく異なり,かつ,流速の違いによって各流速に対応する生物群が変化する。地区内に標高差がある場所では可能な限り多様な流速を確保することが,多様な自然環境確保につながる。
河床材量・底質	底質により,底生動物のすみ分けが行われる。底質と流速には高い相関がある。また,堆積する落ち葉や枯茎等の有無も生物への影響が大きい。
水深	水深は水温と関連するほか,魚類や水生植物,鳥類の生息を物理的に規定する。
水温	水域内に湧水箇所を有する場所では,水温が一定し,ホトケドジョウや,トゲウオ類など湧水地特有の生物の生息場となる。
水質	水質の汚濁度合により,適応する生物群は異なる。一般に富栄養化するほど,生物の現存量は増加するが,ある限界をこえると耐汚濁性の種だけとなる。
水位変動(季節変動)	水草のアサザやキタミソウ,ナマズなどは季節により変動する水位に適した繁殖戦略をもつ。河川の流量や水域の水位変動はその水域の重要な特徴の一つであり,生物への影響が大きい。
河畔林等の有無	開放的な水域か,周辺に河畔林などの樹林があり日陰ができるような環境であるかにより水生生物の環境条件が異なる。河畔林がある場所では,日陰により水温上昇が抑えられ,樹木からの落ち葉や落下昆虫の供給が期待できる。
水生植物	ヨシや,藻類などが繁茂する水域では,小魚や水生昆虫の隠れ場が多く提供される他,遊泳力が少なく植物体につかまって生活する生物の生息場となる。また,植物組織内に産卵する生物にとっては,水生植物は不可欠な環境である。
干満	干満により,底質の干出と水没が繰り返され,底質への酸素供給が行われることにより底生動物の生息環境が維持される他,これらを餌とする生物に採餌の機会を提供している。
塩水遡上	淡水と海水が混じり合うことにより,水中の有機物を沈降させる働きがあるため,汽水域では有機物の堆積が多く,豊富な底生動物の生息環境を支えている。また,汽水域環境に適応した特異な生態系が形成される。
人間の干渉度合	農業活動による草刈りや,水田への水の出し入れ等による水位変動など,人間活動の影響が生物の生息基盤へ少なくない影響を与えている。また,鳥類や中型哺乳類の一部においては,人が出入りすることにより安全な生息環境が確保されないケースがあり,人間の干渉度合について十分検討する必要がある。

した外来種を完全駆除することは不可能に近い。

b. 異なるハビタットを組み合せる

野生生物は生活サイクルのすべてを同じ生息環境(以下ハビタットと称す)のなかで賄うものもあるが,成長段階に応じて異なるハビタットを利用する種も多い。たとえばモリアオガエルでは,卵は水辺の樹上,幼生期は池や水たまりに生息するが,成体となってからは主に林の中を利用する。トンボ類などでも,羽化直後から性的に成熟するまでの期間は水辺から離れ,林の周辺で過ごすものがある。また,同じ成長段階でも,採食活動と休息時では異なるハビタットを利用するものも多い。そのため,水辺ビオトープの保全・整備にあたっては,さまざまなハビタットの組み合せを確保しておくことが,生息動植物種の多様性確保につながる。

c. 流域からの影響を考慮する

水辺ビオトープは水を触媒に成立する環境であるため,そこに流れ込む水の特性によって,大きく影響を受ける。水辺ビオトープの保全・復元においては,対象地域だけでなく,そこに供給される水の水源,流域の状況についても考慮することが望ましい。たとえば,上流側に汚濁した排水を行う施設や,農

表 11.8 自然復元を行う場合に過去の環境を推定するための手法

- 過去の地形図や航空写真,古写真からどのような地形・環境であったかを調査する。
- 過去の生物調査結果を収集・分析する。
- 地域の様子を知る人に,どのような生物が生息していた,また,どのような活動(漁労・農業活動,遊びなど)を行っていたかを聞き取りする。
- 近傍において自然が残されている類似の場所を調査し,過去の状況を推測する。

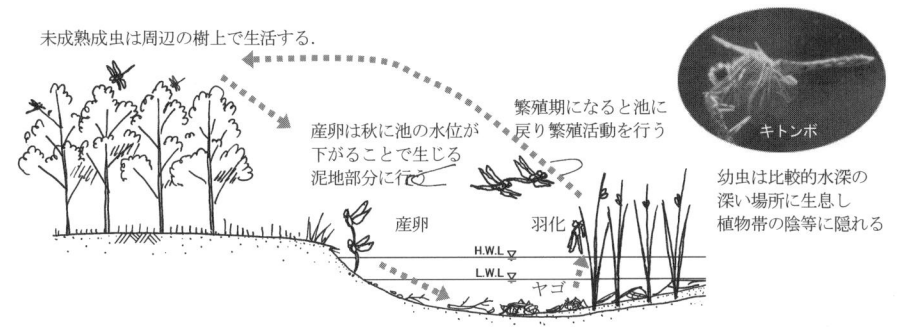

図 11.2 ハビタットの違いと生物利用の一例 (キトンボの例)

薬を使用する水田等があれば，その影響が懸念される．また，上流側の地域開発等により流入する水量や，水を介して流入する栄養分のバランスが変化することも考えられる．これらの問題を回避するためには，水辺ビオトープはできるだけ谷の上流端など周辺の影響を受けない場所に配置することが望まれる．下流域や低地においては，安定した水源を確保することや，流入口に浄化装置を設置するなどの対応が考えられる．

d. 地域全体のビオトープネットワークを考慮

魚類や水鳥類，水生昆虫類 (トンボなど) は移動能力があり，単独のビオトープ内において生活サイクルを完結していないことがある．このため，これら生物の移動が可能な距離内にビオトープを複数配置すれば，生物の移動が活性化し，種の多様性および生態系としての健全性確保に有利である．とくに，水域を通じて移動する生物については，堰等の移動障害を改善することにより，ビオトープ内に周辺から生物を呼び込んだり，ビオトープから流域へ生物が広がる経路として機能させたりすることが期待できる．移動可能な各ビオトープの距離および必要される環境の質については，生物種ごとに異なるので，どのような生物の移動を期待するかによって決定することが望ましい．

e. 維持管理システムを考慮する

水辺のビオトープは上流からの土砂流入，植物の繁茂堆積により，時間の経過とともにその姿を変えやすい特性をもっている．とくに，面積の小さい湿地型のビオトープなどではその傾向が顕著である．本来のビオトープは人間が手を入れなくても自律的に維持される環境が理想であるが，現在の社会環境

写真 11.11 田島ヶ原サクラソウ自生地
河川敷のサクラソウ自生地の保護区であるが，洪水減少による氾濫原の安定化を補うため，人為的な除草により生息条件を維持している (埼玉県さいたま市)．

写真 11.12 市民管理による水辺ビオトープの例
計画段階から市民参加により素堀の池を造成し，環境の維持管理と自然観察会等の普及活動が実施されている．右下は案内版 (東京都江戸川区)．

下においてはその条件を満足する場所は少なく，また，人々が求める水辺ビオトープはある程度人間のかかわりのある里山・農村的ビオトープであることが多いので，維持管理を当初から織り込んで保全・復元計画を立案することが望ましい。

たとえば，池の堆積土砂を除去するために，かいぼりを実施したり，ヨシ刈り取りによるヨシズづくりを行ったりするなど，参加者が楽しんで維持管理に取り組めるような仕組みを考えることが，望まれる。

11.4　国営昭和記念公園における取り組み

国営昭和記念公園は昭和天皇陛下御在位50年記念事業の一環として昭和54年度より整備を行っている計画面積180 haの国営公園である。広大な旧米軍基地跡地に「緑の回復と人間性の向上」を基本テーマに武蔵野の平地林を整備するなど新たに緑を再生する事業である。現在までに全体面積の約8割に当る148 haを供用している。また，本公園では大規模なレクリエーション利用と共存させながら豊かな自然とのふれあいや多様な生物生息環境を創出するため「カムバックふるさと実施計画」(昭和60年度) を

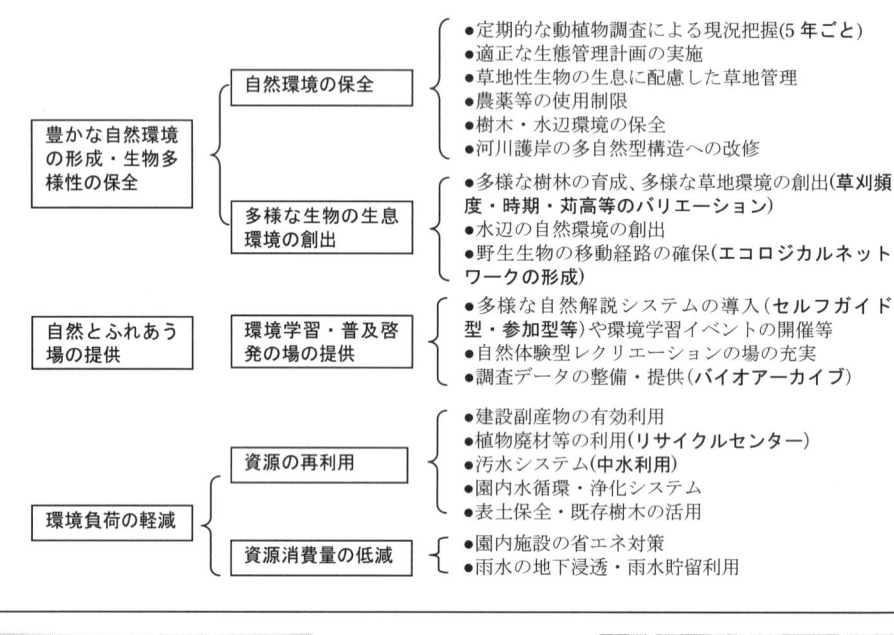

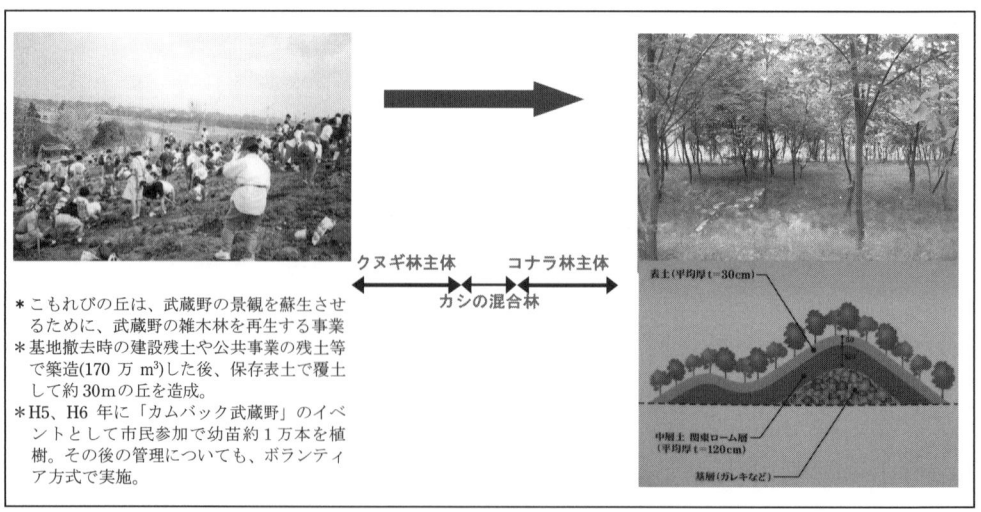

豊かな自然環境の形成・生物多様性の保全
- 自然環境の保全
  - 定期的な動植物調査による現況把握(5年ごと)
  - 適正な生態管理計画の実施
  - 草地性生物の生息に配慮した草地管理
  - 農薬等の使用制限
  - 樹木・水辺環境の保全
  - 河川護岸の多自然型構造への改修
- 多様な生物の生息環境の創出
  - 多様な樹林の育成、多様な草地環境の創出(草刈頻度・時期・苅高等のバリエーション)
  - 水辺の自然環境の創出
  - 野生生物の移動経路の確保(エコロジカルネットワークの形成)

自然とふれあう場の提供
- 環境学習・普及啓発の場の提供
  - 多様な自然解説システムの導入(セルフガイド型・参加型等)や環境学習イベントの開催等
  - 自然体験型レクリエーションの場の充実
  - 調査データの整備・提供(バイオアーカイブ)

環境負荷の軽減
- 資源の再利用
  - 建設副産物の有効利用
  - 植物廃材等の利用(リサイクルセンター)
  - 汚水システム(中水利用)
  - 園内水循環・浄化システム
  - 表土保全・既存樹木の活用
- 資源消費量の低減
  - 園内施設の省エネ対策
  - 雨水の地下浸透・雨水貯留利用

* こもれびの丘は、武蔵野の景観を蘇生させるために、武蔵野の雑木林を再生する事業
* 基地撤去時の建設残土や公共事業の残土等で築造(170万m³)した後、保存表土で覆土して約30mの丘を造成。
* H5、H6年に「カムバック武蔵野」のイベントとして市民参加で幼苗約1万本を植樹。その後の管理についても、ボランティア方式で実施。

クヌギ林主体　コナラ林主体
カシの混合林

表土(平均厚t=30cm)
中間土 関東ローム層(平均厚t=120cm)
基層(ガレキなど)

図11.3　環境保全への総合的な取り組み

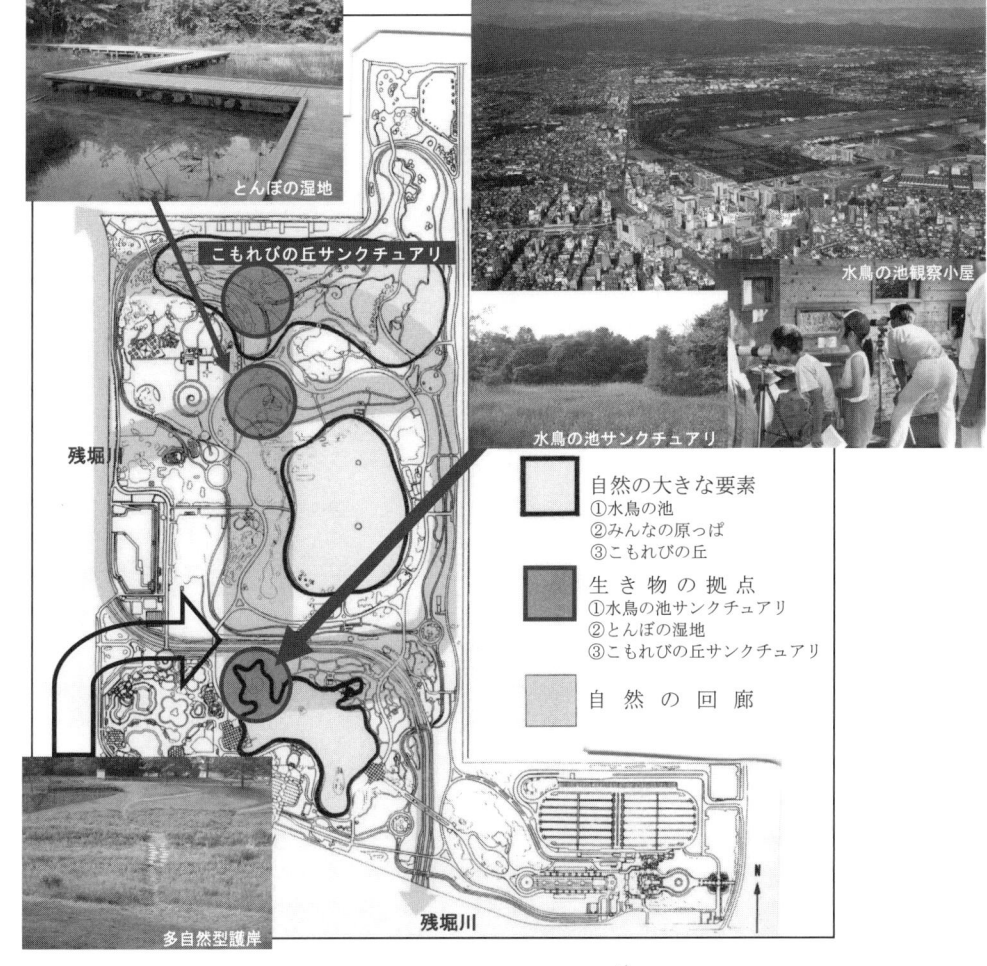

図 11.4 自然的環境の保全と復元[1]

策定し，これを契機に計画調査から整備，管理運営に至るまで総合的に環境保全の取り組みを行っている（図 11.3）。

「カムバックふるさと実施計画」では，の基本方針を，①現在の自然資源を活かして身近で多様性に富んだ自然を創出し保全すること，②人々が直接自然にふれ，野に楽しむ場となるとともに，観察の場や環境教育の場を提供し自然への興味を啓発する場となること，あるいは，市民参加等により新たなふるさと意識を醸成する場となること，③十分な調査研究を行い生態系のシステムを考慮した維持管理を行うこととし，その具体化に向けて「水鳥の池サンクチュアリー」「トンボの湿地」を計画整備するとともに，バッタ等草地生物の生育に配慮した管理手法を策定している。

さらに，生態調査を定期的に実施し，これを基に事業計画の充実強化を図ってきた（「自然資源管理計画」（平成 5 年度），「エコアップ調査」（平成 10 年度），「バイオアーカイブ調査」（平成 15 年度））。開園前には 33 種だった鳥類が，平成 10 年度の調査では 90 種類も確認されるなど経年的に生物層も増加している（図 11.4）。

第12章　住宅地整備におけるランドスケープの計画・設計

12.1 郊外住宅地・住宅団地の計画・設計

12.1.1 郊外住宅地におけるランドスケープ計画
(1) 自然との共生の実現
　郊外における住宅地整備は，大都市近郊の丘陵地等を造成し地形を改編して新市街地を整備する一方，そのランドスケープ計画においては自然系土地利用の復元を目指す等，地域レベルの緑地保全に関する根元的矛盾を内包している。そのため，既成市街地よりも一人当りの公園面積・緑被地面積等の高い環境を実現するとともに，歩行者空間の整備等により居住者の緑への接近性を高めるなど地域のランドスケープを再構築し，居住者が安らいだり季節感を感じることのできる環境を効果的に整備することにより，より多くの人々に，自然と共生する生活を実現することにその基本的意義を見出すことができる。

(2) 地域生活の場の形成
　ファミリー層が居住者の中心となる住宅地においては，子供の遊び場を住区におけるコミュニティ形成の核として計画し，乳幼児をもつ母親などの「公園デビュー」にみられる子育て空間としての機能にも配慮する必要がある。また，想定される居住者の世代構成によっては，早朝ゲートボールにみられる高齢者の交流空間としての機能，テニス等の地域スポーツ空間としての機能，地域の「お祭り」が可能なイベント空間としての機能等多様な機能が必要とされる。さらに，豊かな居住環境は，高質な住宅や都市の基盤と，少子高齢化や女性の社会進出等に対応した生活サービス，地域住民相互の豊かな交流等により実現されるといわれるが，かつて農村で行われた田植え等の農作業や雑木林等の入会地の管理が地域住民相互の交流の場となったように，公園緑地等の管理は地域への参加手段としてすぐれた特質を

図 12.1　多摩ニュータウン鶴牧・落合地区の公園緑地系統 1)
　住宅地の骨格を形成するための，近隣公園等を連結し構造化するとともに，歩行者専用道路等により外周の緑地系統に接続している。

写真 12.1　多摩ニュータウン鶴牧・落合地区のビスタ 2)
　居住者の「住宅地の骨格の感覚」を強調するため，富士山へのビスタを確保するとともに，小山状の数箇所のビューポイントを整備している。

備えており，居住者による整備や管理を積極的に誘導しコミュニティ形成の契機とする等，地域参加の装置として計画・活用することも重要である．

(3) 住宅地の骨格の形成

一つの近隣住区をこえる規模の住宅地整備においては，標準的な住区の単調な連結を回避し，住区に固有性をもたせるため，都市軸，ゾーン形成，シンボル道路，景観形成等の観点から，街区公園・近隣公園・地区公園やこれらを連結する緑道等を戦略的に配置し，幹線道路等と一体に住宅地の骨格を形成して住区を規定するとともに，区画道路等と一体に住区を分節し住区を構成する各街区の位置，規模，形状を決定することが必要である．また，公園緑地等を住宅地の骨格と認識しやすくするため，視座(ビューポイント)と大空間の見通し(ビスタ)を確保することや，歩行者空間や水辺空間を公共空間として系統化し，それに隣接させて集合住宅用地・小中学校等の大規模敷地を配置することにより，日常的な利用の誘発や宅地内緑地と公共緑地の連携による大空間化を図ることも重要である（**図 12.1**，**写真 12.1**）．

(4) 環境資産の継承

地形学的な歴史を刻む「自然地形」はそれ自体が環境資産である．とくに，多様な自然植生や貴重な生物種，歴史的郷土の建築物(社寺仏閣等)，埋蔵文化財等と一体となっている場合や，地域の重要な景観を構成する場合にはその価値が大きい．そのため住宅地の整備計画立案時においては，地形のピーク，尾根，谷，湧水，流れ，大木，生物学的貴重種の生息場所，文化財等を詳細に調査して住宅地における価値を再構築する作業を行い，これらをもとに橋梁，街路樹，公園緑地，小中学校，集合住宅等を配置・計画することにより地域固有の環境資産の継承を図ることが重要である（**図 12.2**）．

(5) 水循環構造の回復

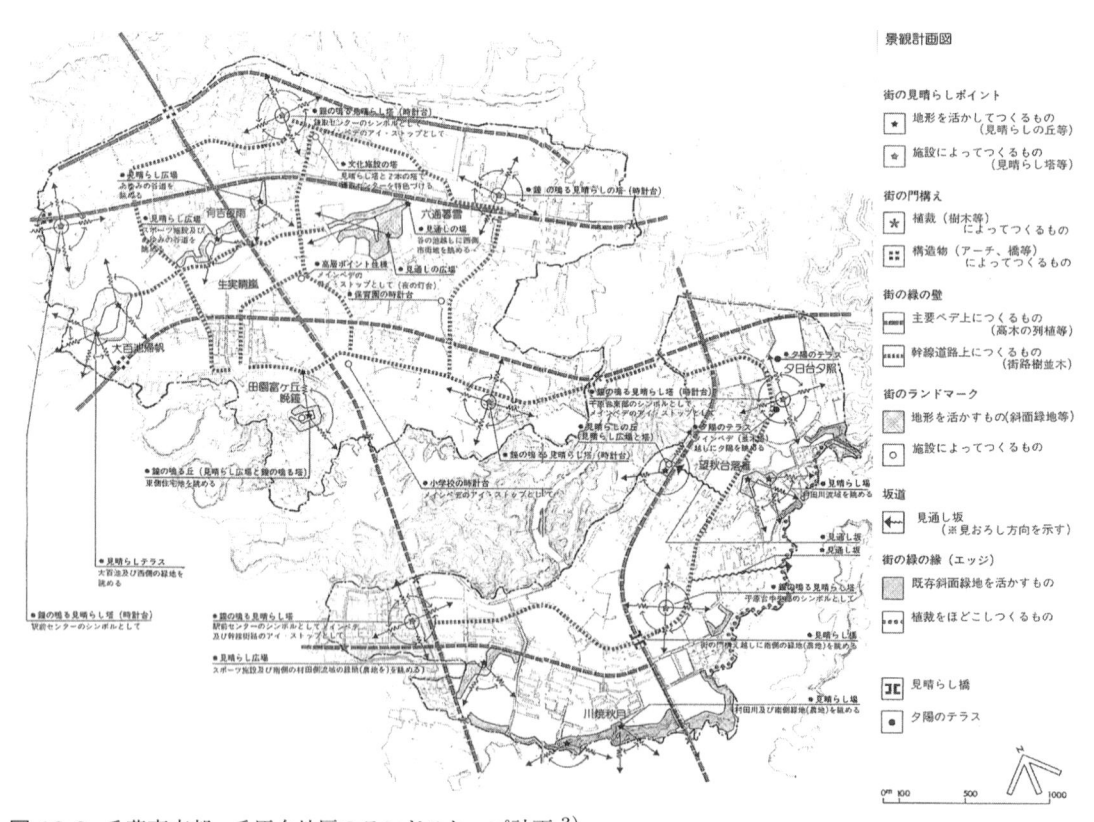

図 12.2 千葉東南部・千原台地区のランドスケープ計画[3]
①四季の計画，②余暇活動の計画，③行事の計画，④景観の計画，⑤水・音・あかりの計画で構成し，地域固有の環境資産の継承に配慮している．

自然地形地を造成し人工面を拡大すると，降雨等の自然水の地下浸透量の減少により大雨時の河川水量が増加し洪水による危険性が増したり，地下水脈の切断等で湧水量が減少することにより渇水時の河川水量が減少し水辺の親水性が阻害される。そのため，公園緑地等において地下浸透量の確保や地下水湧水量の維持を図る施設 (地中ダム，礫間雨水貯留，ソーラーポンプ等) を積極的に整備し，地域の水循環構造の回復を図ることが重要である (図 12.3)。

(6) 生物生息環境の確保

ライフステージやライフスタイルにより都心居住や郊外居住が意識的に選択されるようになるとともに，自然との豊かな交流は郊外住宅地における不可欠な要素となりつつあり，住宅地整備に際し多様な生物相を回復し自然との交流の機会を拡大することも重要な課題となっている。そのため，山，谷，水辺等の多様な地形と植生の保全・整備や，極相林の保全，雑木林の定期的な伐採，草地の草刈り等多様な植生を維持するための管理，動物においては繁殖・採餌等が可能な，人為や天敵の影響をコントロールした空間の整備等により生物の生息が可能な空間 (生物生息空間) の確保を図ることが検討される。また，生物相はその多様性が大きいほど安定し軽微な管理で持続されるといわれるが，生物生息空間を公園緑地や歩行者空間として系統化することは，全体として多様性を確保しその安定化を図ることの可能性が高まるとともに，動物においては広範囲な移動が可能となり分散した比較的小規模の繁殖空間・採餌空間等の確保での生息の可能性が高まる。さらに，人・動物それぞれの移動の過程でその相互の接触の機会を拡大することができる (図 12.4)。

(7) 戸建住宅地における街並み景観の誘導

大規模敷地が一体的に計画される集合住宅地等と比較し，小規模な敷地に個別に建築される戸建住宅地は，結果として均一で単調な街並みとなりやすい。そのため，歩行者専用道路やコミュニティ道路 (ボンエルフ) による系統化，クルドサックや路地・辻広場を核としたグルーピング，セミパブリックスペースの景観誘導 (オープン外構，二段外構，擁壁・フェンス等のデザイン調整)，ゲート・アイストップ・交差点等の景観上重要な位置にある住宅の重点的な景観誘導 (シンボルツリー，コモンスペース，建築

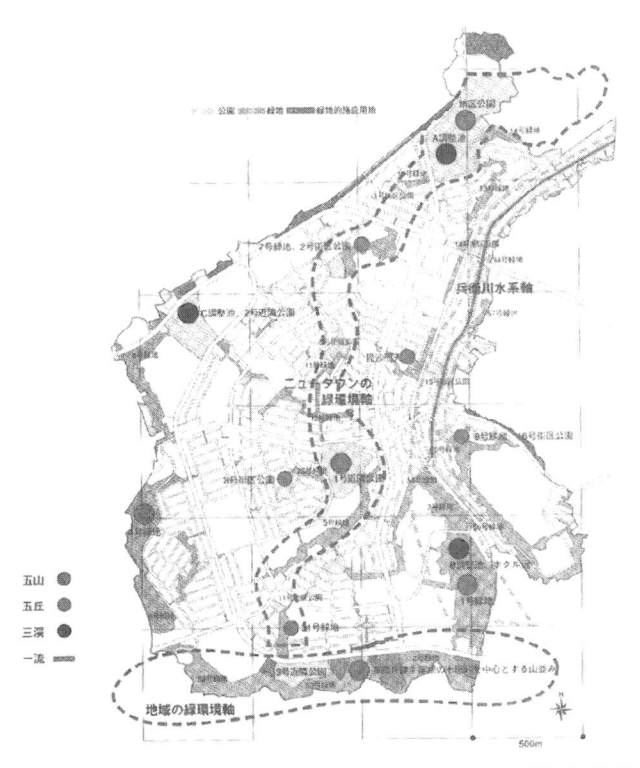

図 12.3 八王子みなみ野シティの五山五丘三渓一流構想 [4)]

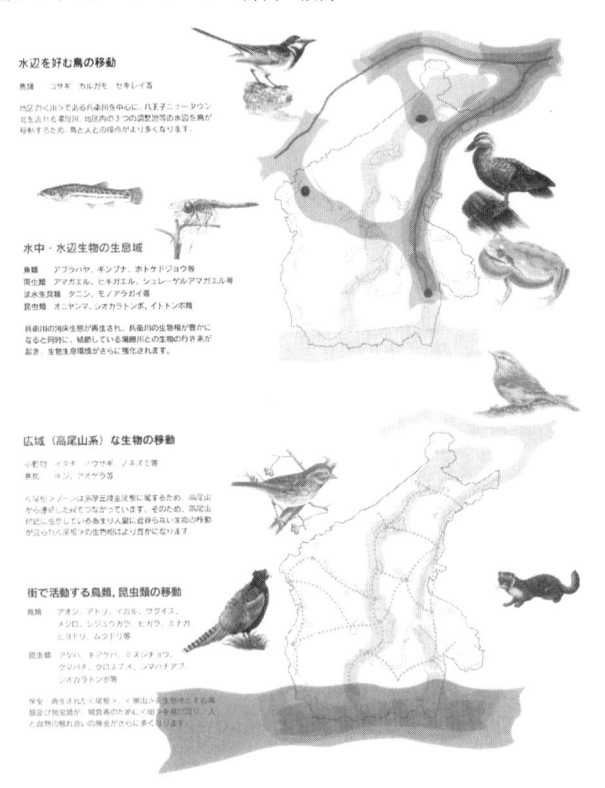

図 12.4 八王子みなみ野シティの生物生息空間のネットワーク[5]

デザイン等)が必要である．また，これらを担保するため，建築協定，緑地協定，地区計画等の締結・決定を検討する必要がある．

12.1.2 集合住宅敷地におけるランドスケープ計画
(1) 屋外居住空間の整備
　集合住宅敷地のオープンスペースは，屋外居住空間として，住宅性能(日照・通風・プライバシー等)を確保する空間と，屋外の日常生活を担保する空間(プレイロット，広場，花壇・菜園等の参加型施設，フットパス等)に大別される．前者においては，居住者の領域意識に配慮しつつ，歩行者動線沿い，住戸開口部(窓等)の近接部，玄関周辺等に細やかな計画が必要とされる．また後者は，集合住宅におけるコミュニティ形成の核としての計画が必要とされるが，高層高密度住宅等では，屋上庭園・人工地盤・ピロティ等のように建築空間の一部として複合化される場合もある (**写真 12.2**)．

(2) 環境共生と環境負荷の低減
　環境共生住宅は，ローインパクト(エネルギー・資源・廃棄物等への配慮)，ハイコンタクト(周辺自然との生態的・美的調和)，ヘルス&アメニティ(住み手自身による健康で快適な住環境形成)等のコンセプトのもとに整備される．こうした集合住宅においては，住宅周辺の微気象(温度，湿度，風速等)を快適に保つため，緑陰をつくる植栽地の配置，緑化舗装，壁面緑化，屋上緑化等が重点的に必要とされるほか，生物生息環境に配慮した自然と触れ合える計画が必要である (**写真 12.3**)．

(3) 商品企画による個性化と付加価値創造
　集合住宅のテーマ設定(海風の街，イタリアの山岳都市，アートのある街等)に応じた商品企画を実現するため，導入樹種，サイトデザイン，サイン・照明・ベンチ等のアレンジが必要とされる (**写真 12.4**)．

(4) 緑資源の保全とコミュニティの継承

写真 12.2 サンラフレ百合ヶ丘 (住宅団地のプレイロット)

写真 12.3 多摩ニュータウン長峰 (環境共生住宅)

写真 12.4 浦安マリナイースト (海をテーマとした商品企画)

写真 12.5 多摩平団地 (既存樹林の保全に配慮した建替事業)

　集合住宅の建替にあたっては，集合住宅周辺の緑のネットワークにも配慮しつつ，従前居住者の生活史に刻まれた既存樹木を可能なかぎり保全・移植するのみならず，居住者と協働して計画を策定することにより，円滑な建替事業の実施とコミュニティの継承を図ることにも配慮が払われる（**写真 12.5**）。

12.2　都心集合住宅敷地の計画・設計

　ここでは一般に「マンション」と呼ばれ主に既成市街地に単独または複数の住棟で構成される分譲集合住宅の屋外空間を対象としている。マンションは戸数 50 戸前後の小規模のものから数百戸の大規模なケースまであるが，ここでは，まとまった外部空間の確保が可能な中，大規模マンション計画 (約 200～800 戸) を対象とする。

　マンションは，分譲事業としての性格上，その時代や場所に求められる商品性，すなわち，マンション購入者が求めるニーズを的確に反映して行くことが計画全体として重要である。また，マンションを永久の住処と考える住民も増加している他，都市型マンションの利便性 (立地，居住性) に着目し，郊外戸建住宅からマンションへと住み替える中高齢者層の比率も増えつつある。こうした中でデザインの永続性，住民相互のコミュニケーション形成の場の創出，今までメインターゲットと考えられてきた子育て家族以外の購入者層のニーズへの対応などが必要である。

写真 12.6 都市型マンション中庭の例
（設計・施工：長谷工コーポレーション）

写真 12.7 都市型マンション外周部の公開空地の例
（設計・施工：長谷工コーポレーション）

　都市型マンションは計画的に公園緑地が整備されたニュータウンと異なり，公園緑地が少ない既成市街地に立地するケースが多く，その屋外空間は住民にとって修景，子供の遊び，散策，コミュニケーション等の貴重なアウトドアスペースとなる。また，全国的な犯罪件数の増加に伴い，居住者の防犯に対する意識が高まり，明確なセキュリテイライン（オートロック中と外をしめす境界線）の設定，住戸への侵入が困難なデザインや建物周りの見通しの確保などが求められている。

　都市型マンションは高密な既存市街地内に計画されることが多く，また，建物自体が大規模化や高層化により，建物が周辺地域に与える景観的な影響も大きい。建物周囲のオープンスペースや植栽は隣接する地域との緩衝ゾーンとしての役割を果す。とくに，防風植栽を効果的に設ける事で高層の建物周囲に引き起こされる地上付近のビル風の影響を緩和することが可能である。

12.2.1　敷地・周辺環境・その他開発条件の調査・分析

（1）周辺環境の調査

　交通機関，学校，公園などの公共施設の分布や商店街の位置等を調査し，これら施設から計画マンションへの日常動線を想定する。また，計画地周辺の公園緑地を利用状況や施設内要を調査し，マンション内オープンスペースに求められる遊び場や緑地の機能を想定する。地域に根ざしたデザインを検討する上で，地域の自然や歴史等のコンテクストを理解し，デザインテーマを設定してゆくことも重要である。

（2）当該行政の開発条件，緑化基準等の確認

写真 12.8　既存樹の重機移植の例
（設計・施工：長谷工コーポレーション）

写真 12.9　マンション駐車場棟屋上緑化の例
（設計・施工：長谷工コーポレーション）

マンション建設にあたり，行政の定める緑化に関する条例，要綱等に従う必要がある。開発上の緑化基準は通常，行政が独自に確保すべき緑化率，植栽本数の基準等を設定している。とくに，ヒートアイランド現象の著しい都内では建物屋上部への緑化も必要になってきており，積載荷重，防水，メンテナンス性など建築計画との連携を図りながら計画を進めることが重要である。

提供公園(建物竣工後役所に上地される公園)の整備が必要な場合は，マンションとこれらの空間が景観的，機能的に一体的に計画されることが望ましい。また，総合設計制度等，公開空地を設定することで建物の容積緩和を受ける場合もあり，建築計画との整合性が必要となる。

(3) 既存樹の保全

敷地内の調査として，保全すべき既存樹の有無を確認する。既存樹の保全は地域の景観保全上，また，竣工当初から豊かな緑量を確保するという意味においても，その保全を検討する事は意義が大きい。ただし，狭い敷地内に樹木を保全する場合は建築の施工計画との調整が必要である。

(4) 植栽生育基盤の確認

建築計画に使用されるボーリングデータを参考とし，土質，地下水位，建築ガラの有無等を生育基盤の整備の目安とする。さらに，詳細のデータが必要であれば必要箇所の土壌試験が必要となる。とくに，建物周りは建築残土の発生，地盤改良工事，大型建設重機による締固めなど建築工事に伴い植栽基盤が設計時と大きく変ることが多く注意が必要である。

12.2.2 計画と設計

マンションのランドスケープデザインは，建築と一体となったひとつの住空間であり，外構設計や植栽設計というそれぞれの単体の適正さ以外に建築計画とのハード面での整合性や分譲住宅としての商品性，そして入居後の維持管理のしやすさ等，ソフト面での整合性を図る必要がある。計画に関係する建築家，デベロッパー，管理会社との十分な調整が重要である。

- 建築計画・動線計画・土地利用計画・オープンスペース計画

    マンション計画において住棟，駐車場，自転車置場，ごみ置場，中庭，プレイロット，緑地等の配置検討にあたっては，事業性，居住性，利便性，法適正など，土地利用計画のシミュレーションを数回繰り返した中で最終案が決定される。その過程の中でランドスケープデザインの担当者は建築担当者との調整を図りながら以下の内容を検討する。

- 敷地外から対象地へのアクセス動線の検討。
- 敷地内動線として，一般車(居住者用)，緊急車両，清掃車，宅配車，オートバイ，自転車，歩行者ごとの動線計画を把握する。緊急車両や清掃車の動線計画では関係行政との調整が必要である。

写真 12.10 多様な表情を見せる都市型マンションの中庭の例 (1)
(設計・施工：長谷工コーポレーション)

写真 12.11 多様な表情を見せる都市型マンションの中庭の例 (2)
(設計・施工：長谷工コーポレーション)

写真 12.12 多様な表情を見せる都市型マンションの中庭の例 (3)
(設計・施工：長谷工コーポレーション)

写真 12.13 多様な表情を見せる都市型マンションの中庭の例 (4)
(設計・施工：長谷工コーポレーション)

また，車と人の動線を分離 (歩車分離) する場合は駐車場，自転車置場の位置と建物出入口の調整が必要である。

- 建物エントランス周囲，共用施設など建築とオープンスペースの一体的利用が可能な様に建築の内と外の調整を図る。
- プレイロットの位置は日照条件の良い場所に配置する。
- 植栽計画

    屋外空間での見え方だけでなく，建築内部からの見え方，とくに見せたくない設備や自転車置場まわりに生垣などの緑地を確保し目隠しとする。樹種の検討については，計画対象地の気候条件に合うものから選定する。建物周囲の日照条件は建物位置と形状により大きく変る。建物の日影図を参照しながら，樹種を選択すること。1階住戸まわりでプライバシーが必要な場所には常緑樹を主体に使う。新緑，花，紅葉など年間をとおして季節の変化が楽しめるものとし，豊かな住空間を目指してデザインしたい。

12.2.3 設計者による現場監理

より完成度の高い作品づくりのため，設計者による現場での監理は重要である。使用される舗装材料や植物材料の確認や建築とランドスケープデザインとの取り合い (調整) が必要である。とくに，建物周

写真 12.14 マンション中庭を使った住民主催のイベントの例—広場修景池の水を抜き，夏祭りのコンサート会場に。
(設計・施工：長谷工コーポレーション)

写真 12.15 マンション中庭を使った住民主催のイベントの例—広場修景池の水を抜き，模擬店の会場に。
(設計・施工：長谷工コーポレーション)

写真 12.16 マンション中庭に設けられた自然池——子供たちの環境教育の場に。
(設計・施工：長谷工コーポレーション)

写真 12.17 マンション中庭に設けられた自然池——家族ぐるみのコミュニケーションの場に。
(設計・施工：長谷工コーポレーション)

りは高密度に設計されており，設計時に想定できなかった場面も発生するからである。また，現場を数多くみることで設計者が学ぶことは多く，つぎの設計に役立てることができる。

12.2.4 管理・運営計画

　マンションの管理は建物本体，駐車場，遊び場，植栽を含めた共用空間を居住者の管理費の中から負担している。通常，居住者が組織する管理組合が専門業者に委託し管理を実施している。植栽は日常的な管理が必要であり，樹木の剪定，施肥，消毒，水遣り，芝刈りなどを行う。とくに，大規模なマンションではランドスケープ空間のトータルな管理コストも大きくなる。設計・計画にあたっては，意匠性だけでなく管理のしやすさ，長期的なコストを含めて検討し，居住者の負担を軽減するよう設計する。また，マンションの大規模化に伴い共用施設(キッズルーム，託児室，ラウンジ，ゲストルーム等)の充実しつつある。屋外空間では中庭を使った住民主催の夏祭り，コンサートの開催，中庭のビオトープ，花壇，菜園等の運営管理を自主的に行い，コミュニテイ形成の一助となる事例もある。

第13章　防犯・安全とランドスケープの計画・設計

13.1　公園緑地等における犯罪と事故

　「水と安全はタダ」という古き善き日本の特色のひとつは，今や完全に失われてしまった。経済社会の大きな変革とともに犯罪や事故は増え続け，残念なことに，人々の憩いやレクリエーションの場である公園緑地等においても，その傾向からは逃れられない。身近な空間における「安全」を確保し，「安心」して暮らすことができるような，「安定」した社会を築く必要がある。

　ここでは，公園緑地等を舞台として発生するさまざまな犯罪や事故に対して，主に計画・設計という視点から，安全確保について考えねばならないことを整理する。ただし，こうした課題については，単に計画や設計段階で対処すれば済む問題ではなく，かえって，利用段階や維持管理段階で配慮すべき事項も多いため，必要となる事項については補足的に追記した。また，本書では便宜上，犯罪に対する安全対策を「防犯」，事故に対する安全対策を「安全確保」と区分して記述した。

（1）公園緑地等における犯罪とその対策

　公園緑地等で発生する犯罪については，警察庁における統計データがあり，これによると，置き引きなどの占有離脱物横領・自転車などの窃盗・駐車場の車上や自販機荒しなどの窃盗犯が多く，ついで障害・恐喝・暴行などの粗暴犯，器物損壊やわいせつ犯などが続く。また，強盗や強姦といった凶悪犯も発生している。一方，公園利用の主役ともいえる子供を対象とした犯罪についてみると，公園は格好のターゲットともいえ，発生率が大きくなるとともに，わいせつやいたづら，略取・誘拐などが近年では多発している。

　犯罪者が犯行に及ぶ環境上の条件は，「獲物があるか」「見とがめられないか」「実行しやすいか」が主な要件であり，「実行しやすいか」は「接近しやすいか」と「逃げやすいか」とに区分される。このため，犯罪の防止，すなわち「防犯」における物理的な対策の基本的考え方は，こうした環境上の条件を排除することが目標となる。

（2）公園緑地等における事故とその対策

　公園緑地等で発生する事故については，残念ながら明確な統計資料がない。しかし，近年，大きな問題となっているものが，遊具の利用に伴う事故であり，この件に関しては幾つかの統計資料もある。これによると，つくる立場・つかう立場・まもる立場の三者により，遊具の利用に伴う安全確保を果さなければならないとしており，転落・転倒・衝突・とんがりや角といった怪我が多い。「子供は怪我をしながら育つ」という考え方も重要であるが，生命に危険を及ぼす，あるいは重度の傷害や恒久的な障害をもたらすような危険があってはならない。

　また，現在はかなり減少したものの，かつては公園緑地等における「水の事故」も，大きな問題となった。各種の水景施設において，溺れや転落，誤飲などに対する配慮が必要である。

　その他の園路広場施設，とくに，舗装面や階段・手すりなどにおける安全確保については，バリアフリーあるいはユニバーサルデザインといった視点から，安全確保や利用のしやすさといった検討が進められている。このため，この部分に関する詳細は，第14章も参照されたい。

13.2 防犯への配慮

13.2.1 計画・設計における防犯への対応
(1) 基本的事項
　公園緑地や公園施設等の計画や設計時点における防犯の基本的な対策は，監視性の確保・領域性の強化・接近の制御に集約され，監視性の確保とは周囲からの見通しを確保することであり，領域性の確保とは犯罪の起しにくい領域を確保し，地域的な取組みを強化することである。また，接近の制御とは犯罪者が入りにくい，あるいは逃げにくいといった条件を整えることである。

　近年，多くの地方自治体で「安全なまちづくり」に関する条例を制定しており，この中で公園緑地等を含めた公共空間の整備についての具体的な指針を定めている。このため，実際の計画や設計に際しては，各自治体の指針を参照する必要があるが，具体的な対策の基本は，おおむねつぎのとおりである。

(2) 施設計画における考え方
- 公園を新たに配置する場合は，周辺に交番や駐在所，あるいは「子ども110番の家」等があり，沿道や周囲の住宅からの見通しが期待できる位置に配置することが望ましい。
- 公園の計画時点から，住民参加等により地域住民に愛され，日常的に利用されるような魅力的な公園づくりを進めるとともに，場合により，時間を限った出入り制限についても検討する。
- 公園内には，防犯ベルや赤色灯などの警報装置を設置することが望ましい。
- 公園の入り口は，周囲からの見通しが確保できるようなしつらえとし，生活路や通学路として利用される園路は，園路周辺への見通しを確保するとともに，防犯灯や照明灯により，夜間でも人の行動を視認できる程度の明るさを確保する。
- 遊具の設置は，大規模な公園ではその遊具周辺から見通しを，その他の公園では道路や住居等からの見通しが確保できるよう，その種類や配置に留意する。
- 駐車場は，周辺からの見通しが確保される位置に計画する。

(3) 植栽計画における考え方
- 外周部の植栽は，車上からでも見通しが確保できるように，高木と低木をバランスよく配置するとともに，下枝の高さにも留意し，必要に応じて剪定を行う。
- 大規模な公園では，緑の量を増やすだけではなく，樹種やその規格，また植樹する位置など，死角をつくらないような配置方法にも留意する。
- 災害時に避難でき，周囲を常緑樹で囲むことが求められている防災公園にあっても，できる限り周辺からの見通し確保に留意する。
- 公園が隣接する建物への侵入経路となる場合もあり，境界部に近づきにくい植栽を配置したり，乗

写真 13.1 見通しが確保された公園　　　　**写真 13.2** 公園内の防犯施設

写真 13.3 植栽により閉鎖された空間

写真 13.4 植栽により見通しが遮られている

写真 13.5 将来的には林にする予定か？

写真 13.6 見通しはよいが越境が課題

りこえにくい柵を巡らすなど，侵入対策に留意する。

(4) 利用や維持管理段階における考え方
- 維持管理活動に，周辺住民が積極的に参加できるように，利用や管理について話し合う機会を設けるなど，住民参加の方法を工夫する。
- 公園周辺の住民や維持管理活動に参加している住民に対し，防犯にも留意した活動を求めるとともに，日常から住民の目が注がれている公園であることをアピールする。

13.2.2 トイレにおける防犯への対応

先に紹介した各種の「安全なまちづくり」指針などでは，トイレの防犯に対して，以下のような基準を設けている事例が多い。
- 便所の設置位置は，なるべく入り口に近い場所とし，見通しがよく，樹木などにより覆われていないことが望ましい。
- 便所の出入口は二方向とし，周囲からの見通しと手洗い場の可視性を高める。
- 防犯ベルや赤色灯などの警報装置を各個室に設置する。
- 夜間も利用可能な便所については，人の顔，行動を明確に選別できる程度以上の照度を確保する。「人の顔，行動を明確に選別できる程度以上の照度」とは，10 m 先の人の顔および行動が明確に選別でき，誰であるか明確にわかる程度以上の照度をいい，平均水平面照度(床面または地面における平均照度)が，おおむね50 lx 以上のものをいう。

また，平成8年5月に社団法人日本公園緑地協会が編集発行した「都市公園におけるゆったりトイレの指針」から，防犯に関する事項を抽出すると，以下のように示される。
- 安全性を高めるために，設置位置，間取りや照明，通報システムなどを充実し，また滑りにくい材質の選定，設備の取付位置などを検討する。

写真 13.7　防犯より利用上の問題　　　　　写真 13.8　遮蔽もほどほどに

- 落書き，器物破損，異物投棄，盗難などの目的外使用等が行われやすいため，それらを十分考慮した物的計画と管理計画とする。
- のぞき等風紀的な問題がおこりやすいため，周辺状況を十分考慮した配置や設計を行う。
- いたずらがはげしく，酷使される施設であるため，ブースの扉や金具，鏡や壁面の仕上げなどは，それに見合った丈夫な仕上げ材料であることも必要である。
- また，破損や修理への対応 (補充・交換) が容易な器具の選定や，利用者の状況に応じた製品の選定も必要である。

13.2.3　照明施設による防犯への対応

　先に紹介した各種の「安全なまちづくり」指針などでは，園路などの照明に対して，「人の行動が視認できる程度以上の照度」を推奨する例が多く，4m 先の人の挙動や姿勢等が選別できる程度以上の照度をいい，平均水平面照度がおおむね 3 lx 以上としている。

　公園緑地等における照度基準としては，JIS Z 8113 で「公園の主な場所」の所要照度を 1.5〜30 lx と定めているとともに，運動場や競技場における所要照度についても定めている。多くの場合，この JIS 規準を参考に，園路では 4 lx 程度，広場では 10 lx 程度としている例が多い。また，住宅地道路における所要照度を 1.5〜7 lx としているため，これを参考として照度を設定している例も多くみられる。

13.3　安全確保への配慮

13.3.1　計画・設計における安全確保への対応

(1) 基本的事項

　公園施設等の計画や設計時点における安全確保の基本的な対応は，「危険」をどうとらえるかが重要なポイントとなる。過剰な対応は意匠やデザイン・予算に制限を加えることとなるが，必要とされる最低限の対策を怠ってはならない。

　この点については，平成 20 年 8 月に社団法人日本公園施設業協会がまとめた「遊具の安全に関する規準 2008 年版」に詳細が示されており，危険には予測して回避できるような危険＝リスクと，予測できずに不可抗力として出会う危険＝ハザードとがあり，さらにハザードを施設がもつ物理的条件によって生じる物的ハザードと，利用者の不適切な行動などにより生じる人的ハザードとに区分している。そして，この物的ハザードを除去することが，計画設計・製造施工・維持管理における関係者の責務だとしている。

　しかし，多くの場合，リスクとハザードの境界，ならびに物的ハザードと人的ハザードの境界はあいまいで，その判断に迷う場合が多い。これは，これらの境界が一様ではなく，社会的背景や利用者の成

熟度など，外部要因により左右される性格をもつからで，計画・設計時点では，こうした点について十分な見極めをもって望むことが必要である。ただし，最低限，公園施設を利用する上で，生命に危険を及ぼす，あるいは重度の傷害や恒久的な障害をもたらすような危険は，確実に排除しなければならない。

（2）施設計画における考え方

各施設や利用ゾーンを配置する上では，利用動線の交錯を避けることが基本で，運動性の強い広場と園路との位置関係や，子供が利用するゾーンにおいても高学年児童と幼児とを区分するなどの工夫が必要である。また，入り口部や外周では不用意な飛び出し防止にも配慮する必要がある。

園路広場施設においては，小さな段差や不陸はつまづきや転倒の原因となる。また，滑りにくい素材を選定することは当然であり，とくに，雨などで濡れた場合には注意を要する。階段や手すりなどについては，安全確保や利用のしやすさといった視点から，バリアフリーやユニバーサルデザインなどの指針を参照すると良い。個々の施設では，所要の強度をもつと同時に，不特定多数の利用に対して，堅牢で容易に壊れにくい物とする必要がある。

なお，転落防止柵等については，平成 20 年 1 月に社団法人日本道路協会がまとめた「防護柵の設置基準」に詳細が示され，「横断防止柵」は路面から柵の上端までの高さ $70 \sim 80\,\text{cm}$，「転落防止柵」は路面から柵の上端までの高さ $110\,\text{cm}$，をそれぞれ標準としている。また，その設計強度についても基準が示され，歩行者自転車用柵（P 種）は，垂直荷重 $590\,\text{N/m}$ 以上，水平荷重 $390\,\text{N/m}$ 以上，歩行者の滞留等が予想される区間および橋梁・高架の区間に設置される転落防止を目的とした柵（SP 種）は，群集荷重を想定し，垂直荷重 $980\,\text{N/m}$ 以上，水平荷重 $2500\,\text{N/m}$ 以上としている。

（3）利用や維持管理段階における考え方

利用や維持管理段階では，安全な利用を呼びかける努力を怠ってはならない。各種の注意標識や案内，また十分な点検と，それによる補修や修繕など，継続的な対応が必要である。

また，現状では，前述したように公園緑地等で発生した事故に関する明確な統計資料がないため，どこで，何を使って，どのような原因により事故が発生したのかが公開されておらず，関係者の経験則によるところが大きい。今後は，こうした情報を収集管理して共有化し，つぎに，役立てるような仕組みづくりが必要である。

加えて，公園利用者に対する安全教育も重要で，自らの安全な利用について考えるとともに，子供の利用に対して「見守る」姿勢を共有することが重要な課題となる。

近年では，こうした公園施設の維持管理について「長寿命化」という対応が進められつつある。個々の公園施設について，その長期にわたる維持管理計画をとりまとめ，これを基にした適正な維持管理を実施し，施設の安全性を確保しつつ，長期にわたり活用しようとするものである。計画に従って，施設の寿命が来たら交換などを行ってゆくことも重要とされている。こうした対応により，施設の安全確保が進められることは，望ましいことである。

写真 13.9 後施工の防護柵が課題

写真 13.10 スロープ下は歩道ではなく平場が必要

写真 13.11　支柱の付け方で安全性は変わる

写真 13.12　隣地への配慮も必要

13.3.2　遊具における安全確保への対応

　遊具における安全確保については，平成20年8月に国土交通省から「都市公園における遊具の安全確保に関する指針（改訂版）」が示され，同10月に社団法人日本公園施設業協会が「遊具の安全に関する規準2008年版」を刊行している。また，こうした動きに先駆けて，民間のNPOであるプレイグランドセイフティネットワーク（PSN）でも，平成13年3月に「楽しく安全な遊び場のガイドライン」を発行しており，現在はこれらの資料が，計画・設計ならびに運営管理における基礎資料となっている。

　国土交通省の指針は，管理者・設計者・利用者等の役割や，配慮すべき基本的事項が示されており，ガイドライン的性格をもつものである。これに対して，施設業協会の規準案は，遊具の製造者団体として，基本的事項の詳細や個々の遊具のあり方などについて詳述しており，計画・設計上の参考として十分に活用すべきものと考えられる。

　以下に，計画・設計段階でもっとも基本とすべき事項を中心に，取りまとめる。

- 利用対象年齢に応じた遊具の選定と，利用者が交錯しないような配置を検討する。
- 遊具の周囲には，遊具の利用や子供の衝突・転倒に対応できるような空間＝安全領域を確保する。とくに，遊具の運動方向には十分な空間を確保する。
- 遊具から転落しても安全なように，遊具の設置面では，落下の衝撃の緩和について配慮する。
- 必要な強度と耐久性はもとより，細部においても，絡まり・ひっかかりの防止，稼動部との衝突防止，落下防止，挟み込み防止，つまずき防止，鋭利な角や縁の防止，非常時における救助可能な対策，などが必要である。

写真 13.13　工夫は認めるが安全上は？

写真 13.14　せめて補助ロープ程度は欲しい

13.3.3 水景施設における安全確保への対応

　水景施設における安全確保は，溺れの防止や転落防止ならびに良好な水質の確保などが基本である。こうした施設に関する規準としては，日本水景協会による「水景技術標準(案)解説」(平成15年2月)があるが，この中では水質にかかわる規準と，各種水景機器の安全確保に関する事項の詳細が示されている。

　一方，溺れの原因となる水深に関する明確な基準は少なく，昭和62年12月に社団法人日本河川協会が発行した「防災調整池等技術基準(案)」の中の「第4編　防災調整池の多目的利用指針(案)」で，「導入施設利用者の接近が予想される修景池等の水際部分は，安全性を配慮した水深，断面構造，材料とすること」と示され，その解説において水深が30cm以上となる場合は，立入り防止のため水中柵を設けることとしている。水景施設の水深については，この規準以外には各種の調査研究報告書や事例等によっているが，おおむね以下のような例が多い。

・ 幼児の利用も考えられる徒渉池等では，水深15 cm以下としている例が多い。
・ 水深30～60 cmの場合は，水中柵などにより立入り防止策を施す例が多い。
・ 水深60 cm以上の場合は，地上柵などにより明確に立入り防止策を施す例が多い。

第14章 ユニバーサルデザイン

14.1 ユニバーサルデザインの計画

14.1.1 「ユニバーサルデザイン」という言葉の出現

1980年をWHO(世界保険機構)は国際障害者年とし，世界的な活動を展開した。

これに先立つこと10年前，1970年にWHOは障害者についての調査報告書作成に着手するが，1974年にロナルド・メイスにより「バリアフリーデザイン報告書」が出される。このなかで「ユニバーサルデザイン」という言葉が使われ，これから「ユニバーサルデザイン」という言葉が使われ始めたといわれている。

1990年には，第2次世界大戦や朝鮮戦争，ベトナム戦争などの傷痍軍人のような障害のある人への差別をなくそうとする活動がもととなり，障害をもつ人のための法律(ADA：Americans with Disabilities Act)を制定し，バリアフリーが広まる。

しかし，ユニバーサルデザインとは，障害の有無はもちろんのこと，国籍・性別・年齢等とは関係無しに，すべての人びとが快適に生活できるように計画・設計を行うことである。バリアフリーデザインは，ユニバーサルデザインに内包されるものと考えられる。

14.1.2 ユニバーサルデザインの「7つの原則」

ロナルド・メイスは以下の「7つの原則」を唱えた。
① **公平性**：Equitable Use，**自由度**(柔軟性)：Flexibility Use，**単純性**：Simple and Intuitive Use
② **情報理解性**：Perceptible Information，**安全性**：Tolerance for Error，**省体力性**：Low Physical Effort
③ **空間確保性**：Size and Space for Approach and Use

・ 公平性とは，「だれにでも公平に利用できる」「だれにでも使いやすい」ことである。
・ 自由度とは，「使う上で柔軟性(フレキシビリティ)に富む」ことである。
・ 単純性とは，「簡単に直感的に利用できる」「使い方が明解である」ことである。
・ 情報理解性とは，「必要な情報が理解できる」「必要な情報がだれにでも伝わる」ことである。
・ 安全性とは，「単純なミスが危険につながらない」「事故につながらない」ことである。
・ 省体力性とは，「身体的な負担が少ない」「身体的な負担を軽減する」ことである。
・ 空間確保性とは，「だれにでも使える寸法や空間になっている」ことである。

14.1.3 日本におけるユニバーサルデザイン関連の施策

（1）生活福祉空間づくり大綱

平成6(1994)年，旧建設省は「生活福祉空間づくり大綱」を作成した。とくに「健康づくり・ふれあい・交流の場づくり」，「バリアフリーの生活空間の形成」，「安定とゆとりのある住生活の実現」，「安心して子供を生み育てられる家庭や社会の環境づくり」，「地域的基盤づくり」の方向性が施策として示され，福祉インフラの整備がはじまる。

福祉インフラ整備の推進方策としては「福祉インフラのための制度，技術水準などの総点検および見直しを行い，施設整備にかかる技術的ガイドライン（生活福祉空間ガイドライン）を策定すること」「地域からの発想を重視しつつ社会のすべての主体が連帯・協働して進めるために，多様な分野の交流・連携を図り，地域住民による主体的な取り組みへの支援をし，広報・啓発活動を強化すること」としている。

また，高齢者，障害者を含むすべての人が，安全で快適な暮らしを営むことができる生活空間の形成のための施策展開として，「すべての人びとの安全かつ円滑な行動を可能とするために，安全・快適な歩行環境を創出すること，公共交通機関の円滑な利用を確保すること，高齢ドライバーなどの運転環境を整備すること」「計画的にデイ・サービス・センターなどを整備し，快適な日常生活がおくれるようにすること」としている。

(2) 障害者プラン—ノーマライゼーション 7 か年戦略

平成 7(1995) 年，障害者対策推進本部が「障害者プラン—ノーマライゼーション 7 か年戦略—」を策定した*。リハビリテーションとノーマライゼーションの理念を踏まえ，7 つの視点から施策と整備目標を定めたものである。

(3) ハートビル法（高齢者，身体障害者等が円滑に利用できる特定建築物の促進に関する法律）

病院，劇場，百貨店，ホテルなど不特定多数が利用する建築物を建築する際，身体の機能上の制限を受ける者が円滑に利用できるような措置を講ずるよう，建築主に努力を求めるものである。

(4) 交通バリアフリー法

2000 年には，旧運輸省，旧建設省，旧自治省，警察庁による交通バリアフリー法を定めた。ユニバーサルデザインはソーシャルデザインの 1 つであり，このような横断的な制度が今後大切になってくる。

(5) 高齢者，障害者等の移動等の円滑化の促進に関する法律

高齢者，障害者等の円滑な移動及び建築物等の施設の円滑な利用の確保に関する施策を総合的に推進するため，主務大臣による基本方針並びに旅客施設，建築物等の構造及び設備の基準の策定のほか，市町村が定める重点整備地区において，高齢者，障害者等の計画段階からの参加を得て，旅客施設，建築物等及びこれらの間の経路の一体的な整備を推進するための措置等を定めている（平成 18 年 6 月 21 日公布，同年 12 月 20 日施行）。

(6) ユニバーサルデザインの計画を行うために

ロナルド・メイスの「7 つの原則」，公平性 (Equitable Use)，自由度 (Flexibility Use)，単純性 (Simple and Intuitive Use)，情報理解性 (Perceptible Information)，安全性 (Tolerance for Error)，省体力性 (Low Physical Effort)，空間確保性 (Size and Space for Approach and Use) は，ユニバーサルデザインの出発点となる概念である。しかしながら，現実には，日本におけるユニバーサルデザインの概念を検討する必要がある。とくに，「福祉のまちづくり条例」は整備の最低基準を定めたものであり，計画にあたっては個別の状況に応じた対応が必要になる。

14.2 ユニバーサルデザインの設計

ユニバーサルデザインとは，いわゆる工業製品等のデザインとは異なり，社会制度まで踏み込むソーシャルデザインである。またユニバーサルデザインは，機会均等の原則を守ることを主眼としたデザイン思想であるが，すべての人に使いやすい完璧なデザインはありえない。

そこで，少しでも完璧なユニバーサルデザインを目指すためには，ニーズを把握するだけではなく，ユーザー・市民との協働・コラボレーションやワークショップ等による市民参加が必要となる。

また，計画においては，縦割りの社会に対し，横断的なソーシャルデザインが望まれたが，設計においては，ディテールへのこだわりが重要になってくる。

---

* ノーマライゼーション運動；デンマークで知的障害者福祉の取り組みから生れた理念。障害のある人にも，通常の生活を送ることを最大限可能な限り保障できるように社会福祉をすすめるよう，バンク・ミケルセンが提唱した。

14.2.1 都市公園におけるユニバーサルデザインの基本方向

都市公園については，これまで「都市公園技術標準」(昭和58年)，「都市公園におけるゆったりトイレ」(平成8年)，「みんなのための公園づくり—ユニバーサルデザイン手法による設計指針—」(平成11年)や各地方公共団体の関連条例などにより整備が進められてきた。一方で，建築物については平成6年に「高齢者，障害者等が円滑に利用できる特定建築の促進に関する法律」(ハートビル法)が，平成12年には「高齢者，障害者等の公共交通機関を利用した利用の円滑化の促進に関する法律」(交通バリアフリー法)が制定され，建築物および公共交通機関のバリアフリーが進められてきた。

こうした法制度の整備とともに，わが国のユニバーサルデザインへの動きは加速されてきたが，各種の法制度等を総合的・一体的に整備することにより，さらに高齢者，障害者等の日常生活における移動や施設の利用における利便性の向上や安全の確保を図ることが求められ，平成18年12月から新たに「高齢者，障害者等の移動円滑化の促進に関する法律」(バリアフリー新法)が施行され，都市公園についても初めて法的拘束力をもつバリアフリー化が実施されることとなった。

このため，これまで都市公園のユニバーサルデザインの指針となっていた「みんなのための公園づくり—ユニバーサルデザイン手法による設計指針—」についてもバリアフリー新法に基づく「都市公園移動等円滑化基準」および「都市公園の移動等円滑化整備ガイドライン」に準拠した見直しが必要となるなど，公園緑地等にかかわるユニバーサルデザインは転換期をむかえている。

14.2.2 公園施設のバリアフリー化と基準

「高齢者，障害者等の移動等の円滑化の促進に関する法律」の公布に伴い，平成18年12月に移動等円滑化の促進に関する基本方針，政令，省令が定められ，都市公園における移動等円滑化の達成目標，新設等に際してバリアフリー化を義務付ける公園施設(＝特定公園施設)，および特定公園施設のバリアフリー化基準(＝都市公園移動等円滑化基準)等が定められた。特定公園施設を新設，増設，改築する場合，原則として都市公園移動等円滑化基準を満たす必要がある。

(1) 特定公園施設

特定公園施設として，以下のものには，新設時等に基準適合が義務づけられた。

①都市公園の出入口および駐車場と特定公園施設，主要な公園施設との間の経路を構成する園路および広場②屋根付広場，③休憩所，④野外劇場，⑤野外音楽堂，⑥駐車場，⑦便所，⑧水飲場，⑨手洗場，⑩管理事務所，⑪掲示板，⑫標識

(2) 都市公園移動等円滑化基準

公園管理者等が特定公園施設の新設，増設または改築を行うときは，移動円滑化のために必要な特定公園施設の設置に関する主務省令で定める基準(都市公園移動等円滑化基準)に適合させなければならない。

《基準の例》

○ 園路
- 出入口 (有効幅120 cm以上，段差なし等)
- 通路 (通路幅180 cm以上，縦断こう配—5％以下等)
- 傾斜路 (有効幅120 cm以上，縦断こう配—8％以下，手すりの設置等)

○ 駐車場
- 車いす使用者用駐車施設 (施設数，有効幅350 cm等)

○ 便所
- 車いす使用者の円滑な利用に適した構造を有すること等

「出入口および駐車場」と「特定公園施設」「主要な公園施設」との間の経路を構成する「園路および広場」のうち一経路以上は，都市公園移動等円滑化基準を満たす必要がある。

特定公園施設の適合基準の義務としては，不特定かつ多数の者が利用し，または主として高齢者，障害者等が利用する特定公園施設 (①園路および広場，②屋根付広場，③休憩所，⑥駐車場，⑦高齢者，障害者等の円滑な利用に適した構造を有する便所，⑧水飲場，⑨手洗場，⑩管理事務所，⑫特定公園施設の配置を表示した標識) を設ける場合は，そのうち1以上は移動等円滑化基準に適合する必要がある。

さらに，不特定かつ多数の者が利用し，または主として高齢者，障害者等が利用する特定公園施設 (④野外劇場，⑤野外音楽堂，⑦便所 (床，手すり付き床置小便器等)⑪掲示板，⑫標識 (上記以外のもの)) を設ける場合は，移動等円滑化基準に適合する必要がある。

だたし，基準適合の例外規定もあり，特定公園施設は，新設・増設，改築する際に都市公園移動等円滑化基準を満たす必要があるが，当該基準適合義務に係る例外について規定を設けている (法令または条例の定める現状変更の規制および保存のための措置がとられていること，その他の事由により都市公園移動等円滑化基準に適合させることが困難な場合 (施行令第3条，施行規則第2条第1項))。具体例としては，①工作物の新築，改築または増築，土地の形質の変更その他の行為についての禁止または制限に関する文化財保護法，古都法，都市計画法その他の法令または条例の規定の適用があるもの，②山地丘陵地，崖その他の著しく傾斜している土地に設けるもの，③自然環境を保全することが必要な場所または動植物の生息地若しくは生育地として適正に保全する必要がある場所に設けるもの。

さらに，災害等のため一時使用する特定公園施設を設置する場合 (基準省令第2条)，法律の施行の際，現に工事中の特定公園施設の新設，増設または改築する場合 (法附則第3条) についても例外規定となっている。

(3)「バリアフリー新法」と「みんなのための公園づくり」

これまで都市公園のユニバーサルデザインの指針となっていた「みんなのための公園づくり」では，以下の6点が提案されている。

- 利用者の視点に立った多様なニーズに対応する公園づくり
- 多様性のある，みんなが利用できる公園づくり
- スパイラルアップに基づく，進歩し続ける公園づくり
- レクリエーションプログラム等の整備とホスピタリティのある公園づくり
- 地域が運営参加するとともにモラルアップが実現する公園づくり
- 的確な情報提供や他の公共施設等と連携の取れた公園づくり

そこで「みんなのための公園づくり」の実現に向けて，コアになる部分を「バリアフリー新法」で構築し，不足する部分を「ユニバーサルデザイン」で補って目標に近づけていくという手法が求められる。

都市公園が健全に社会的機能を発揮するためには，利用のための各種の機能をもった施設で構成され，それらが園路等で接続され，管理運営が適切に行われ，周辺と動線，情報がつながるなどの条件が整う必要がある。このような総合的な取り組みが「ユニバーサルデザインの取り組み」であり，また，都市公園の本来の機能を発揮させ続ける継続的な取り組みが必要である。

公園の施設配置・園路計画と各種公園施設との関係については「バリアフリー新法の移動等円滑化基準」が参考となり，そのガイドラインで具体的な指針が示されている。この基準に適合させるまでが「バリアフリー新法」の取り組みであるといえる。

さらに，それに肉付けして，公園施設全般や周辺との連携，ネットワーク，運営，管理などに配慮し，公園全体の機能を維持・改善し続ける更新システムづくりを行うことが「ユニバーサルデザインの取り組み」である。

(4) 都市公園のユニバーサルデザインを考える上での留意点

都市公園は，駅や道路のように大多数の者が同じ目的をもって利用する施設ではなく，むしろ大多数の者がそれぞれ個別の利用目的をもって公園を訪れ，さらにその利用方法もさまざまである。したがって，都市公園が目指すユニバーサルデザインは，特定の施設のバリアフリーにより実現されるのではなく，幅広い観点から都市公園の利用を想定し，柔軟性のある施設整備と施設のみでは対応できない要請

を公園の管理運営の面から実現する視点が必要となっている。

　都市公園を整備，管理する者が，都市公園に対するニーズや利用の多様性を把握した上で利用者にとってもっとも利用しやすい施設の整備および管理運営を進めることが都市公園のユニバーサルデザインである。

　また，美しい「景観や自然」自体が利用の目的であり，提供する機能であることから，それらを良好に保ちながら，ユニバーサルデザインを達成していく必要がある。

(5) 個別公園でのユニバーサルデザイン計画

　都市全域での都市公園のユニバーサルデザインの適正配置と役割分担を把握したうえで，個別の都市公園が分担する機能や利用の特徴づけの検討を行うことが必要となる。そのためには事前に十分な調査を行う必要がある。

　たとえば，新規か既存かの違い，公園規模の違い，地域の現状の違いなど，さまざまな状況を把握して公園づくりや公園の運営に活かせるよう，地域住民や関係者によるワークショップ等で調査，計画が行われることが必要である。

　また新規に公園整備を行う場合は，通常の計画・設計過程でユニバーサルデザインの検討を行い理想的な形態・運営を目指すことができるが，既存の公園においても，計画的にユニバーサルデザインに向けての改修計画をつくった上で取り組むことが望まれる。

14.2.3　デザインの具体例

　公園の設計に際しては，ディテール部分のバリアフリー対策には十分配慮する必要がある。以下にその例を示す。

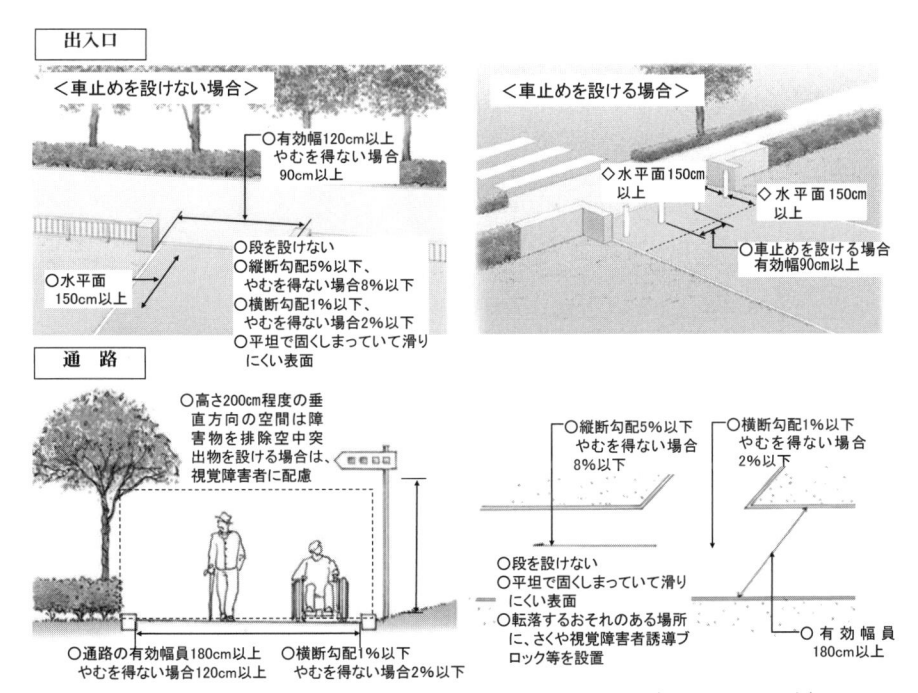

図 14.1　園路および広場 (移動等円滑化園路) のイメージ図 (1)[1]pp.95,99,100 より

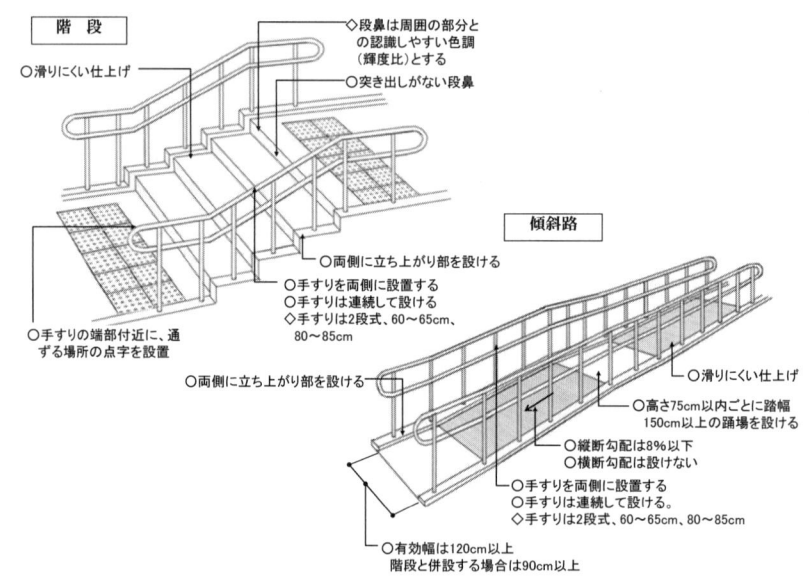

図 14.2　園路および広場 (移動等円滑化園路) のイメージ図 (2)[1],pp.104,111 より

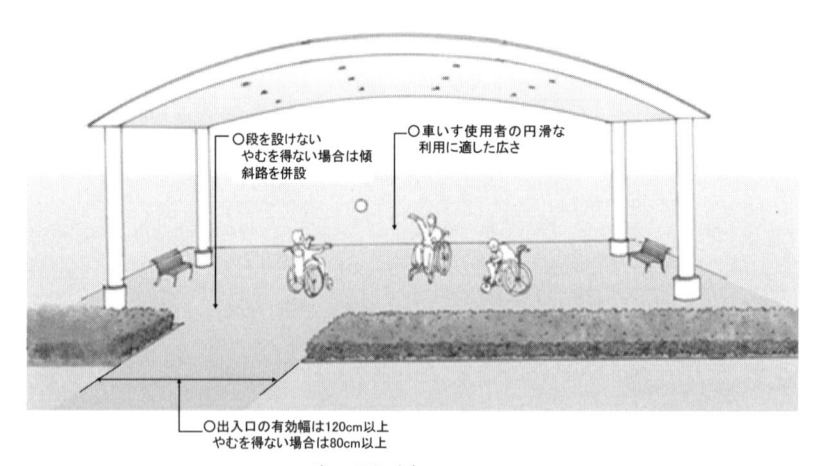

図 14.3　屋根付広場のイメージ図 [1],p.117 より

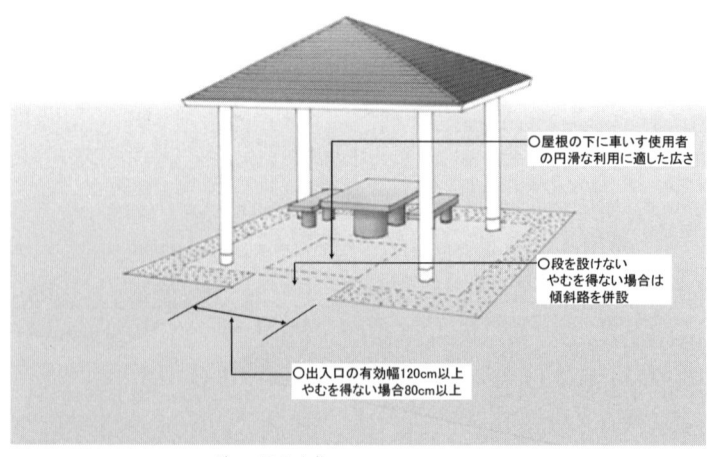

図 14.4　休憩所のイメージ図 [1],p.124 より

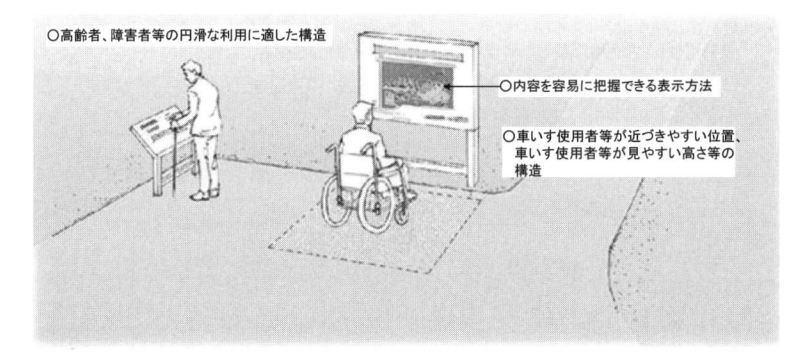

図 14.5 掲示板・標識のイメージ図 [1], p.188 より

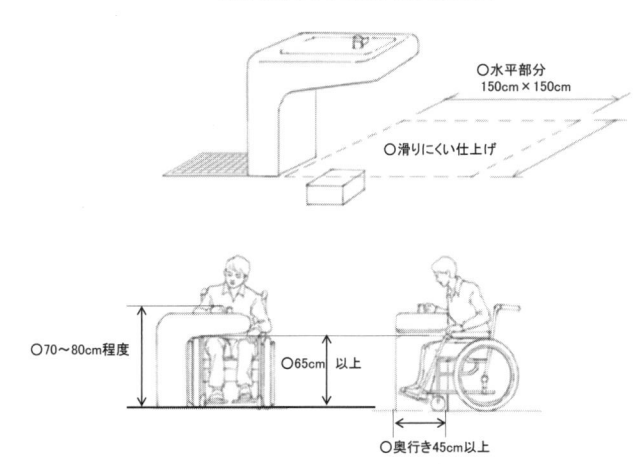

図 14.6 水飲場・手洗場のイメージ図 [1], pp.172-173 より

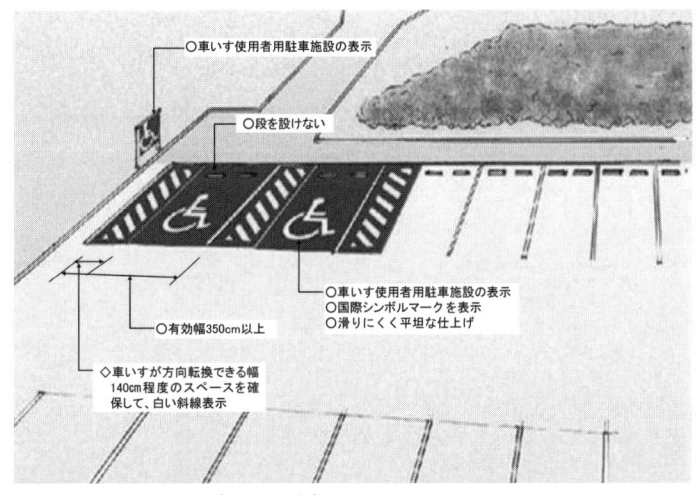

図 14.7 駐車場のイメージ図 [1], p.152 より

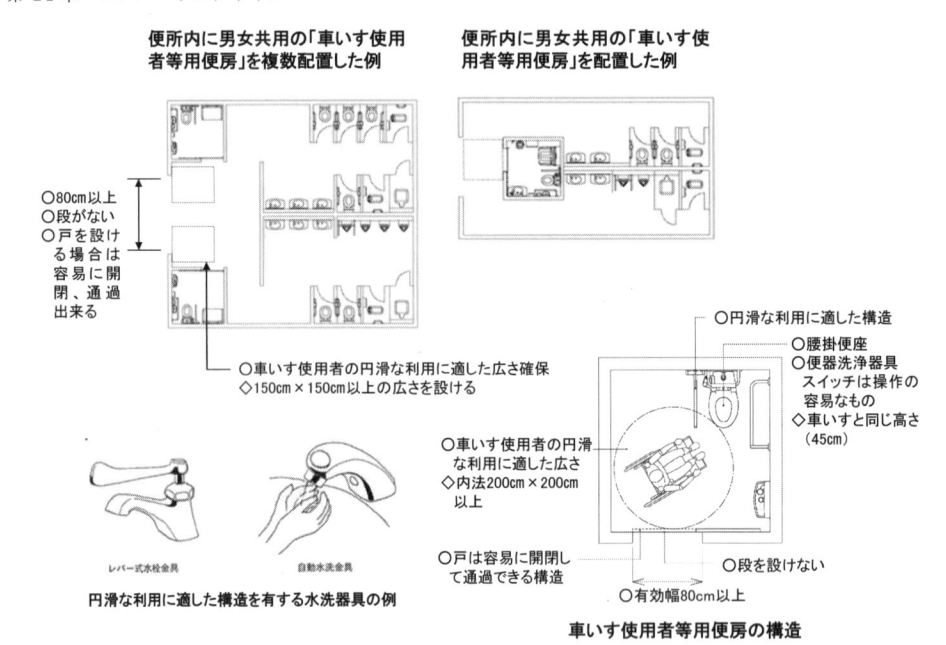

図 14.8 便所のイメージ図 [1],pp.158,160-162 より

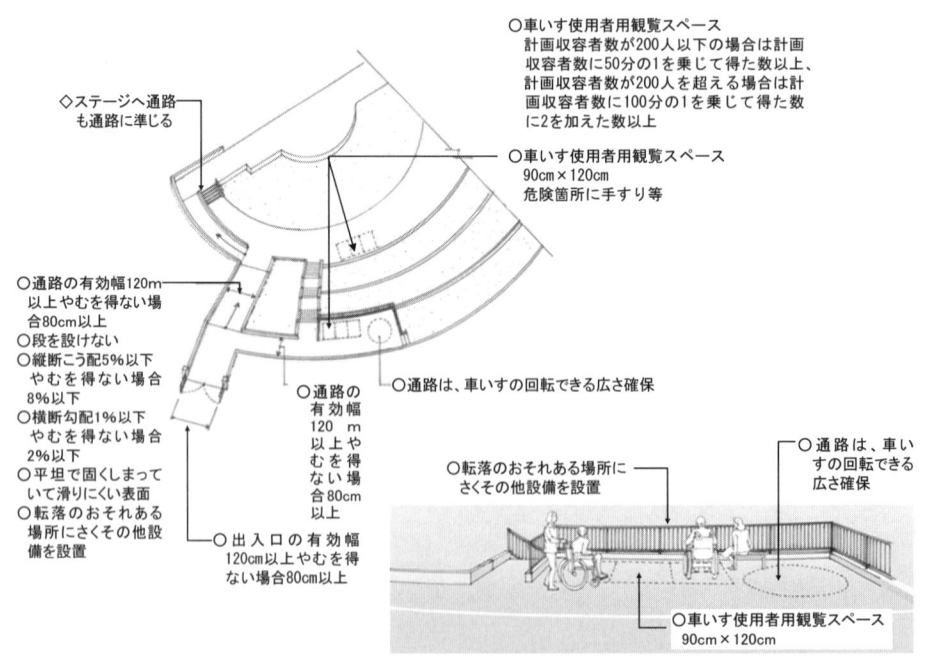

図 14.9 野外劇場・野外音楽堂のイメージ図 [1],p.142 より

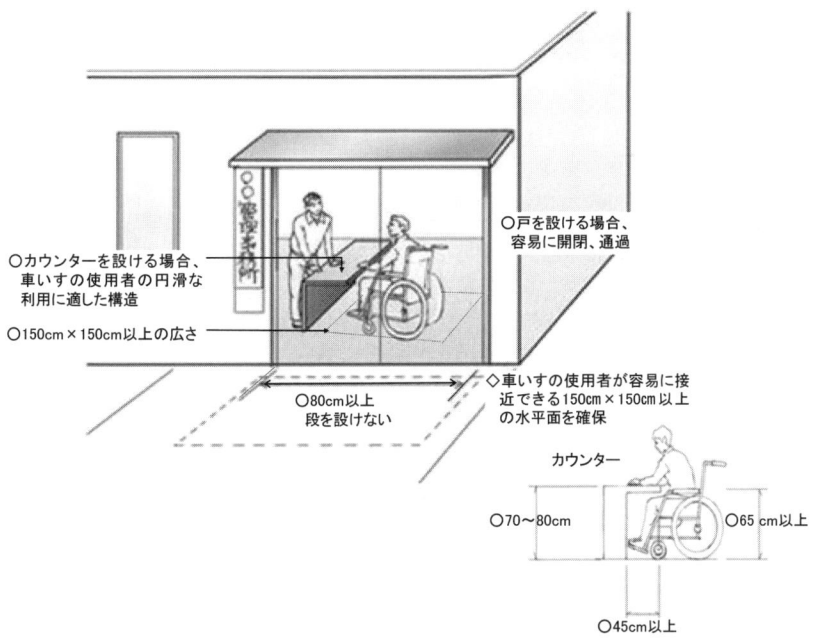

○カウンターを設ける場合、車いすの使用者の円滑な利用に適した構造
○150cm×150cm以上の広さ
○戸を設ける場合、容易に開閉、通過
○80cm以上 段を設けない
◇車いすの使用者が容易に接近できる150cm×150cm以上の水平面を確保

カウンター
○70〜80cm
○65 cm以上
○45cm以上

図 14.10 管理事務所のイメージ図 [1],p.182 より

第15章 防災とランドスケープの計画・設計

　阪神・淡路大震災において，都市公園は避難地としての利用されたほか，救援活動や復旧活動の拠点として，あるいはボランティア活動の舞台として多様に活用され，その機能が再評価された。

　このことは，防災公園を都市の防災上の基盤施設として体系的に整備し，防災公園を核とした「災害に強い都市づくり」を行うことの必要性を示している。

　ここでは，防災公園を核とした防災とランドスケープの計画・設計について述べることとする。

15.1 防災公園の計画

15.1.1 防災公園とは

　防災公園計画・設計ガイドライン（建設省監修，1999）における，防災公園の定義は以下の通りである。

　防災公園とは，地震に起因して発生する市街地火災等の二次災害時における国民の生命，財産を守り，大都市地域等において都市の防災構造を強化するために整備される広域防災拠点，避難地，避難路としての役割をもつ都市公園および緩衝緑地をいう。

　防災公園は次の5タイプで構成される。
① 広域防災拠点の機能を有する都市公園
② 広域避難地の機能を有する都市公園
③ 一次避難地の機能を有する都市公園
④ 避難路の機能を有する都市公園
⑤ 石油コンビナート地帯等と背後の一般市街地を遮断する緩衝緑地
→ 防災公園には含まれないが，この他に「身近な防災活動拠点として機能する都市公園」がある。

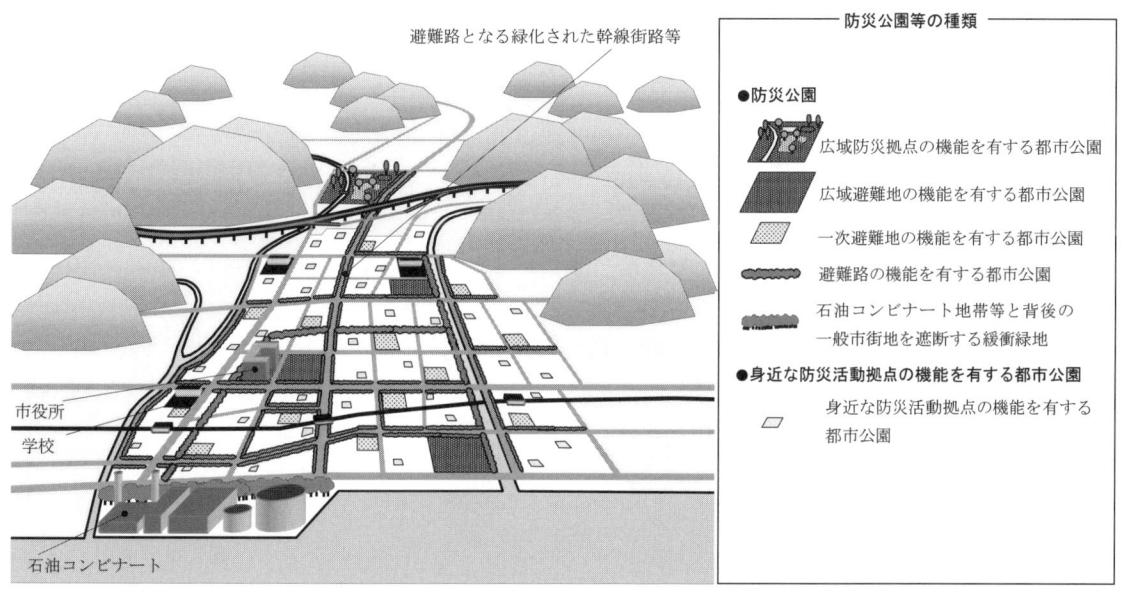

図 15.1　防災公園の配置イメージ

15.1.2 防災公園等の配置の基本的考え方

防災公園等は，各都市の実状を踏まえ，関連する諸計画 (地域防災計画・緑の基本計画等) との整合を図りながら，都市公園の体系に合せて以下の考え方に基づき配置する。

① 防災公園等が相互に連携し，全体として防災ネットワークを形成するように配置する。
② 想定される被害に対して効果的な位置に配置する。
③ 他の防災関連施設と連携できる位置に配置する。
④ 災害時においてアクセスの確保が容易な位置に配置する。
⑤ 避難困難圏域*の解消に資する位置に配置する。

15.1.3 防災公園の配置における留意事項

防災公園の配置計画の内，とくに，広域避難地および一次避難地の計画は，都市公園と都市公園以外の都市施設等との適切な役割分担と連携を関連する各機関間で協議しながら進める必要がある。

また，各防災公園の配置も，アクセスとなる避難路の配置と同時に検討する必要があり，火災発生および延焼の危険性を有する地区等の解析を充分に行った上で計画を行う必要がある。その意味で，避難困難圏域の考え方も，単純に直線距離で 2 km ととらえるのではなく，災害発生時に安全に避難できる，実質的な歩行距離 (道のり) で考えるべきである。

一方，一般的な地方都市の場合，市街化調整区域を「市街地外の安全な場所」ととらえた場合には，避難困難圏域が非常に狭い場合や，ほとんど存在しないといった状況がみられる。このような場合に防災公園を不要と考えるのではなく，被災時の救援活動や被災後の避難生活を考慮し，広い意味での防災機能が充分満足できるかといった視点から配置を検討する必要がある。

15.1.4 導入機能の考え方

防災公園に求められる防災機能は次の通りである。

① 避難 (一次避難および広域避難)
② 災害の防止と軽減および避難スペースの安全性の向上
③ 情報の収集と伝達
④ 消防・救援，医療・救護活動の支援
⑤ 避難および一時的避難生活の支援
⑥ 防疫・清掃活動の支援
⑦ 復旧活動の支援
⑧ 各種輸送のための支援 (3～7 関連)

また，上記の防災公園への導入機能の選定に当ってはつぎの点に留意する必要がある。

① 都市全体の救援体制・システムとの整合
② 他の防災関連施設等との機能分担と連携
③ 自立的対応・防災機能を発揮すべき期間
④ 一体的な整備と相互利用
⑤ 災害時における公園の管理運営体制
⑥ 災害時の公園機能との整合と公園の立地・敷地条件

---

* 避難困難圏域：歩行距離 2 km 以内では広域避難地に到達できない地域。ただし，歩行距離 2km 以内で市街地外の安全な場所へ避難できる地域を除く。広域避難地の有効避難面積が避難人口当り $2 m^2 /$人未満の地域。

15.2 防災と施設の計画・設計

15.2.1 防災公園における公園施設等の計画における留意事項
防災公園において公園施設等を計画する際には以下の点に留意する必要がある。
① 平常時の公園利用
② 弱者等への対応
③ 効率的整備・活用
④ 時系列変化への対応
⑤ 柔軟性のある施設利用
⑥ 容易な利用・管理
⑦ 整備(設置)・管理主体
⑧ 耐震性

15.2.2 各種防災関連公園施設等の考え方
防災関連公園施設等の概要と求められる機能等の考え方は次の通りである。

(1) 園路・広場他
① 入口形態
・避難や諸活動時の入口として避難者や緊急車両等に対応した幅・形状であることが必要。
② 外周形態
・緊急避難時の入口以外からの進入や外周道路等の安全性の向上に対応した形態であることが必要。
③ 広場
・市街地火災時の安全性が確保・考慮された避難広場であり、災害時に想定される諸活動に対応できる規模・性能をもつスペース、一次的な避難生活や仮設住宅のためのスペースであることが必要。
④ 園路
・避難や諸活動時の動線として避難者や緊急車両等の通行に対応できる園路とすることが必要。
⑤ ヘリポート
・消防救援、医療・救護、応急物資・救援物資輸送、復旧機材・資材輸送、情報収集等のための緊急用ヘリポート。

(2) 植栽 (防火樹林帯)
・市街地火災時における延焼遅延や防止、避難広場等の安全性確保のための植栽とすることが必要。

(3) 水関連施設
① 耐水性貯水槽
・飲料用水、防火・消火用水、スプリンクラー散水等のさまざまな用途のための水を貯留。水道管直結タイプや受水槽利用タイプ、その他さまざまなタイプの貯水槽。便槽との兼用や雨水活用を平常時から積極的に図る「多目的地下貯水槽」等も含む。
② 非常用井戸
・生活用水、その他のさまざまな用途に利用。条件により滅菌装置等にて飲料としても利用可能なもの。
③ 水施設
・防火・消化用水、生活用水、スプリンクラー散水等のさまざまな用途のため水を相当量開水面として貯留可能なもの。開水面としては市街地延焼火災時の身体冷却用や熱気流・旋風の影響の軽減等にも役立つ。平常時の水質浄化施設および災害時の生活用水(中水利用)を可能にするための

「水質浄化施設」を含む。
- ④ 散水設備
  - 防火樹林帯の防火機能を補完するためのスプリンクラー散水，市街地延焼火災時の避難広場の安全性を高めるための避難広場散水，避難時の入口の安全性を確保するための散水等に対応。

(4) 非常用便所
- 災害時に必要となるさまざまなタイプの便所。タイプとしては，常設便所，貯水槽や汚水管との兼用タイプ，地下埋設（平常時）タイプ，ユニットやポータブルタイプ等さまざまなものがある。水洗式で使用の場合は洗浄水の確保も必要。

(5) 情報関連施設
- ① 非常用放送設備
  - 非常時における公園内の放送システム，平常時のシステムを活用することが望まれる。
- ② 非常用通信設備
  - 防災行政無線の他，衛星通信やその他の無線等，あるいは電話回線，パソコン等の主として防災本部や他の防災関連施設との情報伝達に必要となる設備。
- ③ 標識・情報提供設備
  - 避難時の誘導に必要な標識類。施設利用や操作等に必要な案内表示板等も含む。平常時の公園利用や「緑」等にかかわる情報提供，展示システム，あるいは運動施設に付帯する掲示板等を活用した，視覚的な方法での情報提供システム。

(6) エネルギー・照明関連施設
- ① 非常用電源設備
  - 災害時に必要となる主として公園内の照明や動力，弱電設備電源等のための非常用の「自家発電施設」（燃料を含む）や太陽光，風力等を活用した「自然エネルギー活用型発電施設」。
- ② 非常用照明設備
  - 公園内および周辺部の非常用照明。誘導や施設利用・操作等のために必要なものも含む。

(7) 備蓄倉庫
- 防火・消火，医療・救護，避難生活等に必要な各種機材・資材等の保管・備蓄。他の建築物との併設，地下式等も考えられる。

(8) 管理事務所
- 災害時の公園や施設の運用・管理，諸活動等の拠点として活用。災害時の人的対応が不可欠。

15.2.3 その他の防災関連公園施設

防災公園において必要となる防災機能を発揮するため，以下の用途に活用可能な公園施設については，その機能を付加し，積極的な活用を図ることを検討する必要がある。1) 避難や救援活動の支援等の屋外スペース・帰宅困難者の支援スペース 2) 救護や諸活動支援の拠点，関係人員の宿泊や物資の仕分け等の屋外スペース 3) 一般的な避難生活等の支援施設 4) 救助や救援等の資機材の収納スペース 5) 生活用水等の供給・処理システム 6) がれき置き場・死体置き場（屋内）等のスペース

15.3 防災と植栽の計画・設計

15.3.1 防災における植物の役割

災害の防止や軽減に樹木等の植物が多くの役割をもつことは広く認識されているが，阪神・淡路大震災では，従来からあげられている火災被害軽減効果以外に，建物や塀などの倒壊を防止する効果，周辺の建物からの落下物被害の軽減効果，避難の際等のランドマークとしての役割，避難生活の支援効果，被

15.3 防災と植栽の計画・設計 / 239

表 15.1 阪神・淡路大震災時における樹木や樹林の防災効果

火災被害の軽減効果	発生した火災の延焼遮断効果が認められ，焼け止まり線が形成された。また，庭木による類焼防止効果も認められた。
建物等倒壊被害の軽減	家屋やブロック塀の倒壊を防ぎ，避難路や緊急交通路の機能確保に効果が認められた。
周辺建物からの落下物被害低減	壁面緑化等による瓦やモルタル等の落下物被害低減に効果が認められた。また，避難路では街路樹による落下物の緩衝効果が認められた。
避難時のランドマークの役割	周辺の木造建物が倒壊し，市街地の状況が一変した地域において，樹木が避難の手がかりとなる目標の役割を果たした。
避難生活の支援効果	公園内の樹木が，テント設営や非常用照明の支柱，種々のお知らせの掲示板の替り等として機能し，避難生活を支援する役割を果した。
被災者に対する心理効果	公園緑地内等の樹木(とくに大木・巨木)は避難者に安心感をもたらした。また，花が入院被災者等の心をなごませる役割を果した。

災者に対する心理効果など下表に示すような被害軽減効果が認められた。

15.3.2 防災植栽の計画・設計

防災公園における防災植栽の計画・設計は，前述の防災における植物の役割を考慮しながら行う必要がある。また，防災植栽の配置，植栽構成，樹種選定，規模の考え方は以下の通りである。

(1) 防災植栽の配置

防災植栽の配置の要点は以下のように整理することができる。

① 防災公園における防災植栽は市街地火災から公園内部の避難広場を保護することが目的であるため，公園の外周を取り囲むように配置する必要がある。

② 周辺に木造密集地や工場等が立地している場合には，大規模な火災が発生する危険性があり，十分な高さ・幅をもった植栽帯を確保する必要がある。

③ 植栽帯を十分に機能させるためには，市街地と一定の距離を確保して配置することが望まれる。

(2) 植栽構成

樹木の市街地火災に働きを整理すると以下の通りである。

① 樹幹等が楯となり輻射熱を遮断する。また，楯の効果は消火活動を容易にする。

② 樹木周辺の風を弱め，炎の傾きをやわらげる。これによって，熱を上方に逃がし，風下側の延焼危険を低下する。

③ 風の乱れを抑制して火災長変動を小さくし，火の粉の接触による延焼危険を抑制する。同様に乱流の発生を抑制することで，火の粉の避難広場への落下を減少させる。

・ 輻射熱の遮断を効果的に行うためには，植栽帯の遮蔽性を高めること(障壁の効果)が必要である。また，火災面と避難広場，植樹帯の相対的な位置から有効な樹高および高中低木構成を決定する必要がある。

・ 火の粉の侵入を防ぐためには，背後の乱流を防ぐことが求められる。また，適当な空隙をとることが必要であるといわれているが，火の粉の性状については不明な点が多く，基礎的な研究の成果が待たれる。また，植栽帯林床部に落葉・枯草等が存在しているとそれらが延焼し避難行動の妨げとなるので，管理を徹底すると同時に，計画段階においても落葉・枯草等が少なくなるような植栽構成を行うことが重要である。さらに，避難者が植栽帯の中を通過して避難広場に到達できるよう一定の空間を確保しておく必要がある。

・ 平常時の活用において，防犯上の理由から見通しの確保，明るさの確保等に留意して計画する必要がある。また，被災者の心をやわらげるために美観を確保する必要がある。

(3) 樹種選定

防災植栽の樹種選定にあたっては以下の特性を備えていることが必要である。

① 対着火性 (火がつきにくい性質) であること。
② 難燃焼性 (燃え広がりにくい性質) であること。
③ 遮蔽性が高いこと。

上記のどの特性に重点をおいて樹種選定を行うかは，市街地の火災危険の状況，市街地との距離を確保できるか等の条件を勘案して決定する。

(4) 規模

・防火植栽帯の規模 (断面構想・高さ・幅) は，火災との相対関係で決るため，周辺市街地の火災危険度を把握するとともに，想定される火災を検討する必要がある。

・原理的には，火災に対応した高さと遮蔽力の壁があれば，幅は壁分あれば良いことになる。しかし，広域避難地の機能を担う防災公園のように「大火」を想定する場合には，高さ数十 m の防火植栽帯が必要となるが，現実的には高さのみで対応することは困難であるため，樹木 (高さ・壁の効果) とオープンスペース (幅・距離減衰の効果) の組み合せで，避難広場の安全性を確保する。つまり，遮蔽性が確保できれば，必ずしも植栽帯の幅一杯に植栽を行う必要はなく，通風・安全・美観等を総合的に勘案して配色を考えればよい。

第16章　ランドスケープの管理

16.1　維持管理

　公園緑地の管理は,「維持管理」と「運営管理」の多岐にわたる業務について,総合的な調整と柔軟な対応を行うことにより,公園緑地が保有する機能や環境条件等の水準を保ち,これらの資源を活用した利用者へのサービスを提供することが重要である。

　16.1 および **16.2** では,「維持管理」と「運営管理」を分けて述べることとするが,これらは互いに保管し合う密接不可分な業務であり,公園緑地の管理運営計画を検討する上では,これらの相互関係に十分に留意する必要がある (図 **16.1**)。

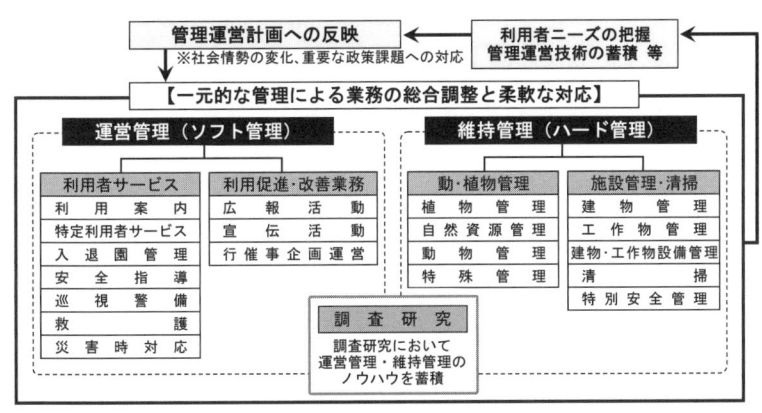

図 **16.1**　公園緑地管理運営業務の構成

　「維持管理」は,公園緑地を構成している植物・施設の環境条件を整えて利用に供するとともに,植物・施設の保全を図る公園緑地の基盤業務である。

　公園緑地を構成する材料は,生物的な特性を有する植物材料とその他の材料に大きく分けられる。維持管理においてはこれら材料の特性に留意する必要があり,とくに,環境・景観・空間構成の重要な素材である植物材料については,生物としての成長や生育サイクルなどの特性を把握した維持管理を行う必要がある。

　一方,その他の材料は,土木構造物,建築構造物,設備等その幅はひろく,木,石,土,コンクリート,金属,プラスチックなど素材も多様であるが,日本庭園のように各素材の経年変化を風格として楽しむ場合を除き,完成と同時に劣化が始まるため,これらの劣化の特性を踏まえ,適期の補修により,期待される機能を維持する作業が要求される。

　維持管理の対象はおのおのの材料単体ばかりでなく,これら材料によって構成される空間や構造物のもつ機能,快適性,安全性などの利用条件の維持という観点からもとらえなければならない。たとえば,草本類でも地被植物として土壌の流出・飛散防止を目的として植栽された場合,景観を演出するために導入された場合,植物観察・学習の用に供する場合など,求める機能に応じて維持管理作業の内容,時期,方法は異なる。また,地域本来の風土や環境,生物多様性の保全が求められる場合には,公園緑地を構成する空間に自然生息する動植物などの生態系をかく乱する外来(移入)種の防除などについても対

応に留意する必要がある[1]。

「維持管理」は，公園緑地を安全・快適な環境に保つうえで欠かせない業務であるが，維持管理に要する費用は永続的に発生するものであり，個々の管理作業を効果・効率的に行う必要がある。

そのため，①緊急性・必要性・管理運営方針等との整合性等に着目した優先順位の設定，②利用者の動向および植物の景観や施設の機能特性に応じたきめ細かな管理水準の設定，③効率的な管理手法の積極的な導入等に留意する必要があるる[1]。

以下に「維持管理」の管理項目と内容を整理するとともに，効果・効率的な維持管理の参考として植物管理(芝生管理)における管理水準設定事例を例示する。

表 16.1 維持管理の代表的な項目と内容

維持管理項目	管理内容
■植物管理 ・芝生管理 ・樹木管理 ・樹林管理 ・草花管理 ・草地管理 ・自然資源に配慮した管理	植物の健全な生育を保ち，それら植物の有する機能を持続・達成させることが目的である。 ①生物としての生命活動を行う，②成長，繁殖を続けていく永続性をもつ，③土壌，気候その他の自然条件や利用条件の影響を受けやすい，④個体ごとに異なった個性美をもつ，⑤昆虫等の生物の生息環境を創出する，あるいは都市環境の改善・緩和効果に寄与する，などの植物の材料としての特性を十分理解し，植物の健全な育成，植物空間の充実・完成をはかることが，植物管理の重要な役割である。
■施設管理 ・点検・保守 ・修繕・運転 ・監視・保安 ・遊具の安全管理 ・衛生管理	利用者が安全，快適に，また効率的に活動できるように，建物，工作物，設備等の施設を総合的かつ経済的に管理することが目的である。 施設の機能を十分に活用発揮させ，安全，快適に利用させるためには，時間とともにその機能が劣化してゆく状況をとらえ，それを防止し，または劣化損傷したものを補修して，耐力の復元，機能の回復，美観の向上をはかるとともに，設備・機器が正常に機能するように運転・調整を行い，設備・機器が正常に機能しているか測定し，記録するといった保全業務を適正に実施することが必要である。
■清掃 ・植栽地等清掃 ・建物清掃 ・工作物清掃 ・ごみ処理	公園緑地の利用環境の快適性を維持することが目的である。施設の清潔さや美観を保つとともに，材料の劣化原因の除去，腐食等の進行を遅らせる，性能を維持する等の重要な役割がある。 公園緑地の立地環境や利用状況のほか，生物の生息環境などに配慮した作業方法および内容を選択する必要がある。

表 16.2 芝生管理における効果・効率的な管理水準設定の事例

	ランク	A	B	C	D	E
	芝生地の特徴 (定性的な管理目標)	競技性を考慮し，常に短茎を維持する高度な管理を行うべき芝生	芝生の美しさが重要な景観構成要素となり，特に良好に管理すべき芝生	施設や入口周りで修景性が比較的高く，良好に管理すべき芝生	主要な広場として利用および修景性が比較的高く，良好に管理すべき芝生	遊びや運動の動的利用やイベント利用に供され，雑草も含んだ緑のターフとして維持する芝生
	芝生地の分類	スポーツターフ	修景用芝生地	修景用芝生地、休養芝生地	休養用芝生地	運動用芝生地
	芝種類	コウライシバ	コウライシバ，ノシバ	コウライシバ，ノシバ	コウライシバ，ノシバ	ノシバ，ティフトン
管理目標・実施基準	刈込高さ	1.5cm	2.5cm	2.5cm	2.5cm	1.5cm
	芝高(維持高)	3cm以下	5cm以下	5cm以下	5cm以下	4cm以下
	雑草混入度	可能な限り無し	可能な限り無し	一部混入を容認	混入を容認	混入を容認
	茎葉の密生度	茎葉が密生し空隙が少ない	茎葉が密生し空隙が少ない	密生度は高いが，一部空隙あり	密生度は中程度で，一部空隙あり	密生度は中程度で，やや空隙が目立つ
	エアレーション実施基準	原則年2回	原則として年1回	原則として年1回	原則として年1回	原則年1回
	目土掛け実施基準	エアレーション実施時，床土が少し見える状態時	エアレーション実施時，床土が少し見える状態時	エアレーション実施時，床土が少し見える状態時	エアレーション実施時，被度が70%以下の状態時	裸地が極端に目立ち，緑の回復が早急に必要な場合に施工
	補植実施基準 (芝生被度と関連)	床土が5%以上見える場合	床土が5%以上見える場合	芝生の回復が早急に必要な場合	芝生の回復が早急に必要な場合	芝生の回復が早急に必要な場合
	病虫害防除実施基準	病虫害発生時	病虫害発生時	病虫害発生時	病虫害発生時	病虫害発生時
作業項目・年間実施回数	芝刈・集草あり	20	8〜10	7〜10	5	2
	芝刈・集草なし	0	0	0	9	13〜15
	人力除草	3	6〜9	0〜3	0	0
	施肥	2	1〜2	0〜1	1	1〜2
	目土掛け	1	1	0〜1	1	0
	エアレーション	1	1	0〜1	1	1
	ローラー転圧	2	0	0	0	0
	病虫害防除	適宜	適宜	適宜	適宜	適宜
	灌水	適宜	適宜	適宜	適宜	適宜
	補植	適宜	適宜	適宜	適宜	適宜

16.2 運営管理

「運営管理」は，利用者との対応をとおして，快適で円滑な利用を提供するための仕組みや体制などの条件を整えるとともに，利用指導などにより間接的に公園緑地の保全を図る業務である。

利用効果を直接的に発揮させるためのサービスや，公園緑地の存在効果に対する理解や認識，利用度を高めるための広報や広告による情報提供，イベントや利用プログラムの提供などをとおして行われるものであり，近年進んできている市民参加型の管理における活動支援や条件整備なども運営管理の一環として位置づけられる[2]。

「運営管理」と「維持管理」は密接不可分な業務であることを前節で述べたところである。公園緑地の管理にあたっては，相互に連携する管理業務において，「Plan(計画)」，「Do(実施)」，「Check(評価)」，「Action(改善)」のPDCAサイクルの視点で取り組み，継続的な改善をはかっていく「パークマネジメント」の考え方を取り入れることが有効である。

この「パークマネジメント」の考え方に基づき，公園緑地の管理段階においては「各公園の理念，基本計画，基本方針等にのっとり，顧客である市民の利益を増進することを念頭に，管理運営の目標を明確にし，管理運営のあり方を戦略的に企画し，諸条件をふまえた管理運営計画を立て，それを効果的・効率的に実践するとともに，実施成果を計画目標と比較・分析し，必要な軌道修正や対策をはかること」が重要となる[3]。

表16.3 品質管理項目一覧モデル[5]

評価の視点	評価項目	業務項目
Ⅰ.計画	1. 管理運営中期計画の策定	
	2. 単年度事業実施計画の作成（基本事項）	
	3. 単年度実施計画の作成（経営的視点からの計画の作成）	
Ⅱ.管理運営業務の実践	1. 良好な園内環境の維持管理	①基礎的データの整理 ②芝生地の育成管理 ③植栽樹木の育成管理 ④既存樹林の育成管理 ⑤花壇管理等花修景 ⑥良好な自然環境・生態系の保護、保全 ⑦一般建物・設備・工作物管理 ⑧清掃
	2. 安全安心の確保	①公園施設の安全点検、衛生管理 ②ユニバーサルサービス　③災害対策 ④事故対応　⑤利用指導、巡視
	3. 利用者重視のサービス提供	①サービスメニューの充実 ②利用者対応（接客）の充実 ③広報・利用増進　④利用者ニーズの把握
	4. 当該公園独特の管理運営	①宿泊施設、運動施設等個別の管理運営
Ⅲ.地域社会	1. 市民、地域社会との連携、協働	①市民の管理運営への参画推進 ②地域社会との連携交流、地域貢献
	2. 環境への取り組み	①省エネ、省資源、ゴミ問題への取り組み
Ⅳ.業務プロセス	1. 円滑な業務の実施	
	2. 業務実施の記録	
	3. 管理運営情報等の公園整備等への反映	
	4. 経営改善及び効率的な業務執行	
	5. 収益力の向上	
Ⅴ.組織体制	1. 質の高いサービス提供のための組織運営	
	2. スタッフの能力向上	

表 16.4 目標シートモデル [5]

Ⅱ. 管理運営業務の品質
　1) 良好な園内環境の維持管理
　①植物管理
　　植物管理に関する知識と技術を活かし、管理目標をしっかり把握したうえで、効率的な管理を実施します。
　a．芝生地の育成管理
　　［当項目の目標］
　　芝生地の快適な利用を提供するため、芝生の育成管理を限られた予算の中で、最大の成果を得られるよう効率的、かつ適正な管理を実践します。
　　　　　　　　　　　　　　　　　（配点　　点／得点　　点）
　　［プロセス目標］
　　（基本事項）
　　□ どのような芝生地を確保するのかを認識し、重要度により施工水準のランク分けを行うなど、効果的、効率的な作業計画、工程管理計画を作成し、品質の確保並びに経費節減に努めます。
　　□ 芝生の生育状況を常に把握し、適時適切に芝刈、施肥、病虫害防除等の作業を行います。
　　□ 利用者にとって最も快適で安全な工程及び作業方法を選択し、実施します。
　　□ 病虫害等芝生に関する専門的な知識を持ち、適切に対処します。
　　□ 管理作業においては、安全確保に万全を期します。
　　□ ターフの良好な状況を共有するため、管理水準ごとの代表的なターフの写真データを蓄積します。
　　（個別重点事項）
　　□ （例）○○の芝生広場は、本公園のシンボル的存在であるので、年間を通じ、快適な利用のできるターフを維持します。
　　（本年度の重点事項）
　　□ （例）本年度は、○○地区の芝の張替えを行う予定なので、うまく活着するよう張芝、養生をします。
　　［特記事項］
　　
　　［成果指標と目標値］
　　芝生地に関する利用満足度　８０％以上（アンケート調査３回にて測定）
　　生育状況自己チェック　平均４点以上（現地調査６回、５ヶ所にて測定）
　　（※数字等はあくまでイメージのための例示）

　管理運営目標に対する実施成果を分析し，改善に結びつけるためのシステムとして，品質管理項目(**表16.3**)と項目別の目標シート(**表16.4**)による自主的な品質管理を行うことが効果的である。品質管理項目の作成段階では「維持管理」と「運営管理」のバランスやプライオリティを考慮し，また各目標シートの作成段階では，そのプライオリティに応じた成果指標と目標値を定めることにより，管理作業ごとの目標が明らかとなり，進捗状況を容易に把握することができる。

　運営管理は，つぎのような視点で行う業務である。
　① 公園緑地の役割のひとつであるスポーツ・レクリエーションの場として，利用を積極的に支援する
　② 多様な利用ニーズに柔軟かつ適切に対応する
　③ 他の公園利用者や周辺住民等との利害の対立をふせぐ
　④ 現状の公園利用が適切かどうか評価し，必要な改善策をとる
　⑤ 公園施設の利用に伴う安全確保をはかる

　従前の公園緑地の管理は，保全という視点からの「利用規制」的な色彩が強かったが，公園を取り巻く状況は大きく変貌しており，多様な利用ニーズへの柔軟な対応という観点からの運営管理の方法や運営体制の確立が求められている。公園緑地の事業効果の評価項目においても，多くの人に利用され，利用者に満足されることがあげられており，その実現のためにも公園緑地の運営管理の果す役割は重要なものである[4]。

　以下に「運営管理」の管理項目と内容を整理するとともに，公園緑地の事業効果として近年とくに重要視されている「利用満足度」を把握するための調査事例として，国営公園における利用者アンケート調査について例示する。

表 16.5 運営管理の代表的な項目と内容 [4]

運営管理項目	管理内容
■利用に係る情報の収集・整理	利用実態・利用満足度などを把握するための調査や,自然情報・利用者データ等,また他の公園緑地の管理情報等,今後の公園緑地の管理に活用するために必要な情報の収集・整理
■利用に係る情報の提供	所在やアクセス,施設の公開日時,利用方法・利用料金等の基本情報,イベント開催・季節の見所・開花情報等の利用のきっかけとなる情報,管理上のお知らせなど,利用促進や適正利用を図るために行う情報の提供
■利用機会の提供	イベントの開催やレクリエーションなどのプログラムの提供により,利用の機会をひろげるために行う行為。また,障害者や高齢者なども含めた多様なひとびとの利用機会を提供するための各種のサービス行為
■利用の支援および指導	多様なひとびとの利用をうながし,自主的活動や友の会・愛好会等の結成を支援する行為。また,施設の利用に伴う用具貸出等の便宜の提供や公園緑地の保全を図るための指導行為
■利用の調整	利用申込受付,利用規則等の制定により,利用の輻輳を防ぎ,快適な利用条件を整える行為や,利用者間,利用者と周辺住民,利用者と管理者間などの利害が対立する行為の調整

表 16.6 国営公園における利用者アンケート調査

■調査時期および調査日	春夏秋冬の平日・休日(大規模イベントがない休日)の各1日・計8日とする。
■アンケート方法	各入園ゲートにおいて自己記入式のアンケート方式による調査を行う。目標サンプル数は,各季節「休日+平日」=400票以上とする。
■調査項目	

項目	内容
①属性情報	1)性別,年齢,居住地等の基本事項 2)グループ構成 3)交通手段 4)所要時間 5)入退園時間(滞在時間) 6)来園頻度
②来園動機等	1)認知メディア(広報) 2)来園理由 3)利用(予定)施設
③利用者ニーズ・動向に関する情報	1)活動内容 2)イベント効果 3)市民参加の希望 4)公園施設の希望 5)再来園の希望 6)周辺競合施設等
④利用者満足度等	1)公園評価,満足度等 2)特定施設に関する評価

※「利用者満足度」は総合的な満足度だけでなく,管理運営項目ごとの満足度についてヒアリングする。また,公園を利用する前の期待値と利用後の感想(知覚値)をヒアリングすることが望ましい。

■調査結果の分析	調査終了後,項目別の単純集計およびクロス集計を行う。

16.3 市民参加による管理

　市民参画型社会の普及に伴い,ランドスケープの計画・設計・施工・管理運営への市民参加の事例が増えている。環境への関心やボランティアへの参加意欲の高まりから,日常の余暇利用として身近な場所である公園や身近なオープンスペースの管理は,市民の誰もが気軽に参加できる活動といえる。国土交通省が実施した都市緑化推進調査のアンケート調査「公園や緑地における継続的な市民団体のボランティア活動について」では,市民団体が公園やオープンスペースで行う活動の種別は何かという問いに,図16.2のように都市公園,公共施設,民有地,里山,ビオトープ等をあわせ全体の84.2%が維持管理面での活動であった。活動の内容としては,清掃,草刈,樹木の管理,花壇の手入れ等の他に,「コミュニティセンターにおける園芸教室やガーデニング実習」「レクチャーイベントの開催」「地域の高齢者や障害者を対象とした花見会」「学校の課外授業での自然観察会」など利用型の運営管理の事例もみられ,市民が積極的に公園緑地を活用しながら管理するようになってきている。

　公共団体でも,市民と行政の協働を進めるため,従来の街区公園等の管理業務を,町内会,公園愛護会等に依頼する形態から,市民と行政の協働型管理を目指し,都市公園などにおける市民のボランティア活動の実態を把握しながら側面的な支援により市民参加による公園管理を促進する動きがある。

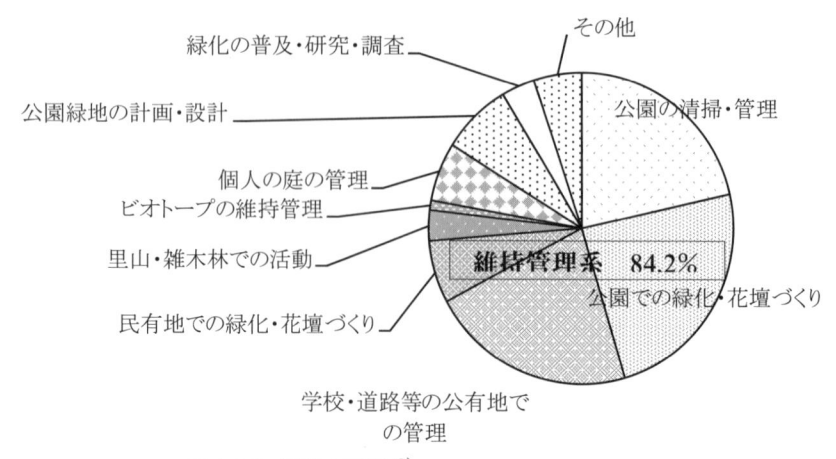

図 16.2 活動の種別 [6]
「問：貴団体の主な活動の種別」

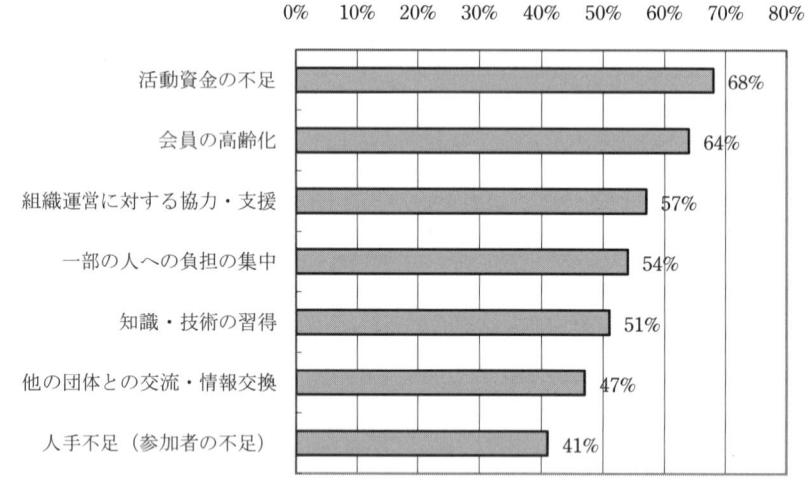

図 16.3 市民参加活動での問題点 [6]
「問：貴団体の活動において以下の項目を問題と感じているか」

- 活動資金の不足 68%
- 会員の高齢化 64%
- 組織運営に対する協力・支援 57%
- 一部の人への負担の集中 54%
- 知識・技術の習得 51%
- 他の団体との交流・情報交換 47%
- 人手不足（参加者の不足）41%

　札幌市では，平成16年に「公園ボランティア登録制度」を策定し，市が管理する都市公園等において，活動を希望する個人および団体を対象に，活動計画等の申請等の手続きを踏まえたうえで公園ボランティアとして登録している。さらに，ボランティア活動の実施に必要であると考えられる支援を行い，市民参加を推進している。

　一方，都市近郊の里山や雑木林などの管理にも市民参加が進んでいる。都市化や経済活動の優先等の影響により，自然と人間との関係が希薄になるに従い里山の荒廃は進む一方だが，生態系の保全や自然との共生の大切さが認識されるとともに，次世代を担う子供たちの環境教育の場としても里山の価値が見直されつつある。本来，里山は地域の景観を形作り，そこに暮らす人々の風習や産業との関りが深い緑地空間だったので，ここでの市民参加は，地域の歴史を学び，郷土愛を育むという精神面でも大きなメリットがある。また，身近な市民参加の活動の場としては，コミュニティガーデンのような地域の人々が共有できる緑地空間がある。これは，公有地民有地を問わず空地の一画や集合住宅の中庭，歩道沿いの花壇など，気軽に市民が管理することにより出会いや会話を楽しみながら，近隣の景観や美観の向上やくらしの安全・安心につながるなど大きな効果が期待できる。

　こうした市民参加によるランドスケープの管理には，自然への理解や触れ合いを深めるとともに，地域への誇りと愛着のある緑豊かなまちづくりを進めるために重要な役割があり，行政は，市民や市民団

写真 16.1 緑地保全地区での市民参加活動 (福岡市鴻巣山緑地保全地区)
福岡市内における貴重な緑地を市民，大学，行政が協働して保全しようとワークショップを開催し，保全計画を作成。市民参加を基本とした無理のない活動スケジュールを組み立て，間伐や下草刈り堆肥ヤードつくり，生態調査など体験型の管理を実施している。

写真 16.2 都市公園での市民参加活動 (東京都港区区民交流ガーデン)
港区では新設の区立芝公園内に交流ガーデン用地を設け，計画段階から区民参加により緑地を整備した。整備後はガーデン倶楽部を設立し，年間スケジュールに従って管理するとともに，区民まつり等で交流イベントを開催し子供から大人まで植物とのふれあいを楽しんでいる。

写真 16.3 市民講座を通じ管理技術の向上を図る (富山県氷見市)
「四季を彩る庭園都市づくり」を目指す氷見市では，花と緑のまちづくりに関する知識や技術を身につけ市民参加の活動を根づかせることを目的に市民リーダーを養成し，実践を伴いながらポケットガーデンを管理している。

写真 16.4 コミュニティガーデン活動 (横浜市宮前区)
ここは，道路建設予定地でありながら長年フェンスで囲まれ不法投棄等があった場所であったが，暫定的にコミュニティガーデンとして地域住民に開放し緑地を整備した。ここでは園芸の講座，地元農産物の紹介販売，フリーマーケットなど地域の交流の場として管理されている。

体と協力・連携を進めていくことが必要である。それには，管理に参加する市民と土地所有者が協定を結ぶなど，市民参加による管理が行われやすい仕組みづくりの検討や，情報の提供，知識や技術の取得機会の提供，助成等による支援など自主的な活動がしやすくなるような環境を整えることが必要である。

16.4 公園緑地の経営

　公園緑地は都市の生活基盤として位置づくもので都市生活者の日常活動に対し，カバーする領域は多岐にわたっている。

公園緑地の管理の基本概念は，上記を前提とした上で公的なオープンスペースの経営，管理，運営，自主管理の4つの概念を包括したものとしてとらえる必要がある。

上記概念を事業性の大小，広域需要とコミュニティ性の縦横軸で整理すると以下のようになる。

- 経営 (Administraition)
  公園空間・都市オープンスペースを利用して収益型事業，公共サービスの提供事業を展開するものであり，公園緑地の弾力的管理および経営を提供するものとして公園緑地の経営概念が存在する。
- 運営 (Operatin)
  公園の利用そのものを促進するためのプログラムや，それを指導する人的資源，組織を有して展開する事業である。一般には事業の収益性との連動は少なく，環境教育プログラム提供，各種イベント提供，緑の学校といったスクール・講習会開催等などが該当する。
- 管理 (Maintnance)
  施設・緑地空間の維持や補修をベースとした業務(委託料など収受や管理代行費用を見込むことも可能)であり，公園緑地の各種施設の維持・補修や樹木管理等が該当する。
- 自主管理 (Community Management)
  公的財産としての管理は行政が担保し，その基盤のもとで地域住民のコミュニティ形成を醸成させるために行う管理である。住民参加による緑地の手入れや環境NPO等による緑地保全活用の展開等が該当する。

公園緑地等の管理は，一般的には公共公益的団体により執り行われているところであるが，平成3年度の地方自治法の改正により「公の施設」の利用料金制度の導入や，平成15年度の「公の施設の管理代行」（指定管理者制度）の導入により民間事業者の参入がしやすくなった。

また，都市公園法第5条第2項により公園管理者以外のものが都市施設を設置管理することが可能であり，現行においても，都市公園制度の活用(設置・管理許可)により民間事業者による公園施設の経営的参画は可能である。

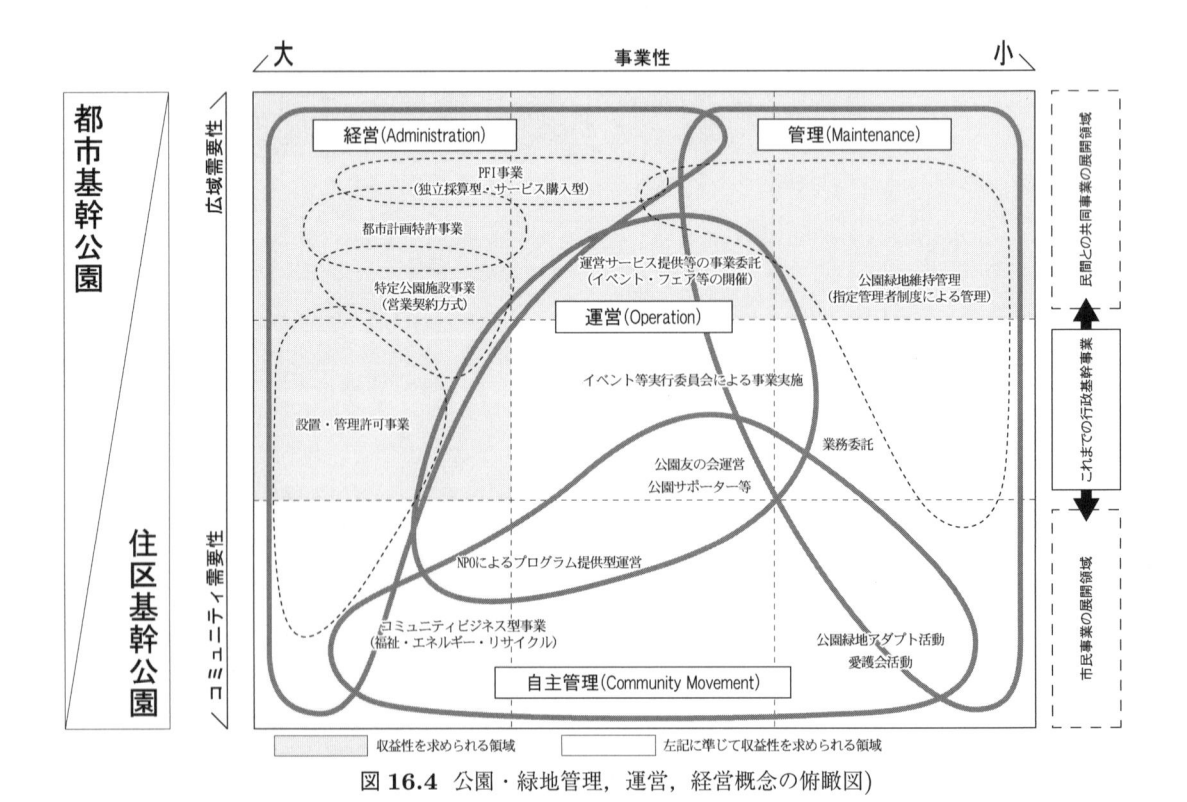

図16.4 公園・緑地管理，運営，経営概念の俯瞰図)

公園緑地という官製市場がもつ潜在的需要に対し，民間事業者等は収益型施設，公共サービス提供事業について高い関心を抱いており，今後民間事業者が公園緑地の経営的領域に事業参入する可能性は看過できないところである。

その際，公園経営に民間事業者が参入する形態に関しては，いくつかの類型が考えられ，公園管理者はその参入形態に十分留意する必要がある。

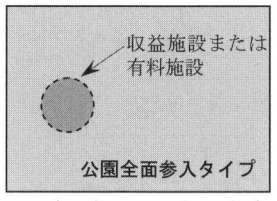

図 16.5 公園緑地経営の民間参入の類型

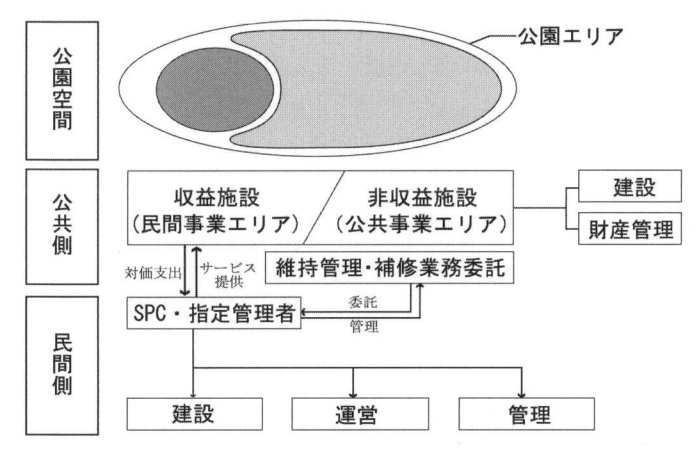

公園全面参入タイプは，総合的な公園マネジメント能力を要し，行政調整なども求められる。総合評価による事業者決定を要する。

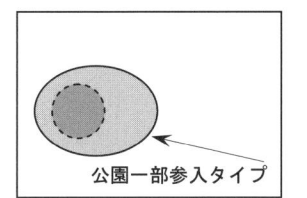

公園一部参入タイプは，公園管理ノウハウと特定事業ノウハウが求められ，公園管理者との調整も必要になる。

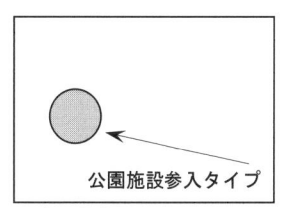

特定の事業に対するノウハウを発揮できるため，収益施設等の柔軟な経営が可能となる。

図 16.6 公園緑地経営の民間参入のスキーム事例
(注) 平成 15 年度の地方自治法の改正により「公の施設の管理代行」が規定されたことにより，これまでの「管理委託」について「管理の代行」という形で民間事業者・NPO 等が公園管理を行うことが可能となった。

16.5 公園管理と GIS の活用

公園管理は前節で記述したように経営，運営，管理，自主管理といった基本概念によって構成されるが，公園管理の実務としては，公物管理としての「財産管理」が基盤に存在する。

公物管理においては，公有財産に係わる関連法規と公物管理法 (都市公園法等) により規定されているだけでなく (公園台帳＝財産管理)，日常の公園の環境管理，樹木管理，施設等の維持・補修管理の履歴まで，広範な管理行為を記録として残しておくことが求められる。

一般的な公園管理項目としては，財産管理に関する事項，安全管理・衛生管理に関する事項，植物管理に関する事項，環境管理に関する事項，公園施設管理に関する事項 (施設の維持・補修等)，特定公園に関する事項 (スポーツ施設一般，施策公園一般等)，市民参加・利用者指導に関する事項，利用者調整に関する事項，催事 (イベント) 開催に関する事項，研修事業等公益事業に関する事項，広報・公聴・IT 管理に関する事項，地域支援施設運営に関する事項，地域・利用者調整に関する事項，公園研究に関す

主題図 → 属性情報

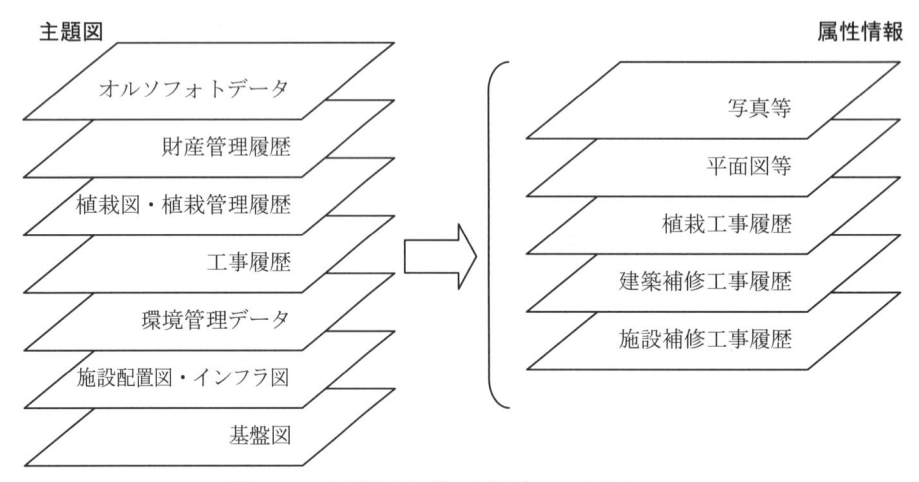

- オルソフォトデータ
- 財産管理履歴
- 植栽図・植栽管理履歴
- 工事履歴
- 環境管理データ
- 施設配置図・インフラ図
- 基盤図

- 写真等
- 平面図等
- 植栽工事履歴
- 建築補修工事履歴
- 施設補修工事履歴

図 16.7 公園緑地経営の民間参入の類型

る事項，占用および使用に関する事項，その他事項ときわめて広範にわたっている。

公園管理の特性は，当該公園緑地が立地する土地に由来する属性と当該公園緑地の計画・整備・管理により形成される時系列に由来する属性に規定されており，上記に掲げた管理項目（すべてが履歴化される必要はないが）をカバーし，当該公園緑地の個別性を履歴化する上でGISによる一元的な管理はきわめて有効な手段となる。

GISは，一定の広がりをもった公園緑地という空間軸とさまざまな管理行為による時間軸の変化，そしてその属性という3つの軸をレイヤー管理できることにその特性がある。

また，GISは面要素や線要素，点要素を単なる地図情報上にプロットするだけでなく，オルソフォトをレイヤー化することでリアルな土地情報を可視化することができ，さらに，現地の写真情報もリレーショナルにリンクすることが可能となる。これまで感に頼っていた公園管理を統計的取扱いや実感的な対応ができるだけでなく，公園管理を研究対象として検証することも可能となる。

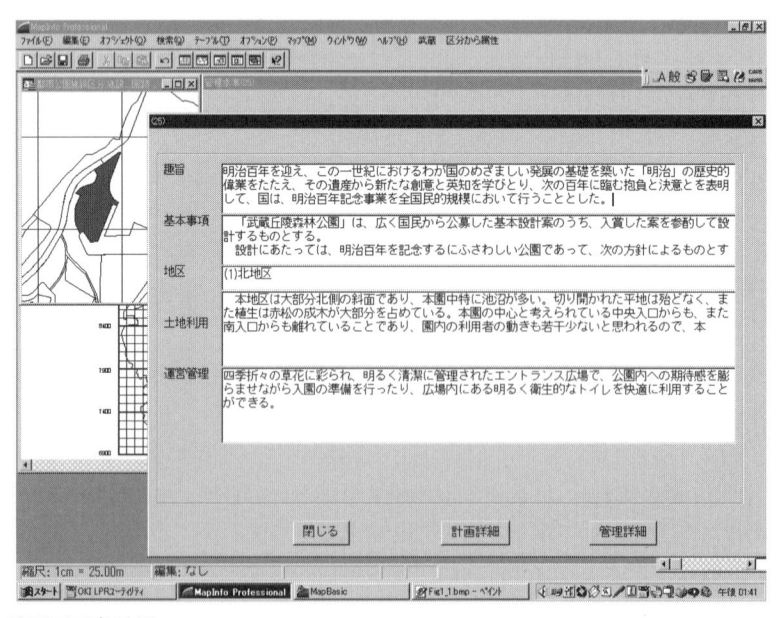

図 16.8 計画画面表示例
選択した区域の計画時の趣旨，基本事項，地区，土地利用，運営管理方針などが表示される。

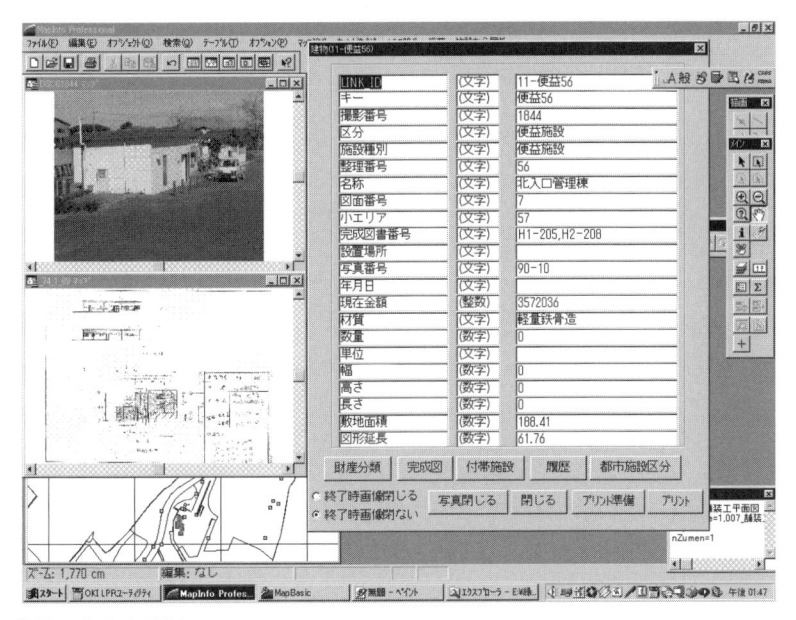

16.5 公園管理とGISの活用 / 251

図 16.9 施設の内容表示例
　施設の内容，写真，完成図などが表示される。施設は国有財産分類付帯施設，履歴も表示できる。

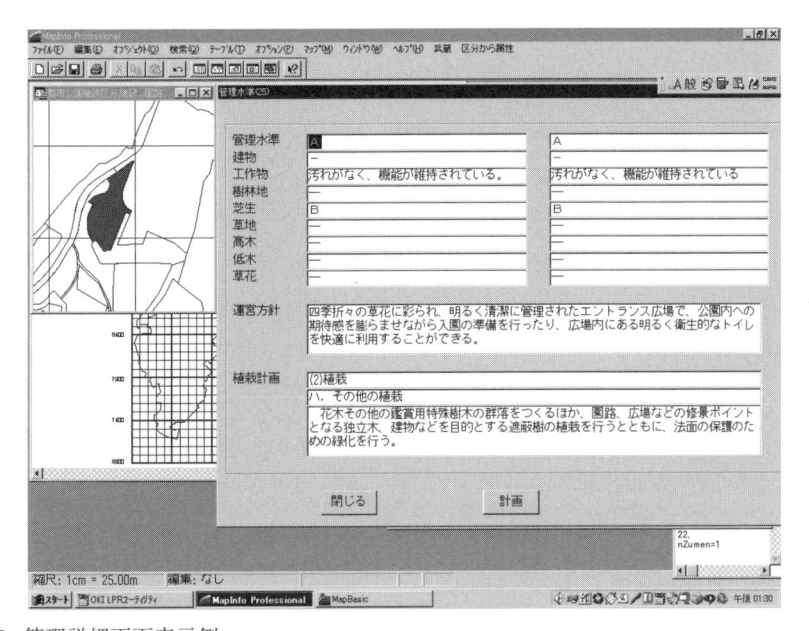

図 16.10 管理詳細画面表示例
　選択した区域の管理方針，管理運営方針，植栽計画方針などが表示される。管理水準は左側が目標値，右側が現在値。管理水準は毎年管理地域，ローテーション管理地域，自然にまかせる地域に別れる。

第17章 市民参画によるランドスケープの計画・設計

17.1 市民参画による公園緑地の計画・設計

17.1.1 市民参画による緑のまちづくりの必要性

　過去のまちづくり行政では，都市計画法等の運用や，「開発指導要綱」をはじめとする行政指導によりまちづくりが進められてきた。これらは都市形成の意味から，現在も大きな役割を担っている。一方，昭和から平成の時代に変り，地方分権，市民ニーズの多様化等社会情勢の変化とともに，まちづくりを取り巻く環境も大きく変化してきた。これまでの行政指導によるまちづくりに一定の限界が見えはじめたのもこのころであり，地方分権化の進行はもとより，地域の歴史，地形，自然等の固有性を尊重した都市環境を形成するためには，地域ごとの特性を行政・市民がともに理解し，まちづくりに取り組んでいくことが必要不可欠となっている。また，今後のまちづくりにおいて，とくに行政や民間企業が事業者となり進める再開発計画等においては，そこに暮らそうとする人々の価値観や，生活様式の変化に対応しつつ，各地域が抱える課題の解決を図っていく必要がある。そのために，そこに暮らす市民が主体的にまちづくりに参画することが重要となっている。また，まちづくりに対する取組みにあたっては，都市計画行政に積極的に取り組んでいくための制度の充実（土地所有者・まちづくりNPO等による都市計画の提案制度等）が必要であり，今後は市民と行政による良好な関係（パートナーシップ）の構築を目指して，都市や都市近郊の環境の整備・改善・保全等の事業を進める必要がある。

　以上のように，地域社会の問題や環境の問題を解決するにあたっては，行政のみならず，市民や企業等の参加協力が不可欠であり，それらのより良いパートナーシップや創造的な参加体制をいかに創り出していけるかが成功のカギを握っている。すなわち，今後のまちづくり事業については，これまでの行政指導中心型から市民参加による協働型への拍車が加わるものと推察される。しかし，これら地域社会や環境に対する「市民参加」のプロセスが，十分確立されていないのが現状である。

　従来，この市民参加があまり必要とされなかったのは，大部分の住民のニーズと公共事業の目的が合致していたからだと考えられ，公共事業への不信が一足先に顕在化した米国では，いまや当り前のように市民参加が行われている。また，市民にとっても，それらに参加すればするほど行政側の情報の非公開や対応の不連続性の壁にぶつかったり，行政に都合のよい一部の住民への依存等の問題に直面し，行政不信に陥るばかりという結果になる。

　今日，こうした現状を改善し，真に市民の力が生かされる参加を実現し，創造的なパートナーシップに支えられた環境づくりの手法が必要となっている。米国では市民参加の位置づけが，わが国より明確であり，「最終的な意思決定を行うのはあくまで議会であり，市民参加の議論は，議会の判断材料」になる。さらに，市民参加の方法論が確立されていないからといって，方法論の確立を待っているわけにはいかない。米国の市民参加のマニュアルでは「こうやったら成功するという方法は存在しない」といい切っている。

　すなわち，全員が納得する答えはないだけに，事業の性格や地域性，時代背景などによって，市民参加のあり方は変るべきで，事業ごとにより多くの人々が納得するプロセスを模索していくことが必要となる。試行錯誤を繰り返しにより，社会常識にのっとったルールができることを考えれば，とにかく始めることが重要であるといえる。

なぜ パートナーシップなのか

| 過去，まちづくりの主体は，行政が中心であった。今後は計画策定や実施にあって市民が参加することは当然となった。 | → | 緑のまちづくりを進めるために，市民・企業・行政が協力し，それぞれの立場で実践しながら，互いの特徴を活かし進めることが重要である。 | → | パートナーシップは緑のまちづくりの基本となる。 |

図 17.1 市民参画による緑のまちづくりの必要性

市民参画による緑のまちづくり

緑のまちづくりは，安全で美しいまちづくりを通じ，新しいコミュニティを育成することができる活動である。

市民が自宅の庭や玄関前を花や緑で飾ること，身近な樹林地の保全活動を行うことや，駅前広場，街路，公園，公共施設の花や緑の育成に市民自らが協力して参加する活動である。

自宅や地域の緑化活動は個々の人でも始められる活動であるが，より効果的な活動を行うには、各個人が連携し，あるいはグループで活動することが重要である。これらの活動は地域企業や行政と連携することにより，より有意義な市民活動となる。

緑のまちづくり計画への参画，地域での植樹活動や保全活動，街路や公園，公共施設に対する緑化協力や維持管理の協力，意見をいえる場面や活動のできる場所を提供することにより，市民の連帯や市民意識の向上につながる。

図 17.2 市民参画による緑のまちづくりの必要性

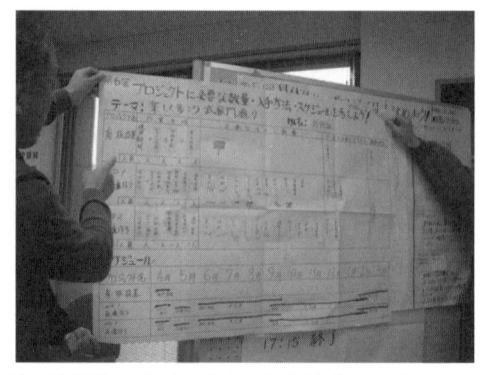

写真 17.1 住民によるまちの緑化計画の検討・整備管理計画の発表 (伊勢崎市 2003)

それには，行政や市民，企業等それぞれの役割分担を明確にし，権利と責任の所在を明らかにした上で，問題解決に向けての参加のプロセスをしっかりと理解して，人々が問題意識を高めるために必要な専門家がコーディネートし，具体的なプログラムを開発，実施することが必要となる。

17.1.2 パートナーシップによる市民参画の役割と効果

(1) パートナーシップの役割と効果

緑豊かで美しく，住み良いまちを育成するためには，市民，企業，行政の3者による役割分担が必要である。すなわち，住みやすいまちを育てるには，すべてを「企業」や「行政」に頼るのではなく，市民自身が自分たちの住むまちに関心をもち，わたしたちのまちの「企業」や「行政」と手をとりあいながら，「緑ゆたかなまちづくり」を進めていくことが必要となる。パートナーシップ方式では，以下に述べるように，市民がまちづくりに主体的に参加し，「企業」や「行政」と役割分担をしながら，それぞれ

が責任を果すという考え方をもとにして，美しく住みやすいまちをつくるための活動が重要となる。

・市民の役割

先祖代々ここに住む人々，新たに移り住んだ人々でまちは構成されている。仕事場であり，子供たちの遊び場であり，これらの生活の場こそ自らが住んでいるまちである。現在までいろいろな隣人関係や共同体関係で結ばれ生活の場を作り上げてきた。社会環境や生活環境の大きな変化の中で，新たなコミュニティを形成し，安心で豊かな暮らしが求められている。そのために市民は積極的に自分たちの暮らすまちの住環境を良くするための活動に参加する必要がある。

市民の活動には，教育，福祉，環境等いろいろな分野があるが，市民相互の融和，協力の視点から，まず身近な環境を整えることが重要と考える。花や緑を育て愛でることは，そのまちで暮らす人々が，家族の住む家の庭や窓辺から始める活動である。自宅を花や緑で美しく清潔に飾ることで，そこに住む人々に幸福感をもたらすように，まちが花や緑で飾られることが，そのまちに住む人々に幸福感や充実感を提供できる。そして美しく暮らしやすいまちは，そのまちの資質を高めることができる。ここに住む人々にとって美しく住みやすいまちを，市民が自らの手で作ることは，非常に重要なことと考えられる。

・行政の役割

市街地や周辺のまちづくり事業を所管する行政組織は，市民の花と緑のまちづくり活動を支援することにより，目的をもった市民組織を育成し，市民活動を継続させることが可能となる。まちを住みやすく清潔に発展させるためには，そこに住む市民の意見や意識を反映することにより，効果的なまちづくり事業を実施することができる。

今までの自治会単位の共同体的市民活動から，「花と緑のまちづくり」といった共有の目的をもった新たな行動が，今後の市民活動の柱となると考えられる。特徴ある活動を有する市民活動を育てることは，地域の特性や資質の向上，市民間の融和を図る上で非常に重要な事項といえる。

・企業の役割

地域企業や商業施設等は，存在する地域と密接な関係の上にある。企業が企業市民として行政のサービスを受けることは当然である一方，企業市民として地域活動に参加するのも当然と考えるべきである。企業にとって，今後どのような商業活動を展開するにしても，地域との有効な関係を構築することは重要であり，企業が立地する地域の環境が優れていることは，企業イメージの向上にも計りしれない効果がある。

(2) 市民参画の緑化活動とまちづくりにかかわる効果

市民による緑化活動を展開することは，新たな生活環境を生み出す機会となる。まちが緑豊かになり，そこに住む人々が，心豊かに暮らすために，住民自身が考え，行政や地域企業と協力し緑化活動を実践する必要がある。その際のまちづくりにかかわる効果としては，以下に整理される。

・コミュニティの育成

市民が，公共空間，公園，広場，レクリエーション施設などにおいて，共通の目的として花や緑を育てる活動や緑地を保全育成する活動を行うことは，地域質的向上を目指した価値あるコミュニティ活動を生むことが可能となる。

花と緑に溢れた市街地を育成することに地域市民自身が参加することにより，新しいコミュニティを生むことでき，そこに暮らす人々の交流が盛んになることが期待できる。

・土地の有効活用・公園の活性化

土地の所有者や行政の管理地の提供等の協力により，市民が花や緑による活動に参加することは，企業のもつパブリックなスペースを地域社会のために有効利用することが可能となる。また，市民活動の場として公園や街路の利用を促進することは，公園の利用促進活性化を図ることが可能となる。

・こどもの環境教育の場

家族単位の参加や学校と協力により，地域の住環境改善活動や自然環境保全の活動に子供たちが積極的に参加する機会を創出することが可能となり，世代間の交流や，地域に親しみをもつきっかけとなる。

また，子供たちを積極的に"スタッフとして参加させる"ことで将来のリーダー育成も行える。さらに，ゆとり教育，環境教育の受け皿になることが考えられる。

・地域の活性化

地域の商店や企業と協力して，その敷地を改善し，環境活動を向上させ，地域社会に貢献する運動に参加する機会を提供できる。商店や企業にとっては，地域でのイメージ向上や，企業市民としての自覚を生むことが可能となる。

17.1.3 市民参画の今後の展開

緑豊かなまちで暮らすことは，市民の一つの大きな夢である。このまちで暮らし，より確かな人生のゆとりや安らぎを手に入れるためには，住人としての日々の充実した生活が必要となる。ここでは市民が，より充実した生活をすごすために市民自らが主体となり，自分たちの暮らすまちを花と緑で飾り，隣人との良好な関係をもち，安心で安全なわがまちを育てていくための方法として，市民参画による「花と緑のまちづくり」事業を事例に，また，その実践方法の一つとしてワークショップ手法を用いた事業の推進方法等について述べる。

（1）花・緑を主役とした市民活動の意味

「花と緑のまちづくり」は，市民活動を地域の庭づくりとして位置付け，安全でゆとりのある循環型のコミュニティを育成・創出していくために"まち"と"みどり"を再生していくことを目的とし，地域市民が主体となって取り組む一連の活動をさす。

（2）「花と緑のまちづくり」の目標

コミュニティの育成・創出にあたっては，市民の自発的意思によって近隣の人々が連携する気もちのよいコミュニティづくりが必要である。地域の人々が自由に集い，自分たちの地域を良くするために語り合い活動する「場」こそが，今求められており，この「場」の一つとして「花と緑を育てる場所」の担う役割は大きいといえる。また，花と緑を媒体としたコミュニティ活動は，誰でもが取り組め，地域の絆を強める格好の手段であると考えられる。「花と緑のまちづくり」は，コミュニティを活性化したり，新たにうみだすことが可能となる。すなわち，「花と緑のまちづくり」の目標は，地域の緑の増加，美しい景観の創出，パートナーシップ社会の構築のみならず，"人と人がつながり，みんなでつくる，みどりと潤いのあるコミュニティ"の構築を目指している。

（3）「花と緑のまちづくり」の効果

- 市民の役割として，自らの手で身近な環境を改善する意識の向上が図れる。
- 多くの場合，対立関係にあった市民・企業・行政の三者が協力しあい，市民の主体的な環境改善活動に対して，行政や企業は支援を行いパートナーシップで地域の環境創造を行う活動が推進できる。
- 行政依存型の活動ではなく，市民みずからが実際に汗を流して地域の環境を改善する。
- 市民自身が行動に参加することにより，地域への愛着や誇りが生れ，生活環境の快適性（アメニティー）を高めることが可能となる。

市民・企業・行政によるパートナーシップによるワークショップ活動	多くの市民が主体的に参加する。安全で美しい緑豊かなまちづくりの実践	新たなコミュニティの創出の機会を生み，美しいまちを生みだすことが可能となる。

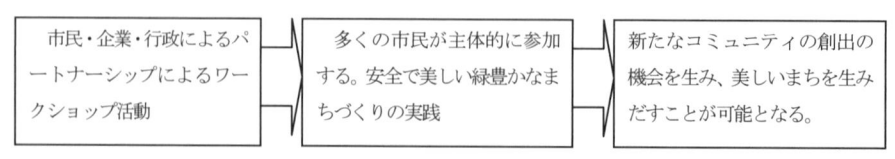

図 **17.3** 住民参加の緑化活動による社会的効果

17.1.4 「花と緑のまちづくり」のケーススタディ

　「花と緑のまちづくり」を通して，まちを開発する事業者が目指すべき「やすらぎとゆとりにみちたライフステージ」は，このまちに住む（購入する）ことのみならず住民としての活動が不可欠となる。そこで，事業者は，まちを創り販売した責任として，住民が自らの手で完成するための機会の創出と支援を行うことが必要となる。すなわち，新しいまちにおける花と緑の市民活動の核となる住民の養成に努め，自立した花と緑のまちづくり活動の基礎の構築と継承が必要となる。

（1）住民を中心とした「花と緑のまちづくり」事業の段階的構成

　「花と緑のまちづくり」事業についての段階的構成を示すと，図 17.4 の流れとなる。

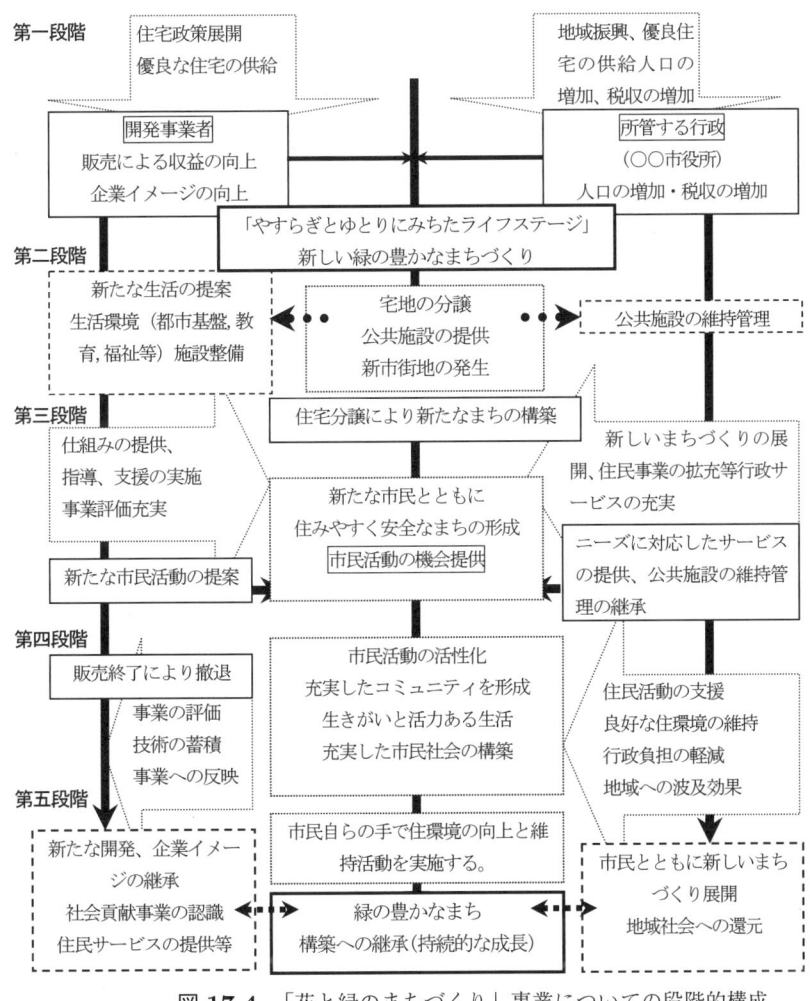

図 17.4　「花と緑のまちづくり」事業についての段階的構成

（2）「花と緑のまちづくり」の進め方

　「花と緑のまちづくり」事業の基本的な進め方を整理すると，図 17.5 のな流れとなる。

17.1.5 ランドスケープアーキテクトの役割と責任

（1）ランドスケープアーキテクトの「まちづくり」への参加

　公園に限らず，地域社会の問題や環境の問題を解決するにあたっては，行政のみならず市民や企業等の参加協力が不可欠であり，それらのより良いパートナーシップや創造的な参加体制をいかにつくりだすかが成功のカギを握っている。しかし，残念なことに我が国では「市民参画」のプロセスがいまだ確立されていないのが現状である。

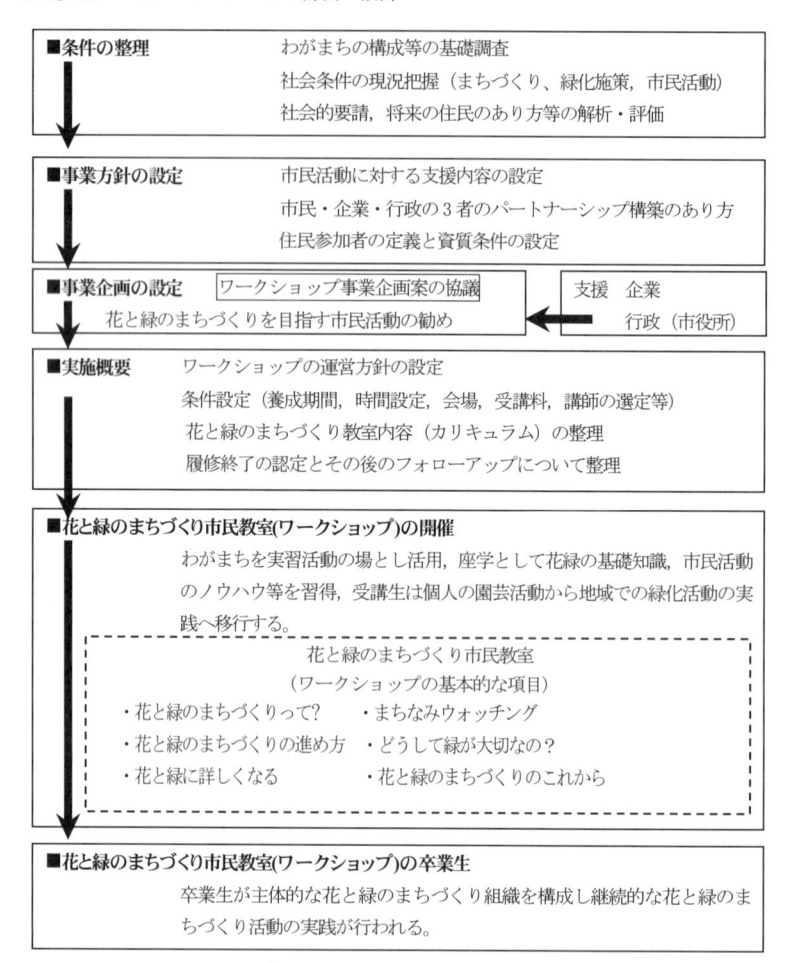

```
■条件の整理     わがまちの構成等の基礎調査
    ↓           社会条件の現況把握（まちづくり、緑化施策、市民活動）
                社会的要請、将来の住民のあり方等の解析・評価

■事業方針の設定   市民活動に対する支援内容の設定
    ↓           市民・企業・行政の3者のパートナーシップ構築のあり方
                住民参加者の定義と資質条件の設定

■事業企画の設定   ワークショップ事業企画案の協議         支援 企業
    ↓           花と緑のまちづくりを目指す市民活動の勧め        行政（市役所）

■実施概要       ワークショップの運営方針の設定
    ↓           条件設定（養成期間、時間設定、会場、受講料、講師の選定等）
                花と緑のまちづくり教室内容（カリキュラム）の整理
                履修終了の認定とその後のフォローアップについて整理

■花と緑のまちづくり市民教室（ワークショップ）の開催
                わがまちを実習活動の場とし活用、座学として花緑の基礎知識、市民活動
                のノウハウ等を習得、受講生は個人の園芸活動から地域での緑化活動の実
                践へ移行する。

                    花と緑のまちづくり市民教室
                    （ワークショップの基本的な項目）
                ・花と緑のまちづくりって？   ・まちなみウォッチング
                ・花と緑のまちづくりの進め方  ・どうして緑が大切なの？
                ・花と緑に詳しくなる       ・花と緑のまちづくりのこれから

■花と緑のまちづくり市民教室（ワークショップ）の卒業生
                卒業生が主体的な花と緑のまちづくり組織を構成し継続的な花と緑のま
                ちづくり活動の実践が行われる。
```

図 17.5 「花と緑のまちづくり」事業についての段階的構成

写真 17.2 まちづくりワークショップ：まちづくりの実習と発表（伊勢崎市 2003）

　まちづくりにおける市民参画とは，「市民が自らのまちを自ら守り育むことである」ことを市民も行政も今一度考える必要がある。その中で行政は，徐々にではあるものの今までの不備を反省しようとしているのに対し，市民の準備は必ずしも充分とはいえない。そこで，これら市民と行政の橋渡しをする専門職の存在が求められている。ところが，「まち」や「公園緑地」に対する専門職であるはずのランドスケープアーキテクトの多くは，今まで市民に対してこれらの思いや考え方をメッセージとして発信していただろうか。とくに，「まち」に対する思いを充分に伝えていないのではないだろうか。各都市で策定されている「都市計画マスタープラン」では，必ず「豊かな緑の充実」や「潤いのある公園の整備」が謳われている。緑の重要性や公園の必要性を唱え，計画に反映する場に多くのランドスケープアーキテ

クトが，もっと積極的に参加すべきである。「緑の都市づくり」や「市民がのぞむ緑地計画」を実践することのできる技術をもっているのが，本来のランドスケープアーキテクトではないだろうか。

（2）市民参画におけるランドスケープアーキテクトの責任と役割

市民参画は，ランドスケープアーキテクトにとって煩わしい仕事かもしれないが，発想の転換いかんで大いにやりがいのある仕事になることを理解すべきである。とりわけ，2011年3月の東日本大震災を境に，将来のまちづくりに対する市民参画の必要性は日を追って高まっており，真に市民の力が活かされる「場づくり」が重要となってきている。最初にランドスケープアーキテクトを名のった，F・Lオームステッドが提唱した「自然に対する科学的理解の深さ」「社会や環境のあり方，理想に対する認識の広さ等」といったランドスケープアーキテクトの資質を将来のまちづくりに活かす必要がある。ランドスケープアーキテクトが市民参画にかかわる機会は，おおむね「業務の一環として」「ファシリテーター等として」あるいは「一市民として」等であろう。いずれの場合においても，以下に示す市民参画の場でのランドスケープアーキテクトの責任と役割を肝に銘じて参加することが重要となる。

・ランドスケープアーキテクトの責任
① 自然のみならず社会や環境に対して，高い倫理観を備えた技術者であること。
② 一分野の専門職ではなく，ゼネラリストとしてより多くの手法やアイデアを提供すること。
③ まとめ役，調整役としての職能を有すること。
・ランドスケープアーキテクトの役割
① さまざまなアイデアを提供することによって，信頼関係を構築し，楽しく市民参画を進める。
② 謙虚な姿勢で話をよく聞き，新たな創造の源を模索する。
③ 自らの体験を活かし，課題に対し粘り強くかかわり，会議を活性化する。
④ わかりやすいコミュニケーションを心がけ，協働作業を円滑にする。

17.2 ワークショップによる設計の手順と方法

17.2.1 ワークショップとは

ワークショップは，臨床心理学の一つの手法としてはじまり，ダンスや演劇など幅広く創造活動に使われるようになった。地域づくりの分野では，1960年代にアメリカのローレンス・ハルプリンが先駆的に取り入れ，多様な民族・宗教観が錯綜する米国において，価値観の異なる人々が共同でよりよい環境を創造していくシステムとして発案されたものである。参加者が共通して理解できる感覚的なことから出発し，信頼関係を構築しながら創造的に意見を集約し，合意に向かっていく点に特徴がある。我が国へは，1979年に米国大使館の後援による日本文化交流事業の一環としてハルプリンとその仲間たちが来日し，箱根でワークショップのリーダーを養成する2週間のワークショップを開催したことが，まちづくりや公園づくりにワークショップの手法を用いる契機となった。しかし，近年ではさまざまな業種業態でいたるところにワークショップが存在し，一つのブームといった感があり，中にはとてもワークショップとは言えないものまであるようだ。

まちづくりの分野では，2000年の初めごろまでは，限られた自治体で実施され，参加する市民層にも限りがあった。そのため当時は，「市民と行政が一体になって，新しい方法論を開拓していく市民層によって運営される場」が，そこにはあった。しかしその後，多くの社会参加や市民参画の現場が誕生し，市民参画ワークショップが広がれば広がるほど参加者層の裾野が広がり，その結果，残念ながら「何のためのワークショップか」という根源的な部分への理解が不十分な市民層が登場し，近年は創造的な議論の場というよりも，自らの意見のごり押しや思い込みの押付けの現場も広がっている。新しい気づきや多様な意見を受け入れ，創造的なアイデアの誕生を図るといった，本来あるべきワークショップの意義が，定常化されることによってゆがめられ，本質が置き去りにされている現実がある。「市民参画」は，

あくまでも進歩的，革新的であり，教育的であるが故に意義があるのだが，近年の市民参画ワークショップの陳腐化が危惧される。

市民参画ワークショップの意義
① 市民参画によるワークショップは「地域にかかわる多様な立場の人々が参加し，コミュニティの諸問題を互いに協力して解決し，さらに快適なものとしていくために，各種の協働作業を通じて計画づくりなどを進めていく方法」である。よって，市民参画ワークショップは，「参加者が対等な立場で集まり」「共同で体験・作業し」「集団で創造する」コミュニケーション手法である。
② 市民参画ワークショップは，やり方や進め方が定型化されているものではなく，各ワークショップの目的や参加者等によってさまざまなプログラムを組合せ，目標に向かってプロセスを積み上げていく協働作業である。したがって，「ワークショップは，こういうやり方でなくてはならない」といったマニュアル化は不能であり，それぞれの地域特性や事情，テーマによる対応が必要である。
③ 市民参画ワークショップの実施は，単にその問題の解決のためだけに開催するのではなく，その延長線上に「市民が自立するための術」を秘めていることから，ワークショップの成否を判断するのは，ワークショップ終了の「市民活動の環」の盛り上がりや継続等によって評価すべきである。
④ 市民参画ワークショップは，「結末が，やってみなければわからない」ことから，行政等には実施にあたってさまざまな心配もあるようであるが，ワークショップ参加者の創造性と市民自らの地域づくりに対する見識と熱意を信じれば，結末は，自ずとほぼ最善の方向に収束するものである。仮に，それが，行政の思惑とは異なる結末になった場合，それらの多くは，もともと行政サイドの思惑が不自然であったことを裏付けていることに他ならない点を理解すべきである。

17.2.2　ワークショップに必要なこと

市民参画による公園づくりのワークショップがはじまってから20数年が経つが，本質的な市民参画としての導入例はまだ充分とは言えない。ただ，他のさまざまな市民参画によるまちづくりと比べると「公園や緑地」に関する市民の参画は，比較的わかりやすく，身近な場所の話題であることから参加しやすい点が特徴的である。とくに，公園づくりのワークショップでは「住民が集い，参加する楽しさを実感する良い機会を得た」「住民がまちづくりを実践する仲間づくりの契機となった」「住民が主体的にまちづくりを考える土壌が培われた」などといった利点があげられる。

・**市民参画ワークショップを実施し，公園緑地の計画設計を行う際の留意点**
① 参加者が対等な関係で議論する
ワークショップでもっとも大切なことは，市民や行政職員等の参加者が常に水平的・対等な関係の上で議論することである。とくに最初が肝心で，誰かが支配的・威圧的になると会議はうまくいかなくなる。対立する意見も含めて，多様な意見が出やすい環境をつくることが重要である。
② 創造的な会議にする
ワークショップでは，議論をするための情報は用意するが，誰かが案を準備するのではなく，その場でアイデアを出し合い，合意形成を図ることが重要となる。その過程では，当初はAという案に対する支持が多かったが，その後BやCのアイデアや意見を聞くうちに，Dという新しい案を生み出すという創造的な会議方法である。なお，合意形成には，「まずはやってみる」「やりながら考えよう」「やってダメならやり直す」といった結論も含まれるものと理解することが必要である。
③ 最終目標を明確にする
ワークショップでは，最終目標を明確にすることが重要である。参加者全員が共有できる明確でわかりやすい目標，そして，より具体的で身近な目標をもつことが必要である。ただし，最終目標を決めることは，あらかじめ結論を設定し，それに導くこととは異なる。
④ 各回のワークショップでも達成目標をもつ
各回の達成目標を会議のはじめに参加者全員に示すことは，参加者にやる気を与え，時間配分が

判断できるので議論にゆとりが生れる。また，時間の都合等で達成されなかった目標も明確になり，最終目標までのプロセスを把握する上でも効果的である。

⑤ 各回のワークショップの内容を参加者に周知し，プロセスを共有する
事前・事後の各回の内容をワークショップの参加者や今後調整が必要な当事者，ワークショップに参加していない市民等に伝えることが重要である。プロセスが見えていれば，各ワークショップに欠席した場合でも次回にアイデアを追加したり，修正案を出したりすることができる。会議を積み上げていく達成感もあり，会議の活性化が図られる。

⑥ ワークショップは，できるだけオープンにし，途中参加やオブザーバー参加も歓迎する
創造的な会議では，オープンにすることが原則である。したがって，当初のワークショップ参加者の選定には十分な配慮が必要である。公募や口コミ，ピンポイントでの参加要請等によって，男女比，年齢，場合によっては職業，あるいは行政の部署ごとの担当者も含め，バランスの良い人選が必要となる。とくに，人選において重要な点は，参加者自身がワークショップのテーマに対して意見をもっていることであり，そういった方々の参加を前提とする。また，途中参加者や聴講者等に対してもオープンにし，会議の輪を広げていくことが重要となる。

17.2.3 ワークショップの手順と方法

市民参画ワークショップの進め方等については，近年多くの著書があり，詳細はそれら文献に譲ることとするが，とくに注意すべき点は，ランドスケープの計画設計におけるすべての案件がそうであるように，市民参画によるワークショップもすべてケースバイケースであり，一つとして同じ案件はないという点である。前述した意義や留意点を踏まえて，それぞれの現場にふさわしい方法を見つけて実施することが重要である。以下に，「市民参画ワークショップ実施のQ&A」をあげる。これは，筆者がランドスケープアーキテクトとして市民参画ワークショップのファシリテーターを務めた際に，行政に対し提出したものである。具体的な作業内容や作業の目標を設定する打合せ段階での「Q&A集」である点を踏まえ，市民参画ワークショップの具体的な進め方や運営の仕方，手順と方法の一例として示すこととする。

市民参画ワークショップ実施の Q&A

（1）参加者の構成

Q： 参加者を集めるコツは？
A： 基本は，公募を行うことだと考えます。まずは，参加が期待できなくてもより多くの人に情報が届いていることが重要です。つぎに，意見をおもちの方でどうしても参加して欲しい人には，ピンポイントで趣旨を説明し参加頂くことです。さらに，さまざまなネットワークを駆使して参加して欲しい人を探すことです。広報だけに頼るようでは，有効な参加者を集めることはできません。

Q： 参加者の中でのキーパーソンは？
A： 当初反対意見や行政への不満ばかりを述べていた人が，劇的に変化することが良くあります。正直に意見を述べ，結果として自分自身を変えていける参加者がキーパーソンになると言えます。また，ワークショップの流れの節目を作り出せる人もキーパーソンです。キーパーソンのいないワークショップはメリハリのないものとなりますので，参加者個々の個性が出せるような会議のやり方が必要になります。

Q： 参加者に常に関心をもってもらうための方法は？
A： まず，正確な情報の伝達です。さらに，その情報が参加者にとって必要なものでなくてはなりません。同時に，ワークショップのプロセスや結果を行政が真摯に受け止め，誠意ある返事をすることも重要な点です。よって，正確な情報の提供ならびに会議記録の作成と配布は不可欠となります。参加者は，自分の利害に関することしか興味がないとよくいわれますが，むしろ問題は，情報の出

し惜しみや問題の全体像を見えにくくしている行政の側に多くの原因があると思われます。

Q： 参加者が多い場合のグループ分けの方法は？
A： 自由席にせず席を指定し，できるだけ立場の違い，年代の違い，男女の違い等の多様な人によるグループ作りを図ります。できるだけ混ざり合い，毎回違う人とグループになるように工夫することで，多様な情報交換が促され，議論の活性化につながる重要な要素になります。

(2) 議論と合意形成

Q： 一定の成果をあげるために必要な期間と回数は？
A： ワークショップの目標をどこに設定するかによりますが，最低1箇月に1回のペースでワークショップを開催することが必要です。そして，最少でも計6回の開催が必要と考えますので，作業期間は最短6箇月間が必要といえます。まずは，この期間を設定して作業に挑戦することが必要でしょう。さらに，開催スパンは，作業の中で柔軟に対応する姿勢が必要になります。

Q： シナリオの作成者は？
A： 行政が主催するのであれば，「目標」と「プロセス全体」を構想するのは，行政の役割になります。そして，目標に至るまでの流れを計画するのは，ファシリテーターと行政担当者が話し合って決めます。また，各回の評価とプログラムの作成は，ファシリテーターが中心に行う作業です。ただし，シナリオ通りに進めることがワークショップの趣旨ではありませんので，常に修正と改善が作業の中で必要になります。

Q： どこまでの情報を住民に伝えるべきか？
A： 行政が住民に伝えるのに二の足を踏む情報パターンがいくつかあります。「住民があきれかえるお粗末な内容」「予算等手の内を明かす内容」「前例にしたくないような内容」「住民が不安になるような内容」「寝た子を起すような内容」等です。しかし，これらをすべて情報公開していく姿勢がなければ，住民との信頼関係は構築できず，協働作業はできないといわざるを得ません。

Q： ワークショップで出た意見をすべて成果に盛り込む必要があるか？
A： 原則的には，すべて取り入れるという態度で臨むことが重要です。ワークショップは通常のアンケートとは異なり，想定していないまったく異なる意見が出てきます。ワークショップは，それらの異なる意見を基に議論を重ねて行くことが重要です。その結果，仮にまったく異なる2つの意見が残ったのであれば，それらは，原則尊重されるべきものとなります。

Q： 少数意見の扱い方はどうするのか？
A： 少数意見の中には，多くの人が見落している重要な指摘が少なくありません。少数意見に耳を傾けるという姿勢が必要です。むしろ多くの市民が納得できる第三の立場は，こうした姿勢の議論の中から生れてくるものです。

Q： 非建設的な意見ばかりが出た際の対処法は？
A： 非建設的な意見ばかりになるにはそれなりの理由があるはずです。根深い行政不信や前向きな参加者がいない場合等です。これらの場合の特効薬はないと考えます。じっくりと回を重ねて，発言の変化に期待するしかありません。そうならないようなメンバー構成と議事運営が必要です。

Q： 住民ワークショップの合意形成には時間がかかるのではないか？
A： 時間がかかるのは，ワークショップの時間ではなく多くの場合庁内調整と呼ばれる行政プロセスです。よって，ワークショップの開催と並行して庁内調整の期間をしっかりと設けることが合意形成をスムースに進めるためにきわめて重要です。

Q： 住民ワークショップが行政によって形骸化されないための方法は？
A： 行政が本気で取り組んでいるかどうかが問題で，本気であれば何ら問題はありません。重要なのは，ワークショップの結論をどう扱うかです。具体的には，ワークショップの成果をどのように取り扱うかを事前に明確にしておくことが，ワークショップを主催する行政の責任と言えます。たとえば，議論の結果を「行政の責任でWEBに公表する」「市長への提言として提出する」あるい

Q: 行政職員が参加する場合，どの程度先導すべきか？
A: 基本的に先導する必要はありません。一人の参加者として，正直に自分の考えを発言すべきです。そうした対応を行政職員が見せていくことによって，ワークショップの参加者は，行政というシステムの問題点と一個人としての市民との違いに気づいていくようになります。行政職員と市民が一つになって事に当ることで，さらに解決の糸口が見えやすくなります。

(3) その他

Q: 公園の運営管理についてもワークショップで話し合うべきか？
A: 公園づくりのワークショップの場でも整備後の運営管理については，ワークショップの議論の中で必ず話題になる重要な課題です。どんな物を作るかばかりでなく，作ったあとの問題についても充分議論した上で，仮に自分たちでそれをやる場合の議論も大いに行うべきです。できるならばワークショップに参加された市民の皆さんが中心となって，NPO法人等を立ち上げ，それら組織によって公園の管理運営が行われるのであれば素晴らしいことと考えます。

Q: 公園の管理運営を住民が行う場合，最終責任の所在は？
A: 公園のもち主が行政である以上，最終責任は行政が取るべきですが，そうなるまでのプロセスを市民が理解した上での「最終責任」とそうで無い場合とでは，責任の取り方もその重さも異なります。管理運営までさまざまにワークショップで議論したものであれば，何から何まで行政に責任を問うという事ではなく，市民の負うべき責任を含めた問題の解決を図ろうとする姿勢が現れてきます。その上で，行政の責任とは何かを問うことが必要となってくるでしょう。

Q: ワークショップにおけるファシリテーターの役割は？
A: ファシリテーターは，従来の会議の司会者とは異なる役割が期待されます。参加者の意見を引き出し，会議が空転しないように会議の準備や進行を行いますが，けっして会議の結論をリードすることはありません。よって，ファシリテーターは，行政からも住民からもある種の距離感をもつことが必要になります。それが，住民との信頼関係を築くことにもなります。そしてこの信頼関係こそが，ワークショップを成功させる大きな要素となります。さらに，ファシリテーターに求められることは，バランス感覚です。議論を盛り上げるためには，話術も必要ですがむしろ参加者の関心がある話題をしっかりと取り上げているかどうかにかかっています。行政が触れて欲しくない話題を避けてばかりでは，議論が盛り上がるわけはありません。参加者が本当に気に掛けている問題を取り上げ，ワークショップを進めて行けば議論は自ずと活性化されることになります。

17.2.4 市民参画ワークショップの成果

市民参画による地域自治の活性化は，今後ますます進むものと考えられ，今後市民参画の一手法であるワークショップが，より一層有効に活用されることが期待される。とくに，「緑の都市づくり」は，多くの市民が関心を寄せている地域づくりの大きなテーマである。都市の経済活動に直接かかわりの少ない緑について，効率の面からだけでなく総合的な観点からの発想や提案を集約する市民参画ワークショップは，「まちづくり」を進めるための大きなきっかけとなるものと考える。市民のまちづくりへの関心を高めたいと思えば，公園や緑地の整備からはじめるのがきわめて有効であり，住み良い都市環境の第一歩は，市民参画による「緑づくり」にあるといっても過言ではない。今後は，市民参画による緑づくりを地域形成の有力な手段としてとらえ，活用していくべきである。それは，同時に市民の公園への関心を持続させることにもつながるものである。同時に，ランドスケープアーキテクトは，市民参画を進めるワークショップ手法の有意義な使い方を熟知し，常に心がけることが必要となる。

市民参画によるワークショップの成果は，何であったか？と問われることがある。「市民一人一人では困難な課題を多くの市民の合意によって解決した」「法律や条例ではカバーしきれない公園の利用や運営のローカルルールづくりができた」「市民の絆が強まり行政との協力関係が構築された」等といった答え

が出される。確かにそれらは，ワークショップという作業の中での一つの成果ではあるかもしれない。しかし，それだけでは，「市民参画によるワークショップの成果」にはならないと考える。「地域自治の活性化」や「自らの地域やまち町を市民自らが守り育てることを理解する」ことが市民参画の本質であるならば，市民参画によるワークショップの成果は，その中で議論されたことを，将来にわたって「市民活動として具体的な活動につなげていく」ことが必要であろう。

　たとえば，公園づくりのワークショップが行われたとする。市民が公園のプランについてあれこれと意見を出し，それを計画図に示して「市長に提言」し，ワークショップが終了するのではなく，ワークショップに参加した市民が，あるいはさらに輪を広げてより多くの市民とともに，その後の公園づくりを見守り，関心をもち，整備のみならず公園の運営管理を自ら行い，さらには公園のみならず地域やまちの活性化に向けて行動する等の「市民参画によるワークショップを契機とした市民活動」につなげ，それら活動が継続されること，そして行政はそれら市民活動を支援することが，真の「市民参画ワークショップの成果」ではないだろうか。

第18章　歴史・文化的環境の保全とランドスケープの計画・設計

18.1　歴史的環境の保全と計画・設計

　歴史的環境の保全の第一歩はその存在が世間に広く知られることである。知られることにより，世間の関心を呼び，その評価が高まり保全への働きかけが始まる。ユネスコが行っている「世界遺産」の指定もその方向にある。世界遺産の多くは地域的にはすでに高い評価を受けているものであるが，世界共通の財産とすることでその担保力を高めている。では，歴史的環境とは何か。これには，1976年10月にケニアで開催されたユネスコ第9回大会の『ナイロビ宣言』の定義：「歴史的地区とは，都市環境又は田園環境の中で人間の居住地を形成する建造物，工作品及び空間の群（考古学的及び古生物学的遺跡を含む）を指し，考古学的，建築学的，先史的，美的又は社会・文化的見地から一体性及び価値が認められるもの」がよく知られている。

　日本の歴史的環境や，歴史的遺産の保全施策は個々の文化財，観光資源の保護については古くから行われていたが，それらを包括するような，たとえば，風景や環境のような概念での保全は近年になってからである。

　日本の歴史的環境を保護，保全するための施策は経済効率一辺倒や地域性を無視した大規模開発による景観の均質化への市民の反発，反省から始まった。

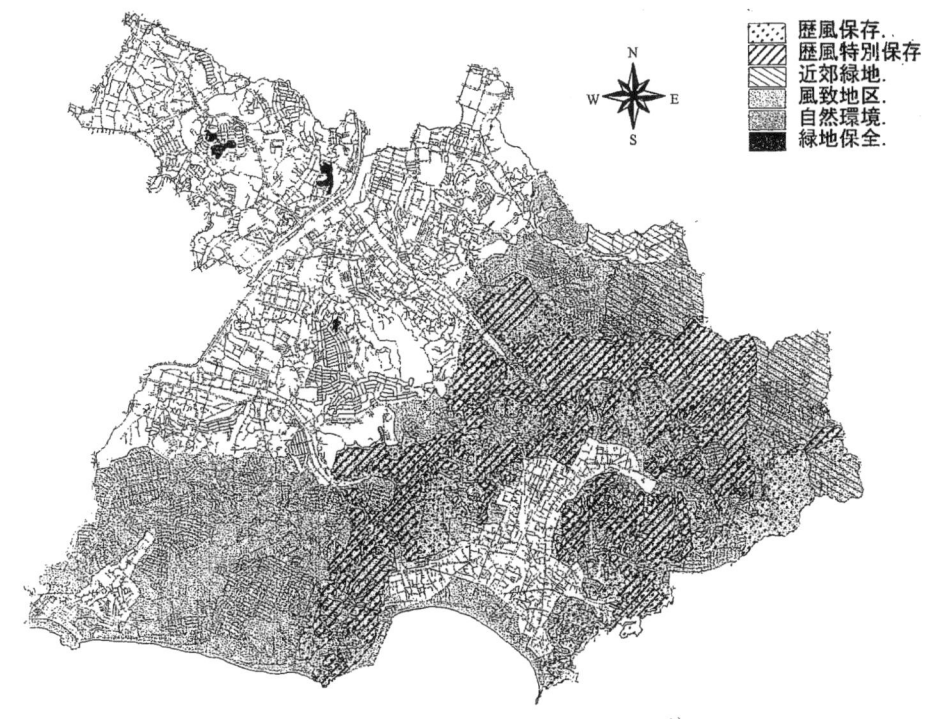

図 18.1　鎌倉市の都市計画図 (用途地域図)[1)]
　　　　数種類の用途地域を重ねることで保全力を高めている。

それを象徴するものとして大佛次郎氏や鎌倉市民による鎌倉市の「鶴岡八幡宮の裏山開発」反対運動がある。これが契機となり日本で初めてのナショナルトラスト運動が起った。この運動は歴史的景観の大切さを世間に知らしめるだけでなく，それが個人の所有物であっても市民の共有財産となりうること，また，歴史的景観も守ろうとしなければ簡単になくなってしまうものだということを教えてくれた。

この運動が契機になり昭和41年に「古都保存法」が制定される。

この法律は，「わが国の歴史上意義を有する建造物，遺跡等が周囲の自然環境と一体をなして古都における伝統と文化を具現し，及び形成している土地の状況の保存を目的とする」。そのため，指定された地区は「歴史的風土保存区域」となり，その中でも重要な地域を「歴史的風土特別保存地区」に指定しこの区域は農林業を行うための必要最小限の行為，既存住宅の小規模な増築，社寺境内の宗教建築の増築程度が認められるほかは一切の行為が禁止される現状凍結型保存が行われている。鎌倉市の場合は「古都保存法」による「現状凍結型施策」で歴史的環境を守ろうとしているが，そのような条件を満たす歴史的環境は少ない。

長野県木曽郡南木曽町の「妻籠宿」の場合は，地域の過疎化に悩んでいた昭和40年，国道256号線の拡幅工事のはなしがあり，町並みの現状保存か道路建設かの議論が始まった。妻籠宿は島崎藤村の「夜明け前」の舞台となった場所で観光地でもあり，観光資源として集落を保存することになる。

妻籠の集落保存計画の基本方針は，①観光をも目的とするがあくまで歴史的景観の保存を第一義とする，②地元住民の生活環境の整備，維持を十分考慮する，③木曽路計画の一部として構想する，の3項目で，その論旨には「地域の生活の安定が歴史的環境を守り，歴史的環境を守ることが生活の安定につながる」との考えが強くある。

また，この保存計画の特異なところは，妻籠宿からの風景，景観保全のために保存区域の範囲を四方の山の稜線までとした広い保存地区を指定したことである。

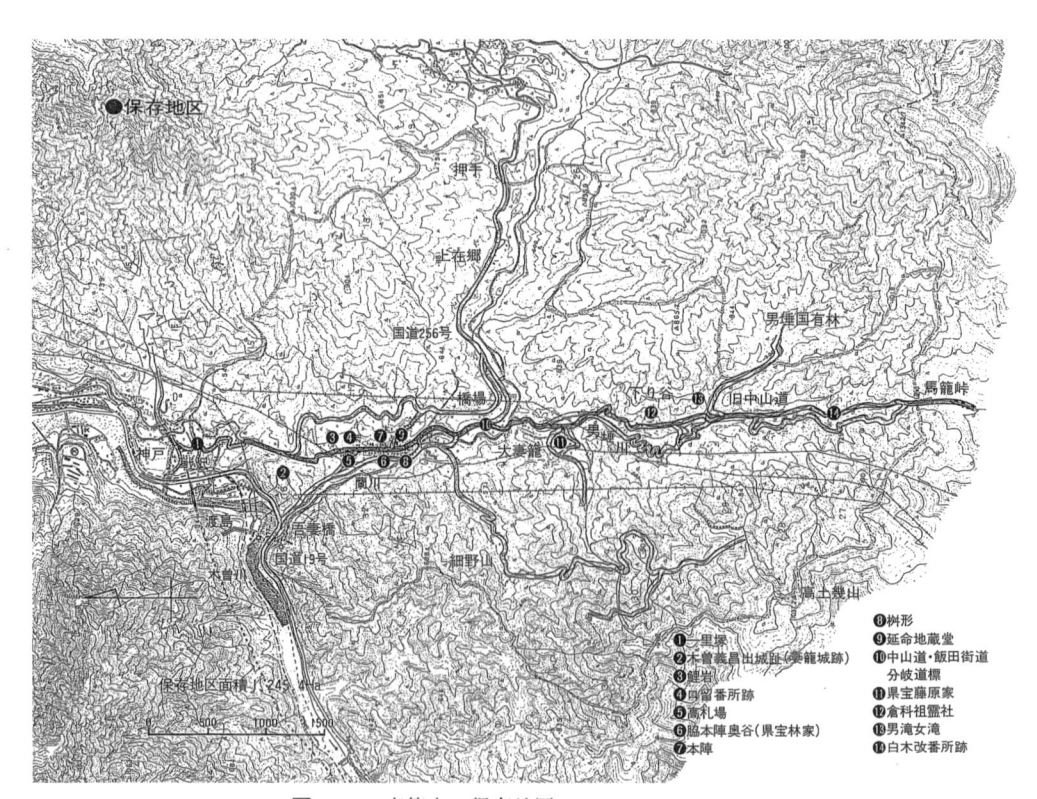

図 18.2 妻籠宿の保存地区
保存地区の線が稜線に引かれているのがわかる[2]。

18.1 歴史的環境の保全と計画・設計

　日本庭園の作庭法に「借景」という技法がある。それは，庭から見える景色を庭の一部として取り入れ庭に奥行きを与えるもというで，鎌倉市の例もそうであるが，「借景」が壊されることが庭の価値を台無しにする。それへの対策として一番有効なものは借景までも規制の区域に取り入れることである。それを「妻籠宿」では実践しているということである。

　観光開発には自然環境保全，景観保存も含まれているとの考えが地図の上にも反映されている。

　昭和30年代から始まった高度経済成長の波の中で全国の歴史的遺産や景観が失われていった。山口県萩市の歴史的環境保全の対応は早く昭和47年に全国に先駆けて市独自の歴史的景観保存条例を制定し，市内に残る土塀や武家屋敷の保全につくしてきた。江戸時代からの町割りが今も残っている城下町として小京都と呼ばれるほどの町並みや文化を維持してきたが，観光地であれば何処でも抱える悩み，通俗化や商業主義から歴史的遺産や景観を守るためにはどのような施策が有効であるか。に萩市が出した提案が「萩まちじゅう博物館条例」である。

　この条例は歴史的景観として守るべきものを定義して「都市遺産，町並み，町屋，文化財その他の歴史的環境及びその背景となる自然環境並びに市民生活の中で継承され，育まれた文化的な遺産」といっている。都市遺産や町屋など個別にではなく自然や文化，時間の経過・歴史までも含めて守ろうとしている。そのためには，①歴史文化はもとより，自然，産業，暮らしを研究し，歴史的環境や自然環境が破壊されるのを未然に防止する方策までも研究すること。そして皆で保存に取り組むこと，②今ある遺産を現地に展示，活用し新たな価値を見出すための一助とする，③地域にある資源を整備しネットワークで結び活用する，④これらの物を「心のふるさと」として多くの人の記憶にとどめる。そのことがまた，保全への力となるとの考えがある。

写真 18.1 田床山からの萩市全景 3)

写真 18.2 土塀から顔を出す夏みかん（萩市）3)

　歴史的環境保全の歴史は法律や制度が最初にあるのではなく，失われていく物への愛惜や，人々が大切にしてきたものを一顧だにせず壊してしまう無神経さへの怒りが最初にある。

　それは，親から子へ，子から孫への価値観のリレーなくしては成立しないものである。萩市の場合は，自分たちの街は幕末，明治の時代の主役であったとの誇りが根底にあるようだ。

　平成16年6月景観法が制定され，良好な景観が国民共通の資産であることが明確にされた。この法律によりこれまでの市町村における自主条例の是正措置に法律の根拠が付与され，景観行政を担う地方公共団体への国の支援が明確となった。

　景観法が制定され7年が経過した。平成23年8月現在景観法を施行している市町村は510，このうちの333団体が景観計画を策定している。

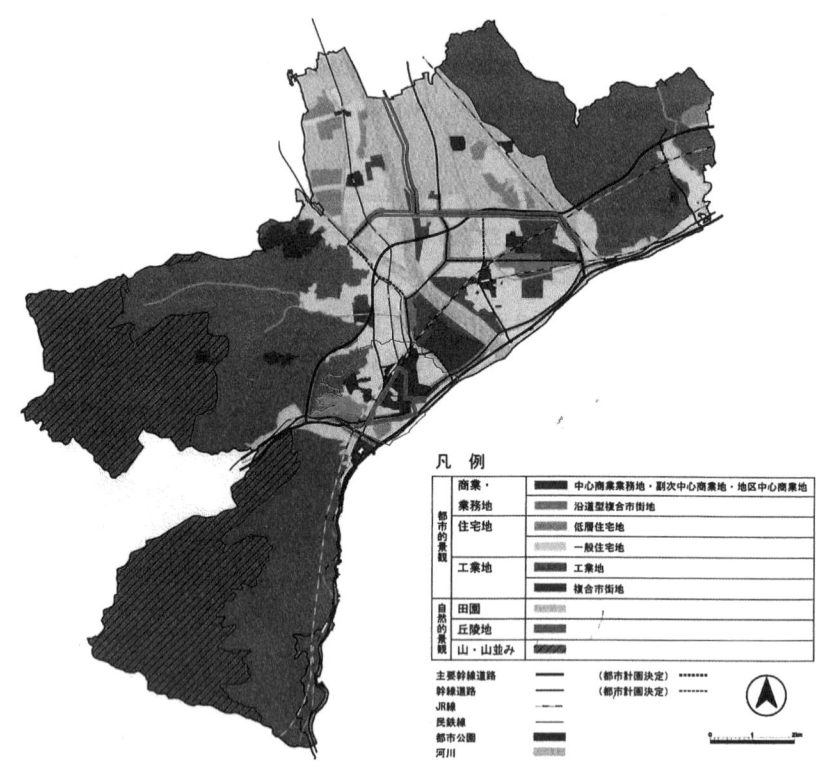

図 18.3 小田原市景観計画 景観の類型・構造図 [4]

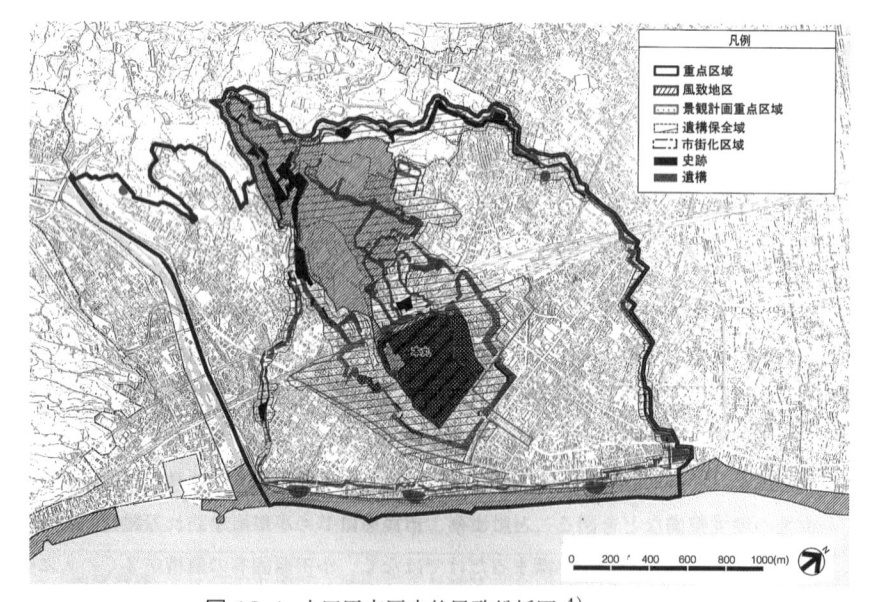

図 18.4 小田原市歴史的風致総括図 [4]

　神奈川県小田原市は平成2年3月に「小田原市都市景観ガイドライン」，平成5年3月に「小田原市都市景観条例」を制定していた。平成16年には国道1号自主的景観形成地区内で景観形成基準に違反するマンション建設問題が発生した。これに対して小田原市は，事業者名を公表するなどの対抗処置をとったが，結果として自主条例ではこれを是正することができなかった。

　そこで小田原市は，平成17年2月に景観行政団体となり，同年，12月に景観法に基づく「小田原市景観計画及小田原市景観条例」を制定した。

小田原市景観計画では，市内を地域ごとに景観の特色を踏まえて「類型別景観」「構造別景観」に分け，小田原の特色が象徴的に現れる良好な景観を生かそうとしている。また，豊かな自然環境や小田原城を中心とする城下町・宿場町の歴史やなりわい，落ち着きと風格を感じることのできる景観形成を目指す取り組みが図られている（図 **18.3**）。

しかし，現実問題として小田原市のような歴史ある町でも歴史的景観を維持・保全することは地域経済の衰退，個人商店の後継者難，地域人口の高齢化や減少等の問題があり，現在の景観法では歴史的建造物や町並みの保存は容易ではない。

このような状況に対応するために，平成20年5月「地域における歴史的風致の維持及び向上に関する法律」（歴史的まちづくり法）が制定された。歴史的風致とは「地域におけるその固有の歴史及び伝統を反映した人々の活動と市の活動が行われる歴史上価値の高い建造物及びその周辺の市街地とが一体となって形成してきた良好な市街地の環境」を指し，平成23年6月現在，全国で26団体が「歴史的風致維持向上計画」の認定を受けている。小田原市も，平成23年6月「小田原市歴史的風致維持向上計画」を策定し認定されている。これを受けて小田原市は，小田原固有の歴史的景観，風致を次世代に引き継ぐため，旧来の町割りや歴史的建造物の保存だけでなく，由緒ある寺社の祭礼や芸能文化を一体とした街づくりを目指そうとしている（図 **18.4**）。

18.2 文化的環境の保全と計画・設計

文化的現象とは，土地にかかわる人々の歴史，記憶，そこを利用する人々の行動性や生活様式などを対象としたものと定義されており，文化的空間，さらには文化的空間におけるランドスケープとは，そういった人の営みと深くかかわる空間を指すものと考えられる。

まず，文化的環境には大小さまざまな空間が考えられるが，それを保全していくためには，その地域や場所で営まれた文化とそれが表現されかたちとなっている風景，地形，建築物等を十分に理解することから始まる。その上で，保全計画や設計を行っていくことが重要である。

大規模な開発の中でそういった環境を保全している例としては，横浜の都心部を形成する大規模な土地区画整理事業と民間開発によるまちづくりが行われた横浜みなとみらいがある。ここでは，横浜の都心部を形成する企業やショッピング・文化施設等が集積した場所であり，人々の就業の場や賑わいの場が創出されている。このように，大きなエリアで人の集まり賑わう空間というものも新しい文化的環境が創出されている箇所でもあるが，大規模開発による新たな空間の創出だけでなく，ここでは地域の特性や歴史を生かしながら賑わいを創出する工夫がなされている。その一つとして，旧横浜船渠株式会社第二号ドックが通称「ドックヤードガーデン」として横浜ランドマークタワーの敷地内に建物と一体的に復元され，現存する商船用石造ドックとしては国内最古のもので1997年に国の重要文化財に指定されている。

写真 18.3 横浜みなとみらい21地区

その他，帆船日本丸が係留され港と船をテーマとした博物館も設けられているなど，文化財指定という国の制度を利用や歴史的な帆船を実際に保存するなど，その地域の文化が形となって現れている空間を保全する工夫がなされている。また，ここでは，街づくり基本協定や街並み景観ガイドラインが作られ，良好な街並み景観を誘導するために地権者間でルールが定められている。これにより，海に囲ま

写真 18.4　ドックガーデン
旧横浜船渠株式会社第二号ドックを解体復元し国の重要文化財として指定，来街者の憩いの場，イベントスペースとして活用されている。

写真 18.5　みなとみらい 21 地区
帆船日本丸。地区内に残された旧三菱重工業 1 号ドックに保存されている。隣接して横浜マリンミュージアムがあり横浜港の歴史や現在の姿，船の歴史の変遷等が紹介されている。

たウォーターフロントの地域の個性を生かし港を感じさせる街並みを創出したり，赤レンガ倉に象徴される歴史性を尊重し，また馬車道など周辺地区と調和した街並みを目指している。このように，まちの中心部を形成する大きなまちづくりの中で，その地域での人々の営みを伝え，さらに新たな快適な空間を計画するためには，まち全体の景観形成のためのルールづくりや，その地域性を理解し，歴史的建造物などを，大規模開発の計画時点から積極的に保存・活用する計画をしていくことが重要である。

　また，街並み保全に関連するもっとも一般的な制度である風致地区等の活用も地域の文化が良好に保全・継承される。埼玉県さいたま市北区にある盆栽町では大正末期から武蔵野の豊かな自然を目指して盆栽業者が移りはじめ，現在，その地域の人々の営みを原点に個性豊かな町となり風致地区として街並みが保全されている。風致地区は，都市計画法第 9 条 21 項に定められる地区制度であり，定められた地区内での建築や木竹の伐採等が規制される。ここでは，従来からの盆栽業という個性ある業者の移転により人の営みの歴史により時間をかけて形成された町のイメージ，街並みをこういった都市計画に基づく地区制度を活用し保全している。さらにここでは，盆栽業者が緑豊かに仕立てた自家所有の敷地を来訪者へ公開していたり，こうした街の歴史に合せて道路の整備も古

写真 18.6　埼玉県さいたま市盆栽町
1923 年の関東大震災によって被災した植木職人や盆栽師達が，理想の土地を求めてこの地に移り住んだのがはじまり。盆栽のふるさとというべく盆栽園が点在。来訪者には開放もされている。

木の桜を生かして進めるなど環境優先の姿勢が目を引き，行政や地域住民らによる取組みもまち全体を地域の文化としての保全，継承にあって重要である。

　一方，ポイント的なスケールで見た時に地域や人々の営みを表現するものとして，統一した植栽や緑や，またモニュメントも大いに地域文化を象徴する空間である。たとえば，街路樹に地域を象徴する樹種を選ぶことで，その土地の風土や人々の生活に繋がる文化を創出，保全できたり，広場や駅前に象徴的なモニュメント等を置くことで，人の集まる空間として新たな文化的環境となっていくものと考えられる。国内の例をあげると，宮崎県ではワシントニアパームが植栽されている街路があり，地域の気候や風

写真 18.7 埼玉県さいたま市盆栽町—四季の家—町の一角に位置する。純和風な佇まいが情緒を漂わせる憩いの場。

写真 18.8 盆栽町周辺の盆栽園案内図

写真 18.9 宮崎県ワシントニアパームの街路樹
地域性を表す樹種を公共施設である街路樹に用い，土地の気候や地域性の文化として表現されている。

写真 18.10 ブラジル北部バラ州：ベレン
強い日差しを避けるために植えられた番後の街路樹。実際にもマンゴは温度を低下させるといわれる。街路樹のイメージからマンゴの町として知られ，地域のシンボル性が強いものとなっている。

土が表現されている。また街路樹の植栽できない箇所では，同サイズのワシントニアパームをモニュメントとして設置している部分もある。海外の例をあげると，ブラジル北部バラ州のベレンでは，マンゴの木を街路樹に取り入れている。マンゴの木は温度を低くする役割を果しており，昔の人は，強い日差しを避けるためにマンゴの木を植えたことなどから，土地の気候や人々の生活と密着した選定が自然になされ，昔からの人々の営みが伝えられる空間となっている。先述した横浜みなとみらいでも，地区のショッピングなどをする人の流れの軸と地区を南北方向に結ぶ緑道の軸が交差する場所に大きなモニュメントが作られており，それらが人の集まる空間を作り出し，さらに演出するものとなっている。

写真 18.11 横浜みなとみらい21地区
緑道と交差する箇所に設置されたモニュメント。買い物客の集う空間となっている。

こういったモニュメントや街路樹等のポイント的な計画でも，地域の文化を表現・保全し，継承していくことができるものであり，合せて現在の人の

集まる空間を演出する新しい文化的環境を形成するものである。

　まちづくりやまちの景観計画に際し，その地域の特性や歴史を表現する要素はかかせない。また新しい空間を形成していくためにも，よく地域の気候や風土などの特性，歴史や人々の営んできた生活様式などの文化を理解することから始まる。そういったものを理解したうえで，景観の設計，計画に取り入れたり，また，地域地区制度や地区計画等を活用し，景観の誘導や保全を行う必要がある。さらには，地域住民自らの保全活動やルールづくりなどの取り組みが重要であり，ソフト面の保全計画も重要である。

　近年では，都市再生本部においても地方公共団体等からの提案に基づき「歴史文化を活かした美しいまちづくり」をテーマとした協議会が設置されるなど，全国的な取組みとして文化の維持・継承を図っていく動きもあるなど，地域固有の歴史・文化的環境の保全に対する取組みの動きがある。こういった取り組みとも合せて，既存の街並み保全や新しい開発における景観形成において，人の営みを表現する空間の工夫を促進されていくべきである。

第19章 都市・自然再生とランドスケープの計画

19.1 東京臨海地域における都市再生と水際線開放

　水辺は，ストレスを抱える現代人の心を癒し身体を元気に回復させるとともに，地域文化の創造，都市の魅力を演出する空間でもある。ここでは都市再生のリーディングエリアを目指す東京臨海地域の水際線を取り上げてみる。

　東京臨海地域の水際線延長は約220 kmと東京湾全水際線の4分の1を占める。また，アクセス可能な水際線は約73 km(東京臨海地域水際線の3分の1)に及び，東京湾全域のアクセス可能水際線に比べて水際線の開放は先行している。これらアクセス可能な水際線は，①ほとんどが，海上公園をはじめとする公園整備，高潮対策向上のための護岸改修，海岸環境整備，テラス式河川護岸整備，再開発地区，②新しい都心の複合開発地として再開発等が進められた地域，③高潮対策を向上するために設置された水門内側の内陸河川や運河等に分布している。

　このことは，これまでの護岸改修，海上公園整備，新しいまちづくりなどに際して，親水性を取り入れた水際線整備が進められた結果である。とくに，海上公園整備とならんで，護岸等はこれまでの高潮災害等から住民の生命と財産を守る防護を最優先する整備から，既存の外郭防潮堤および内部護岸の耐震補強と合せた水辺に親しめる快適で魅力的な水際空間の整備，とりわけ親水型護岸や遊歩道等の整備を合せて行うことにより，水際の良好な景観を合せもつ豊かなパブリックアクセスを形成させている。

表 19.1　東京臨海地域の水際線のパブリックアクセスの状況 [1]

パブリックアクセスの分類	現状 (km)	現状 (%)
A.アクセス可能な水際線	72.5	32.7
B.何らかの要因で水際線開放までに至っていない水際線	17.9	8.1
C.アクセス不可能な水際線	124	56
D.保全・保護のため立入禁止とする水際線	7.1	3.2
計	221.5	100

注）① 東京臨海地域とは，東京都の明治以降の埋立地および臨海6区の主要幹線道路より海側の地域を示す。ただし，中央防波堤外側埋立地および橋脚下の水際線は除く。
　　② アクセス可能水際線とは，公園・緑地・マリーナ，水際線沿いの道路が通っており，その背後の土地利用が住宅・商業・業務・学校等の場所。
　　③ 何らかの要因で水際線開放までに至っていない水際線とは，制約条件をクリアーすることによりただちに利用・供用できる水際線で，現状が基礎工事，基盤整備，修景整備などの各段階となっている場所。
　　④ アクセス不可能な水際線とは，空港・鉄道敷，公共ふ頭，特定の公共施設，企業用地等。
　　⑤ 保全・保護のため立入禁止とする水際線とは，歴史的・学術的に価値が高く，現状において保全・保護の方策をとっている，あるいは今後取り入れようとする場所。

資料:(財)日本開発構想研究所調べ(調査時点：平成12年度末現在)

　東京臨海地域は，この地域のもつポテンシャルとウォーターフロントの特性を活かした土地利用転換が進展しており，水辺の魅力を高め，楽しむ場の創造は，都市再生のリーディングエリアを形成する上できわめて効果的である。とりわけ，災害からの防護に加え，景観や環境に配慮したパブリックアクセスの整備充実は重要である。以下に，水際線開放を拡大する考え方の一例を**表 19.2**に示す。

写真 19.1 海上公園整備による水際線開放事例

写真 19.2 高潮対策向上のための護岸改修，海岸環境整備の事例

表 19.2 水際線を解放を拡大する考え方の一例

① 個別事業が一体となって水際線を開放
・公園緑地整備，都市海岸高度化，海岸環境整備，河川護岸整備，再開発などと一体となって水際線開放を図る。
・改修計画等が予定されている堤防・護岸は，緩傾斜型護岸や緑化，遊歩道など総合的な親水化策を導入する。
・土地利用変更予定地は，パブリックアクセスの導入を義務付ける。
② 平穏水域に位置する水際線の積極的・公平な開放
・防潮水門内側の地域は，高潮災害等から防備され平穏な水面が創り出されており，水際線を開放する上での支障は少ない。一方，パラペット高い垂直護岸の部分や，親水性の高い護岸に改修された地域においても特定者だけがアクセスできる部分もあり，階段式護岸など親水化護岸の導入や公平な水際線の開放を進める。
・水際線や水面の利用低下，土地利用転換が生じており，新しい機能導入に合せて水際線開放を図る。
③ アクセス路の整備と水辺に顔を向けた建築物(まちづくり)計画
・開放するに至らない水際線の多くは，水際線へアクセスするためのアプローチ手段の未整備が要因となっている。行政相互，行政住民間の調整・連携・協力によるアプローチ手段を確保し水際線の開放を推進する。
・住宅・業務地における地域住民・従業者等が日常的にアクセス可能水際線の多くは，"地域の裏"側にある。さらに多くの場合，橋詰めや建物と建物との間の路地等からアクセスする状況にある。そのため，土地所有者の理解と参加・協力による水辺を意識した建築計画やまちづくり，良好な景観形成を推進し，地域の顔と多様な機能をもつ水際線の開放を図る。
④ 土地利用規制の緩和等
・工業系用途地域の水際線は，賑わい機能を導入する上で多くの規制がある。時代の変化から水際線に対する要請も多様化しており，土地利用規制等の緩和・弾力化により水際線開放の可能範囲を広げる。

　以上の考え方を前提に東京臨海地域の水際線の姿を描くと，アクセス可能な水際線は，約2倍近くに拡大され，対水際線総延長は60%をこえるものとなる。この他に水際線前面の占用水域の調整やスポッ

写真 19.3 水際線へアクセス路の整備と水辺に顔を向けた建築物計画

写真 19.4 再開発などとの総合化・一体化

ト的なアクセス拠点を設けることにより，市民の水際線へのニーズが一層充たされるともに，良好な都市景観形成や新しい水辺の地域文化創造に大きな一歩を踏み出すこととなる。

19.2 緑化による自然再生

　都市域の里山と一体となった自然的空間が減少した結果，都市環境の保全と回復が求められるとともに，開発行為や建築行為で残された空地を単に樹木や草花等で覆うことではなく，地域の環境特性などに順応し，微気象の緩和・心身に優しい空間の創出・生物の生息空間の確保等として，小規模な個人庭園を含めた広い意味での社会基盤施設として大きくとらえられた中での緑化が求められてきている。

　緑化に際し当然そこには目的と目標があり，最終的にそれらがかなうように検討していかねばならない。計画地の地形・地質，水系，気象，動植物等に代表される自然的条件とともに，地域特性としての周辺部の土地利用の状況や各種行事の開催等の社会的条件を解析しながら，基本的な設計方針を定めデザインする必要性がある。目的・目標に見合う樹種・草本類の選定，その寸法，植栽密度等の検討，樹木等の生産状況の把握，土壌改良の検討，施工時期，養生方法，工事費，管理手法等々の検討を加えながら実施へと導くことになる。

　ここでは緑化(植栽工事)の事例をもって，当初の目的と目標を定めた中で設計に際してどのような考え方によって施行し，また，その後の経過等を記した。施行地はいずれも造成法面という植物の生育には厳しい条件ではあったことから，早期の緑化を代替樹種による途中相を形成し，最終的にはその地域で普通にみられる雑木林の形成を図ることを念頭に，一定の成果をあげることができたものとして示した。

表 19.3 施行の事例

	F中学校法面緑化	I住宅地造成法面緑化
緑化の目的	・学校緑化とあわせた既成市街地の囲繞景観の形成	・住宅地からの景観阻害要因(焼却施設の煙突)の遮蔽
緑化の目標	・滅失した既存林(二次林)の再生	・分断された既存林(二次林)の連続性の確保
計画地の概況	・山砂が産出されていた地域で，昭和40年代の宅造で切土成形された小規模な斜面 ・生徒の立ち入りが多い	・かつての農業用溜池の水源林的な役割　昭和40年代の宅造で盛土成形された法面 ・幅員4～10ｍの法肩の緑化も可能
土　　質	・砂土	・転圧された礫混じり土(部分的に蛇籠)
傾　　斜	・南西に開いた切土法面(30度未満)	・東に開いた盛土法面(45度未満)
地下水位	・低い	・低い
化学的特性	・未調査	・未調査
現況植生	・マテバシイ，ウメとサクラの苗木，西洋芝の吹付け	・犬走り部にサクラとツバキの列植，クズの繁茂
潜在自然植生	・ヤブコウジースダジイ群集	・イノデータブ群集
設計方針	・潜在自然植生を基本とした樹種選定と生育環境の整備	・代替樹種による早期の緑化
樹種選定	・耐乾性のある常緑広葉樹を主体に選定	・厳しい生育環境に耐え生長が著しい樹種の選定
植栽構成	・地域在来種による常緑及び落葉広葉樹 ・高・中・低木の三層構成	・法面部は実生のヤシャブシとヤマハンノキの苗木 ・法肩部は常緑樹(高・中・低木)による三層構成
養生措置	・標準より大き目の植え穴と客土，粗朶の設置と刈草のすきこみ，防寒・蒸散抑制として幹巻	・支柱の設置程度
管理の方法	・概ね自然遷移に委ねる	・概ね自然遷移に委ねるが，三年間にわたる年三回の除草とクズ対策
施行後の措置	・養水分不足や人的損傷による生育不良のため，代替樹種(ヤシャブシ，ヤマハンノキ，ニセアカシア，ハギ等)を補植	・ヤシャブシ，ヤマハンノキ等の活着と繁茂を確認
現　　況	・代替樹種の樹林地は形成されたが，人為的な干渉(立ち入り)が強いため，林床の生育が見られず遷移が進まない	・景観阻害要因の遮蔽と既存林との連続性が図れた人為的な干渉がほとんどないため，林床も安定している　ヤシャブシも一部残存している
今後の課題	・植物の生育環境を把握し，緑化の目的と目標に沿った長期的な保育管理計画の作成とそれに基づいた維持管理を継続的に行う必要性がある	

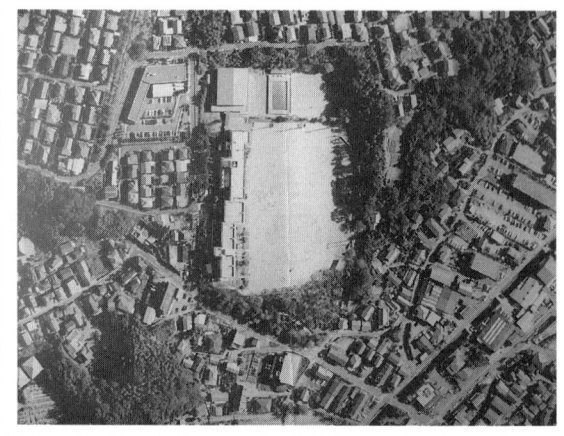

写真 19.5[2]　F 中学校斜面緑化—左側 1977 年 (施行後 4 年目)・右側 1998 年 (施行後 25 年目)
　　　　　　真中央部の矩形地下部の三角形の法面を施行。代替樹種ではあるが樹冠が既存林と連なった。

写真 19.6[3]　I 住宅地法面緑化—左側 1977 年 (施行後 1 年目)・右側 1998 年 (施行後 22 年目)
　　　　　　写真中央部の住宅街下部の三角形の法面を施行。生育の著しい代替樹種により景観阻害要
　　　　　　因の遮蔽とその後の高木の高密度植栽により既存林との連続性が図られた。

　一部，緑化地への人の立ち入りが激しいことから，林床の生育がみられないといったこともあったが，当初の設計目的と目標におおむね到達した。このように，時流のさまざまな要請に即した緑化というものを考える場合でも，基本的にはその地域やその土地に見合った樹種等の選定，植栽物の性状や生育環境の検討と対処，将来目標をきちんとイメージしておくことが必要である。このことは，設計に際して一般的には，短期間による整備で最終形をイメージしてしまい，長期的な樹木等という生けるものへの生育環境や管理方法等に配慮がなされないといったことに陥りやすいことからである。近年の多様な生物の生息空間の保全という要請に対しても，そのような配慮がなされていれば，水辺地の緑化，屋上庭園や壁面緑化等どのような場面にも対応が可能となることから，設計に際しては柔軟な考え方と細心の配慮と対処をもって行われることが望ましい。

　また，管理計画についてもさまざまな観点から検討立案し，一定の方針に基づいて期間を定め，樹木等の生育状況の把握や時代の要請を観案しつつ，時点修正等を加え当初の目的・目標とする緑化に仕立て上げていく必要性がある。

　なお，今後の緑化については，さまざまな生きものたちの生ける空間整備として長期的な事業として位置づけることが必要であり，また，より良い都市の空間形成のを図るためにも，土地利用の規制や誘導に対してもこれまで以上に，有効的かつ詳細に制度化されていくことが望ましいと考える。

第20章 農山漁村の活性化とランドスケープの計画

20.1 経済計画・国土開発における農山漁村の活性化の今日的なとらえ方

　経済自立5箇年計画(1955年)を端緒とする，わが国の経済政策運営の礎である経済計画での農山漁村の活性化の考え方では，当初，産業としての第1次産業の振興に注力された．その後，農山漁村の生活環境や都市との有機的結合など，農山漁村の環境整備を伴う活性化へと概念拡げ，現在は，新成長戦略(2010年)で提起されるように，自然資源・伝統文化・芸術等の地域資源との融合化，バイオマス資源利活用，6次産業化や農商工連携による成長潜在力発揮，森林・林業再生によるグリーンイノベーションの実現など，農山漁村の環境保全と複合化した第1次産業の振興による農山漁村の活性化が指向されている．

　このような考え方の変化は，国土開発の羅針盤である全国総合開発計画，国土形成計画でも同様である．国土総合開発計画法に基づく，国土の社会資本整備や地域開発の在り方等を長期的，総合的に方向づける全国総合開発計画，たとえば「21世紀の国土のグランドデザイン(目標年次2010〜2015年)」での農山漁村の振興は，第1次産業の振興を支える農山漁村の環境整備とともに，都市住民を含めた都市と農山漁村の交流による多自然居住実現への環境整備へと方向性を拡げた．さらに，新たなる国土づくりの方向性を示す国土形成計画での農山漁村の振興は，人口減少・少子高齢化時代の到来を正面からと

表20.1　過去の経済計画および国土計画における農山漁村振興の位置づけ例(その1)[1],[2]

策定時期	計画名称	概要，農山漁村の活性化とのかかわりなど
昭和35年 (1960年)	国民所得倍増計画	国民経済の規模を実質価値で倍増，生活水準の西欧先進国並への引き上げが目標
		農山漁村の活性化は，農業人口・農家戸数の減少，食料消費構成の変化を想定し，他産業と均衡のとれた農業所得確保を目指した方策とともに，住宅・上下水道・道路等の農村生活の向上など新しい農業投資としてに農村再開発事業の必要性を提唱
昭和40年 (1965年)	中期経済計画	国民生活の質的向上，過密・過疎等の地域格差是正，社会資本充実，農林漁業近代化が目標
		農山漁村の活性化は，農業における経営規模の拡大，機械化の促進，圃場条件の整備，生産性の向上を目指し，圃場整備により機械化が可能な耕地の全てに圃場整備，後継者確保の観点から農村漁村の生活環境である上下水道，構成，医療，文化施設の充実の必要性等を提唱
昭和42年 (1967年)	経済社会発展計画	経済成長と物価安定の両立，経済部門の均衡発展，国際化対応，国土の均衡発展が目標
		農山漁村の活性化は，農業近代化を軸に新しい農村建設，大型機械共同利用・集団栽培普及，広域共同出荷体制確立，生産と生活の環境整備，都市との有機的結合を目指した．なお，過疎化は阻止し得ないが，地域社会の適性水準確保への集落再編成を含む総合的社会開発を提唱
昭和54年 (1979年)	新経済社会7ヵ年計画	都市の高い生産性・良質な情報と，田園のもつ豊かな自然・潤いある人間関係を結合する田園都市国家を目指し，定住への基礎的条件として農林漁業の社会資本整備の推進を提唱
策定時期	計画名称	概要，農山漁村の活性化とのかかわりなど
昭和37年 (1962年)	全国総合開発計画	地域間の均衡発展を目指し，都市の過大化防止と地域格差縮小，自然資源の有効利用，資本・労働・技術の諸資源の適切な地域配分へ，拠点開発計画による全国的な工業分散配置を提唱
昭和44年 (1969年)	新全国総合開発計画	人口・産業の大都市集中加速，急激な人口流出による農山村の過疎化，急成長の産業活動による大気汚染・水質汚濁・土壌汚染・地盤沈下等，国民の健康と生活環境への環境問題が顕在化
		豊かな環境創造を目指し，人間と自然との調和・自然の恒久的な保護・保存，開発可能性の全国土への拡大・均衡化，地域特性に応じた国土利用の再編・効率化，安全で快適で文化的な環境条件の整備・保全を図るため，大規模プロジェクト方式を提唱
		農山漁村の環境保全を目指し，生活水準向上，集落・集落施設その他環境条件の整備による魅力的な生活の形成を提唱

表 20.2 過去の経済計画および国土計画における農山漁村振興の位置づけ例 (その 2)[1]〜[3]

策定時期	計画名称	概要，農山漁村の活性化とのかかわりなど
昭和52年 (1977年)	第三次全国総合開発計画	人間居住の総合的環境の整備を目標とする定住構想として，居住区，定住区，定住圏が提案され，都市と農村を一体とした定住圏整備を提唱
昭和62年 (1987年)	第四次全国総合開発計画	交流ネットワーク構想による多極分散型国土形成として，定住と交流による地域活性化，国際化と世界都市機能再編，安全で質の高い国土環境整備をを目指し，多極分散型国土構造の形成を基本目標として，開発方法としては交流ネットワーク構想を提唱
平成10年 (1998年)	21世紀の国土のグランドデザイン(第五次全国総合開発計画)	地球環境問題，大競争時代，アジア諸国との交流などの地球時代，人口減少・高齢化時代，高度情報化時代の到来を背景として，多軸型国土構造形成の基礎づくりが目標
		多自然居住地域 (小都市，農山漁村，中山間地域等) の創造を4戦略の1つに設定
策定時期	計画名称	概要，農山漁村の活性化とのかかわりなど
平成20年 (2008年)	国土形成計画	グローバル化や人口減少に対応する国土の形成に向け，「東アジアとの円滑な交流・連携」「持続可能な地域の形成」を，安全で美しい国土の再構築と継承に向け「災害に強いしなやかな国土の形成」「美しい国土の管理と継承」を，さらにこれらをを推進するための横断的視点として「新たな公を基軸とする地域づくり」を提起

らえ，地球環境時代を見据えた持続可能な地域形成による雇用確保と所得向上とともに，美しい国土の管理と継承，新たな公による地域づくりや国土の国民的管理の実践により，条件不利地域等における荒廃する山林・農地の保全を目指すことを提起している．すなわち，産業振興として経済開発の色合いが強かった農山漁村の活性化は，都市住民と農山漁村住民との交流による地域活性化の具現化，さらには，ランドスケープに代表される農山漁村の地域資源の保護・保全・活用による持続的活性化へと大きく変容した．ランドスケープ技術者は，このような変化を踏まえ，いかにランドスケープ計画に反映させていくのかが問われている．

20.2 農山漁村振興政策の今日的なとらえ方

地域資源の保護・保全・活用による持続的な農山漁村活性化の姿をとらえるため，「農村の活性化」と，「過疎振興・山村振興および漁村振興」の各政策動向を概観する．まずは，農山漁村の活性化を考える上での中心的な政策である「農村の活性化」について概観する．農村の活性化は，「農業基本法」に示されるように，他産業従事者との所得格差の是正を図るため，生産性向上，技術高度化等の産業政策が中心であったが，「総合農政実施大綱」を契機に，農村整備が農政の柱として位置づけられ，「農村基盤総合整備パイロット事業」により農村地域の空間整備の第一歩を踏み出した．その後，農村整備の調査計画手法・技術基準が確立され，農村地域住民による自主的な村づくり，農村アメニティに基づく農村空間づくりが展開された．つまり，農村活性化は，産業活性化だけではなく，生産基盤とともに生活環境基盤を整備し，都市へのキャッチアップが主眼であった．農村活性化のとらえ方の大きな転機は，農村地域の居住選好を目指した「農村整備懇談会報告」とされ，農村整備施策が農村居住者の生存環境や生活環境の達成のみならず，農村を訪れ，定住する都市住民も対象としたアメニティミニマムの達成を見据え，多面的機能の保全・育成を目指した．中山間地域活性化対策の事業制度が創設され，地域活性化構想の検討，農業以外の事業との連携による相乗効果創出等，総合的な地域活性化が求められた．そこで，食料・農業・農村基本法での多面的機能への着目，国土形成計画での新たなる農山漁村の活性化ベクトルを総合すると，今日的な農村活性化は，農業生産の振興，農村住民の生活環境の向上に加え，都市住民を見据えた交流基盤整備，さらには国民的管理や新たな公による国土保全を視野に入れた活性化が求められていることがわかる．

つぎに，注力され始めた中山間地域の活性化による農山漁村の活性化の姿をとらえるために，関連する過疎振興，山村振興，漁村振興の考え方を概観する．まず，我が国の過疎対策は，高度成長による農山漁村からの都市への人口流出，過度な人口減少を防止するための「緊急措置法」に端を発し，住民福祉向上，雇用増大，および地域格差是正を目的とした「振興法」を経て，地域の個性を活かした地域の主体性と創意工夫を基軸とした「活性化法」へと推移し，生活や経済活動の利便性の向上，都市との交流

表 20.3 農村活性化の経緯 (その 1)[1]

策定時期	農村振興の根拠となる施策	概要
昭和36年 (1961年)	農業基本法	都市への急激な人口流入，無秩序な都市化等を背景に，他産業従事者と均衡する生活を営み，農業の生産性向上・農業所得増大を目指し，機械化促進・農地等整備による農作業の効率化が求められた．
昭和45年 (1970年)	総合農政実施大綱	コメの生産調整実施，生産者米価抑制，農産物貿易自由化促進，構造政策推進，農村工業導入，農地地域の生産基盤と生活環境の総合的整備が示され，農政の柱の1つに農村整備を設定
昭和47年 (1972年)	農村基盤総合整備パイロット事業	生活環境整備を含む総合メニュー方式の事業を展開し，農村空間整備への第1歩を踏み出した．
昭和48年 (1973年)	農村総合整備モデル事業	事業主体を市町村として，生活環境に重点をおいた農村総合整備計画（農業を中心とした産業振興計画，生活環境整備計画，コミュニティ計画を一体化）を前提とした事業を展開
		農業土木学会農村環境整備委員会に，農村整備に関する調査計画手法・技術基準確立のための調査を委託し，昭和50年（1975年）に農村計画の手引きを公表
昭和55年 (1980年)	80年代農政の基本方向	農村の特性を活かした農村整備が柱とされ，国民に対する農村の役割を明確にし，農村の将来展望を踏まえた農村計画制度の確立とともに，自主的な村作り運動の展開を提唱
		活動計画を住民および組織が自主的に策定し，農村の魅力や居住の快適性を維持・発展させるための技術的知識の必要性が顕在化し，昭和61年（1986年）農村アメニティコンクールをスタート

表 20.4 農村活性化の経緯 (その 2)[1]

策定時期	農村振興の根拠となる施策	概要
平成元年 (1989年)	農村整備問題懇談会 報告	生存環境・生活環境整備から快適環境整備への段階変化に対する認識を示し，景観整備，レクリエーション施設整備，自主的な社会組織（例　グランドワーク活動）などの重要性を指摘
		グリーンツーリズム等，農村居住への国民の評価を背景に，農村整備施策を農村地域住民を対象としたものだけでなく，農村を訪れ定住する都市住民を対象としたものへと拡大
		豊かな生態系を有する農村の特性を活かした農村整備として，整備水準の考え方をナショナルミニマム・シビルミニマム・ルーラルミニマムから，アメニティミニマムへと変化
平成6年 (1994年)	特定農山村地域における農林業等の活性化のための基盤整備の促進に関する法律	中山間地域の総合的な農林業振興，農山村の活性化を意識した地域限定的な政策として，総合的な農林業生産基盤，地域の活性化による総合的な村づくり，地域特産品の産地形成，農業改良資金制度の拡充，過疎対策の拡充などの中山間地域の活性化対策事業の制度を創設
		事業内容・キャッチフレーズを盛り込むことを義務づけた地域活性化構想の展開を位置づけ，農業面以外からの活性化を視野に入れ，他事業連携による相乗効果の誘引を要求
		全国1730市町村が地域指定を受け，従来の過疎法，山村振興法等による地域指定に加え，特定農山村法による地域指定を付加
平成7年 (1995年)	農村自然環境整備事業	機能面だけでなく景観面，自然環境対策が配慮されはじめ，農村の有する多面的・公益的機能を維持・増進し，都市にはない魅力を創造するため，生態系の保全に配慮し，農村の多用な生物層と豊かな環境に恵まれた農村空間（エコビレッジ）の形成が目標
平成10年 (1998年)	食料・農業・農村基本問題調査会における答申	農村・中山間地域への着目を主要な柱にすえ，21世紀の国土のグランドデザインにて，中山間地域等と地方中小都市が形づくる圏域を新たなライフスタイルを創造するための国土開発政策上のフロンティアとして，多自然居住地域としての整備が提唱
平成11年 (1999年)	食料・農業・農村基本法	食糧自給率低下，農業者高齢化・農地面積減少，農村活力低下など，わが国の農業を取り巻く環境が変化する一方で，国民の多面的機能（国土・環境保全，文化継承）への評価が向上
		農業者の自信と誇りをえることができ，生産者と消費者，都市と農村の共生を目指し，農業持続的発展・食料安定供給・多面的機能発揮・農村振興を柱とした基本法を制定

促進などのソフト事業が展開されるようになった．その後「自立促進法」により，多様な居住・生活様式を実現する場として，交流を通した都市との相互補完関係を確保するため，公共施設，遊休施設の改修・活用などのソフト事業の充実が目指され，現在は，食料や水，エネルギー供給，国土保全などの公益的機能を評価した上でのソフト事業をさらに拡充すべく，自立促進法の失効期限を6年間延長された．

山村振興は，都市との格差是正を目的とした「山村振興法」により，道路等交通施設や生活廃水処理施設などの生活基盤整備，農道や林道などの産業基盤整備を中心とした各種施策が展開されてきたが，「森林・林業基本法」の制定により，都市と山村の交流等に関する施策が新たに条文化された．

漁村振興は，「沿岸漁業等振興法」により，漁業従事者の生活水準全体の都市との格差の是正を図る施策が展開されてきたが，国民は安心と安全を，水産関係者は自信と誇りを得て，生産者と消費者，都市

表 20.5 過疎振興の経緯 [4), 5)]

策定時期	過疎法	
昭和45年 (1970年)	過疎地域対策緊急措置法(緊急措置法)	生活環境のナショナル・ミニマムを確保しつつ，開発可能地域に産業基盤等を整備し，過度な人口減少を防ぐとともに，地域社会の崩壊及び市町村財政の破綻防が目標
		過疎地域振興計画に基づき，生活環境，産業基盤等の整備を図る各種事業を実施し，とくに交通通信体系の整備を中心とした事業が展開
昭和55年 (1980年)	過疎地域振興特別措置法(振興法)	総合的かつ計画的な振興施策を積極的に講ずることで，地域の振興を図り，住民福祉の向上，雇用増大及び地域格差の是正に寄与
		医療確保に関する配慮規定，老人福祉の増進に関する補助制度の規定，小規模校における教育の充実に関する配慮規定及び中小企業に対する資金確保の規定が新設
平成2年 (1990年)	過疎地域活性化特別措置法(活性化法)	人口の著しい減少に伴い，地域社会の活力が低下し，生産機能や生活環境整備等が他地域より低位にある地域の活性化を図り，住民福祉の向上，雇用増大及び地域格差の是正に寄与
		過疎債，基幹的市町村道等に係る都道府県代行整備事業費等の拡充を図り，高齢者生活福祉センター等の整備に係る規定が新設．公共下水道の都道府県が代行整備する制度創設
平成12年 (2000年)	過疎地域自立促進特別措置法(自立促進法)	豊かな自然環境や広い空間での多様な居住・生活様式を実現する場として，交流を通した都市と相互補完関係にある新しい生活空間を確保し，美しい景観整備，地域文化振興，多様な地域産業振興により，個性を発揮し，自立できる地域社会の構築を提唱
		過疎債の拡充を図り，介護老人保健施設の整備に係る規定が新設．公営企業による共同店舗，一定条件の広域病院，都市との交流を図るための公共施設，遊休施設改修・活用も対象

表 20.6 過疎振興の経緯 [4), 5), 6)]

策定時期	過疎法	概要
昭和40年 (1965年)	山村振興法	都市との格差是正を目的に，道路等交通施設や生活廃水処理施設などの生活基盤整備，農道や林道などの産業基盤整備を中心とした各種施策が展開
平成13年 (2001年)	森林・林業基本法	森林の多面的機能に対する山村地域の重要性を示し，就業機会増大や生活環境整備による定住促進，森林環境教育の推進，里山林等の保全・整備・利用の推進，森林に関するPRの推進
昭和38年 (1964年)	沿岸漁業等振興法	漁業従事者の生活水準全体の都市との格差の是正を目的に，道路等交通施設や生活廃水処理施設などの生活基盤整備，農道や林道などの産業基盤整備を中心とした各種施策が展開
平成13年 (2001年)	水産基本法	国民は安心と安全を，水産関係者は自信と誇りを得て，生産者と消費者，都市と漁村の共生を実現することを目的に，都市と漁村との交流や，その基盤となる施設や景観づくり

と漁村の共生を実現することを目的とした「水産基本法」が制定され，都市と漁村との交流，その基盤となる施設や景観づくりに向けた各種事業が展開されている．

20.3 農山漁村の活性化に求められるランドスケープ技術者の新たなかかわり

　従来の農山漁村の活性化は，社会基盤等のハード整備による住民の生活水準や利便性の向上といった都市との格差是正が目的であった．その後，自然環境・自然景観・地域文化・生活様式などの地域資源の保護・保全・活用による，農山漁村のランドスケープが有する多面的機能への関心の高まりを活かした都市と農山漁村の交流による地域活性化(図 20.1)を目指し，さらには，地産地消・農商工連携・ITを駆使した特産物販売・観光地域づくりなど，農林水産物や地域資源を活用した多様な産業育成に向けた地域ビジネスの新業態創出，いわゆる「6次産業化」による農村再生(図 20.2)を目指している．

　このように，時代の変容とともに農山漁村の活性化の考え方は変化した．つまり，国土保全・自然環境保全・良好な景観形成・文化伝承などにより，農山漁村の地域資源の多面的機能の顕在化を求め，そのための農用地や森林の適切な管理では，農林水産業の健全な持続的営みによる実践とともに，条件不利地域における新たな公の実現や国民的管理による実践を求めている．

　このような動向の中，今日的な農山漁村活性化において求められる計画論・計画技術は，①生態系に配慮した地域環境づくり，②景観づくり，③生活様式等の文化的側面に配慮した地域づくり，④都市との交流を支え，農山漁村の持続的な発展に資する6次産業化へ向けた地域経営といった①～④への貢献が求められる．ここで，ランドスケープナレッジ(計画技術の蓄積)とのかかわり方を考えると，①は第11章，第19章，②，③は第18章での記述のとおり，ランドスケープ計画では多く成果を上げており，そのナレッジ・ノウハウを応用することは可能である．しかしこれだけでは，現在の農山漁村の活性化

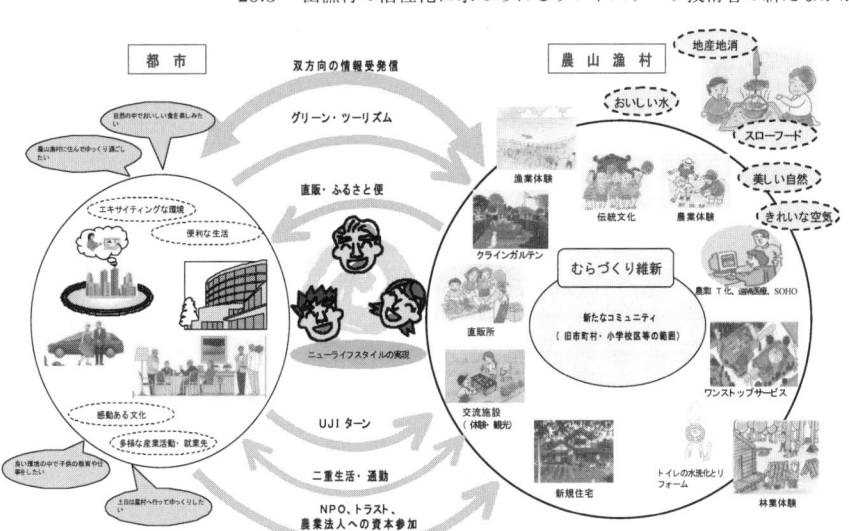

図 20.1 都市と農山漁村の共生・対流のイメージ[7]

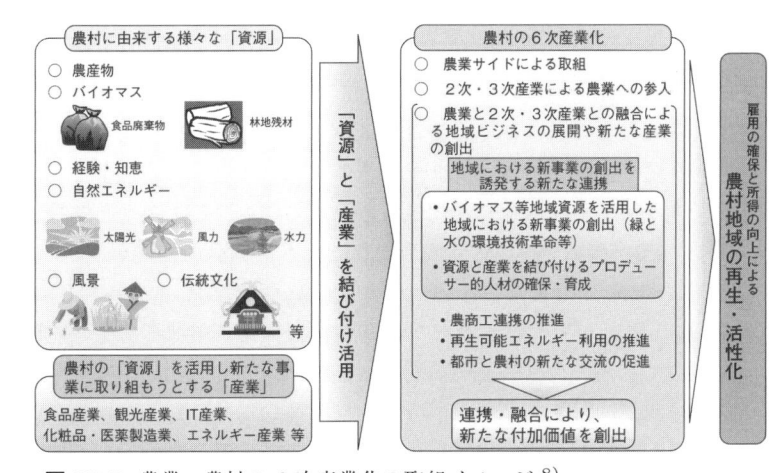

図 20.2 農業・農村の6次産業化の取組イメージ[8]

には不十分である。農山漁村の活性化に新たに求められるのは，④に資する地域経営の観点に立ち，ソフト面の充実を図るための計画論や計画技術の確立が必要である。最近の研究動向として，地域開発・国立公園整備・都市公園整備の点からマーケティング理論を活用した計画論の必要性が指摘[9]~[14]されている。都市との交流を支え，農山漁村の持続的な発展に資する地域経営においてもマーケティング理論などの経営学の知見活用が求められ始めている。

　農山漁村の活性化に資するマーケティング理論の活用は，既往研究においてその萌芽がみられ，とくに，国立公園の計画，管理に対して研究成果が蓄積されつつある。たとえば，小林[10]が利用体験の質の指標として満足感を取り上げ，従来の国立公園の計画論は機会を提供する側の立場に限定し，利用者が求める機会との調整・配置に言及していない点を指摘している。国立公園における一連の研究動向は拡がりを見せ，供給側（サプライヤー）の論理ではなく，来訪者などの消費者行動に即したマーケットインによる計画論の重要性が啓発されるようにはなったものの，マーケットインによる地域づくりに活用可能なランドスケープ領域の研究蓄積はまだ少ない。今後は，ランドスケープ技術者が，マーケティング理論を応用しながら新たな計画論・計画技術を蓄積・応用していくことが求められる。都市と農山漁村との交流を支える知識（知見）を得るために参考となるマーケティング理論としては，消費者行動，顧客満足型マーケティング，関係性マーケティング等があげられる（**表 20.7**）。これまでに培ったランド

表 20.7 活用可能なマーケティング理論の例

活用可能な理論	農産漁村活性化に資する計画論への展開の可能性
消費者行動分析	都市住民の農山漁村への交流に際しての来訪地選択，来訪決定メカニズム，農山漁村での提供サービスと来訪者の消費意欲との関係の明確化が可能．活用可能な計画技術はデザイン工学における"仮説型デザイン7)"があげられ，初歩的手法である多変量解析の方法論は4.5を参照されたし．
顧客満足型マーケティング	都市住民の農山漁村への交流に際しての提供サービス（ハードとソフト）への価値（期待）感や，交流活動後の満足度との関係を明らかにすれば，持続可能な都市と農山漁村の交流実現への戦略・戦術構築が可能．とくに，都市住民の農山漁村交流への期待感と満足感の定期観測は，刻々と変化する都市住民の消費者行動に対応する柔軟なソフト戦略構築に適す．パークスビクトリア（豪）のランドスケープ計画では既に導入済み．
関係性マーケティング	関係性のマーケティングとは，顧客行動（例えば，都市住民の交流行動）を重視し，顧客と長期的で持続可能な関係性を築き，顧客とサービス提供主体（つまり農山漁村）の相互便益を創造し，顧客との有益な関係性に発展可能であり，都市と農山漁村の交流に関する計画哲学として活用し，前述の顧客満足型マーケティングを計画技術として活用すれば，長期的な顧客関与システム構築が可能．

スケープ計画論・計画技術とこれらの知見の融合によるマーケットインによる地域づくりの実践により，ランドスケープ領域の計画論・計画技術に新たな視座が見出されると考えられる．

　新成長戦略等に示されるように，これからの農山漁村は地域のことは地域に住む住民が決め，活気に満ちた地域社会をつくることが求められる．行政施策においても，グリーン・ツーリズムのテストイベント開催[12]や，アウトドア体験観光ビジネス起業化支援（北海道）など，地域資源を活用したコミュニティビジネスの展開による農山漁村の活性化が試行され，結果として，徳島県上勝町の成功に代表されるような，自立可能な経済的活性化を求め，自らの創意工夫と努力により切磋琢磨する農山漁村が増加している．また，兵庫県豊岡市で展開されているコウノトリの生息空間保全に資する営農空間整備，環境志向型消費者を見据えた農産物販売，グリーツーリズムによる交流人口増加など，環境と経済の両立を目指した地域資源の保護・保全・活用を具現化する取り組みは，ランドスケープ技術者が得意とする地域資源の"保全"を体現する，農山漁村活性化の新たなベクトルを示す事例である．このような動きはさらに加速し，地域住民の活動ばかりでなく，社会起業家（ソーシャルイノベーター）による活動，地域課題解決に向けた戦略的CSRとしての競争優位な企業の営利行動，地域密着型の顧客企業支援としての農業クラスター形成に向けた地域金融機関の活動など，地域づくりの担い手は多様化した．国土形成計画にランドスケープの術語が採用され，ランドスケープの概念は多分野へと浸透しつつあるが，この浸透はランドスケープのナレッジが土木，建築ばかりでなく，多分野の計画論への融合も意味するものである．前述した社会起業家や戦略的CSRを展開する企業が蓄積するナレッジである経営学においても，環境と経済の両立による地域活性化，地域課題解決に資する地域資源活用型コミュニティビジネス展開など，地域社会と共有できる価値創出に向けての経営学のナレッジ蓄積へ，ビジネススクールのカリキュラム改善への指摘[16]もなされている．ランドスケープ技術者も農山漁村活性化の新たな活性化ベクトルに対応すべく変化が必要である．

　最後に，マーケティング理論を導入したランドスケープ計画の実施体制を考えると，マーケティング理論に精通する専門家との協働プロジェクトチームの組成が不可欠であり，ランドスケープ技術者が計画全体をプロデュースするタイプ，マーケティング理論に精通するプランナーがプロデュースするプロジェクトチームにランドスケープ技術者が参加するタイプ，ランドスケープ技術者自らがマーケティング理論を活用したプランニングを手がけるといった3タイプの可能性が想定でき，そのためのノウハウが必要である．つまり，ランドスケープ技術者には，マーケティング理論をはじめとする地域経営に精通する専門家のネットワーク構築が不可欠となりつつある．近年，産学官金連携による地域課題解決による地域活性化の取り組みや，大学における高度専門職業人養成への取り組みなど，ネットワーク構築のためのプラットフォーム基盤が形成されつつあり，これらの基盤を活用した新しい計画技術の蓄積に向けたランドスケープ技術者の挑戦が必要である．

事例1　広域緑地系統

ふくい緑のグランドデザイン（福井県広域緑地計画）

福井県（418 838 ha）松原秀也，(株)ヘッズ計画マネジメント室

福井県は，古来から『越山若水（えつざんじゃくすい）』とよばれる「越前」の緑豊かな山並みと「若狭」の変化に富んだ海岸など，すぐれた自然環境に恵まれており，その豊富な緑を背景として多様な人々の生活が営まれ，個性あふれる郷土の歴史と伝統文化が育まれてきた土地である。

広域緑地系統の形成に向けては，学識経験者等で組織される「福井県広域緑地計画策定研究会(委員長：丸田頼一)」において，県土を包み込む『越山若水』の山地，海岸等の自然環境や生活と関連性の深い里山，田園，主要河川，大規模な都市公園などの緑地を人々の身近な暮らしの中にいかに取り込むかという視点から検討を行っている。

その内容は，福井県の多様な緑の特色を活かした県民と行政が共有すべきビジョン(緑のグランドデザイン)を立案したうえで，環境保全，レクリエーション，防災，景観構成の機能面からおのおのの緑地の立地特性に応じた保全方策や整備の推進を提案しており，福井県の自然とランドスケープの保全および保護の指針となる計画である。

広域緑地系統の形成に向けては，『緑の掌』や『緑の珠』に表現される多様な緑を市街地における人々の暮らしの中に引き込むため，『緑のくさび【河川，尾根，島状の緑地，公園など】』と名づけた緑地の保全や整備を推進し，緑の連続性を確保することとしている。

今後，都道府県広域緑地計画の範囲をこえた緑のグランドデザインを描くことにより，さらに広域的なスケールでの緑地の系統的な保全や整備の着実な推進が望まれる。

写真1-1　海岸の緑（若狭湾国定公園）
「越山若水」を象徴する若狭の自然海岸。日本有数の自然景観を有しており，越前海岸の温泉資源と合せて，広域的な観光・レクリエーション機能を有する緑地軸として広域緑地系統を形成している。

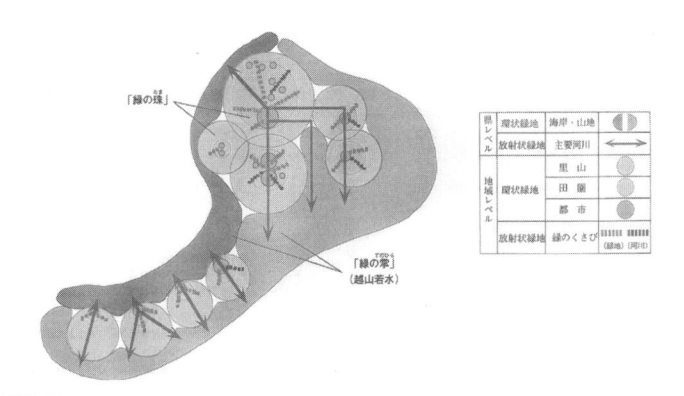

図1-1　緑の将来像概念図
　　図は，福井の県土を『緑の掌(てのひら)【海岸の緑(左手)，山地の緑(右手)：越山若水】』につつまれた，幾重にもリング状に重なった『緑の珠【田園・里山・都市の緑】』になぞらえ，緑の将来像(緑のグランドデザイン)として描いたものである。

事例2　緑の基本計画

つくば市緑の基本計画

茨城県つくば市，(株)LAU公共施設研究所

　つくば市は計画的な街づくりの行われてきた研究学園都市とそれを取り囲む田園地域からなっている。田園と都市が共生する緑の環境づくりを基本的な考え方とし，さまざまな立場の人々の連携・協力による仕組みや仕掛けづくりを重視した計画となっている。どちらかといえばソフトを基本にしつつ，それを支えるハード整備について計画するかたちをとっている。

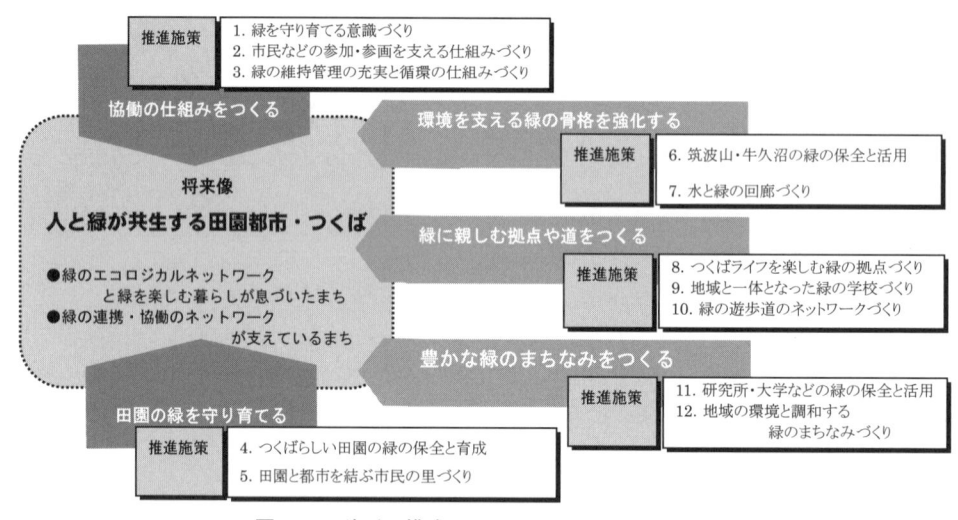

図2-1　計画の構成

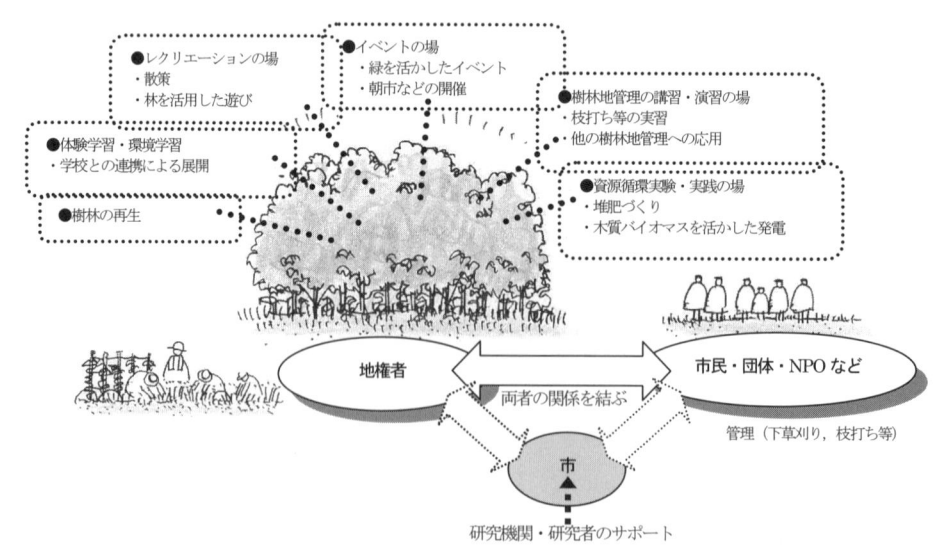

図2-2　市民の里づくり
　都市部と農村部が共生していくための出会いの場である。市は地権者と市民・団体を結びつけ，樹林地の管理はもとより，多様な活用を推進していく。

守谷市緑の基本計画

茨城県守谷市，(株)LAU 公共施設研究所

　守谷市は常総台地から枝状にのびる猿島台地の先端部分に位置し，台地上の計画的な市街地を斜面樹林が取り囲んでいる。台地には谷戸が切れ込み，独自の環境・景観を形成している。一方，市街地は計画的に形成されており，都市公園の整備はかなり進んでいる。本計画ではこのような守谷市の特性をふまえ，斜面樹林の保全および谷戸を活かした複合的な緑の拠点づくりを大きなテーマとしている。

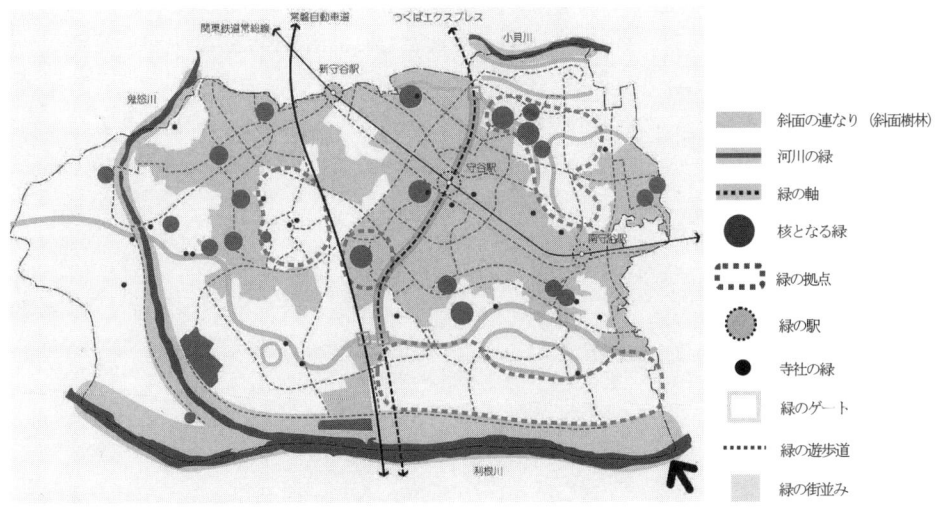

図 2-3　緑の将来像図

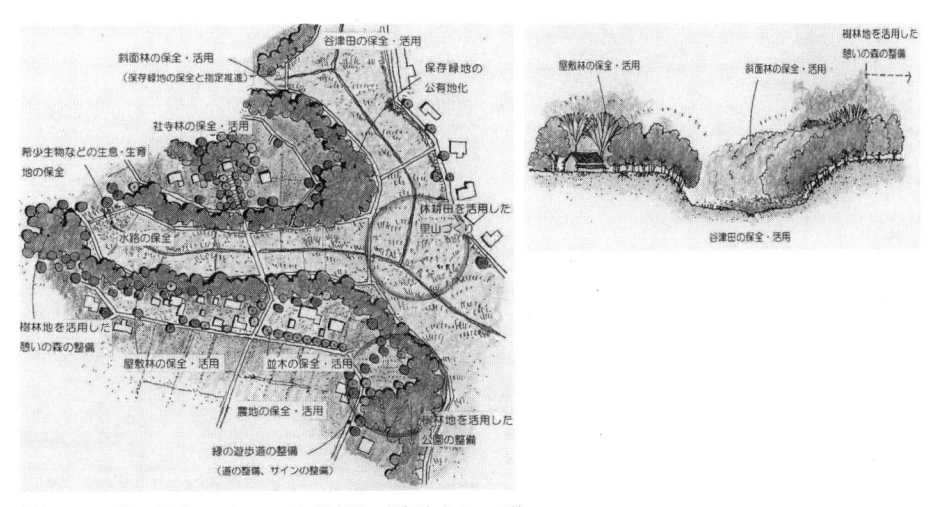

図 2-4　緑の拠点のイメージ（平面，断面イメージ）
　守谷市の特色である谷戸と斜面樹林などを活かした複合的な緑の拠点整備を位置づけている。
　都市公園等の緑の核の整備と谷戸の斜面樹林，農地，周辺の寺社林の保全をベースにしながら，環境学習等への活用の場としての活用や里山の管理等への参加を図る場としている。

事例 3　都市公園——近隣公園，地区公園，特定地区公園，総合公園，運動公園

近隣公園—風越公園

長野県飯田市，約 1.8 ha，基本設計：丸田頼一・島田正文・池尻豊樹，他・(一社) 日本公園緑地協会

　本公園は，近隣公園という小規模な公園ではあるものの，住民の憩いの場としてはもとより，文化・芸術活動を中心とした利用の促進をコンセプトとした公園として計画された。これは，長野県が推進した全国的にもユニークな公園整備事業であり，多様な都市公園機能のうち，とくに，文化的側面を重視した公園である。そこで，芸術・文化の創造や継承活動の拠点としての集会所機能等をも有した飯田創造館を中心に，ギリシャ劇場，展示広場等の文化的施設の他，多目的広場，児童遊技広場，休息広場，駐車場等を周囲に配した施設計画となっている。

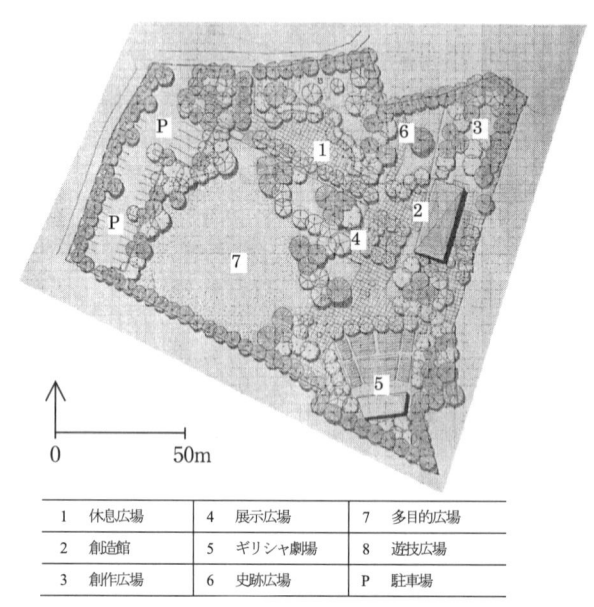

1	休息広場	4	展示広場	7	多目的広場
2	創造館	5	ギリシャ劇場	8	遊技広場
3	創作広場	6	史跡広場	P	駐車場

図 3–1　風越公園基本設計図

写真 3–1　講演会・集会，美術展，研修会等の開催や絵画，音楽，芸能，書道，茶華道などさまざまな文化活動が行われる飯田創造館。

写真 3–2　周囲を樹木と芝生地で囲んだバスケットボール，バレーボール，バトミントン等のさまざまなスポーツ活動，集会，祭り等の文化行事やピクニックなどが行える多目的広場，イベント開催時には仮設駐車場となる。

地区公園−大草城址公園

長野県上伊那郡中川村，約 4.6 ha，基本計画：丸田頼一・島田正文・阿部邦夫・支倉紳・(一社) 日本公園緑地協会

　本公園が位置する中川村は，伊那谷のほぼ中央に位置し，周囲を南アルプス国立公園等の山々に天竜川が流下している自然豊かな地域である。本公園は，この中川村のほぼ中央にある南北朝時代に香坂氏の居城として築かれたといわれる大草城址を中心として整備されている。公園内は，城址の丘，桜の広場，四季の広場，わんぱく広場等からなる花見ゾーン，球技やさまざまなレクリエーション活動を可能とした多目的広場によるスポーツゾーン，敷地西部の斜面林を中心とした自然保全ゾーンから構成されている。また，この城址のランドフォームの保全とともに，公園内からは西方に望める中央アルプスや天竜川流域へのビスタライン，多種のサクラの植栽等に特徴付けられた公園であり，サンセットポイントとして，また，春季には残雪の中央アルプスを背景に咲くサクラの名所として親しまれている。

写真 3–3 大草城址の本丸跡を城址の丘とし，一段高くなった台地状のランドフォームを保全しつつ，植栽や景石により城址としての雰囲気を醸し出している。

写真 3–4 公園西方に拡がる中央アルプス，天竜川流域の景観。春季には，中央アルプスの残雪を背景に満開のサクラが楽しめる。

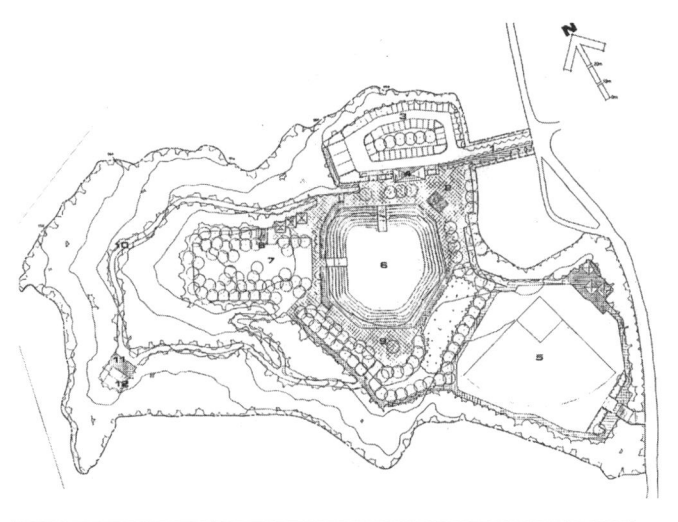

1	緑道	5	運動広場	9	秋の広場
2	入口広場	6	大草の丘	10	ウチョウの小径
3	駐車場	7	花見広場	11	休憩広場
4	管理棟	8	プレイロット	12	展望棟

図 3–2 大草城址公園基本計画図

288 / 事例3　都市公園—近隣公園，地区公園，特定地区公園，総合公園，運動公園

特定地区公園–大桑村スポーツ公園

長野県木曽郡大桑村，約 18.8 ha，基本計画：丸田頼一・島田正文・阿部邦夫，他・(一社) 日本公園緑地協会

本公園が位置する大桑村は，周囲を中央アルプス等の山々に囲まれ，中央を木曽川が流下する山村である。本公園は，このような都市計画区域以外の町村において，区域住民の日常的なスポーツやレクリエーションを促進するために整備された特的地区公園 (カントリーパーク) である。既存の体育館，テニスコート (一部) を取り込みつつ，多目的運動広場，テニスコート，ゲートボール場等によるスポーツ施設ゾーンの他，野外レクリエーション，センターゾーンから構成され，豊かな自然の中での地域コミュニティ活動の拠点としてはもとより，木曽地域広域市町村圏からの利用も図れるようスポーツ，文化，レクリエーション施設が一体的に整備されている。

写真 3-5 夜間照明を完備した多目的運動広場 (第5種公認陸上競技場，野球場等兼用)，豊かな自然の中での各種スポーツ・レクリエーションを可能としている。

写真 3-6 公園周囲の園路・小広場。敷地南側に隣接する木曽川の流れを一望できる。

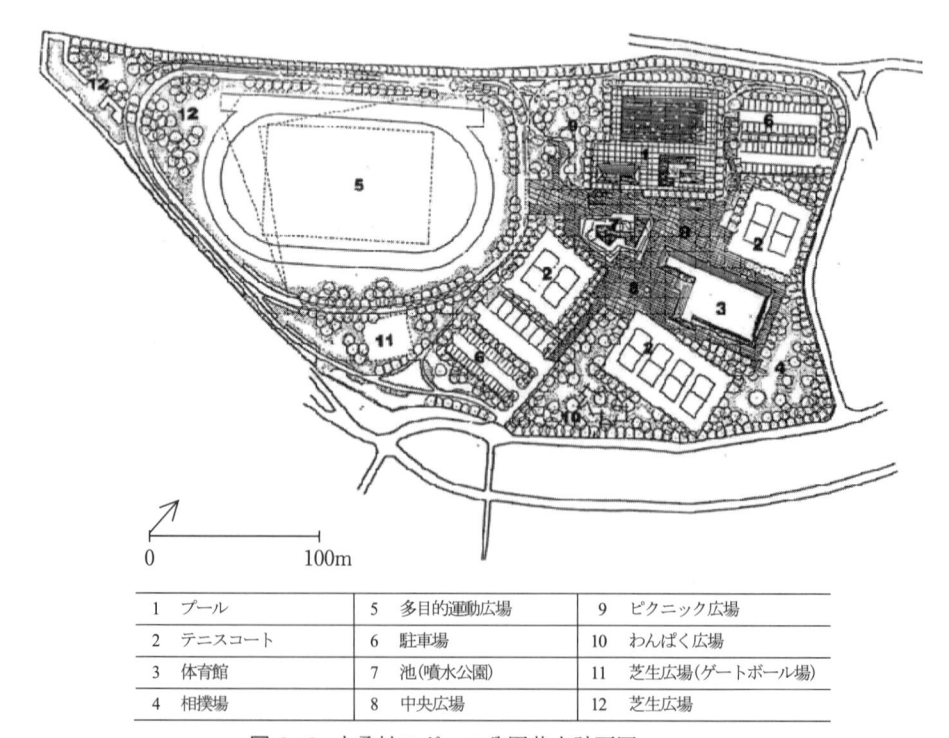

1	プール	5	多目的運動広場	9	ピクニック広場
2	テニスコート	6	駐車場	10	わんぱく広場
3	体育館	7	池(噴水公園)	11	芝生広場(ゲートボール場)
4	相撲場	8	中央広場	12	芝生広場

図 3-3　大桑村スポーツ公園基本計画図

総合公園−八幡原史跡公園

長野県長野市，約 8.5 ha，基本計画：丸田頼一・島田正文，他・(一社) 日本公園緑地協会

　本公園は，長野市街地の南約 6km に位置し，東側には千曲川が，また，北側には上杉謙信と武田信玄の一騎打ちの像等で有名な八幡神社が隣接している。公園区域を含む八幡原一帯においては，永禄 4 年の川中島の合戦に代表されるように，この両雄が前後 12 年間にわたり争った場である。

　このような歴史・文化性に富んだ背景を尊重し，公園の北側は当時の荒々しさを偲ばせるような自然風の池と雑木林を設け，池の周囲には散策・休息・観賞等の活動を可能とする園路や芝生広場が，また，池の前面には市立博物館が配置されている。中央から南側にはピクニック広場や子供の広場などを配置し，来園者の多様なレクリエーション空間としての機能をもたせている。さらに，合戦時には陣地が設けられた周囲の山々への景観的配慮，平坦な地形にアクセントを与えるマウンドの整備などの他，広域からの周遊的利用にも対応可能な駐車場などを配置している。

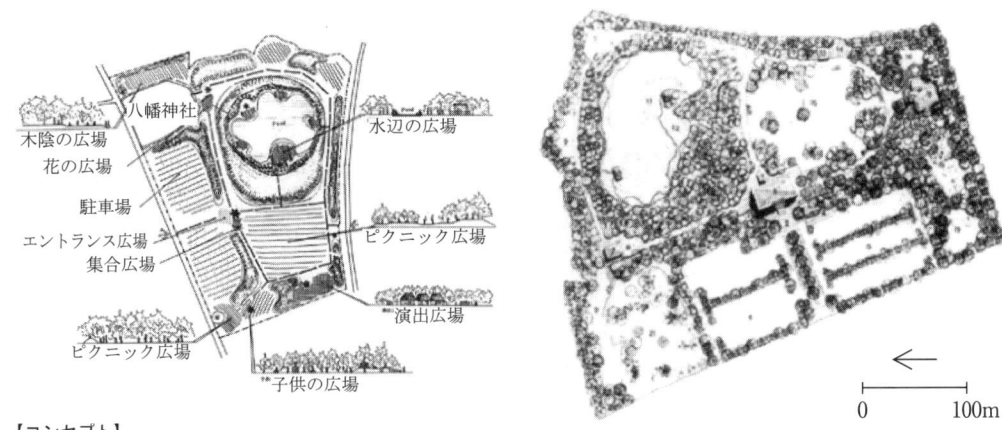

【コンセプト】
・利用：市民，県民の利用，観光レクリエーション客の立ち寄り
・施設：八幡神社との融合，古戦場跡としてイメージ，自然的な池，当時に思いを巡らせる広場や丘，文化創造に寄与する施設
・植栽：郷土樹木，四季の変化，野鳥等の誘致，緑陰，日だまりの確保
・景観：周囲の景観の活用，地形の変化，広場の連続性

図 3−4　八幡原史跡公園基本計画図

写真 3−7　写真中央が池，左側は市立博物館，歴史性を尊重し，落ち着いた雰囲気を醸しだすために自然護岸，ヨシ等を配した自然風の浅い池としている。

写真 3−8　周囲の山並みを望みつつさまざまなレクリエーション活動を可能とした広々としたピクニック広場，マウンドを付け，展望性の向上や地形的アクセントの創出を図っている。

総合公園−駒場公園

長野県佐久市，約 10.0 ha，基本設計：丸田頼一・島田正文・阿部邦夫・(一社) 日本公園緑地協会

　本公園は，長野県が推進した全国的にもユニークな公園整備事例の1つである．佐久市のほぼ中央に位置し，都市公園がもつ機能のなかでもとくに文化的側面を強調させた公園である．すなわち，豊かな自然環境の中での，芸術・文化の創造や継承活動の拠点としての利用推進を目途に，多目的体育館としての佐久創造館，市立近代美術館，市立図書館，ギリシャ劇場等の文化的施設が配置されている他，公園内各所には野外彫刻を適宜配置し，野外美術館の雰囲気を醸し出すよう配慮されている．また，流水・温水プール，テニスコート，弓道場，マレットコース，多目的広場，健康の森 (トリムコース) 等のスポーツ施設を配し，芸術・文化活動に加えて，スポーツ活動の拠点としての機能をも合せもった公園である．

写真 3–9　佐久創造館．室内スポーツ活動はもとより，講演会・集会，美術展，研修会等の開催や絵画，音楽，芸能，書道，茶華道などさまざまな文化活動が行われる多目的体育館．

写真 3–10　欧米の公園ではよくみられるが，我が国では事例が少ない，緑豊かな屋外での音楽，劇などさまざまな文化活動が行えるギリシャ劇場．

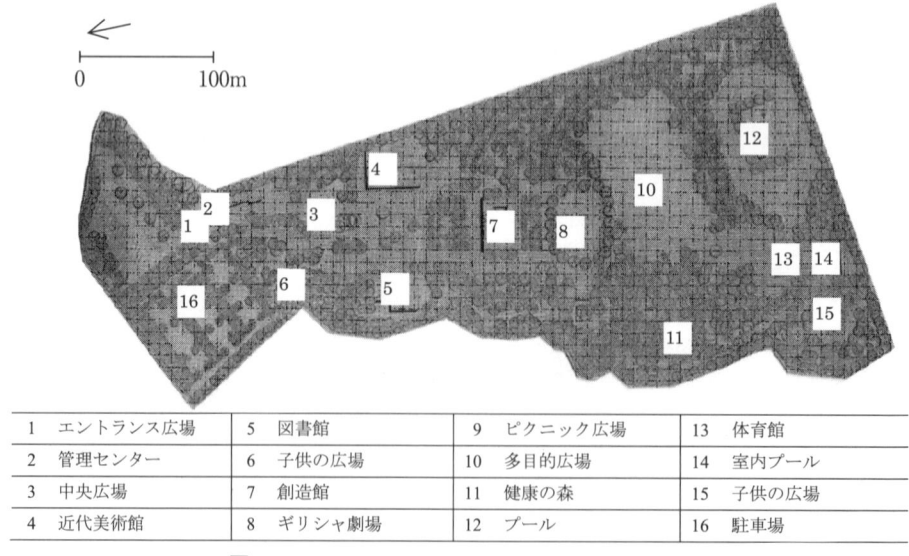

1	エントランス広場	5	図書館	9	ピクニック広場	13	体育館
2	管理センター	6	子供の広場	10	多目的広場	14	室内プール
3	中央広場	7	創造館	11	健康の森	15	子供の広場
4	近代美術館	8	ギリシャ劇場	12	プール	16	駐車場

図 3–5　駒場公園基本計画図

運動公園−長野運動公園

長野県長野市，計画面積約 22.2 ha，基本設計：丸田頼一，興津武良，藤井伸一・(一社) 日本公園緑地協会

　本公園は，長野市の中心部より東へ約 4km，四方を山々で囲まれた自然豊かな環境下での，市民のスポーツ・レクリエーション活動の拠点として整備された運動公園である。鉄道や道路からのアプローチに恵まれ，主な施設としては，陸上競技場（陸連第1種公認），野球場，総合体育館（アリーナ，サブアリーナ，剣道場，柔道場，卓球場，会議室等），弓道場，テニスコート（10面），多目的運動広場，芝生広場，徒渉池，駐車場等があり，1978年のやまびこ国体の会場として使用された。また，1998年の冬季オリンピック時に，アイスホッケーB会場として使用された総合市民プール（アクアウイング）が整備されている。

写真 3-11　陸上競技場
　面積 32 144 m^2，1周 400 m・9コース・全天候舗装トラック，サッカー1面，メインスタンド：RC造 5 200 人収容，芝生スタンド：12 000 人収容。

写真 3-12　総合体育館
　SRC造地上3階，メインアリーナ 1 925 m^2，バスケットボール2面，バレーボール4面，バドミントン12面，卓球28面，固定席1 200人・立ち席500人収容，サブアリーナ，剣道場，柔道場，卓球場等を有する。

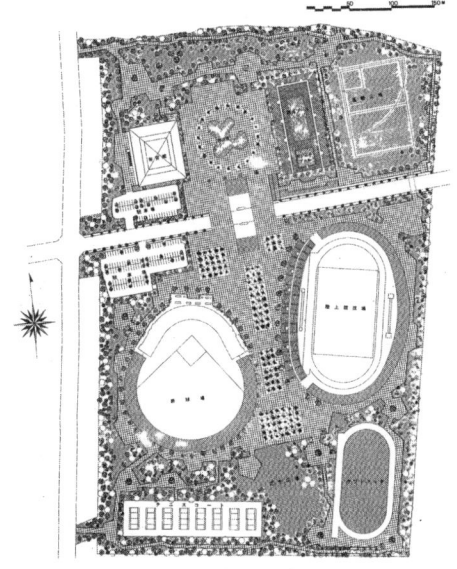

図 3-6　長野市運動公園基本設計図
　現在，公園北東部には，総合市民プールが位置する。

事例4　都市公園——広域公園，レクリエーション都市，国営公園

(1) 広域公園–松本平広域公園

長野県松本市，基本構想：(一社) 日本公園緑地協会

　長野県の「松本平広域公園[1)]」は松本空港の周囲に広域レクリエーション需要のほか，空港の緩衝緑地として平成9年4月に149.90 ha を計画決定，現在は141.60 ha が供用を開始している。公園は，「競技スポーツゾーン」「みどりの交流ゾーン」「ファミリースポーツゾーン」「ターミナルゾーン」「みどりのプロムナードゾーン」「野と花のゾーン」「花のプロムナードゾーン」の7つのゾーンで構成されている。

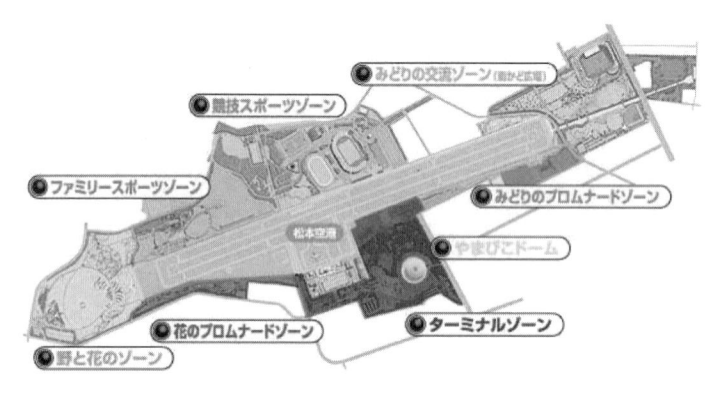

図 4-1　松本広域公園 (信州スカイパーク)

　主なゾーンの施設を紹介すると「競技スポーツゾーン」には，体育館，陸上競技場，球技場，相撲場および国体の森がある。「みどりの交流ゾーン」には，総合競技場"アルウィン"，マレットゴルフコース，バーベキューピットなどがあり，"アルウィン"はフィールドサイズが 130×90 m の天然芝グランドでサッカーの国際試合，Jリーグ公式戦の開催も可能な規模である。「ターミナルゾーン」は，空港ターミナルビルを包むゾーンで，"やまびこドーム"，大型木製遊具，展望台などがあり，空港ターミナルビル寄りには高山植物を集めた築山と，湧き水，滝および霧 (ミスト) で信州の大自然が表現されている。また"やまびこドーム"は長野県産のカラマツ材を用いた大型木造ドームで，全天候型のスポーツ，イベント空間として利用されている。

レクリエーション都市–南予レクリエーション都市

愛媛県宇和島市ほか，基本構想：丸田頼一・清水富二男・大川原恒雄・出井詢，他・(一社) 日本公園緑地協会

　現在 (平成15年3月) 全国のレクリエーション都市は，6箇所，5県，509.59 ha が整備されており，このうち愛媛県の南予レクリエーション都市の基本構想は，昭和45年に策定されており，もっとも初期の計画作りといえる。構想立案の手順では，土地のもつポテンシャルに着目し，利用のポテンシャルとしての自然的資源，社会的資源，文化財的資源を評価し，また開発のポテンシャルとして，地形，水，地質，植物相，動物相などの要素を，保護のポテンシャルとして，地形，地質，植物相，動物相，景観などの要素を評価したうえで，

写真 4-1　南予レク都市「南楽園」

適地となる空間の分類を行っている。さらにレクリエーション需要や交通網，地域の生活基盤等も加味しつつ地域全体のデザインを行って「南予レクリエーション都市」の基本構想をまとめている。

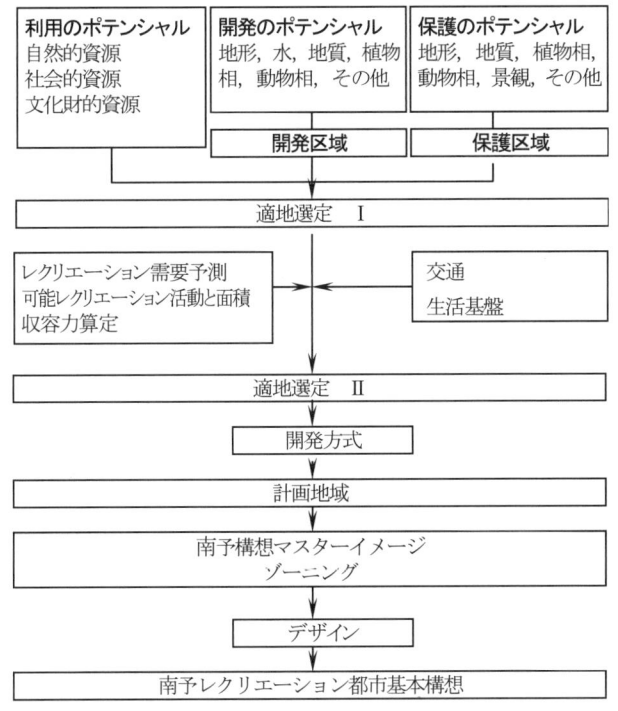

図 4-2 南予レクリエーション都市基本構想立案フロー [2) 一部改変]

表 4-1 レクリエーション都市 (都道府県営公園) の整備状況 (平成 15 年 3 月現在)[3)]

都道府県名	箇所数	公園名	計画決定面積(ha)	供用開始面積(ha)	主な施設
山形県	2	西蔵王公園	75.40	72.50	広場、園路、遊戯施設ほか
		弓張平公園	138.10	114.40	野球場、陸上競技場ほか
		小計	213.50	186.90	
千葉県	1	蓮沼海浜公園	171.10	38.30	ウォーターガーデン、テニスコート
新潟県	1	奥只見レクリエーション都市公園 小出地域	28.68	10.25	雪のコロシアム、小出郷文化会館、ビジターセンター、芝生広場
		奥只見レクリエーション都市公園 大湯地域	9.00	7.42	ロックガーデン、交流センター、園路橋、多目的広場、池
		奥只見レクリエーション都市公園 須原地域	5.37	5.04	重文目黒邸、草花園、交流促進センター、多目的広場
		奥只見レクリエーション都市公園 浅草岳地域	27.82	10.41	テニスコート、キャンプ場、多目的広場、宿泊ロッジ
		奥只見レクリエーション都市公園 浦佐地域	15.30	8.09	美術館、池、ぶどう畑、レストラン
		小計	86.17	41.21	
三重県	1	熊野灘海浜公園	530.80	48.90	体育館、プール、オートキャンプ場
愛媛県	1	第1号南予レクリエーション都市公園	41.80	28.81	日本庭園、オートキャンプ場
		第4号南予レクリエーション都市公園	36.00	19.40	プレーランド
		第7号南予レクリエーション都市公園	132.10	45.70	多目的広場
		第5号南予レクリエーション都市公園	10.90	8.90	プール
		第3号南予レクリエーション都市公園	214.80	91.47	野球場、キャンプ場
		小計	435.60	194.28	
合計	6		1,437.17	509.59	

国営公園−国営沖縄記念公園

(旧:沖縄海洋博覧会記念公園) 海洋博覧会地区，沖縄県本部町，約77 ha，基本設計幹事長：丸田頼一・(一社)日本公園緑地協会

　本公園は，昭和50〜51年にかけて開催された沖縄海洋博覧会の会場跡地・施設を対象に，沖縄県をはじめ，国土の活用，発展，振興を図り，国民のレクリエーション需要に応えるとともに広く海外の人々を対象に，将来に渡るレクリエーション基地としての位置付けをコンセプトとして整備された国営公園(ロ号)である。その後，首里城地区を含めた国営沖縄記念公園となっている。

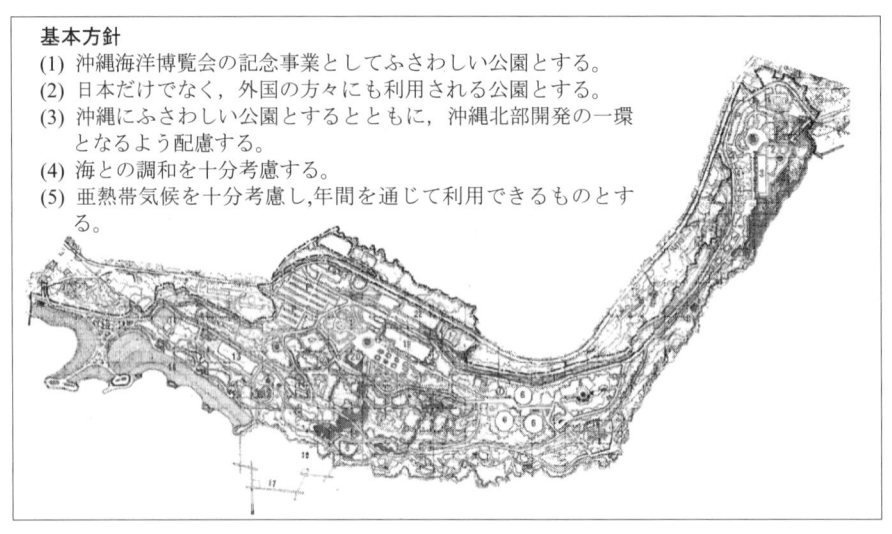

基本方針
(1) 沖縄海洋博覧会の記念事業としてふさわしい公園とする。
(2) 日本だけでなく，外国の方々にも利用される公園とする。
(3) 沖縄にふさわしい公園とするとともに，沖縄北部開発の一環となるよう配慮する。
(4) 海との調和を十分考慮する。
(5) 亜熱帯気候を十分考慮し，年間を通じて利用できるものとする。

図 4–3　海洋博記念公園基本設計図

写真 4–2　熱帯ドリームセンターの温室群や植物園

写真 4–3　公園の北端に約6 haの規模をもって位置し，全国で唯一ともいえる礁湖内に存在する人工ビーチで，「遊びの浜」「憩いの浜」「眺めの浜」から構成されている。

　海洋博地区は，「太陽と花と海」「国営亜熱帯公園」をテーマに海浜公園ゾーン，海上公園ゾーンおよび東南アジア海洋文化公園ゾーンの3つのゾーンと5つのエリアからの構成が図られ，あわせて年間を通じた国内外からの利用者の誘致，沖縄の地域振興との一体化等を目標に立案された。具体的には，博覧会時の施設であった水族館，海洋文化館，エメラルドビーチなどを活用しつつ，とくに，熱帯動植物の展示や研究等を見込んだ温室群による熱帯ドリームセンターや熱帯・亜熱帯植物見本園，沖縄の民族文化，歴史などの展示機能をもった郷土村等の整備を加え，国内や東南アジアを視野に入れつつ，本公園が有する自然や文化などの立地特性を活かした魅力の醸成を図っている。

事例5　自然素材による修景空間

― 武蔵野の屋敷森に残る既存の石材を活用した修景計画：石庭の森緑地基本計画 ―

東京都練馬区東大泉7丁目50, 2 505 mm^2, 練馬区土木部公園緑地課

　計画地は，江戸時代初めの名主をつとめた屋敷森跡地であり，武蔵野の面影を残した貴重な樹木と自然風庭園跡の石材が豊富に残った石庭である。

　当計画は，現在残っている貴重な樹木を保全し地域に緑地として開放するものである。地域住民の間で「石庭」という名称で名高い地のため，現地にある大小100あまりの石材を有効に活用しデザインすることが重要な与条件である。

　計画地は，周辺道路の関係で，大型車輌が進入困難であるため現場内にある石材のうち3t以上の重量石の吊り上げ，移動等は不可能に近い。(手段はゼロではない) したがって，現存の石をできるだけ修景的に活かしながら，石庭のイメージを創出するように努めた。

図 5-1　現況 (秩父系　三波石主体の庭石) 計画図イメージスケッチ
　緑地のシンボルであるケヤキを中心に，石庭の中心エリアとして既存の石を活用した。現場へは大型のクレーン等が進入困難なため，約2t以上の石は基本的に現状残置し軽量の石によって修景した。

写真 5-1　竣工後 (1)　　　　写真 5-2　竣工後 (2)

学校ビオトープ：井戸水の利用──練馬区立高松小学校

東京都練馬区高松三丁目，500 m²，特定非営利活動法人みどり環境ネットワーク！

「学校ビオトープ」という言葉を耳にして久しい。多自然の空間を配したビオトープの主役は水辺である。計画段階での水の供給をどうするかは具体的な検討事項となる。

学校には防火水槽を設置している場合が多く，地域にとっても重要な備えである。しかし，非日常的な利用である防火水槽の水循環やポンプを定期的に始動，運転させることは管理上重要なことであり，ビオトープ池への供給については一石二鳥のしくみづくりである (写真 5-3，写真 5-4)。

写真 5-3 防火水槽ポンプ

写真 5-4 注水の瞬間

写真 5-5 水環境の維持

ビオトープ池の維持管理では，ソフト面で重要な植生管理と並んでハード面では，池の漏水，水質管理そして水の安定的な供給である。水循環や注水などのシステムづくりにおいて，地下水や防火水槽などの既存施設を有効に活用することは，初期投資予算の縮減にも役立つ手法としてチェック項目に入れておくと役立つ。

既存樹木を活用した緑地整備：東大泉七丁目憩いの森

東京都練馬区東大泉7丁目26番，1800 m^2，練馬区土木部公園緑地課

　憩いの森とは，土地所有者の協力を得て，練馬区が借り上げて整備，開放する市民緑地制度である。有数の「憩いの森」を」整備している練馬区の一例である。

　対象地の敷地は民家に隣接した平坦地である。既存の樹木は，高さ20 mをこえる大木で，主にエノキ，スギ，カシ，ホオノキのほか竹林で構成されている。

　この憩いの森整備にあたっては，伐採を最小限にし既存樹木によって，原風景のイメージを伝えられるようなデザインをテーマとしている。とくに，大径木であるエノキ，カシなどについては，ただ残置するということではなく，保全していくという考え方で周辺の樹木による被圧を受けないような植栽計画を基本にした。そのために，樹勢不良などの周辺樹木は伐採し，生育空間を整備した。さらに伐採材はチップ化し，園内で100％使用している。

　このような緑地のリニューアルにおける植栽計画では，できるだけ樹勢・樹形不良の樹木は伐採し，新たな植栽で修景する手法を選択しがちであるが，将来にむけた長期的視座から検討した場合，過剰な密度の植栽は避け，樹木の高齢化に耐えられる環境整備を心がける必要がある。

写真 5–6　エノキなどの大径木を保全し樹林地の原風景を次代へ伝える計画
長期的視座で残置樹木を選択。

写真 5–7　残存樹木のためにやむを得ず伐採した樹木は100％リサイクル
将来樹木の高齢化に備えた植栽密度を考慮した伐採計画も重要である。

事例6　道路緑化

　道路緑化は，景観向上，生活環境保全，緑陰形成や交通安全等を目的に設定され，道路の一部として，分離帯，歩道植樹帯等として植栽場所が設定されている。

　植樹形態としては，山間地・大規模緑地等を背景とする道路緑化は，風景的植栽，ビル等の林立する市街地においては規則的植栽とするなど配植が背景や周辺状況に違和感のないような配植と植樹構成(上中下木)とされている。

　配植を決めるにあたって，とくに市街地の道路にあっては，占用物件が多く配置されていることから，樹木の植栽や生育環境に大きな制限が加わる。

　樹種の選定にあたっては，緑化機能を充足し，周辺状況に合致した植栽形態，制限される環境のほか，地域の気候に適し，常緑・落葉樹・陽樹・陰樹，浅根・深根等を考慮し，生育可能なものが選ばれている。

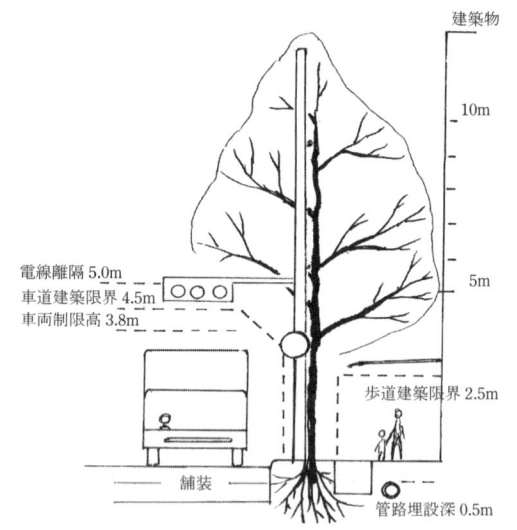

図 6-1　道路緑化スペース
道路は，市街化が進むほど占用物件が多くなり，緑化スペースはより制限される。

写真 6-1　幹線道路の緑化 (千葉市海浜大通り)

写真 6-2　住宅地の道路緑化 (市原市国分寺台通り)

写真 6-3　商店街の道路緑化 (千葉市千葉銀座通り)

事例7　屋上・壁面・屋内緑化

屋上緑化：国土交通省屋上庭園

東京都千代田区霞ヶ関，中央合同庁舎3号館，500 m^2，国土交通省都市・地域整備局公園緑地課緑地環境推進室

屋上緑化による建築物の遮熱効果や生物の生息・生育環境創出効果の測定，屋上緑化に関する最新技術の普及などを目的として整備した。既存の建物への負荷を軽減できる軽量化やシステム化の工法やリサイクル，リユースに配慮した資材を採用した。維持管理の省力化を考慮した基盤や植栽種による緑化や生物多様性を確保する観点から多種類の植物を導入している。雨水や空調排水を利用した池や流れを設置している。

写真 7–1　屋上庭園
耐荷重の観点から，高木は少数とし植栽位置は，柱や梁の上部にしている。

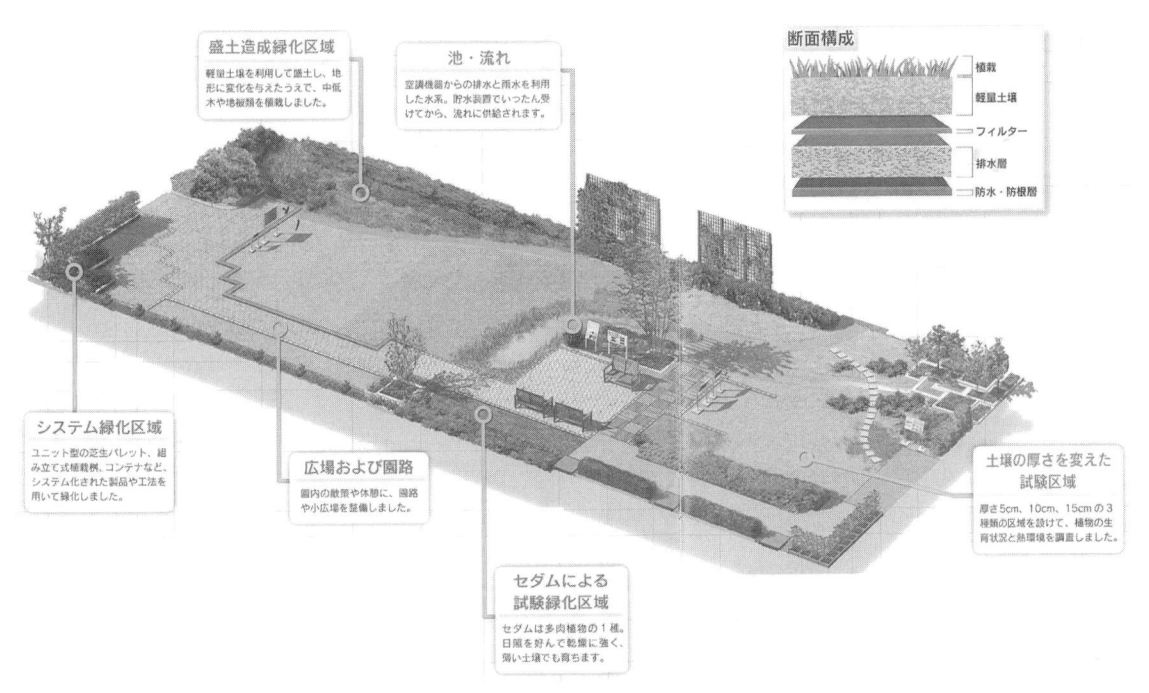

盛土造成緑化区域
軽量土壌を利用して盛土し，地形に変化を与えたうえで，中低木や地被類を植栽しました。

池・流れ
空調機器からの排水と雨水を利用した水系。防水装置でいったん受けてから，流れに併給されます。

断面構成
植栽／軽量土壌／フィルター／排水層／防水・防根層

システム緑化区域
ユニット型の芝生パレット，組み立て式植栽桝，コンテナなど，システム化された製品や工法を用いて緑化しました。

広場および園路
園内の散策や休憩に，園路や小広場を整備しました。

セダムによる試験緑化区域
セダムは多肉植物の1種。日照を好んで乾燥に強く，薄い土壌でも育ちます。

土壌の厚さを変えた試験区域
厚さ5cm，10cm，15cmの3種類の区域を設けて，植物の生育状況と熱環境を調査しました。

図 7–1　屋上公園の空間構成

壁面緑化：名古屋市千種文化小劇場

名古屋市千種区千種，630m²，建物壁面4面のうち2面を緑化

　都市部の交通量が多い道路に面して公共性の高い施設であるため外壁面を緑化することで環境負荷の低減と都市景観の向上を目指した。ウエーブメッシュとツル植物の登はんを促進させるヤシガラ系マットを併用した資材の開発により，建物と植物が覆うことで，ダブルスキン構造の状態になって空気層が形成されコンクリート外壁面の温度上昇を抑える効果が期待できる。屋上と地上双方からの緑化で早期緑化を達成している。

写真 7-2 壁面緑化の外観
　常緑で全面平滑的で密になる付着根方のツル植物を多用している。

屋内緑化：東戸塚教育センター新館アトリウム

神奈川県横浜市戸塚区，950 m²，緑化面積：222 m²

　生命保険会社の研修所における精神の切替えの場，安らぎ空間の演出をテーマに整備された。アトリウムの中心にクロガネモチを植栽し日常的な風景を創り出している。緑・水・光・音など自然の要素を取り入れ「人と植物の最適環境」を求め，気温，湿度，照明等に配慮したきめ細かな維持管理技術が導入されている。

写真 7-3 屋内緑化の空間構成
　アトリウムを中心とした空間構成は外観でデザインに反映し都市景観に寄与している。

事例 8　集合住宅の公開空地

――エアレジデンス新浦安――――――――――――――――――――――
千葉県浦安市，$14\,632.94\,\mathrm{m}^2$，山本富雄・長谷工コーポレーション・エンジニアリング事業部，
施工：㈱ハザマ

総合設計制度による公開空地を駐車場棟屋上部と外周道路沿いに確保した。アーバンリゾート・新浦安地区の立地性を勘案し，日常の時間と余暇の時間が流れるランドスケープデザインをコンセプトとした。公開空地はツインタワーに切り取られた「空の軸線」と海に向かう「水の軸線」をデザインの骨格とし，リゾートホテルの庭園のイメージを追求した。

写真 8-1　ツインタワーに切り取られた垂直方向の「空の軸線」―公開空地―

写真 8-2　海へと向かう「水の軸線」―公開空地―

写真 8-3　カナールを渡るブリッジ―公開空地―

写真 8-4　外周部の公開空地―公開空地―

写真 8-5　カナールまわりの夜景―公開空地―

事例9　郊外住宅地・住宅団地

> **港北ニュータウン**
> 横浜市都筑区，約1300 ha，住宅・都市整備公団（現・都市再生機構）

　港北ニュータウンは住宅・都市整備公団（現・都市再生機構）が施行した日本最大の土地区画整理事業により整備された。開発目標の一つである「緑の環境を最大限に保存する」を実現するため，既存の樹林地を中心とする環境資産を，都市公園のネットワークとそれに隣接して配置された集合住宅地・小中学校等の大規模敷地の中に保全しつつ系統化するとともに，既存の水系を継承した6水系全長約8kmのせせらぎを整備している。

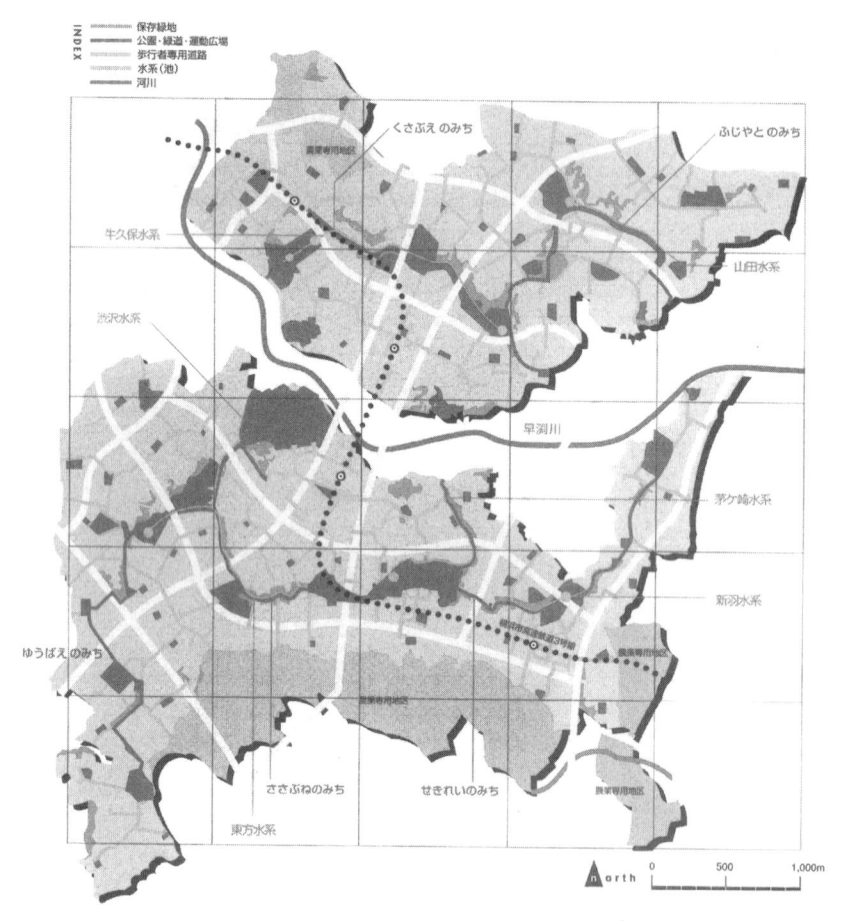

図9–1　港北ニュータウンの公園緑地系統 [1]

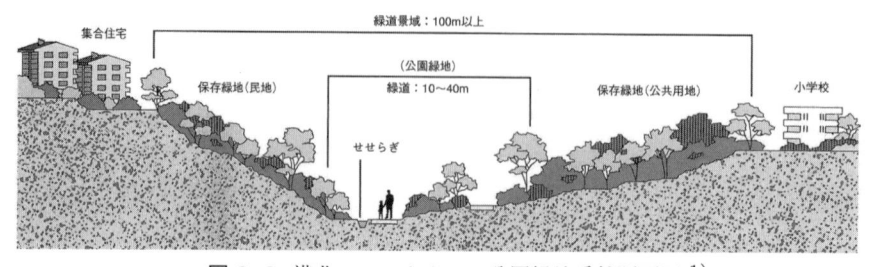

図9–2　港北ニュータウンの公園緑地系統断面図 [1]

事例10　工場緑化

　昭和40年代の公害問題に対する関心の高まりとともに，工業地帯の緩衝緑地計画，緑の工業都市づくりが積極的に進められるようになった。昭和48年には緑化に関する整備基準が盛り込まれた工業立地法が制定され，平成10年には同法改正により，都道府県および政令指定都市が社会的環境等を総合的に勘案して条例により制定できるようになった。

　今後，本格的な工業団地や工場緑化の整備にあたっては，地域の自然特性，環境保全状況，土地利用状況，経済社会動向，さらには地域住民のニーズ等を考慮し，地域への開放を視野にいれ，地域密着・愛される計画づくりが必要であると考える。

富山新港臨海工業地帯における緩衝緑地計画

富山県新湊市，高岡市の両市にまたがる富山新港臨海工業地帯の緩衝緑地計画として約258 ha，
　基本計画：丸田頼一・阿部邦夫・角尾友春・筒井光昭・清水富二男・(一社) 日本公園緑地協会

■計画の留意事項
- 公害対策と副次的効用としての公園利用の2方向から計画されている
- 公害対策としては，物理的な大気汚染・騒音・災害等の軽減防止，景観的な面からの心理面への影響を考慮した配置計画となっている。
- 地域的側面からは，地域住民，工場従業員，学童の利用等を考慮した配置計画となっている。
- 大きな利用パターンとしては休養と運動の2つに計画されている。
- 1号から11号緑地の配置計画が，各々の緑地の立地条件に合せて種々の機能を考慮した計画となっている。

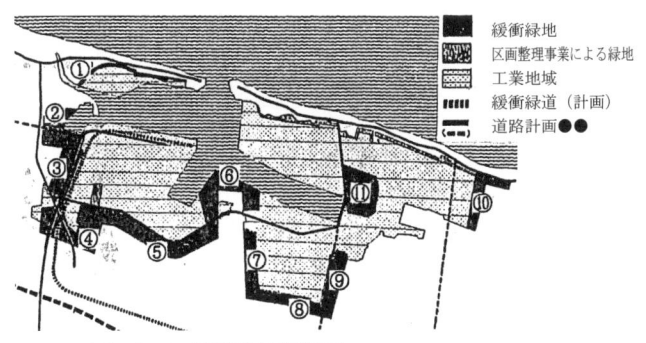

図10-1　緩衝緑地配置図

福井臨海工業地帯公園緑地計画

福井県の福井，坂井地区にまたがる福井臨海工業地帯の緩衝緑地として約161 ha，
　基本計画：丸田頼一・出井詢・新井安男・霊山明夫・(一社) 日本公園緑地協会

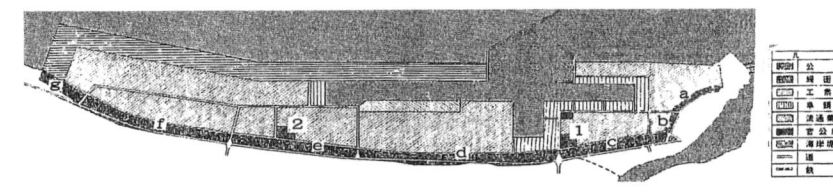

図10-2　公園・緩衝緑地配置図

■計画の留意事項
- 産業発達のための投資と生活環境保全のための投資が十分果されるよう計画されている。
- 公害対策と公園利用の方向は前記 (1) の事例と同様の計画がなされている。
- 広域的な産業レクリエーションの場としても計画されている。
- 公園1，2号，緩衝緑地 a～g を配置し，種々の機能を考慮した計画となっている。

事例11　キャンパス，学校緑化

練馬区立光和小学校

練馬区石神井町 2-16-34，敷地面積 16 922.99 m^2，計画緑地面積 2 853.36 mm^2，屋上緑化面積：116.78 mm^2，校庭芝生化面積：691.19 mm^2，設計：高橋潤一・環境・グリーンエンジニア，施工：アオイ造園，他

　学校緑化の計画に当たっては，学校教育における総合的学習 (環境学習) の教材としての環境や児童・生徒の良好な生活環境の確保といった視点が必要となる。本事例では，校舎の建替えに伴い既存のケヤキやサクラの大木を移植するとともにビオトープ池を設置して水生植物を配したり屋上緑化に蝶や野鳥の食餌植物を多用し，校庭に果実のなる木を配するなど児童がさまざまなみどりに触れ，自然的環境に触れ合うことのできる緑化計画としている。

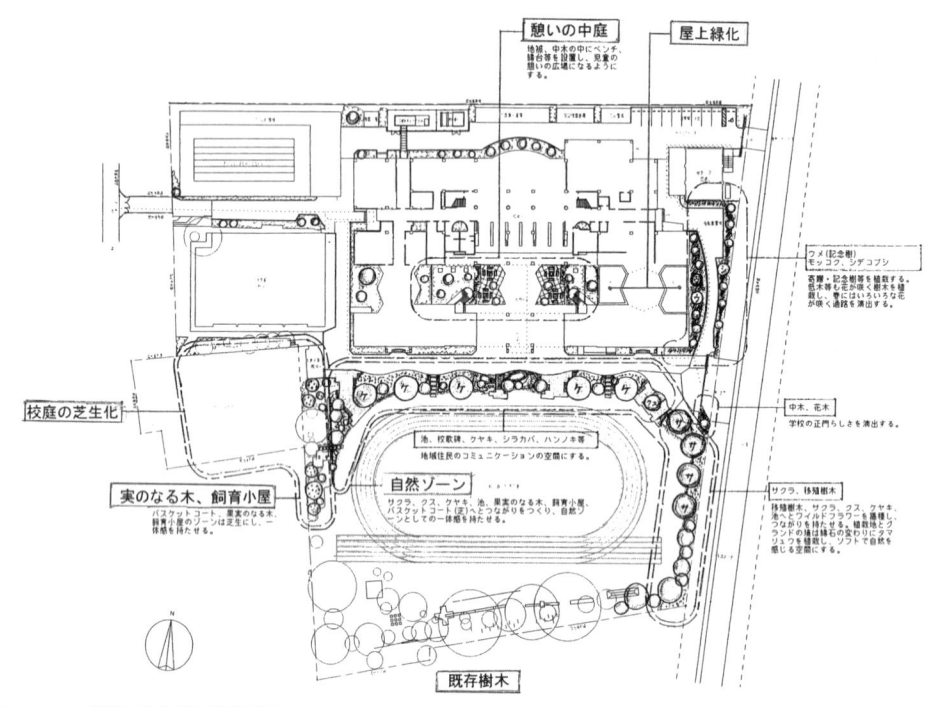

図 11-1　学校緑化計画平面図
　　校庭の緑化とともに校舎 1 階および 2 階屋上を緑化し，校庭の一部を芝生化している。

写真 11-1　中庭と 1 階屋上緑化の写真
　　屋上緑化に蝶や野鳥の食餌植物を用いている。

事例12　ビオトープ

> 大道小学校しぜん広場
>
> 横浜市金沢区大道二丁目 3-1，約 300 m²，設計・指導：尾上　伸一 (元大道小学校教諭)，施工：小学校と地域の人たちによる協働作業

　現在多くの学校で行われている「学校ビオトープ」の先進事例である。ビオトープの位置が校舎の裏にあり，景観的には目立たない。しかし，裏山の近くにあることがビオトープとしての環境維持には優位に働いている。

　地面を 1 m 程度掘るだけで隣接する裏山からの湧水が水深 50 cm，面積 50 m² の池を満水にしてくれる。現在は塀で仕切られてしまったが，以前はガマガエル等の生き物が山と池を自由に行き来していた。

　このビオトープの優れているところは，湧水を水源とすることで，池の水質が良好に保たれ，植物も，沈水性，浮葉性，抽水性植物がバランス良く生育している。沈水性植物が生育できる池は，多くの魚，水生昆虫の成育を可能にしてくれる。良好な生物生息環境は，多くの生物を育むだけでなく子供たちにとっても魅力的な空間であり，子供たちの好奇心を育んでいる。

　また，この池は侍従川という河川とそこで遊ぶ子ども達を通じて地域への広がりをもち，大人たちが街づくりや河川環境への関心を高めたことでも知られている。学校ビオトープの可能性を示してくれた好例である。

図 12-1

写真 12-1

本牧市民公園トンボ池

横浜市中区中里町117-2，約1ha(公園全体面積10.3ha)，設計：直原功(創和設計)，監修：森清和(横浜市環境科学研究所)，施工：横浜植木

　このトンボ池は平成2年に整備された。都市公園の中に出来たビオトープとしては全国で最初の事例である。背面に旧海岸線の段丘があり，そこが以前は海であったことをしのばせている。植生もクロマツやクス，トベラ，ヤブツバキ等の海岸性植物が主なもので，既存木をそのまま生かした植栽手法がとられている。ただ，上流部の湿地には新たにハンノキが植栽されている。以前，この場所にはなかった樹種だが，現在では安定した群落を形成している。景観的には周辺の樹林と一体化しており不自然さは感じない。

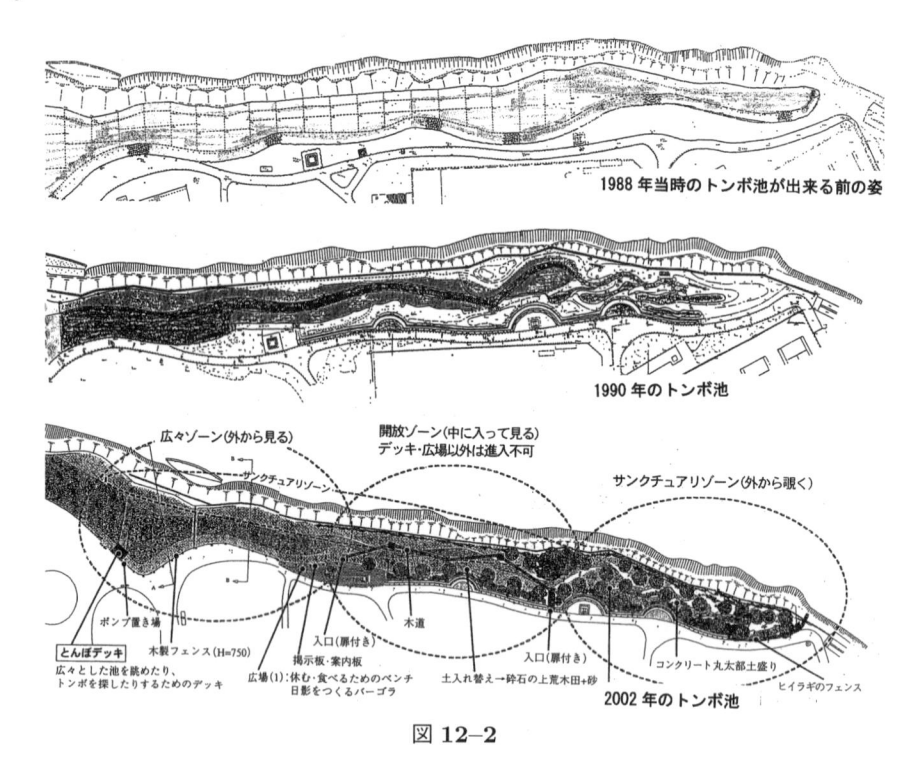

図 12-2

　このトンボ池は平成14年に前回設計と同じ設計者により再整備された。そのとき，水辺のデザインが変更されている。変更点の主なものは水面の上に木製の観察路を通したことと，水深を浅くし外来魚が生息し難くしたことである。水面を浅く，小さく仕切ることは外来魚対策だけでなく，以前は根着かなかった小型の浮葉性植物の生育に大きな効果をもたらしている。

　ただ，水深の浅い池は乾地化による陸生植物の侵入を招きやすく，水田なみの，こまめな管理が必要となる。

事例13　ビオトープネットワーク基本計画

```
藤沢市ビオトープネットワーク基本計画
神奈川県藤沢市，69.51 km²，島田正文（日本大学）・津田秀文（(有) ワイズクリエイト）・倉方志磨，八色宏昌
((株) グラック）・並木崇 ((株) グラック）・笹田勝寛 (日本大学)
```

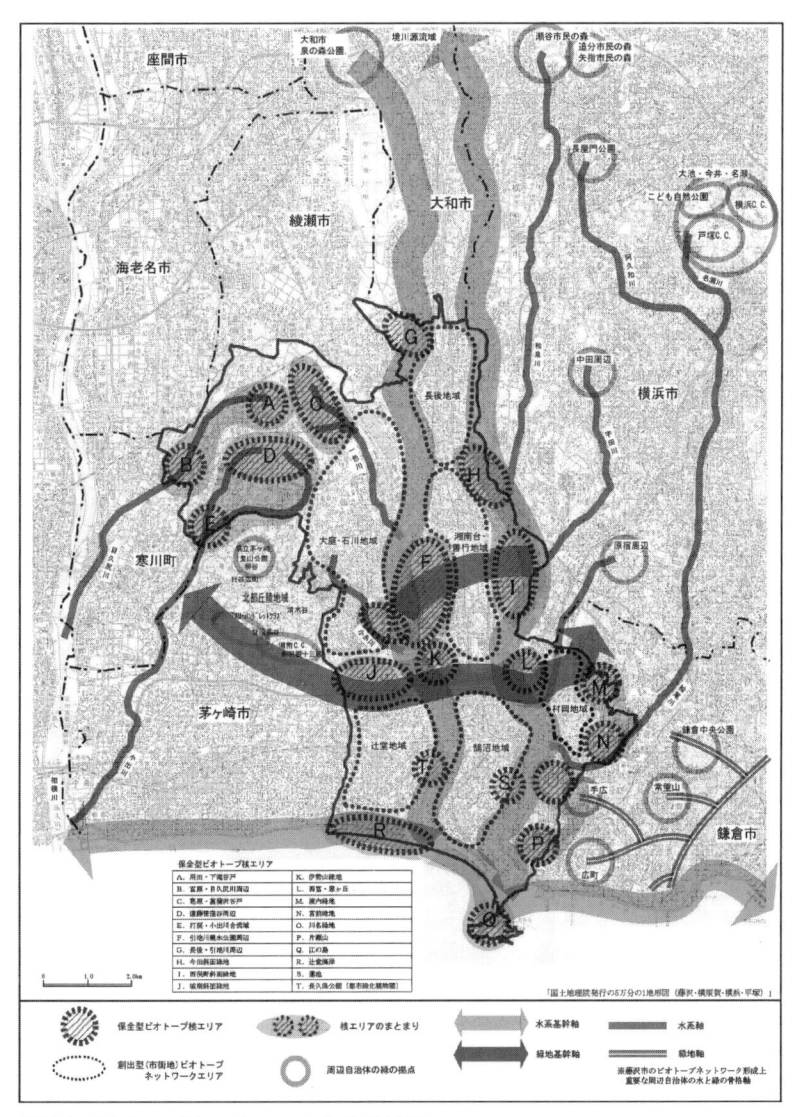

図 13–1 藤沢市ビオトープネットワーク全体系統図

藤沢市ビオトープネットワーク基本計画は，藤沢市の動植物調査結果をもとに，自然特性などを整理して，今後の具体的なビオトープネットワーク形成に向けた保全，創出，再生の指針となることを主な目的として策定しており，全体系統図の他，26のエリア別方針図，学校，工場，住宅におけるモデルプラン，事業推進に向けた役割分担，仕組みづくりなどの事業展開手法等による基本計画を策定している。

事例14　市民参画による公園

港区立芝公園『港区民交流ガーデン』

東京都港区芝公園四丁目8番4号港区立公園内，約 2 000 m²，
計画・設計：(株) 森緑地設計事務所，施工：西武造園 (株)

東京都港区では平成14年度より，区民参加によるまちの緑化推進，花と緑に親しむ活動を通じた新たな地域コミュニティーの育成などにより，区民のセカンドライフ実現の一助となることを目的とし，区民が参加できる緑化活動の場を提供する「港区民交流ガーデン事業」を実施した。公園の計画・設計から維持管理，さらには参加者の組織化により地域緑化活動の推進まで総合的な市民参加システムの構築を視野にいれたものである。

「港区民交流ガーデン事業」では，市民の募集から公園完成と活動組織の発足まで合計30回以上のワークショップを実施し期間は2年間を要した。この間，区民祭りでの花苗植えイベントや公園完成のお披露目式などもあわせ，延べ700人以上の市民が参加した。

植えイベントの様子

ワークショップ風景

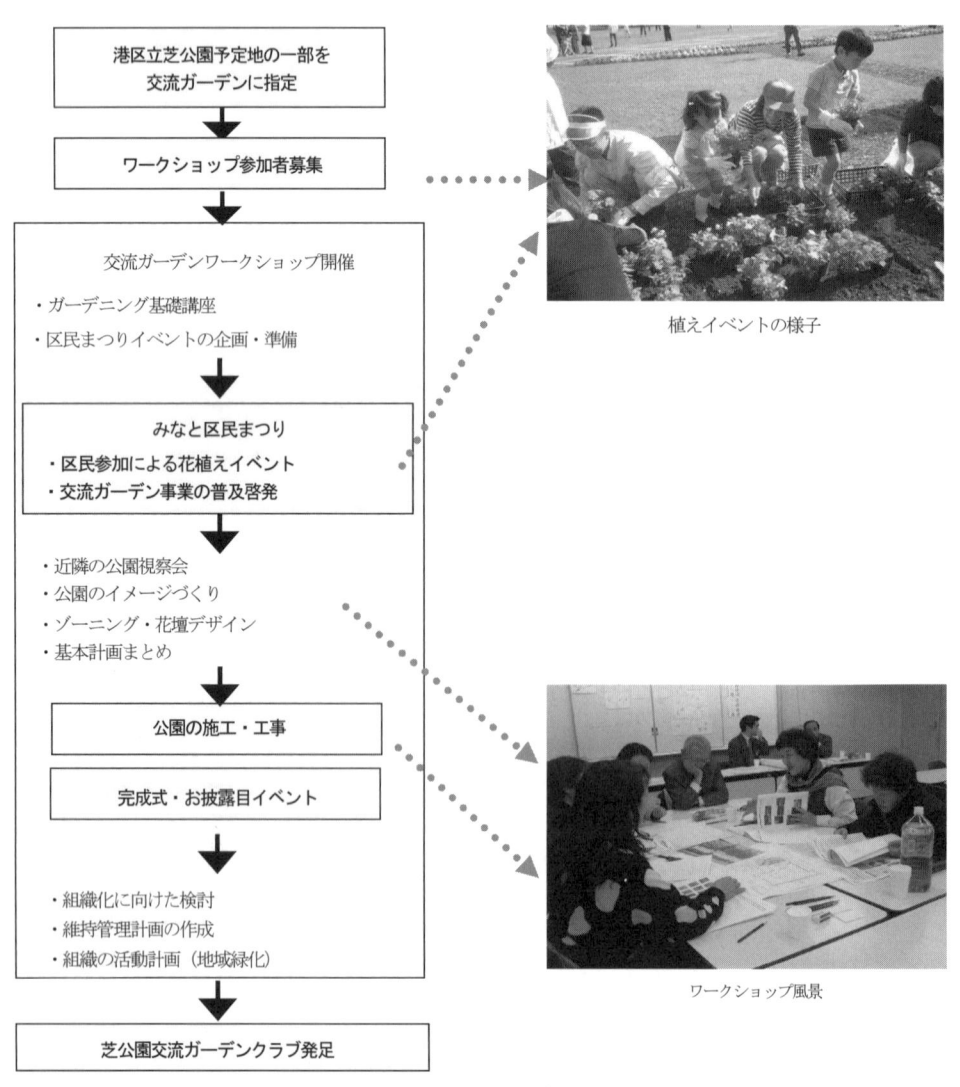

図 14–1　港区民交流ガーデン事業の全体フロー

事例15　歴史・文化的環境の保全と公園緑地

首里金城地区都市景観形成計画

沖縄県那覇市

　歴史的景観を守るために全国で進められている歴史的景観形成計画のひとつ。しかし他の計画との違いはその文化，伝統の特異さにある。首里は琉球王朝時代の首都で中国，朝鮮文化の影響を受け沖縄独自の文化を作り出した。首里の町は首里城を中心とした城下町で石畳の道路，住宅を囲む石垣，宅地内の樹木の緑が調和し，町全体が庭園のようであったと伝えられている。

　沖縄の多くの都市が第二次世界大戦により灰燼に帰し，その後の復興では経済，生活基盤の再建が優先され歴史的遺産や文化的環境の回復，再生等は時として不急事業とされてきた。

　しかし，首里の町並みは沖縄固有の風土に立脚した歴史的，伝統的な街として重要であるとの認識により戦火をのがれた石畳道，石垣を中心に据えた景観形成計画が策定され「首里金城地区都市景観形成計画」として施行されている。

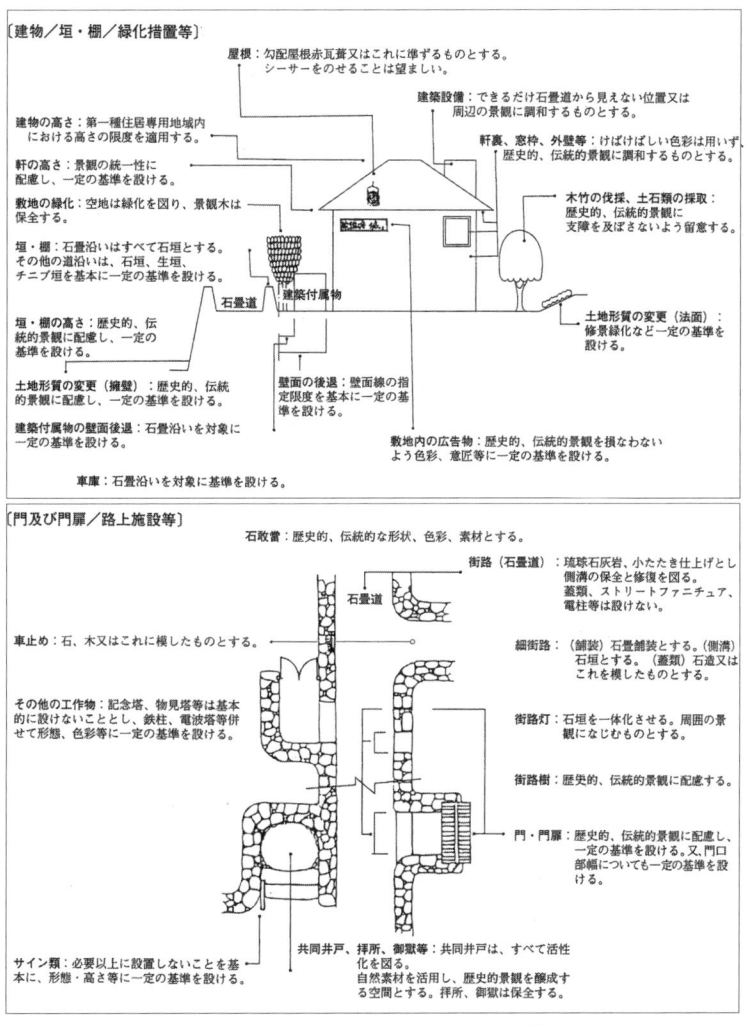

図 15–1　首里金城地区の環境形成基準[1]

事例16　アメリカの公園緑地

中央公園 (セントラルパーク)

フェアマウント公園 (Fairmount Park[1 631.6 ha])，グラント公園 (Grant Park)，スウォープ公園 (Swope Park[707.6 ha])，ヴォランティア公園 (Volunteer Park)

　ニューヨークのセントラルパークに限らず，アメリカのほとんどの都市には，中央公園 (セントラルパーク) と呼ばれる都市公園がある。その公園は都市の顔であり，全市民の憩いの広場でもある。

　なかでも，歴史のある古い都市では，ダウンタウンにその場が求められ，以後，市民文化のみならず健全な人間の形成に役立ったのである。

　ピエモン公園 (アトランタ市)，フェーア公園 (ダラス市)，シティパーク（デンヴァー市，ニューオーリンズ市），トリニティ公園（フォートワース市），ガーフィールド公園（インディアナポリス市），グリフィス公園（ロサンゼルス市），チェロキー公園（ルイスヴィル市）オーヴァーントン公園 (メンフィス市)，レイク公園（ミルウォーキー市），ローリング公園（ミネアポリス市），エンカント公園（フェニックス市)，シェンリィ公園 (ピッツバーグ市)，ブラッケンリッジ公園（サンアントニオ市)，バルボア公園（サンディエゴ市）等も有名。

写真 16-1　1865 年開設，アメリカ最古の都市公園—フェアマウント公園 (Fairmount Park[1 631.6 ha])。動物園，美術館等がある (フィラデルフィア市)。

写真 16-2　1884年開設，シカゴを代表する都市公園—グラント公園 (Grant Park)。野外劇場，水族館，自然史博物館等がある (シカゴ市)。

写真 16-3　1896 年開設，G. ケスラーによるダイナミックな公園緑地系統の一端を形成するスウォープ公園 (Swope Park[707.6ha])。動物園，ゴルフコース，ボート池等がある (カンザスシティ市)。

写真 16-4　シアトル最古の都市公園—ヴォランティア公園 (Volunteer Park)。オームステッド事務所の設計。美術・博物館，テニスコート，野球場等がある (シアトル市)。

リバーウォーク

サンアントニオ川蛇行部分 [全長 1.6 km]，テキサス州サンアントニオ市

　テキサス州サンアントニオ市のダウンタウンに，全長 1.6 km にわたるサンアントニオ川の馬蹄状の蛇行部分があり，リバーウォーク（River Walk=Paseo del Rio）地域と呼ばれている。本河川の治水対策には以前から手を焼いていたが，特に 1921 年には洪水のために 50 人の死者に見舞われ市当局は治水優先を理由に，馬蹄状の河川上部の道路化と下部の下水道化を提案した。それに対し，市民有志が景観維持の観点から河川の保存を叫び，1924 年にはサンアントニオ保存協会が設立され，協会案のバイパス水路を主流として通しつつ，蛇行部前後に水門を設置する案が採用されることになり，現在のような観光拠点が形成された。

　蛇行部では，川に面した遊歩道を中心に，市の条例により，土地利用や建物の用途，高さ，デザイン，材質，植栽，広告，騒音，排水等が規制されつつ，街が発展し，数々の高級ホテル，レストラン，コンベンションホール等が軒を連ねる。そして，水面には圧縮天然ガスにより走るバージ(遊覧船) が行き交い，風景に趣を添えており，快適なシティライフが楽しめる。なお，本プロジェクトは，サンアントニオ市公園レクリエーション局の直轄事業であり，筆者は，留学時代に設計にかかわった。

写真 16–5　リバーウォーク沿いのレストラン

写真 16–6　特徴的なブリッジとバージ

写真 16–7　アーネソン野外劇場

写真 16–8　リバーウォーク沿いのホテルと遊歩道

ニューヨーク市の公園・緑化

ブライアント公園 (Bryant Park)。ハンナ・オリン事務所設計 (ニューヨーク市・マンハッタン)，シティコープ (ニューヨーク市・マンハッタン)，パークアベニュー 56 丁目 (ニューヨーク市・マンハッタン)

ニューヨーク市マンハッタンの都市公園の箇所数は少ない。

ブライアント公園は，犯罪等の面から，公園としてほとんど機能していなかったものを，再整備により，1992 年に再生されたものである。開放的な修景，幅広い園路の形成等，犯罪防止にも配慮した結果，アメリカ造園家協会 (ASLA) や，アメリカ建築家協会 (AIA) からも賞を受けている。

また，都市公園不足を補完するためにも，民営公園のほか，ゾーニング規制と密接な連係を保ちつつ，民間等の建築主が規制を上まわる「緑化プラザ」を設ければ緑化プラザの約 6 倍の加算建築が認められるなど，わが国の公開空地のルーツ，「ボーナスインセンティブ施策」による緑化空間確保の事例も数多い。

さらに，マンハッタンの道路の一部，分離帯の草花管理を周辺の商店街が行っている事例もあげられる。

なお，最近の公園として，高架鉄道の廃線敷を活用した，チェルシーのハイライン (High Line Park) 公園，ブルックリンのマンハッタン眺望に好都合なブルックリン ブリッジ公園 (Brooklyn Bridge Park) 等があげられる。

写真 16–9　安全で安心できる公園として再整備されたブライアント公園 (Bryant Park)—ハンナ・オリン事務所設計 (ニューヨーク市・マンハッタン)

写真 16–10　ブライアント公園

写真 16–11　緑化プラザの例—シティコープ (ニューヨーク市・マンハッタン)

写真 16–12　道路の分離帯を商店街の人々が管理—パークアベニュー 56 丁目 (ニューヨーク市・マンハッタン)

事例17　ヨーロッパの公園緑地

パリの公園緑地／フランス

シトロエン (Citröen) 公園 (13ha)，ベルシー (Bercy) 公園 (13ha)，ベルシー (Bercy) 総合体育館，ラヴィレット (La Villette) 公園

　パリ市内には，モンソー公園，モンスリー公園，ビュットショーモン公園など，歴史的な公園が多数あるが，ほとんど，ナポレオン三世統治下でのオスマン男爵の構想と，部下のアルファンの業績によるところが多かった。ブーローニュの森やヴァンサンヌの森も例外ではない。

　近来，1970 年以降，とくに，ジャック・シラクが市長に就任（後にフランス共和国大統領）してから，「緑」が，施策の大きな柱として受け入れられ，都市計画の見直しと再開発事業推進の観点から，大公園がコンペの形で整備され，国際的に脚光を浴びている。

　なお，パリ東駅近くの，鉄道用地の効率化により生み出されたエオル公園 (Jardin de École)，オステルリッツ駅周辺のパリ リブ ゴーシェプロジェクト，I区レ・アール地区再開発に伴うレ・アール庭園の改修作品等最新の公園も多い。

写真 17-1　A. プロヴォスト，G. クレマンのランドスケープアーキテクトと建築家の設計によるシトロエン (Citröen) 公園 (13 ha)

写真 17-2　Y. ルケーヌ，P. ラギャンのランドスケープアーキテクトと建築家等の設計によるベルシー (Bercy) 公園 (13 ha)

写真 17-3　大規模な壁面緑化として著名なベルシー (Bercy) 総合体育館

写真 17-4　ラヴィレット公社が管轄するラヴィレット (La Villette) 公園。B. チュミの作品 (35 ha)

ルール地域の公園緑地／ドイツ

RVRによる地域公園整備——ニーンハウゼン (32 ha), エムシャープロジェクト

ドイツのルール地域は，ヨーロッパの鉱工業地帯として栄える一方，自然破壊等，環境破壊も著しかった。そこで，1920年に，プロイセン州議会は，本地域の総合開発計画を立案し，緑地保全を行いつつ，交通，建築，水利，工業等の整備を一体的に行う，ルール炭田地域市町村組合 (SVR) を設立させた。後に，SVRは，ルール地域自治団体組合 (KVR) やルール地域協議会 (RVR) となり，各自治体の境界区域を包括させ，5箇所の地域公園等，7つのダイナミックな緑地系統整備，廃棄物処理，緑化等も引き継いだ。

このように，長い歴史を誇るルール地域のランドスケープ保全施策は，ドイツの国土計画の基本政策である空間秩序整備に進展するのみならず，世界の地域計画史や緑地計画史にも大きな影響を与えてきた。

一方，当地域において，1990年からエムシャーパーク・プロジェクトとして，国際建築展 (IBA) がEUの資金も得て，博覧会形式で開催された。特徴的な工場建築をできうる限り残して有効活用したり，地域振興にも視点を当てたり，エムシャー川についても以前の蛇行した河川に戻し，水辺景観を郷土種の植栽により森林を回復させたりする等，スケールの大きな事業を実施している。これは，ルール地域の地域振興が単なる産業開発に限ることなく，自然環境や生活環境のみならず歴史環境にも着目し，人間社会の再構築を目標としたものと推察され，興味深い。

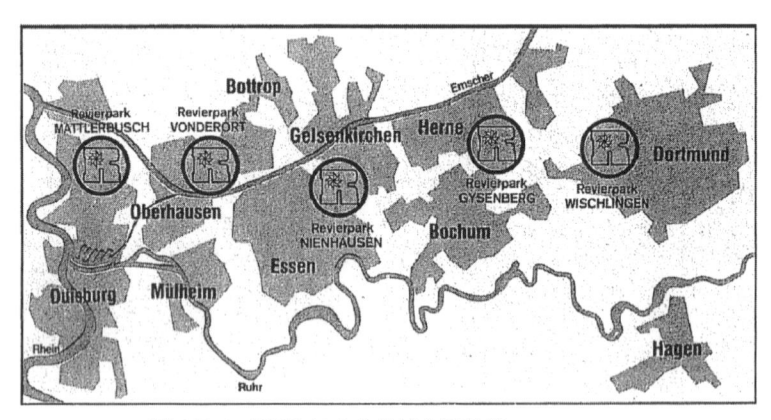

図17-1 RVRによる地域公園整備

写真17-5 RVRによる公園緑地整備／地域公園 (Reviel)——ニーンハウゼン (32 ha)

写真17-6 エムシャープロジェクト，エムシャー石灰場の保存

グラウンドワークトラストによる公園整備・緑化／イギリス

マーサ＆カーノン・グラウンドワークトラスト（カーディフ近郊），ウエストカンブリア・グラウンドワークトラスト（グラスゴー近郊）

　イギリスには，都市環境の保全，修復および創出を目的に，市民，企業と行政とがパートナーシップを築きつつ，活動するグラウンドワークトラスト（Groundwork Trust）がある。1981年創設，全国に50箇所以上のトラストを数えるが，全国的な運動を統括するグラウンドワーク事業団（Groundwork Foundation）もある。そして，事業団，環境省や田園地域委員会（Countryside Commission）が，各トラストと連係を保ちつつ，①工場，企業等の修景緑化，②広場や公園の整備，③都市近郊農地の保全，④歴史的建造物の買い取り，⑤植樹，⑥トレイル整備，⑦河川浄化等キャンペーンの実施，⑧各種環境保全グループの支援等の諸事業が行われている。全般的には，未利用地や荒廃地を修景緑化したり，レクリエーションの場にした成果が多いが，各トラストの立地特性，活動方針等により異なる。事業の展開に当っては，国や自治体の補助金，企業からの助成や援助も受け，それに市民が加わり，パートナーシップによる行動形態が取られている特徴がある。また，子どもたちのボランティアとしての参加を得ながら，環境教育の機会としても活用している。

写真 17-7 環境教育も加味させつつ，子どもたちも参加する工場緑化の施工・管理（マーサ＆カーノン・グラウンドワークトラスト（カーディフ近郊））

写真 17-8 公園整備も事業の柱（ウエストカンブリア・グラウンドワークトラスト（グラスゴー近郊））

写真 17-9 ボランティアによる道路緑化（マーサ＆カーノン・グラウンドワークトラスト（カーディフ近郊））

写真 17-10 鉄道敷を修景し，トレイルとして活用（ウエストカンブリア・グラウンドワークトラスト（グラスゴー近郊））

◎文献

3.1
1) ブレンダ・コルビン著，佐藤昌・内山正雄訳：土地とランドスケープ，日本公園緑地協会，1976.9.
2) 丸田頼一著：環境緑化のすすめ，丸善，2001.3.
3) 川瀬篤美著：建設・造園技術者のための環境設計計画技法，オーム社，1977.3.
4) 島田正文他著：ランドスケープの計画，技報堂出版，2008.10.

3.2
5) ランドスケープコンサルタンツ協会：造園調査・計画・設計標準業務・報酬積算ガイドライン，2009, p.10 に加筆.

3.4
6) 鈴木雅和編：ランドスケープ GIS －環境情報の可視化と活用プロジェクト，ソフトサイエンス社，2003, pp.249–257.
7) 都市部における自然環境の復元・創出に関する計画手法の検討委員会監修：自然とふれあえるまちをめざして，都市部におけるビオトープネットワークの形成指針―調査・計画編―，2003, p.12.
8) 国土交通省国土計画局大都市圏計画課：平成15年度首都圏における近郊緑地保全区域の指定に関する調査報告書【新治・三保地域】，2004, pp.34, 66.

3.7
9) 日本技術士会の技術士CPD教材：技術士の倫理.

4.1
1) 大手町まちづくり推進会議：大手町まちづくり景観デザインガイドライン．

5.2
1) Yanai,S.,Kotani,K.,Tanigughi,K. and Maruta,Y.(2002):An Investigation on the Distribution of Air Temperature and the Effect of Heat Island Mitigation by Open Space in Coastal City–A Case Study of Chiba in Japan–TECHNO-OCEAN 2002, CD-ROM
2) 恒川篤史 (1999)：自然環境保全のための環境評価システムと意思決定，環境情報科学 28(3), 24–29.

5.3
3) 福田正編：新版交通工学，朝倉書店，2002, p.164.
4) 土木工学体系編集委員会：観光・レクリエーション計画，彰国社，1984, p.311.

5.4
5) 有田一郎・小河原孝生：鳥類および昆虫・両生爬虫類による生態環境構造の把握解析手法開発のためのケーススタディ，生態計画研究所年報 3, 1995, pp.67-111.
6) 渡邉千佳子・中村忠昌：鳥類の生息情報を用いた生態ポテンシャル評価と緑地整備計画への適用，造園技術報告書2007, 2007, pp.24–27.
7) 小河原孝生・有田一郎：土地的・生物的自然の空間情報の把握と空間スケール，生態計画研究所年報 5, 1997, pp.1–20.
8) 恒川篤史：1. 地理情報システム (GIS) の考え方，武内和彦・恒川篤史 編「環境資源と情報システム」，pp.45–55, 古今書院，1994, p.219.
9) 国土交通省国土技術政策総合研究所環境部緑化生態研究室・株式会社生態計画研究所，生態ネットワーク計画のためのGAP分析業務報告書，2002.

5.5
10) 辻新六，有馬昌宏：アンケート調査の方法，朝倉書店，1987, p.253.

6.2
1) ラック計画研究所：観光・レクリエーション計画論，1975, 技報堂出版, p.209.
2) 国土計画協会：首都圏大規模公園整備基本計画，1977, p.172.
3) 丸田頼一・島田正文：広域公園等大規模公園の配置構想，1979, 公園緑地,40-2,pp21-28.
4) 丸田頼一編：リゾート開発計画論，ソフトサイエンス社，1989, p.429.
5) 島田正文，ほか：農村計画学の展開「レクリエーション計画」，農林統計協会，1993, p.488.
6) 島田正文，ほか：ランドスケープの計画「都市環境とランドスケープ計画」，技報堂出版，1998.10, p.275.

6.3
1) 丸田頼一・島田正文，ほか：若里創造の森公園基本設計，日本公園緑地協会，1980.2, p.75.

7章
1) 横浜市緑政局公園部計画課技術管理担当編纂：設計者のための公園設計ワークブック，1997.
2) 住宅・都市整備公団都市開発事業部：造園空間設計要領（案），1996.

9章
1) 山本紀久：造園植栽術，彰国社，2012.

- 2) ブレンダ・コルビン (著), 佐藤昌・内山正雄 (翻訳)：土地とランドスケープ, 日本公園緑地協会, 1976.9.
- 3) The Royal Horticultural Society：A-Z Encyclopedia of Garden Plants , 1996.
- 4) 鈴木雅和：造園植物呼称検討委員会報告, 造園雑誌, 54 巻 1 号, pp.93–98, 日本造園学会, 1990.
- 5) 山本紀久・野田坂伸也：樹木アートブック, ABOC 社, 1990.
- 6) 日本緑化センター：公共用緑化樹木等品質寸法規格基準 (案), 2009.
- 7) 山本紀久著, 日本造園建設業協会監修：街路樹, p.54, 技報堂出版, 1998.
- 8) レイチェル・カーソン (著), 青樹簗一 (翻訳)：沈黙の春, 新潮文庫.

10 章
- 1) 屋上庭園―屋上緑化とその効果―国土交通省都市・地域整備局公園緑地課緑地環境推進室.
- 2) (社) 日本造園建設業協会：チップ及び堆肥の特記仕様書 (案)／チップ及び堆肥化のガイドライン.

11 章
- 1) 国営昭和記念公園 10 周年記念誌「自然のネットワーク概念図」.

12 章
- 1)〜5) 都市再生機構資料.

14 章
- 1) 社団法人日本公園緑地協会：ユニバーサルデザインによるみんなのための公園づくり―都市公園の移動等円滑化整備ガイドラインの解説, 2008.
- 2) 日本造園学会編：緑空間のユニバーサル・デザイン, 1998.

15 章
- 1) 建設省都市局公園緑地課／建設省土木研究所環境部監修／都市緑化技術開発機構 編集：防災公園計画・設計ガイドライン, 大蔵省印刷局, 1999.
- 2) 都市緑化技術開発機構 公園緑地防災技術共同研究会 編：防災公園技術ハンドブック, 公害対策技術同友会, 2000.

16 章
- 1) 公園緑地管理財団：公園管理ガイドブック, 2005, pp.24–25.
- 2) 同上, p.21.
- 3) 同上, p.273
- 4) 同上, pp.84–85.
- 5) 公園緑地管理財団：公園管理運営自己評価システム導入の手引書, p.19, p.26.
- 6) 公園や緑地における継続的な市民団体のボランティア活動についてのアンケート調査（国土交通省公園緑地課 都市緑化推進調査 平成 14 年度―全国の花緑に携る活動団体 533 団体―有効回答 343 団体―回答率 64%）

17 章
- 1) 世田谷まちづくりセンター編：参加のデザイン道具箱 PART–2, 世田谷まちづくりセンター, 1996.
- 2) 渡部俊一：市民参加のまちづくり, 学芸出版社, 1999.
- 3) 伊藤雅春・大久手計画工房：参加するまちづくり, 農文協, 2003.

18 章
- 1) 鎌倉市都市計画部都市計画課編：鎌倉まちづくり読本, 2005.
- 2) 南木曽町町並保存対策室編集：妻籠宿―重要伝統的建造物群保存地区概要―, 妻籠を愛する会, 1997.
- 3) 萩市・萩まちじゅう博物館整備検討委員会：萩まちじゅう博物館構想, 萩市企画課.
- 4) 小田原市歴史的風致維持向上計画, 小田原市, 2011.

19 章
- 1) (財) 日本開発構想研究所調べ（調査時点：平成 12 年度末現在）
- 2) 鎌倉市都市計画課：航空写真, 1977.
- 3) 鎌倉市都市計画課：航空写真, 1998.

20 章
- 1) 「農村整備事業の歴史」研究委員会：豊かな田園の創造, 農文協, 東京, 1999, p464
- 2) 「公共投資総覧 2003」公共投資総研, 啓文社, 東京, 2001, p379
- 3) 国土交通省 HP(http：//www.mlit.go.jp/kokudokeikaku/kokudokeikaku_fr3_000003.html)
- 4) 過疎対策研究会編：過疎対策データブック－平成 14 年度過疎対策の現況－, 丸井工文社, 東京, 2004, p294
- 5) 農林水産省 HP(http：//www.rinya.maff.go.jp/seisaku/sesakusyoukai/cyusankan/cyusankantop.html)
- 6) 総務省 HP(http：//www.soumu.go.jp/main_sosiki/jichi_gyousei/c-gyousei/2001/kaso/enkaku.htm)
- 7) 農林水産省 HP(http：//www.kantei.go.jp/jp/it/network/dai11/s12.pdf)
- 8) 農林水産省作成資料, 農林水産省 HP(http：//www.maff.go.jp/j/wpaper/w_maff/h21/pdf/z_1_4_3.pdf)
- 9) 松本玲奈ほか：地域開発戦略における地域マーケティング手法の理論的展開についての一考察, 第 37 回日本都市計画学会学術研究論文集, 2002, pp.1093〜1098
- 10) 小林昭裕：利用体験の保全を基本とする計画概念を国内の自然公園計画に導入する上での課題, ランドスケープ研究 66(5), 2003, pp.699〜704
- 11) 吉川富夫：顧客満足 (CS) を指向した公園経営の実践, 都市公園 NO.154・Sep, 2001, pp.85〜94
- 12) (財) 都市農山漁村交流活性化機構：地域ぐるみグリーン・ツーリズム運用のてびき, 農文協, 東京, 2002,

13) 向井清史 ((財) 農村開発企画委員会編)：改訂版農村整備用語辞典, (財) 農林統計協会, 2001, pp.328〜332
14) 塩見譲：地域活性化と地域経営, 学陽書房, 東京, 1989, p262
15) 森典彦：デザインの工学　ソフトシステムの設計計画, 朝倉出版, 1991, p242
16) マイケル E・ポーターほか：共通価値の戦略, ハーバード・ビジネス・レビュー 2011 年 06 月号, ダイヤモンド社, 2011, pp8〜31

事例 1
1) 福井県：ふくい緑のグランドデザイン（福井県広域緑地計画), 1997.3

事例 3
1) 丸田頼一・島田正文, ほか：創造の森風越公園整備計画, 日本公園緑地協会, 1978.3
2) 丸田頼一・島田正文, ほか：大草城址公園基本計画, 日本公園緑地協会, 1981.10
3) 丸田頼一・島田正文, ほか：大桑村カントリーパーク基本計画, 日本公園緑地協会, 1982.10
4) 丸田頼一・島田正文, ほか：八幡原史跡公園基本計画, 日本公園緑地協会, 1976.3
5) 丸田頼一・島田正文, ほか：創造の森駒場公園基本計画, 日本公園緑地協会, 1978.3
6) 丸田頼一・島田正文, ほか：長野運動公園基本計画, 日本公園緑地協会, 1972.3

事例 4
1) 長野県公園公社資料
2) 国土計画協会：南予レクリエーション都市基本構想, 1970.11
3) 日本公園緑地協会：公園緑地マニュアル　平成 16 年度版, 2004.7
4) 丸田頼一, ほか：海洋博記念公園整備計画調査報告書, 日本公園緑地協会, 1976.3

事例 9
1) 都市再生機構資料

事例 10
1) 丸田頼一・阿部邦夫・角尾友春, ほか：富山高岡地区緩衝緑地基本構想, 日本公園緑地協会, 1971.3
2) 丸田頼一・出井詢・新井安男, ほか：福井臨海協業地帯公園緑地計画, 日本公園緑地協会, 1973.3

事例 15
1) 那覇市：首里金城地区のすぐれた景観形成をめざして―首里金城地区都市景観形成計画の概要

◎索引

【あ，い】

アイデンティティ　8
アイデンティティワーク　176
新たな公　278

育成管理　174
維持管理　203, 241
石組　188
石の種類・特性　185
陰と陽　172

【う】

ウォーターフロント　273
雨水浸透施設　136
雨水排水設備設計　151
雨水排水量　134, 135
雨水流出抑制　135
運営管理　241, 243, 248
運動施設　119

【え，お】

園内配電方式　132
園路の舗装断面構造　126
園路広場設計　125
園路幅員　125

OJT　36
OD表　58
オーバーレイ分析　30
オーバーレイ法　57
オームステッド,F.L.　1
汚水排水　136, 137

【か】

開発利益　48
外来植物　197
加工石材　186
火成岩　185
環境学　2
環境教育　200
環境共生住宅　210
環境計画　2
環境資産　208
環境デザイン　2
観光・レクリエーション　79, 82
間接工事費　157
管理　248
管理計画　276
管理施設　121
管理水準　166

管理マニュアル　175
管理レベル　140

【き】

技術士　36
希少種　195
規制緩和　48
基本構想　67, 90
　―の手順と方法　74
　―の内容　75
　―の立案　74
基本設計の意義・手順・役割　115
CAD　23
　―製図基準　155
　―による実施設計　152
　3次元―　27
CALS/EC　152
給水設備　132
給水設備設計　150
給水方式　133
給水量の算定　133
休養施設　119
キュレーター　175
極層林　199
近景と中景と遠景　173

【く】

空間　11
　―の系統　12
　―の複合　13
　―の文脈　12
クルドサック　209

【け】

経営　248
計画・設計業務　21
計画・設計の手順　20
景観シミュレーション　26
景観要求度　94
畦畔草地　194

【こ】

広域公園　80
広域レクリエーションネットワーク　96
合意形成　29
降雨強度　134
公園緑地の基本計画図　113
公園緑地の経営　247
公園緑地の施設配置計画　110
公園緑地配置系統　88

郊外住宅地　207
航空写真　31
高次広域公園　80
工事費　117, 157
交通バリアフリー法　226
工程計画　117
公的支援　48
勾配設定　125
古都保存法　266
個別空間系　19
コミュニティビジネス　282
コルビン，ブレンダ　17, 164
コンセプト　10
コンセプトプラン　108
コントラスト　6

【さ】

サーキュレーション計画　108
サイトアナリシス　104
サイトプランニング　2
里親制度　198
里山林　193
サンプル数　63

【し，す】

GIS(地理情報システム)　28, 58, 249, 250
CPD　36
市街地開発事業　47
時間　10
事業評価　49
視座(ビューポイント)　208
自主管理　248
自生種　197
施設設計　118, 146
自然環境圏域　165
自然景観度　94
自然樹形　170
自然植生　167
自然石材　186
自然素材　179
自然的環境条件　54
自然風景の縮景型　172
自然風景の保全再編型　171
自然林　193
仕立て樹形　170
実施設計　139
実施設計条件　141
実施設計図の作成　142
実施設計図書　142
実施設計の立案　142
指定管理者制度　248
「地」と「図」　12, 167
芝生管理　242
地盤高の設定　128
市民参加　245
社会起業家　282
社会基盤施設　275

社会的環境条件　54
借景　267
修景施設　118
住民参加　23
受水槽方式　133
主題図　250
受電方式　132
純工事費　157
植栽管理　174
植栽設計　122, 147
植栽ゾーニング　123
植栽の適温帯　168
植生図　29, 166
植物管理　242
植物季節　169
食料・農業・農村基本法　278
植林地　193
人文・歴史的環境条件　54
シンメトリー　6

水景施設　180
水道直結方式　133
数量化理論　65
寸法規格　171

【せ】

生態系ネットワーク　196
生物生息空間　209
生物多様性　163, 193
石材　185
積算システム　158
施工条件　141
施工レベル　140
設備設計　150
ゼロ・エミッション　190
遷移　199
全体空関系　19
戦略的CSR　282

【そ】

総合設計　49
造成設計　127, 143
造成の方法　128
ゾーニング　108
ゾーン形成　208
属性情報　28, 250
組成表　166

【た】

大規模公園　80
　—の概念設定　75
　—の施設　81
　—の種別選定フロー　88
　—の適地選定　84, 87
　—の配置構想　74, 86
代償植生　167

堆積岩　　185
代替樹種　　276
建替事業　　211
多変量解析　　63
多面的機能　　278
湛水　　180

【ち】

地域経営　　280
地域資源　　280
地図情報　　28
調整池　　136
直接工事費　　157
地理情報システム（GIS）　　28, 58, 249, 250

【つ】

築山　　184
土の造形　　184
土の特性　　183
妻籠宿　　266
鶴岡八幡宮の裏山開発　　266

【て】

適地適栽　　163
てり　　184
電気設備　　130
電気設備設計　　151
電気不可容量　　132
点高法　　129
電子成果品　　153

【と】

投資・経済活動　　48
特定街区　　49
都市公園　　89
　—の基本構想　　89
　—の基本構想策定　　90
　—の適地選定　　92
　—整備における基本計画　　98
都市軸　　208
都市緑地法　　67
土地利用　　276
土地利用構想　　95
土地利用図　　29
土量の算出方法　　129
トンボ池　　200

【に，ね，の】

二次草原　　194
二次林　　193
入札・契約　　32

ネットワーク　　195
年次計画　　117

ノーマライゼーション　　226

【は】

パートナーシップ　　253
ハートビル法　　226
ハーモニー　　8
バイオリジョン　　165
配管計画　　134
配石　　188
発生交通量・集中交通量　　58
バッファリング　　30
ハビタット　　202
パブリックアクセス　　273
バリアフリー　　225
バリアフリー新法　　228

【ひ】

ビオトープネットワーク　　30, 203
光と影　　11
ビスタ（見通し線）　　14
美的空間構成　　5
ヒューマンスケール　　14
費用対効果　　50
費用対便益　　50
広場設計　　126
品質規格　　171

【ふ，へ】

ファシリテータ　　263
風致地区　　270
歩掛り　　159
福祉インフラ　　226
物質循環　　163
プログラムアナリシス　　104
プロポーション　　7
文化的環境　　269

平均断面法　　129
便益施設　　120
変成岩　　185

【ほ】

法規　　32
防災公園　　235
防災と施設　　237
防災と植栽　　238
保全・復元　　196
ボランティア　　246
ボンエルフ　　209

【ま，み，む，も】

マーケティング　　281
街並み保全　　270

マトリックス法　57
マント群落　198

水循環構造　209
水の特性　179
水辺ビオトープ　200
緑・緑地の機能　18
緑の基本計画　2, 67

むくり　184

モチーフ　9

【ゆ，よ】

遊戯施設　119
湧水　182
ユニバーサルデザイン　15, 225, 226, 229

要求レベル　139
養生管理　174
「用」と「景」　179
抑制管理　174
4段階推定法　58

【ら】

ライフサイクル　152
落水　180
ランドスケープアーキテクチャー　1
ランドスケープアーキテクト　1
ランドスケープの計画・設計　17

【り】

リサイクル　191
リズム　7
リデュース　191
リモートセンシング　58
流出係数　134
リユース　191
流水　180
領域　12
緑化活動　255
緑地協定　210
緑地系統パターン　89
緑地保全計画　31
緑被率　31
倫理　35

【る，れ，ろ】

ルートと線形の設定　125

レイヤー　25, 155, 250
歴史的環境の保全　265
レクリエーションエリアの系統パターン　89
レクリエーション活動・施設の選定　94
レクリエーション空間利用密度　78
レクリエーション施設構想　96
レナード効果　179

6次産業化　280

【わ】

ワークショップ手法　256, 259

【編著者紹介】

丸田頼一　農学博士
（まるたよりかず）

1938年　大分市生まれ・長野市出身
1969年　東京大学大学院農学系研究科博士課程修了

現在
(一社)日本公園緑地協会会長
(一社)環境情報科学センター理事長
千葉大学名誉教授
マスター オブ ランドスケープアーキテクチャー(MLA)

主な著訳書
都市緑地計画論(丸善)／都市緑化計画論(丸善)／都市緑化のすすめ(丸善)／環境と開発(上)(訳，環境情報科学センター)／建築と都市の緑化計画(共著，彰国社)／国土建設の将来展望(共著，ぎょうせい)／リゾート開発計画論(編著，ソフトサイエンス社)／近代都市計画制度90年記念論集(共著，財・都市計画協会)／都市環境学事典(共著，朝倉書店)／環境都市計画事典(編著，朝倉書店)／環境と開発のデザイン(丸田・建設省監修，大成出版社)／ランドスケープ体系(編集委員長，技報堂出版)　等

島田正文　博士(農学)
（しまだまさふみ）

1951年　千葉市出身
1977年　日本大学大学院農学研究科修士課程修了

現在
(一社)ランドスケープコンサルタンツ協会副会長
(一財)公園財団理事
(一社)環境情報科学センター理事
日本大学短期大学部教授
技術士(建設部門)，登録ランドスケープアーキテクト(RLA)

主な著書
ランドスケープ体系第2巻・ランドスケープの計画(共著，技報堂出版)／ランドスケープアーキテクトになる本(共著，成隆出版)／生物環境科学入門(共著，森北出版)／生態工学(共著，朝倉書店)／環境都市計画事典(共著，朝倉書店)／沿岸域環境事典(共著，共立出版)／リゾート開発計画論(共著，ソフトサイエンス社)／農村計画学の展開(共著，財・農林統計協会)／私立大学の授業を変える―マルチメディアを活用した教育の方向性―(共著，社・私立大学情報教育協会)　等

ランドスケープ計画・設計論　　　定価はカバーに表示してあります．

2012年8月20日　1版1刷　発行　　　ISBN978-4-7655-2128-4 C3052

編著者　丸　田　頼　一
　　　　島　田　正　文
発行者　長　　滋　　彦
発行所　技報堂出版株式会社

〒101-0051
東京都千代田区神田神保町1-2-5
電　話　営業　(03) (5217) 0885
　　　　編集　(03) (5217) 0881
F A X　　　　(03) (5217) 0886
振替口座　　　00140-4-10
http://gihodobooks.jp/

日本書籍出版協会会員
自然科学書協会会員
工学書協会会員
土木・建築書協会会員

Printed in Japan

Ⓒ Maruta,Y., Shimada,M. et al., 2012

装幀　冨澤　崇
印刷・製本　三美印刷

落丁・乱丁はお取替えいたします．
本書の無断複写は，著作権法上での例外を除き，禁じられています．